"十二五"普通高等教育本科国家级规划教材

国家级精品课程主干教材

现代工程图学教程

（机械类、近机械类专业适用）

刘　苏　主编

童秉枢　主审

科学出版社

北　京

内 容 简 介

本书采用最新的国家标准,根据教育部 2010 年制定的"普通高等院校工程图学课程教学基本要求",在 2003 年由科学出版社出版的《工程图学基础教程》(第三版)的基础上重新编写而成。

本书共 8 章,主要包括设计和表达、投影基础、从三维物体到二维图形、从二维图形到三维物体、机件的常用表达方法、标准件和常用件、零件图及装配图等。随书光盘包括各章的 PPT 课件。内容丰富、画面精美的 PPT 课件不仅有利于教师进行多媒体教学,也便于学生自学。

与本书配套的《现代工程图学习题集》由科学出版社同时出版,可供选用。

本书适合高等学校的机械类和近机械类专业使用,适用学时为 80～130 学时,也可供其他类型院校相关专业师生、工程技术人员及自学读者参阅。

图书在版编目(CIP)数据

现代工程图学教程/刘苏主编. —北京:科学出版社,2010.10
"十二五"普通高等教育本科国家级规划教材
国家级精品课程主干教材·机械类、近机械类专业适用
ISBN 978-7-03-029043-4

Ⅰ.①现⋯ Ⅱ.①刘⋯ Ⅲ.①工程制图-高等学校-教材 Ⅳ.①TB23

中国版本图书馆 CIP 数据核字(2010)第 184371 号

责任编辑:毛 莹 卜 新 / 责任校对:邹慧卿
责任印制:霍 兵 / 封面设计:迷底书装

科学出版社 出版
北京东黄城根北街 16 号
邮政编码:100717
http://www.sciencep.com

三河市骏杰印刷有限公司印刷
科学出版社发行 各地新华书店经销
*
2010 年 10 月第 一 版 开本:787×1092 1/16
2016 年 7 月第八次印刷 印张:18 1/4
字数:450 000
定价:38.00 元(含光盘)
(如有印装质量问题,我社负责调换)

前　言

南京航空航天大学的"工程图学"课程 2005 年被评为国家级精品课程,工程图学教学团队 2009 年被评为机械工程设计基础国家级教学团队。

南京航空航天大学工程图学的课程建设和教学改革成果丰硕:2001 年,"工程图学课程的改革与全方位教材体系的建设"获国家级高等教育教学成果二等奖;2005 年,"立足基础、面向专业、深入学科进行现代图学教学体系的创新建设"再次获得国家级高等教育教学成果二等奖。

南京航空航天大学工程图学课程组编写出版了以下系列教材:

(1)《现代工程图学教程》(机械类、近机械类专业适用)——科学出版社

(2)《现代工程图学习题集》(机械类、近机械类专业适用)——科学出版社

(3)《工程制图基础教程》(非机械类专业适用)——科学出版社

(4)《工程制图习题集》(非机械类专业适用)——科学出版社

(5)《AutoCAD 2010 教程》——科学出版社

(6)《现代工程图学电子教案》(光盘)——科学出版社

(7)《工程图学多媒体课件包》(含电子教案、电子教具和习题指导)

以上系列教材是国家级特色专业(机械工程及自动化)及国家精品课程(工程图学)的主干教材。

本书是根据教育部 2010 年制定的"普通高等院校工程图学课程教学基本要求",总结近年来本校及其他多所重点院校教学研究与改革的成果和经验,在 2003 年由科学出版社出版的《工程图学基础教程》(第三版)的基础上重新编写而成。全书共 8 章,主要内容包括设计和表达、投影基础、从三维物体到二维图形、从二维图形到三维物体、机件的常用表达方法、标准件和常用件、零件图及装配图等。

本书的主要特色如下:

(1)增加了介绍先进设计技术的内容。本书与国外同类教材接轨,在书中增加了设计灵感、设计过程、创新设计、计算机辅助设计等工程设计与表达方面的先进知识,为学生的学习起到承上启下的作用。

(2)建立了从三维形体构型向二维视图表达的知识体系。根据当今先进设计与制造技术的要求,在系统归纳本课程知识点的基础上,以二维投影理论为基础,以产品的三维数字化模型表达为切入点,将二维工程图样和三维数字化模型两种产品的表达方式有机结合起来。

(3)按形象思维的思维规律编排教学内容。本书的最大特色是将常规的"立体投影"、"构型方法"、"组合体"和"轴测图"这几部分内容有机整合和优化,按形象思维的思维规律整合成"从三维物体到二维图形"和"从二维图形到三维物体"两个章节,使其更加符合教学规律和认知规律,有利于形象思维能力的培养,以提高学习效率。

(4)教材插图丰富、精美。本书的第二大特色是"图"。书中丰富的插图或为线框图和渲染图的结合,图面更加美观清晰;或为分步图,说明读图和绘图的过程和步骤。很多图均为作者原创,具有启发性,能够激发学生的学习兴趣。

(5)教材立体化资源完备。与之配套的教学网站和 CAI 课件包,提供了电子教案、指点迷

津、网络课程、习题指导、电子教具等优质资源,还提供了省教学名师的全程授课录像,方便学生自主学习和个性化教学。

(6)课程内计算机绘图的教学采用《AutoCAD 2010 教程》(科学出版社)。我校另外开设有"Pro/E 设计技术和应用"课程,主要讲述有关利用计算机进行三维建模设计和应用的教学内容。

参加本书编写的人员有刘苏(第 1 章～第 8 章、附录),陆凤霞(第 2 章、第 5 章),王静秋(第 3 章、第 4 章),卜林森(第 7 章、第 8 章)。

清华大学童秉枢教授于百忙之中拨冗指点,对本书进行了认真细致的审阅,提出了许多宝贵的意见与建议,在此表示衷心的感谢。

书中若有疏漏与不当之处,敬请读者指教。

编 者
2010 年 8 月

目　录

绪　论

一、课程的性质和研究对象

工程与产品的设计、开发和制造是人类生存的基础,是人类文明发展的直接动因。

在表达和交流科技信息的过程中,图形具有形象性、直观性和简洁性,是人们认识规律、探索未知的重要工具。图形作为直观表达实验数据、反映科学规律的一种手段,对于人们把握事物的内在联系,掌握问题的变化趋势,具有重要意义。

在工程设计中,工程图样作为设计与制造、工程与产品信息的定义、表达和交流的主要媒介,在机械、建筑、土木、水利和园林等领域的技术和管理工作中有着广泛的应用。因此,工程图样是工程界设计师、工程师和其他技术人员用来进行记录、表达和交流的语言。

几乎每一本工程学课本里都有工程技术图样。掌握了工程图学的基础知识,不仅对专业课学习有帮助,对其他课程也会有所帮助。所以,工程图学课程是工科专业学生学习工程知识的第一个窗口,也是比较适合的窗口。

综上所述,工程图学课程是工科院校重要的技术基础课程之一,是一门工科专业学生的必修课程。

工程图学课程的主要研究对象有三个方面:

1)研究空间几何元素的图示与图解问题;

2)研究空间物体的构型规律和表达方法;

3)研究工程图样表达的基本概念和基本方法。

二、课程的任务和培养目标

本课程的学习任务主要有以下五个方面:

1)学习投影法的基本理论和应用;

2)学习物体构形分析的基本概念和方法;

3)学习空间物体图样表达的基本概念和方法;

4)学习阅读和绘制工程图并能正确理解工程图的基本方法;

5)学习从三维物体到二维图样和从二维图样到三维物体的形象思维方法。

此外,在教学过程中,还应有意识地培养学生认真负责的工作态度和严谨细致的工作作风。

通过本课程的学习,可培养学生以下四种能力:

1)培养形象思维的几何抽象能力;

2)培养创造性构型设计能力;

3)培养阅读和绘制工程图样的基本能力;

4)培养学生的工程素养和手绘技术草图的基本能力。

通过本课程的学习,可培养学生树立以下两个意识:

1. 图形标准化意识

遵循各类技术制图标准的工程图样在表达和绘制方面高度规范化和唯一化,能够在不同国家甚至是世界范围内交流。通过本课程的学习,学生了解到必须遵守这些制图标准,才能够正确阅读图纸,或保证自己绘制的图纸能够被别人轻松的读懂并不会产生误会。

2. 创新意识

在工科技术课程当中,形象思维能力是最重要的能力之一。另外,从实际情况来看,一些极具创造性的人都拥有很强的形象思维能力。本课程主要学习以空间角度来观察和思考物体,是培养形象思维能力的最佳课程。

三、课程的学习方法

工程图学是一门技术基础课程,为了顺利学好本课程,必须掌握正确的学习方法,主要注意以下两点:

1. 形象思维能力的培养

善于采用形象思维的学习方法,根据从三维物体到二维图样和从二维图样到三维物体的形象思维方法,要多想多练,培养形象思维能力。

形象思维能力的培养需日积月累,逐渐加强,不可能靠临时突击,一蹴而就。需根据投影理论不断地进行"三维形体"与"二维图形"的对应关系训练,逐步培养和增强形象思维和几何抽象能力。

2. 认真做好听课、作业和单元总结等教学环节

工程图学课程的知识循序渐进,由浅入深。要认真对待每一次的课堂听课和课后作业。由于工程图学的研究对象主要为"图形",因此,课堂上集中精力,以听为主,必要时以草图的方式做一些笔记;作业不仅要正确,还需整洁和美观;平时预习和复习看书时,主要以看书上的"图形"为主,看文字为辅;并及时做好阶段性的单元总结。

第 1 章　设计和表达

劳动实践中,人们为了提高生产效率和减轻劳动强度,创造了各种类型的工业产品。例如,从手表、剪刀等小型机械产品,到汽车、飞机、工业机器人等不同用途的各类大型机电设备。不同的机器由于其功能和种类各异,其构造和所包含的零件和部件也各不相同。

任何一种新的工业产品在制造之前,它的系统或结构雏形已经存在于工程师或设计师的脑海中。设计的过程是令人激动并充满挑战的,工程设计人员首先手绘产品的概念设计草图(图 1.1),以方便快速地表达和交流设计想法,然后进行产品的详细设计,选用不同的材料和制造方法等。

技术人员在设计工业产品时,其表达和交流的方式一般有两种:三维数字化模型(图 1.2)和二维工程图样(图 1.3)。

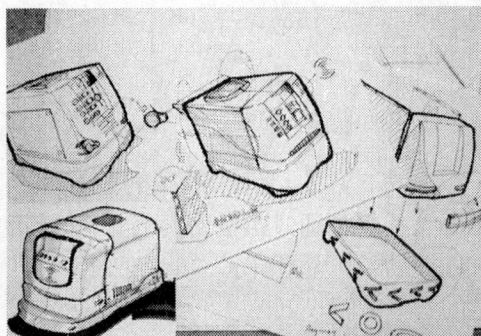

图 1.1　产品概念设计草图

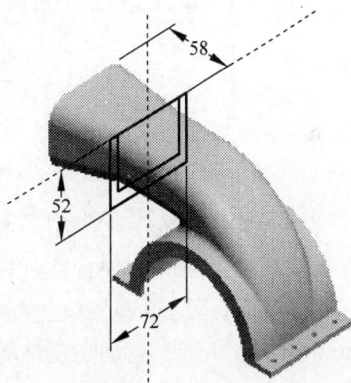

图 1.2　三维数字化模型

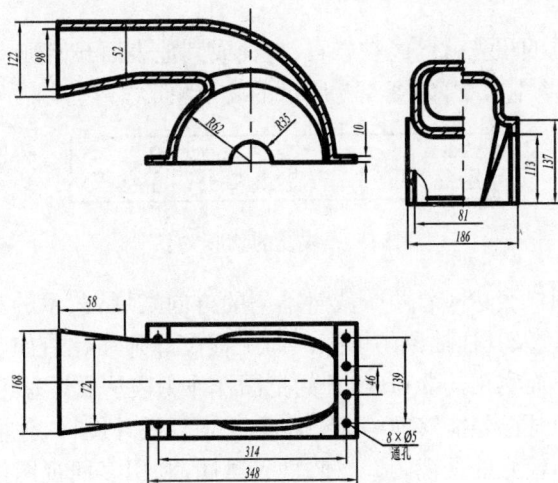

图 1.3　二维工程图样

1.1　三维数字化模型表达

人们根据已有的草图或想象,利用工程 CAD 软件,采用人机交互的方式,在计算机中生成产品的三维数字模型,如图 1.4 所示。该数字模型是对原物体精确的数学描述,能模拟真实世界中原物体的形状、颜色及其纹理等属性,这是一种先进的设计表达方法。

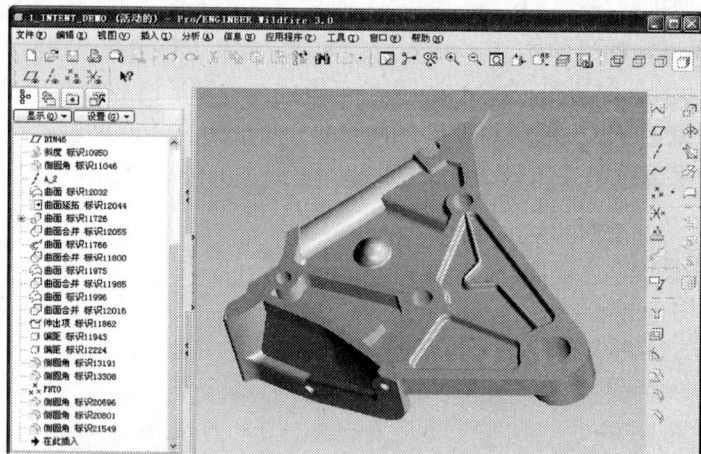

图 1.4　三维数字化模型

在工程设计领域,数字化模型是和特定的产品联系在一起的,其目的是在产品还未生产出来之前,就可以对产品的各种特性进行充分的研究。这些模型通过赋予不同的特征,就可以进行测量、应力分析、运动轨迹校核、空气动力学测试、模拟加工、虚拟演示等。它是对所设计的产品进行分析计算的基础,也是实现计算机辅助制造的基本手段。

1.2　二维工程图样表达

早在远古时期,人类的祖先就已经在岩石、地面或其他表面开始画一些简单的图形,利用图画来满足他们表达上的基本需要,如图 1.5 所示的埃及象形文字。

图 1.5　埃及的象形文字

随着时代的进步,图样表达向着两个截然不同的方向发展:艺术的和技术的。艺术家开始用绘画表现艺术、哲学,以及其他抽象的情感。而工程设计师在建造如金字塔、战车、建筑物等工程项目,以及制造简单而实用的器械时,开始把图样作为表达设计思想的工具。

公元初期,罗马建筑师已经能够熟练地绘制建筑工程设计图样,他们用直尺和圆规绘制立面图和平面图,还能画出较好的透视图。文艺复兴时期,利用多面视图把三维的现实世界绘制到二维平面的画面上已成为一种表达方法。

到了 18 世纪,由于工业革命的兴起,引出了新的设计和表达形式,要求在设计和施工之间,能有一个精确的被普遍接受的表达工具。

法国科学家蒙日(Gaspard Monge,见图 1.6)把三维空间关系用二维图形准确表示出来是里程碑式的贡献,从而使得用于表达和交流设计信息的工程图样高度规范化和唯一化。他于 1795 年出版的《画法几何学》,标志着图形技术由经验上升为科学,至今仍是技术制图的理论基础。以画法几何为基础的工程制图在工程与科学技术领域里提供了可靠的理论工具和解决问题的有效手段。

图 1.6　Gaspard Monge(1746～1818)

1.2.1　画法几何

画法几何采用图形和投影原理解决空间几何关系,即把三维空间里的几何元素投射在两个正交的二维投影平面上,并将它们展开成一个平面,得到由两个二维投影组成的正投影图,该正投影图可准确唯一地表达这些空间几何元素,如图 1.7 所示。

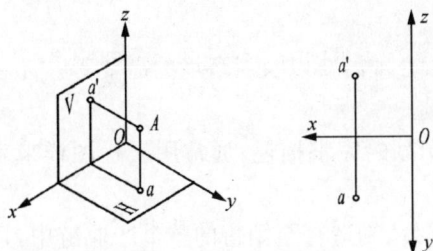

蒙日在其所著的《画法几何学》中写到,这门学科有两个重要的目的:

(1)在只有两个尺度的图纸上,准确地表达出具有三个尺度才能严格确定的物体;

(2)根据准确的图形,推导出物体的形状和物体各个组成部分的相对位置。

图 1.7　空间点的投影

1.2.2　机械制图

观察一下身旁的物品:如手机、计算器、电话、椅子等,这些产品虽然具有不同的形状和大小,但它们都是根据工程图样从各种原材料加工和装配成现在所看到的实物。

机械工程领域使用的工程图样主要是机械图样,机械图样又分零件图和装配图两类。机械图样是机械工程领域使用最广泛的“语言”,是用于技术交流和指导生产的重要技术文件之一。

机械图样有严格的制图标准,必须采用一定的制图技术。

1. 制图标准

机械制图国家标准是统一工程语言的基本法规。绘制技术图样和阅读技术图样都需要遵循这些国家标准的规定。

为了保证图纸能够在不同国家甚至是世界范围内交流。由来自于 145 个不同国家的标准研究所组成的国际标准组织(ISO)公布了关于科技、金融和政府的多达 13700 份不同的标准。进入 http://www.sac.gov.cn 可以获得有关国家标准的最新信息。进入 http://www.iso.org 可以获得有关国际标准的最新信息。

2. 制图技术

“制图技术”的含义很广,内容也很丰富。可以这样认为:“向人们提供以图形或图像为主的形象信息技术,皆可称为制图技术”。它是由使用绘图工具手工绘制产品图样的技艺发展起来的。在科学技术突飞猛进的今天,一方面,计算机绘图逐步取代手工仪器绘图,它提高了制图技术水平和图样质量。另一方面,计算机辅助设计和制造使得无图纸设计和生产成为可能。

1.3 产 品 设 计

产品设计是根据客观需求,以成熟技术结构为基础,运用科学原则、经验和创造力所进行的设计,它在工业生产中大量存在,并且是一种经常性的工作。

(1)设计目的:产品设计产生的产品是以满足人的功能需要为目的,是为了使人类的生活质量得到提高,使人的物质需求与精神需求得到满足,即通过对产品的完善与创造,使产品更好地迎合人的需要,解决人的各种问题。

(2)设计对象:产品设计的设计对象是人们生活中所用到的一切工业产品,包括交通工具、文化用品、家居用品、五金产品、电子产品等。

(3)设计的范围:产品设计的范围涉及人的生理需要、心理需要以及对环境的需要等。

产品开发由两个主要过程组成:设计过程和制造过程。

设计过程始于由市场人员认定的用户需求,止于对产品的完整描述,通常用工程图样来表现。制造过程则始于产品的生产工艺,止于产品发运。

随着工业水平的发展,工程设计已经渗透到从产品研发、制造直至销售的整个产业链中,且起着举足轻重的作用,如图 1.8 表示了产品的开发设计在产品开发的全周期所占的工时成本只有 5%,而对产品成本所产生的影响要占到 70%。

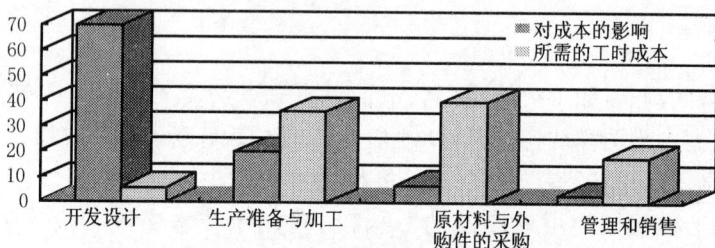

图 1.8 设计与产品开发

产品设计是一个复杂的思维过程,在这一过程中蕴涵着创新和发明的机会。它要求设计者对最终产品的功能和性能有一个清晰的了解,想象和创造出新的设计想法,并通过三维数字化模型或工程图样将设计思想准确无误地表达出来。例如,根据图 1.1 所示的产品概念草图,演绎发展出图 1.9 所示的两款该产品的三维数字化模型。

图 1.9 产品的数字化模型

1.3.1　设计灵感

人类充满创造潜能,并拥有设计方面的天赋,只要学会设计过程中所采用的手段和方法,每个人都能够成为设计师。设计灵感一般来自以下几个方面:

1. 借鉴设计

创新设计往往是在已有产品技术基础上的综合。在进行产品设计时,借鉴好的设计想法是十分可取的。

今天的科学技术已经高度发展,研究优秀产品和专利产品的设计手册和设计图纸,博采众长,并加以巧妙地组合,将优秀的设计经过更改或者直接运用到自己的设计方案当中。例如,把计算机和机床组合在一起,就形成了如图 1.10 所示的数控机床。再如,铁心铜线电缆则组合了铜线导电性能好、耐腐蚀和铁心成本低、强度高的优点。

图 1.10　数控机床

2. 改良设计

针对已有的先进产品,对其进行分析、解剖和试验等研究,了解其材料、组成、结构、性能和功能,分析和掌握其工作原理等关键技术。在消化、吸收和引进先进技术的基础上,结合自身的特色,改进或改良已有的设计。利用移植、组合、改造等方法,进行仿制、改进或发展创新产品。这一工程技术被称为逆向工程。

逆向工程是一种新产品开发方法。首先使用三坐标测量仪(图 1.11)对样品或实物进行高速扫描,得到其三维轮廓数据。然后用反求软件构造其三维数字化模型,并用 CAD 软件进行进一步修改和创新设计。最后将设计结果进行快速成型(Rapid Prototyping,RP)或数控加工(Computer numerical control,CNC)。逆向工程技术被认为是"将产品样件转化为 CAD 模型的相关数字化技术和几何模型的重建技术"的总称。

图 1.11　三坐标测量仪

据统计,世界各国在经济技术发展中,百分之七十以上的技术源于国外,逆向工程作为消化、吸收和掌握先进技术经验的一种手段,可使产品研制周期缩短百分之四十以上,极大提高了设计和生产的效率。例如,美国人发明的晶体管技术,原来仅用于军事,日本索尼公司买到晶体管发明专利后,利用逆向工程技术进行反求研究,将其移植于民用领域,开发出晶体管半导体收音机,产品迅速占领了国际市场。

3. 仿生设计

自然界对设计师而言,是个取之不尽、用之不竭的"设计资料库"。自然界的动植物经历了几百万年适者生存法则的自然进化后,不仅完全适应自然,而且其进化程度也接近完美。研究这些自然的设计,设计师能够从中获得启发。

人类常常将生物的某些特性运用到创造发明之中。例如图 1.12 所示,蜂巢是结构设计的杰作,合乎"以最少材料"构成"最大合理空间"的要求且极其坚固,人们仿其构造用各种材料制成蜂巢式夹层结构板,其强度大、重量轻、不易传导声和热,是建筑及制造航天飞机、宇宙飞船、人造卫星等的理想材料。如图 1.13 所示,蜻蜓翅膀是空气动力学的杰作,科学家根据蜻蜓的飞行原理研制成功了直升飞机。根据加重的翅痣蜻蜓在高速飞行时安然无恙,人们仿效其在飞机的两翼加上了平衡重锤,解决了因高速飞行而引起振动的棘手问题。又如,根据蛙眼原理,科学家利用电子技术制成了雷达系统,能准确快速地识别目标;根据萤火虫 100% 光能转化效率的原理,人类制成的冷光源,将发光效率提高了十几倍,大大节约了能量。再如仿昆虫单复眼的构造特点,人类造出了大屏幕模块化彩电和复眼照相机;仿照狗鼻子的嗅觉功能,人类造出的电子鼻可以检测出极其微量的有毒气体;诸多仿生设计产品体现出令人惊叹的创造性。

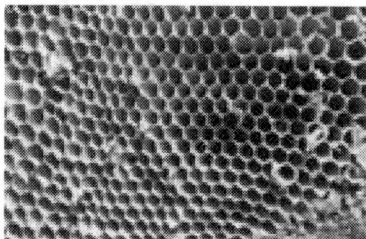

图 1.12　蜂巢是结构设计的杰作　　　　图 1.13　蜻蜓翅膀是空气动力学的杰作

1.3.2　创新设计

自从提出建设"创新型国家"这个重大战略目标以来,"创新"已经成为我国的重要国策,创新决定着国家和民族的综合实力和竞争力。

创新能力是 21 世纪人才的综合素质之首,是面对社会挑战的必备基本能力。

创新能力是人的一种潜能,是人人都具有的一种能力,而且这种能力可以经过一定的学习和训练得到激发和提升。

现实生活中人们将发明创造更多地归结为发明家的任务,其实这是对创新活动存在的一个认识上的误区。事实证明创新和其他活动一样,也具有自身一套内在的规律和方法。熟知和掌握这些规律方法,对于提升创新水平和效率都具有重要的价值。

长期以来,世界上存在约有 300 多种创新方法,比较有影响力的如头脑风暴法和 TRIZ 理论等。

1. 头脑风暴法

创新设计团队在创造性的设计过程中十分重要。设计团队一般由不同经验的人组成,例如设计人员、生产技术人员、市场销售人员等。

人的创造性思维特别是直觉思维在受激发情况下能得到较好地发挥,因此,团队中最常使用的创造方法是头脑风暴法。

头脑风暴法是团队成员集中在一起,举行一种特殊的小型会议,当针对某个问题进行讨论时,与会者毫无顾忌地提出各种想法,由于各人知识、经验不同,观察问题的角度和分析问题的方法各异,提出的各种主意能彼此激励,相互启发,填补知识空缺,引起联想,导致创意设想的连锁反应,启发诱导出更多创造性思想,达到创新的目的。

　　头脑风暴可以刺激、启发和促使设计师基于其他组员的想法上，从不同角度审视产品的设计。在头脑风暴的过程中，应不加评判地列出所有创意。头脑风暴的首要目标是数量而不是质量，因为最初的 20～30 个创意将是非常常规和熟悉的。创意越多，通过合成其中 2 个或多个创意，得到创新视角的可能性就越大。在头脑风暴阶段，通常要求参与者提出远远多于必需的创意来解决已知问题。图 1.14 所示为以"挤碎柠檬方法"为主题的头脑风暴法创意。

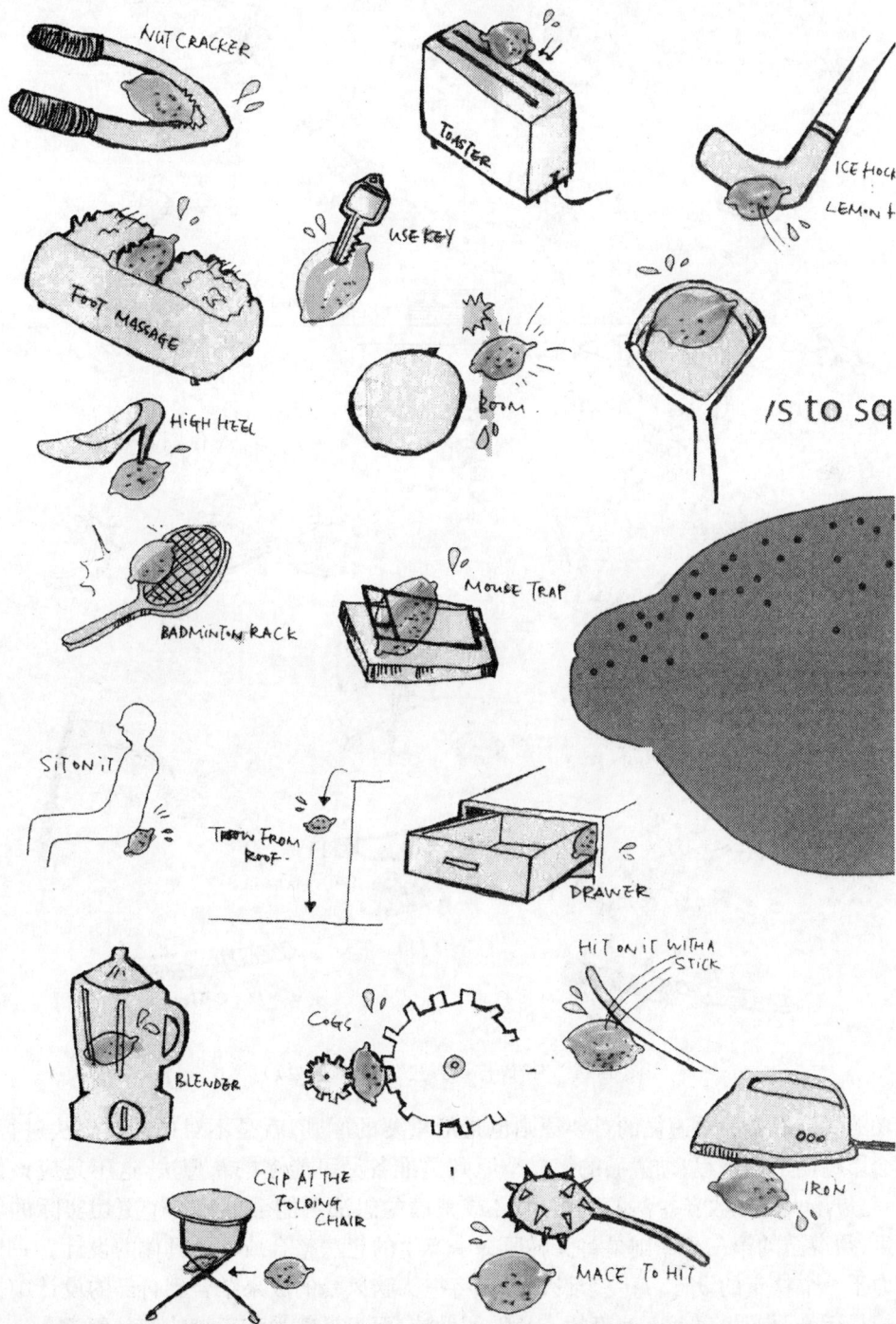

图 1.14　"挤碎柠檬方法"头脑风暴

图 1.14 "挤碎柠檬方法"头脑风暴（续）

　　成功的头脑风暴所要遵循的首要原则也是最重要的原则，就是不对他人的想法进行批评，批评只会影响创造的进程；须遵循的第二个原则是准备尽可能多的新想法，这不是应该保守的时候，而是应该大量吸收新想法的时候，疯狂或荒唐的想法可能会导致一个更切实际的创新想法的产生；须遵循的第三个原则是将头脑风暴中产生的想法整合成一个具体的设计。一旦设计团队致力于一个特定的设计，每一个设计师都将把头脑风暴的成果结合到自己的设计中去。头脑风暴的目标是要产生出令人惊讶的产品创新设计，而不是熟悉和正统的产品创意。

2. TRIZ—发明问题解决理论

TRIZ(Theory of Inventive Problem Solving)是"发明问题解决理论"的简称,前苏联发明家 G. S. Altshuller 带领一批学者从 1946 年开始,对世界上 250 多万件发明专利进行了归纳整理,得到以下两个结论:

(1)不同领域、解决不同问题的专利却有着极其相似的创新理念和类似的解决方法;不同国家的不同发明家在他们各自独立研究某一系统的技术进化问题时,能得出相同的结论。

(2)原创性的发明中有一定的普遍规律可循,产品及其技术的发展总是遵循着一定的进化规律,人们根据这些进化规律就可以预测技术系统未来的发展方向。

因此,Altshuller 等指出:创新所寻求的科学原理和法则是客观存在的,大量发明创新都依据同样的创新原理,并会在后来的一次次发明创新中被反复应用,只是被使用的技术领域不同而已,所以发明创新是有理论根据和有规律可遵循的。

Altshuller 等人通过对 250 万件发明专利进行分析研究,综合多个学科领域的原理、法则,形成了 TRIZ 理论体系。该体系提取出 40 条创新原理,形成 8 大技术系统进化法则,构成 TRIZ 理论的核心内容。

1)40 条创新原理举例

TRIZ 理论的第 7 条创新原理为"将小物体置于中空的大物体内以节省空间"。如俄罗斯套娃(图 1.15)、伸缩天线、推拉门……

图 1.15　俄罗斯套娃

该创新原理在以下不同领域得到了应用:

(1)1965 使施肥机适应不同的农作物间距

(2)1979 减少爆破压制超导线圈的废品率

(3)1988 减少电容器的体积

(4)1990 减少船舶双螺旋推进器的体积

(5)1994 缩短扭力杆的长度

……

2)8 大技术系统进化法则举例

TRIZ 理论的 8 大技术系统进化法则中的第 3 个法则是动态性进化法则,该法则认为产品和技术系统的进化,应该沿着向结构柔性增加的方向发展,以适应环境状况或执行方式的变化。图 1.16 表示了量尺、计算机键盘和切割刀具 3 个产品的演变情况,它们都遵循了从刚性逐渐向柔性发展的进化规律。人们根据这些进化规律就可以预测产品和技术系统未来的发展方向。

综上所述,TRIZ 理论是一门科学的创造方法学。运用这一理论,可加快人们创造发明的进程,得到高质量的创新产品。

刚体　　单铰链　　多铰链　　　柔性体　　　液体/气体　　　　　　场

图 1.16　技术系统进化法则之提高柔性法则

1.3.3　设计过程

设计是一种能够将想法、科学原理、资源以及现有产品归结为某种问题的解决方法的能力，设计中这种解决问题的方法也就是我们说的设计程序。

一个成功产品的设计过程包含了设计、制造、装配、销售、服务等多种因素，它由许多简单可行的阶段组成。在进行产品的创新设计或改良设计时，一般可将其划分为最基本的五个步骤，如图 1.17 所示。如果其中某一个阶段进行的不理想，可能需要返回上一个步骤并不断重复，就像虚线所指示的那样。这种不断重复的过程被称作循环。

步骤 1　研究用户需求和归纳设计问题

设计师必须了解用户需求，哪些人会对设计的产品感兴趣，设计是面向单独特殊的用户还是整个社会公众。例如，航天飞机中某个部件的设计并不需要考虑适合于整个社会，它有着有限的市场和用户。但在设计一

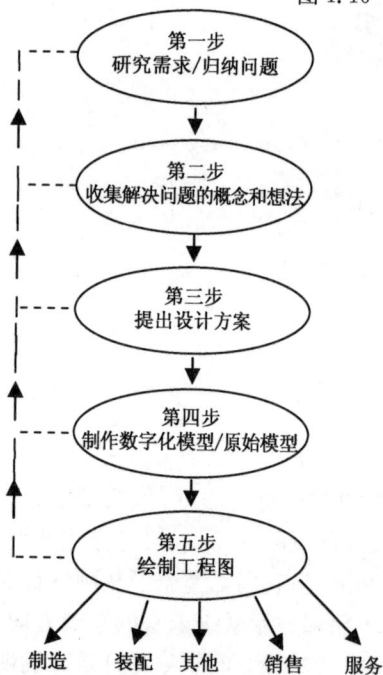

第一步　研究需求/归纳问题

第二步　收集解决问题的概念和想法

第三步　提出设计方案

第四步　制作数字化模型/原始模型

第五步　绘制工程图

制造　装配　其他　销售　服务

图 1.17　设计步骤

线切割机床　　　水切割　　　激光切割

个要求用户来完成最后安装的家庭跑步机时,则需要充分考虑到绝大多数用户的操作能力以及跑步机的机械性能。因此在设计初始阶段,设计师必须了解和锁定产品的最终用户。

在开始设计之前,了解这一产品是否需要满足某一国家标准或规定,或是必须采用某一部门或行业标准,这一点十分重要。

任何设计过程都包含着妥协,因为任何一个产品都要受到经济因素、安全性能、可制造性、审美情趣、道德规范和社会影响等方面的制约。例如,国家标准限制了某种材料的使用,因此,设计可能要采用另一种材料,而不是设计师最初的构想;材料或是生产过程有可能花费过多的成本;或是某种原料无法得到等。对于设计师来说,很重要的一点是必须清楚在设计的过程中,让步和必要的妥协是必需的。

工程设计涉及的范围很广,从简单廉价的电灯开关到地面旅行、空间探测、环境控制等方面的复杂系统。可能设计出的产品十分简单,如广泛使用的带拉环结构的饮料罐(图 1.18),它的开启十分简便和安全,但该产品的生产方法和步骤则需要作相当大的工程和设计方面的努力。又如图 1.19 所示的波音 777 飞机是复杂系统设计的一个例子,它的设计和制造是 20 世纪 90 年代现代制造业的标志性发展。它使用三维 CAD 制图技术,实现了全数字化定义(无纸生产)、数字化预装配(无金属样机的生产)、广域网上的异地设计、异地制造、基于 STEP 的数据交换、协同工作小组(Team Work)等。波音 777 飞机是将大量的设计制造工作与支持系统和相关 CAD 软件完美结合的产物。

图 1.18　饮料罐　　　　　　　　　　　图 1.19　飞行中的波音 777

在归纳问题阶段,设计师不仅能够认识到通过设计解决问题的必要性,更多的是通过一定的问题归纳而获得启示。与设计有关的各种信息被收集,设计耗时、经费、产品作用之类的限定因素和指导方针被一一确定。之后,设计师就围绕着这些展开工作。例如,待设计出什么产品?经费预算的上限是多少?市场潜力如何?产品售价是多少?什么时候进行模型评估测试?什么时候完成设计图纸?什么时候开始生产?什么时候投入销售?等等。

本阶段的问题归纳信息将成为下一阶段提出设计概念和想法的基础。

步骤 2　收集解决问题的概念和想法

在这个阶段,TRIZ 理论、头脑风暴、产品形态分析和产品属性(质量、特征、风格)列表等都是扩展设计概念和想法的有效方法。对有可能会解决问题的所有想法都要被收集整理,这些想法的范围非常广,包括合理的和不合理的想法,并且也不要求是最新的或是独一无二的想法。想法可以来自个人,也可以来自集体,一个想法可能引申出更多的想法来,想法的数量越多,越有可能获得一个或多个值得进一步深化提炼的想法。所有可能产生启发的领域都应当涉及,例如技术文献、报告、设计和技术期刊、专利和现有产品等。甚至从用户那儿也能获得启发,已有产品的用户能够提供改进的意见,潜在的用户也有可能提供解决问题的方法。

在这一阶段并不对各种想法的价值进行评估。所有的笔记和草图都作为未来可能的专利产品的证明被标记、整理和保留。

步骤3 整合提炼设计方案

上个阶段中形成的多种多样的设计概念在经过慎重的考虑之后被挑选出来,互相融合成为一个或多个有可能的比较折中的解决办法。此时,最佳的解决方案被细致评估并尽可能的简单化,使其更易于生产和维修,以及产品报废后更容易被处理。

提炼设计方案之后,则应该研究选用合适的加工材料,以及研究可能涉及的运动问题。采用怎样的动力?是人工、电动还是其他方法?怎样运动?是将旋转运动转变成线性运动还是将线性运动转变成旋转运动?这其中大部分问题可通过绘制示意性的设计方案草图来解决。在方案草图中,多数零件和结构可采用骨架线表示。例如,滑轮和齿轮用圆代替,运动轨迹用中心线表示等。

方案草图完成后,通常就要画一张装配草图,如图1.20所示。在装配过程当中,一般情况下按常规经验、工程标准手册和实验数据等信息,确定各部分之间的基本比例,对在高速、高负荷和在特殊要求和环境下工作的零件,还需进行受力分析和详细计算。尽可能地使用标准件。在装配图中展示各部分如何装配在一起,需要特别注意物体运动和安装的简便以及实用性问题。

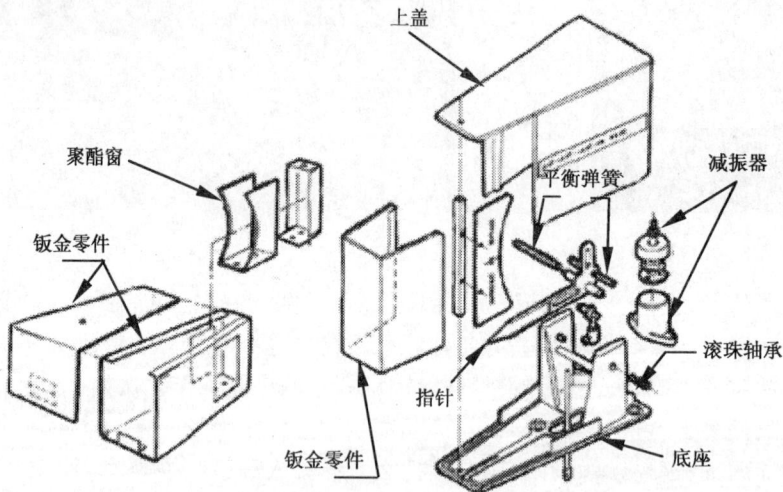

图1.20 指示器的装配草图

装配草图完成后,通常就要绘制装配图(图1.21),此时所有的主要零件和结构进行了强度和刚度等分析计算,功能也进行了精心设计。经费预算要时刻记在脑中,因为无论产品设计的多好,它都必须能够获得利益,否则将白白浪费时间和开发成本。

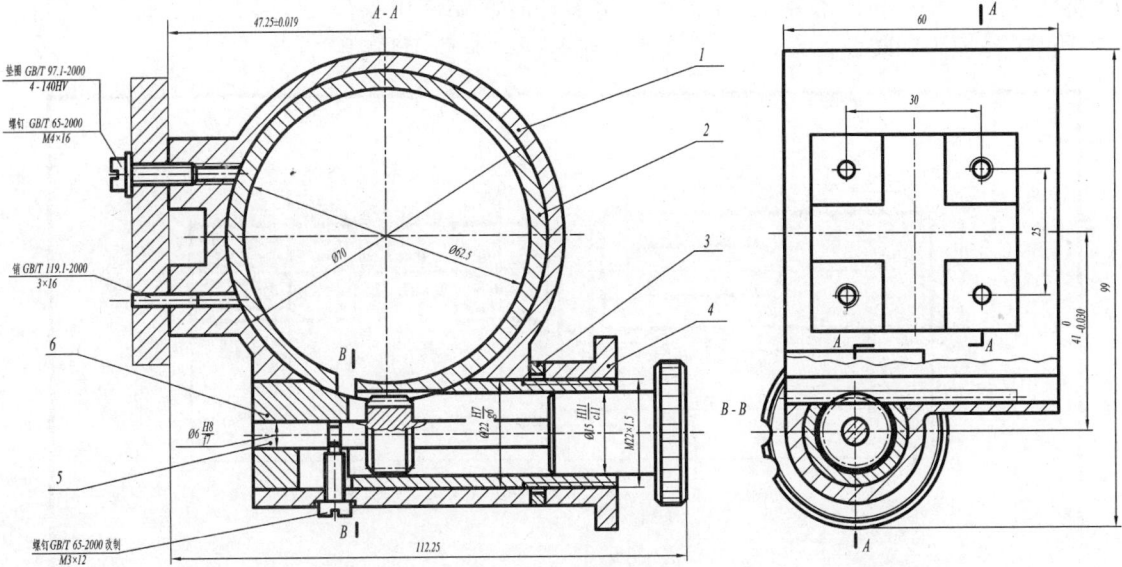

图 1.21 镜头架的装配图

步骤 4 制作数字化模型和实物模型

通常情况下,本阶段会制作一个除了材料之外,完全按照最后要求制作的1:1的或是一个成比例的原始模型。如图 1.22 所示的模型就是根据图 1.1 所示的产品概念草图所制作的原始模型。用原始模型对设计进行分析、研究和评估。原始模型经过测试后再作进一步的修改,并将结果记录在修改后的草图和工作图上。

三维 CAD 模型,也被称作虚拟模型或数字化模型,是由计算机生成的精确模型。它不仅可以非常精确和详细地提供与实体原始模型同等水平的信息,还可免去制作实体模型所需的巨大花费。波音 777 飞机的所有复杂系统都是三维 CAD 模型,如图 1.23 所示。

图 1.22 原始模型

图 1.23 波音 777 数字化模型

步骤 5 完成产品的零件图和装配图

在工业生产中,产品在 CAD 系统下的数字化模型可直接进行数控加工,但对大多数工业产品,已确定产品的最终设计方案要进行工程图样(零件图和装配图)的设计。每一个要生产的零件都要绘制零件图(图 1.24),图上不仅要表明零件各部分结构的形状和相对位置,还须标注详细的尺寸和技术要求,加工和检验零件时需要使用零件图。装配图表达了机器或部件的工作原理和装配关系,在产品装配和维修时需要使用装配图。

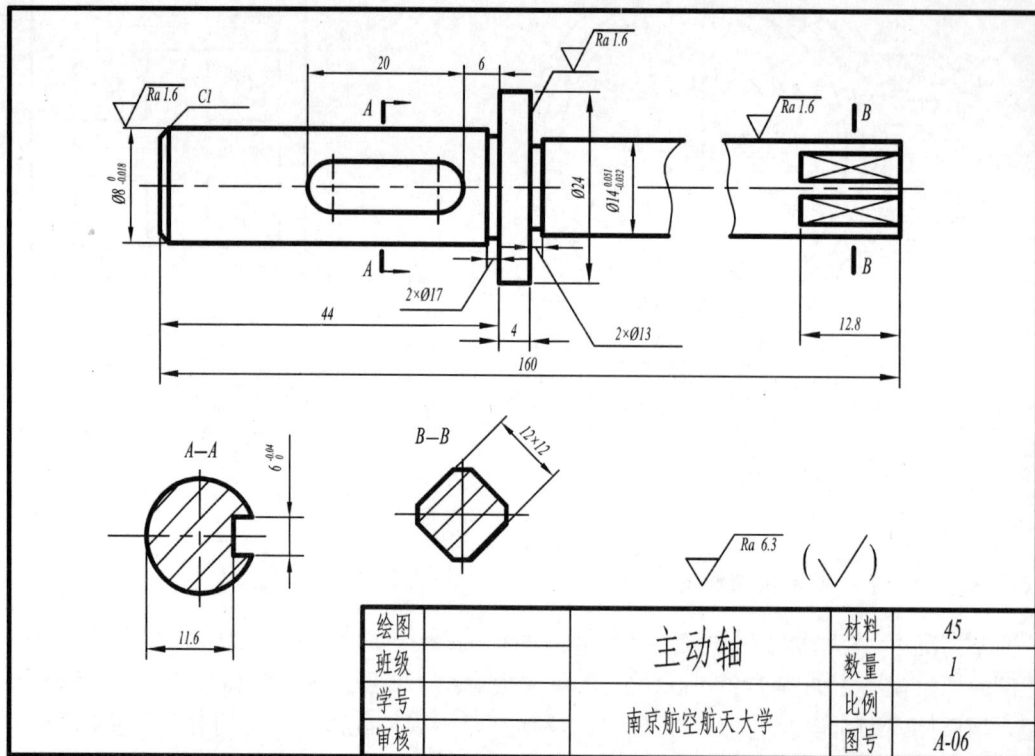

图 1.24　轴零件图

标准件不需要绘制零件图,但要在装配图中绘制出来,并在装配图的零件序列表中列出规格。

1.4　计算机辅助设计

在设计过程中,利用计算机作为工具,帮助工程师进行设计的一切实用技术的总和称为计算机辅助设计(Computer Aided Design,CAD)。CAD 技术通过利用计算机进行设计、工程分析、优化、绘图和文档制作等设计活动,把设计人员的思维、综合分析能力与计算机的快速、准确和易于修改的特性综合起来,从而加速了产品的设计速度,提高了设计质量。

从广义上讲,CAD 技术包括二维工程制图、三维几何设计、有限元分析(FEA)、数控加工编程(NCP)、仿真模拟、产品数据管理、网络数据库以及上述技术(CAD/CAE/CAM)的集成技术等。CAD 是综合了计算机科学与工程设计方法的最新发展而形成的一门新兴技术。

1.4.1　CAD 发展概况

计算机辅助设计作为一门技术始于 20 世纪 60 年代初期,已有 50 多年的历史。目前 CAD 技术已进入实用化阶段,广泛应用于机械、电子、航空宇航、船舶、汽车、建筑等领域。目前,CAD 技术正朝着标准化、集成化、网络化、智能化等方向发展。

1. CAD 系统组成

一个 CAD 系统由硬件和软件两部分组成,如图 1.25 所示。要想充分发挥 CAD 的作用,必须要有高性能的硬件和功能强大的软件。

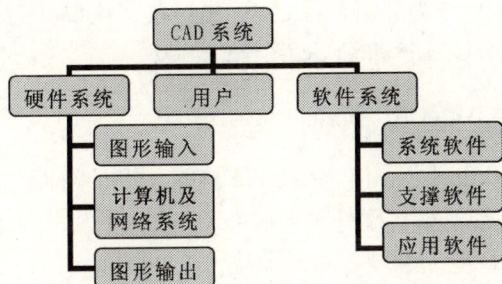

图 1.25　CAD 系统基本组成

CAD 系统的硬件由计算机及其外围设备和网络组成。计算机分为大型机、中小型机、工作站和微机四大类。外围设备包括鼠标、键盘、扫描仪等输入设备和显示器、打印机、绘图仪等输出设备。

CAD 系统的软件分为:系统软件、支撑软件和应用软件三类。支撑软件包括程序设计语言、数据库管理系统和图形支撑软件。应用软件是根据本领域工程特点,利用支撑软件系统开发的解决本工程领域特定问题的应用软件系统。

2. CAD 系统分类

CAD 系统一般分为二维 CAD 系统和三维 CAD 系统。

二维 CAD 系统是绘制产品的工程设计图纸,系统内表达的任何设计都变成了"点、线、圆、弧、文本……"等几何图素的集合,系统记录了这些图素的几何信息。

三维 CAD 系统的核心是产品的三维数字化模型。设计人员利用三维 CAD 系统构造产品的三维模型,并能从各个不同的方向观察、缩放和移动产品的三维模型,CAD 系统还可以自动生成该产品的工程图纸。目前,三维 CAD 系统已经从早期的实体建模,发展到特征建模和基于约束的建模。三维 CAD 系统为产品的零件设计、装配设计、模具设计、钣金设计和数控仿真等方面提供了强大的支持。

目前,我国流行的二维 CAD 系统主要有 AutoCAD、CAXA 等。高端的三维 CAD 系统主要有 UG、CATIA、Pro/E 等,中端主流的三维 CAD 系统主要有 SolidWorks、SolidEdge、Inventor 等。

3. 二维 CAD 系统与三维 CAD 系统

拥有 Pro/E 软件的美国 PTC 公司首席技术执行官 James Hepelmann 在 2003 年一次采访中说:"过去采用二维 CAD 进行设计,现在开始采用三维 CAD 进行设计,然后整合到产品中。但是仍然存在二维绘图的需要,这是一个过渡阶段,还需要用 10 年到 15 年。"

拥有 AutoCAD 软件的 Autodesk 公司第一副总裁卡尔巴斯在 2003 年的一次采访中说:"过去我们做过一次预测,认为三维 CAD 很快要取代二维软件。现在我们的观点又发生了变化,三维软件与二维软件将在很长的一段时间内共存。这是因为二维的工程图形是传统的,是大家公认的设计信息的一种表达方式……二维软件还会有发展空间。从全球情况来看,约有

30％的用户使用三维设计,而 70％仍使用二维设计。Autodesk 的目标就是让这 70％尽快转入三维设计。"

根据中国制造业信息化 2003 年度报告,在我国工程设计和机械行业的骨干企业中,应用二维 CAD 的已达 92％,但使用三维 CAD 的企业只有 34％。为此,国家在 2001 年启动的制造业信息化工程中,将设计数字化作为战略目标之一,并将数字化设计与制造确定为重大关键共性技术,重点开发 CAD、PDM、CAPP 和 CAM 系统。

1.4.2　二维工程绘图软件 AutoCAD 简介

AutoCAD 是美国 Autodesk 公司开发的计算机辅助设计绘图软件,图 1.26 所示为 Auto-CAD 的运行界面。在众多基于微机硬件平台的 CAD 软件中,AutoCAD 作为 Autodesk 公司的旗舰产品,占据着二维 CAD 应用领域的主导地位。

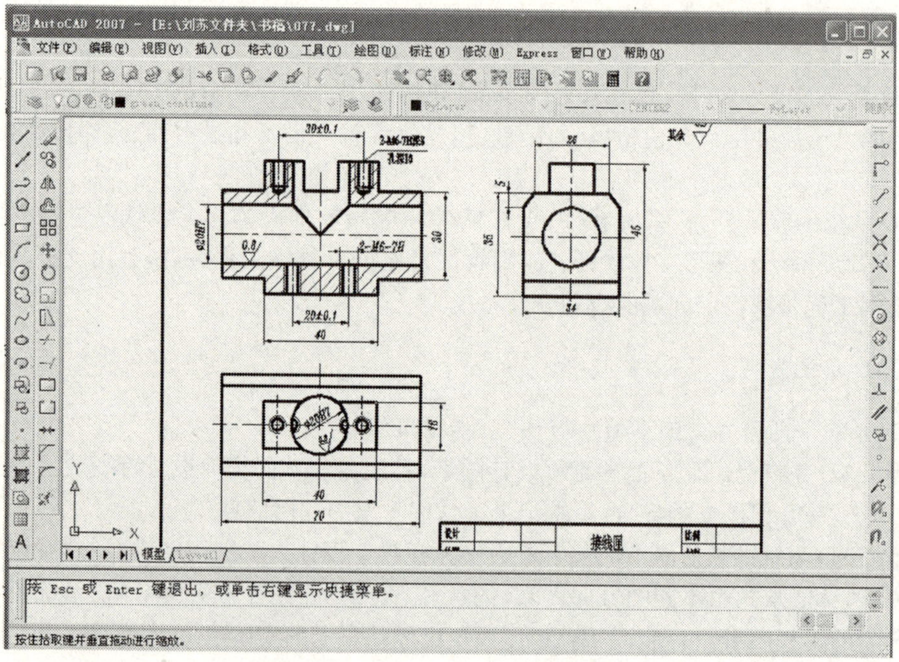

图 1.26　AutoCAD 软件的系统界面

AutoCAD 已经具有世界上 18 种语言的相应版本,拥有最广泛的用户群体,Autodesk 公司目前正式的用户数量是 700 万,有超过一半的用户用 AutoCAD 做着日常的设计工作。正是因为 AutoCAD 的普及性,使得 AutoCAD 和其用来表达设计结果的 DWG 文件,成为今天默认的工程设计领域的语言。

AutoCAD R1.0 于 1982 年在美国首先推出后,一直持续不断地向前发展。在其后的 25 年中,Autodesk 公司相继推出一系列的更新升级版本,直至目前的 AutoCAD 2010。AutoCAD 是一个开放的平台,众多专业产品构筑在 AutoCAD 平台之上,沿着各自的专业方向发展,使得用户在这个专业方向可以得到更高的设计效率。

总之,AutoCAD 是一个一体化的、功能丰富的、面向未来的、世界领先的设计绘图软件,为用户提供了一个优秀的二维设计环境及绘图工具,显著提高用户的设计效率,充分发挥用户的创造能力,帮助用户把构思转化为现实。

1.4.3　三维工程设计软件 Pro/E 简介

Pro/ENGINEER(简称 Pro/E)是美国参数技术公司(Parametric Technology Corporation，PTC)开发的三维 CAD 系统，是一个基于特征的参数化实体造型系统，Pro/E 软件的系统界面如图 1.27 所示。

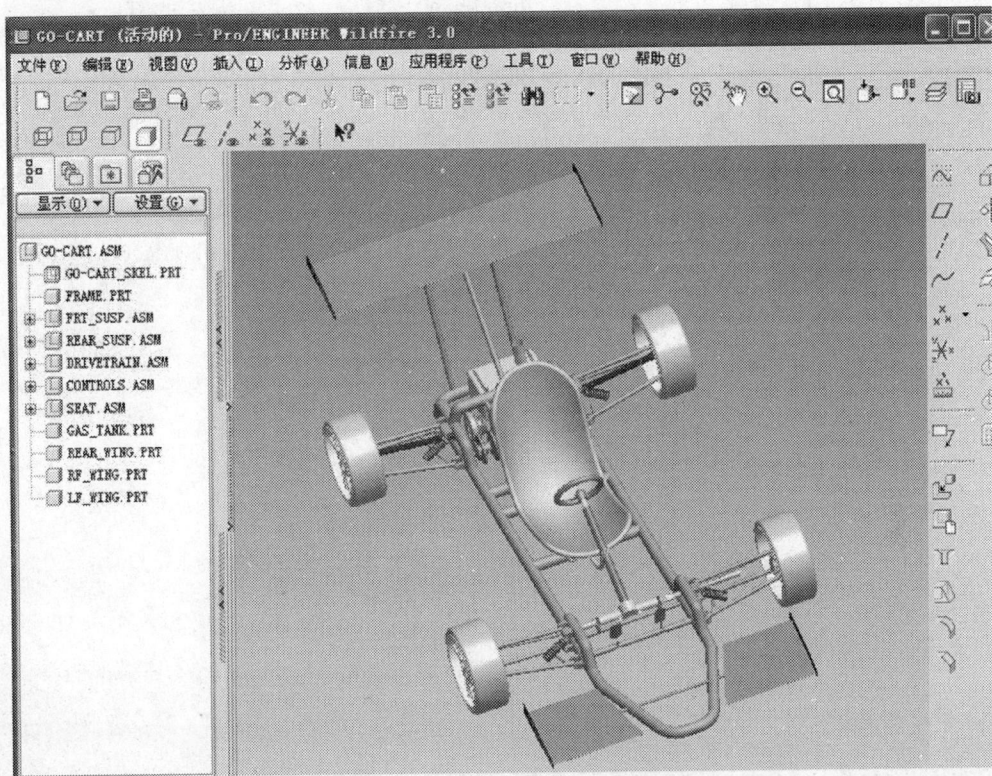

图 1.27　Pro/E 软件的系统界面

Pro/E 是一个由许多模块组成的集成软件。其基本模块由草图模块、零件模块、绘图模块和组件模块组成。除基本模块以外，还包含有 Pro/DESIGNER、Pro/MECHANICA、Pro/MOLDESIGN、Pro/NC 等模块。

Pro/E 具有以下三个特点：

1. 基于特征

Pro/E 采用的是基于特征的实体建模技术。零件是由特征经过叠加、切割、相交、相切等操作构造而成，如图 1.28 所示。

2. 参数化

参数化设计是通过参数、关系和参照元素的方法把零件的设计意图融入到模型里。参数化使零件的设计、修改变得方便易行，用户在任何时候都可对零件的设计尺寸进行修改，如图1.29所示。

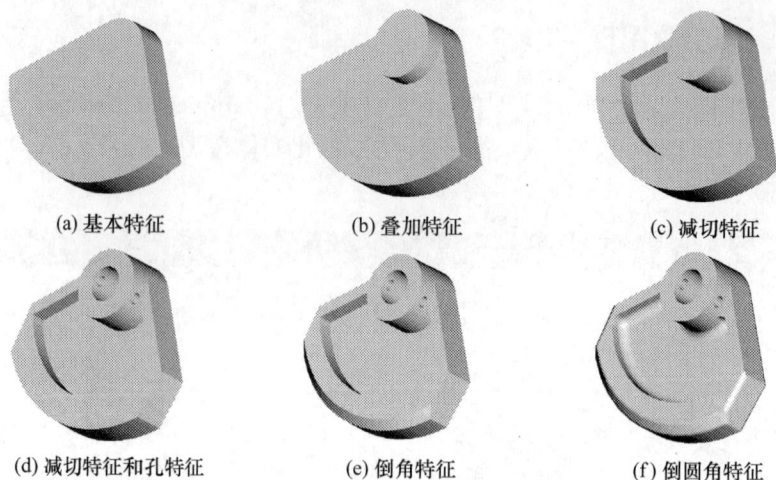

(a) 基本特征　　　　　　(b) 叠加特征　　　　　　(c) 减切特征

(d) 减切特征和孔特征　　　(e) 倒角特征　　　　　(f) 倒圆角特征

图 1.28　Pro/E 特征建模

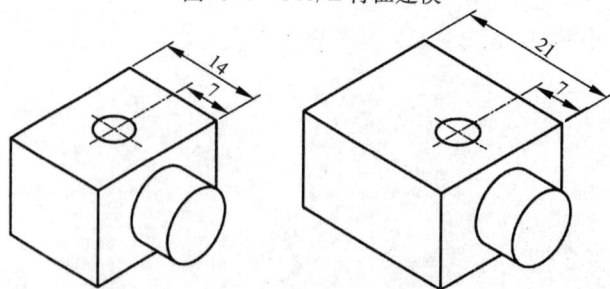

图 1.29　Pro/E 参数化设计

3. 全局相关性

Pro/E 采用了单一数据库,使零件设计、模具设计、加工制造等任何一个模块对数据的修改都可自动地反映到其他相关的模块中,从而保证设计、制造等各个环节数据的一致性。

1.4.4　CAD 与工程制图

虽然在绝大多数工程设计中,计算机辅助设计已经取代了传统的手工制图工具,但用于工程设计人员间交流沟通的工程图样的基本概念并没有变化。即使是使用计算机进行绘图和设计的工程设计人员,也首先要学习如何去绘制和理解工程图样的基本概念和基本原理。

因此每个工程设计人员都必须学习工程图学,了解最新工程制图标准,学习手工绘图和使用计算机进行绘图的方法,能正确阅读和绘制工程图样,这样工程设计团队中的每个成员才能够进行迅速而准确的交流。

第2章 投影基础

机械设计的设计对象如零件、部件和机器,是具有形状、尺寸、材料等属性的三维空间实体,使用工程CAD软件进行三维设计的设计过程和设计结果表达直观。但是,在近现代工业的设计和制造过程中,技术思想的表达也在使用二维工程图样,二维工程图样也被称为"工程师的语言"。在长期的工程应用中,人们已积累了大量的、极具价值的用二维工程图样表达的技术资料,形成了一套完善的标准化的设计交流工具。而且各个行业也形成大量的制图标准及规范,这些标准及规范目前正在机械工业领域广泛和深入地应用着。

按照我国的国情,在今后很长一段时间内,工程设计领域将是二维工程图样与三维CAD设计共存,二维工程图样依然发挥其重要的不可替代的作用。

工程上是采用投影原理把三维物体准确、唯一地表示在平面图纸上。投影法是绘制工程图样的基础。

任何立体的表面都是由点、线、面等空间几何元素所组成,故研究三维物体的投影首先需研究空间几何元素的投影。

2.1 空间几何元素的投影

2.1.1 投影体系的建立

当物体受到光线照射时,会在地面或墙壁上产生影子,人们根据这一自然现象,经过几何抽象创造了工程上所用的投影法。

所谓投影法,就是在一定条件下,求得空间形体在投影面上的投影的方法。获得投影应具备投影中心(光源)、投影线(光线)、研究对象(被投射的物体)和投影面四个基本要素。

1. 投影法的分类

投影法通常分为中心投影法和平行投影法。

1)中心投影法

当投影线相交于有限远点,该投影法称为中心投影法。

如图2.1所示,投影线从投影中心 S 出发,将空间物体 $ABCD$ 投影至投影面 P,即得空间物体 $ABCD$ 在 P 面上的中心投影 $abcd$。中心投影的大小会随投影中心或空间物体与投影面的距离变化而变化,不能反映空间物体真实大小,其度量性不佳,故绘制机械图样时一般不采用中心投影法。

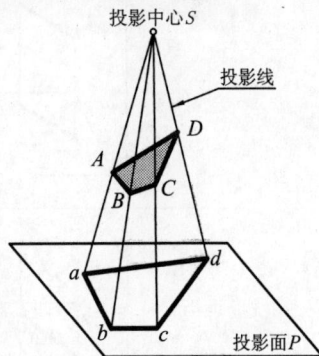

图2.1 中心投影法

中心投影法主要用于绘制建筑物或产品的立体图,又称为透视投影法。

2)平行投影法

若将投影中心按投影方向移至无穷远处,则所有的投影线相互平行,该投影法称为平行投影法。

平行投影法中,若投影线垂直于投影面,称为正投影法,所得投影称为正投影,如图 2.2(a)所示;若投影线倾斜于投影面,称为斜投影法,所得投影称为斜投影,如图 2.2(b)所示。

正投影法度量性好且便于绘图,主要用于工程上绘制机械图样,但其立体感差;斜投影法主要用于绘制有立体感的图形。

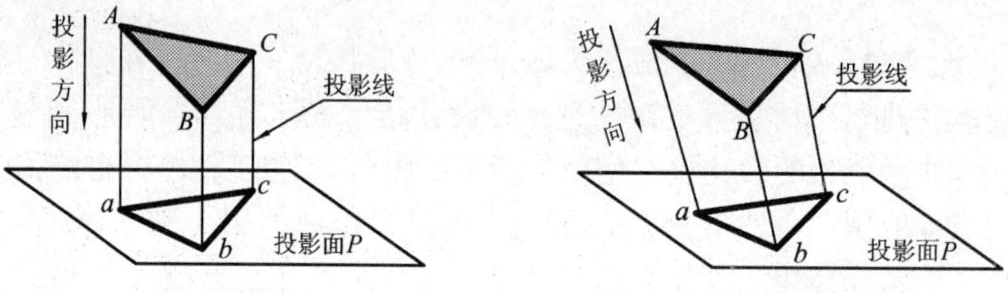

(a) 正投影法　　　　　　(b) 斜投影法

图 2.2　平行投影法

2. 正投影法的投影特性

机械图样使用正投影法,为方便叙述,本教材后面将正投影统一简称为投影。如表 2.1 所示,正投影法具有以下三个投影特性。

1)实形性

平行于投影面的直线,其投影反映直线实长;平行于投影面的平面,其投影反映平面实形。

2)积聚性

垂直于投影面的直线,其投影积聚为一点;垂直于投影面的平面,其投影积聚为一直线。

表 2.1　正投影法的投影特性

类型＼位置	平行于投影面		垂直于投影面		倾斜于投影面	
	空间图	投影图	空间图	投影图	空间图	投影图
直线	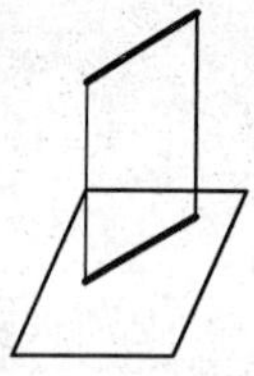	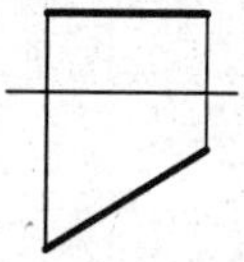	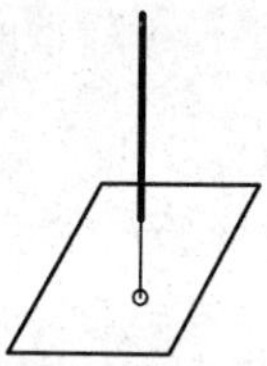		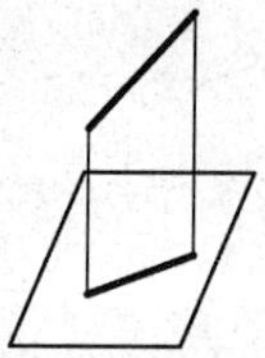	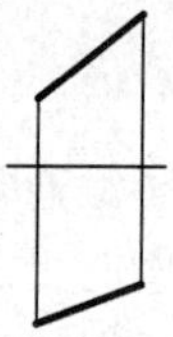
平面	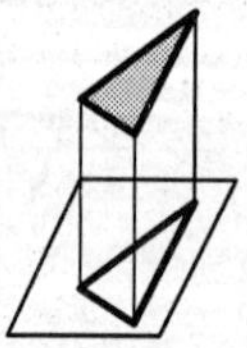	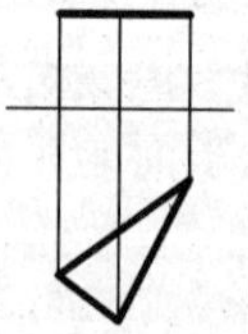	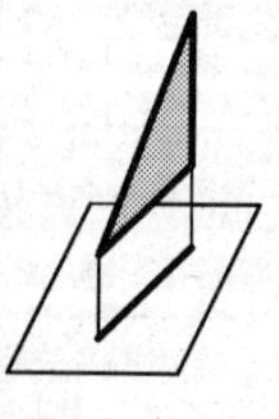	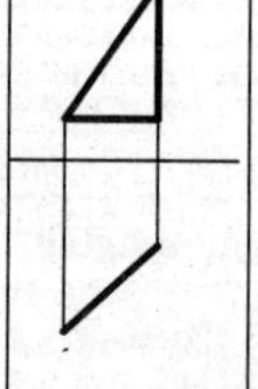	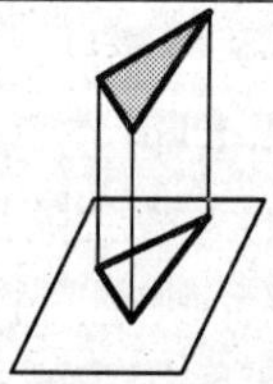	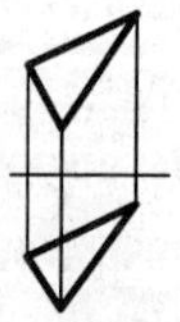
投影特性	实形性		积聚性		类似性	

3)类似性

倾斜于投影面的直线,其投影为小于实长的直线;倾斜于投影面的平面,其投影为小于实际平面的类似形。

3. 三视图的形成及其投影规律

工程上将物体向投影面正投影得到的图形称为视图。

如图 2.3 所示,用正投影法将两个空间物体投影,得到一个相同的视图。由此可见仅根据空间物体的一个视图无法确定其空间形状和大小。

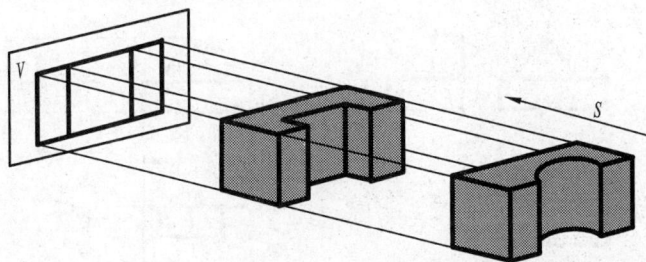

图 2.3　一个视图无法确定空间物体形状和大小

若要正确、完整、清晰地表达空间物体的形状及大小,需建立一个投影面体系,多方向观察物体,将空间物体同时投影在多个相互垂直的投影面上,得到多个视图。工程上最常用的为三视图。

1)三视图的形成及配置

如图 2.4 所示,三个相互垂直相交的投影面将空间分为八个部分,依次为 Ⅰ、Ⅱ、Ⅲ、Ⅳ、Ⅴ、Ⅵ、Ⅶ、Ⅷ共八个分角。国家标准"机械制图视图"(GB/T 4458.1—2002)规定,我国采用第一分角投影法绘制图样。如图 2.5(a)所示,在第一分角中,用正投影法将物体投影至相互垂直的三个投影面上,形成三投影面体系,得到三个投影图,简称三视图。

如图 2.5(b)所示,三投影面体系中,正对观察者的投影面称为

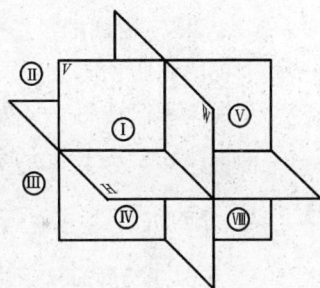

图 2.4　空间的八个分角

正平面(用 V 表示),V 面上的视图是将物体从前向后投影所得,称为主视图;水平放置的投影面称为水平面(用 H 表示),H 面上的视图是将物体从上向下投影所得,称为俯视图;侧立的投影面称为侧平面(用 W 表示),W 面上的视图是将物体从左向右投影所得,称为左视图。

为便于作图,国家标准规定 V 面保持不动,H 面绕 X 轴向下旋转 $90°$,W 面绕 Z 轴向右旋转 $90°$,展开后的三个投影面在同一平面上。如图 2.5(c)所示,展开后的三视图不画投影面边框和投影轴,无需标注视图名称。

国家标准规定,视图中立体的可见轮廓线用粗实线表示,不可见轮廓线用虚线表示,中心对称线和轴线用点画线表示。

2)三视图的投影规律

如图 2.5(d)所示,三投影面体系中,X 轴表示空间物体的长度方向,反映左右关系;Y 轴表示空间物体的宽度方向,反映前后关系;Z 轴表示空间物体的高度方向,反映上下关系。三视图

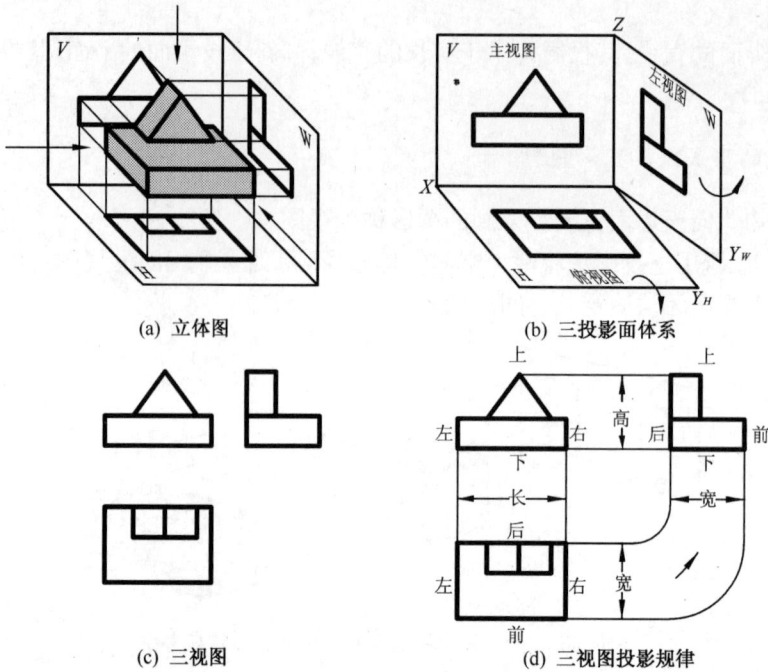

(a) 立体图

(b) 三投影面体系

(c) 三视图

(d) 三视图投影规律

图 2.5 三视图的形成及投影规律

中应特别注意物体的前后位置关系,俯视图和左视图中,靠近主视图的一侧反映物体的后面,远离主视图的一侧反映物体的前面。

综上,得三视图的投影规律为:

主视图和俯视图——长对正;

左视图和俯视图——宽相等;

主视图和左视图——高平齐。

2.1.2 点的投影

1. 点在三投影面体系中的投影

国家标准规定:空间点用大写字母表示,投影点用小写字母表示,三个投影面的交线称为投影轴,又称为坐标轴。

如图 2.6(a)所示,空间点 A 在三投影面体系中的投影分别为正面投影 a',水平投影 a 和侧面投影 a''。根据正投影法,$Aa \perp H$ 面,则 Aa 与 X 轴垂直;$Aa' \perp V$ 面,则 Aa' 与 X 轴垂直,故 X 轴垂直于 Aa 和 Aa' 组成的平面,显然 X 轴 $\perp a'a_x$,X 轴 $\perp aa_x$。如图 2.6(b)所示,按规定展开投影面后,$a'a \perp X$ 轴;同理 $a'a'' \perp Z$ 轴,$aa_{yh} \perp Y_H$,$a''a_{yw} \perp Y_W$,投影如图 2.6(c)所示。

综上可知,点的投影规律为:点的投影连线垂直于投影轴;点的投影到坐标轴的距离反映空间点的坐标。

例 2.1 如图 2.7(a)所示,已知点的两面投影,作图求点的第三面投影。

分析:根据点的投影规律,空间点的两个投影能唯一确定该点空间位置。A 点的 3 个坐标均不为零,故 A 点位于空间一般位置;B 点 $Z=0$,故 B 点在 H 面内;C 点 $X=0$,$Y=0$,故 C 点在 Z 轴上。

为保证宽相等,通常作 45°辅助线,点的第三面投影图如图 2.7(b)所示。

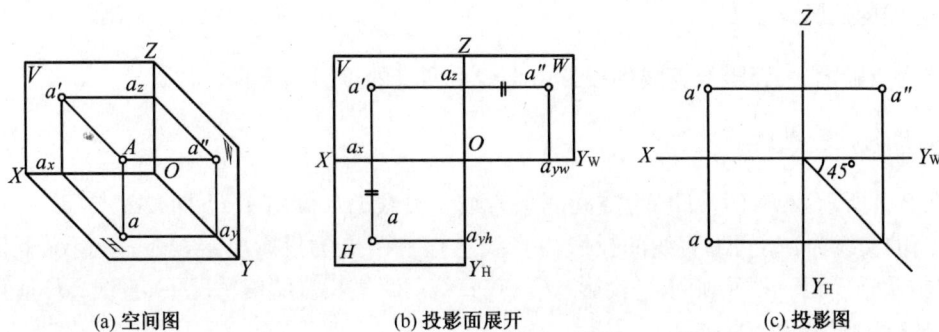

(a) 空间图　　　　　(b) 投影面展开　　　　　(c) 投影图

图 2.6　点的三面投影

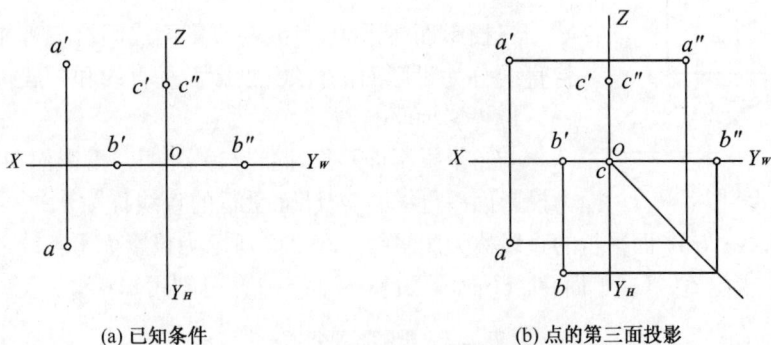

(a) 已知条件　　　　　　　(b) 点的第三面投影

图 2.7　作图求点的第三面投影

2. 点的相对位置及重影点

如图 2.8(a)所示,空间点 A、点 B 在前后、左右、上下 3 个方向上均有坐标差,则两点距 V 面、W 面和 H 面的距离均不同。若已知点 A 的三个投影,又知点 B 对点 A 的相对坐标,可作图求出点 B 的投影。

点 B 在点 C 的正后方,其正面投影重合,称点 C 和点 B 是对 V 面投影的重影点。重影点需判别可见性,根据投影特性,可见性的区分应是前面遮后面,上面遮下面,左面遮右面,故点 C 遮挡点 B 使其 V 面投影不可见。规定不可见的投影加括号,b' 加括号表示为 (b'),如图 2.8(b)所示。

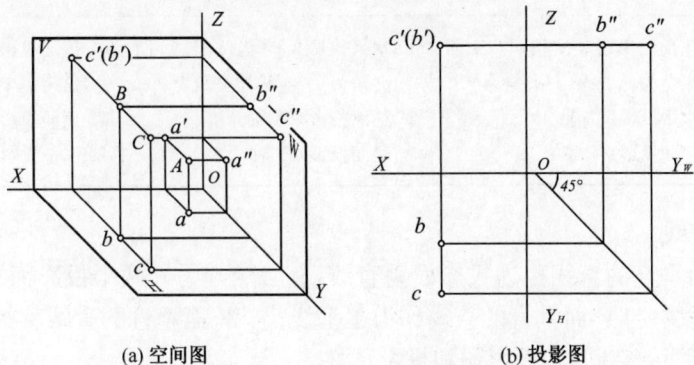

(a) 空间图　　　　　　　(b) 投影图

图 2.8　点的相对位置及重影点

2.1.3 直线的投影

空间两点确定一直线,故直线的投影由直线上两点的投影确定。

1. 直线的投影规律

如图 2.9 所示,AB、CD、EF 为空间三条直线。直线 AB 倾斜于 H 面,Aa 与 Bb 确定的平面和 H 面的交线为 ab,可见直线的投影由直线上任意两点的投影决定,且一般情况下仍为直线。直线 CD 平行于 H 面,则水平投影 cd 反映直线 CD 实长。特殊情况下,直线 EF 垂直于 H 面,其水平投影积聚为一点。

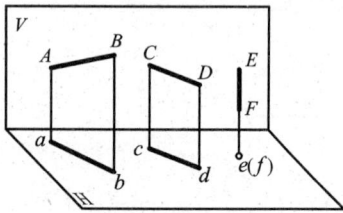

图 2.9 直线的投影

2. 直线的分类

三投影面体系中,直线与投影面之间有三种相对位置,相应将直线分为投影面平行线、投影面垂直线和一般位置直线。

1)投影面平行线

与一个投影面平行,同时与另外两个投影面均倾斜的直线称为投影面平行线。与 H 面平行的直线称为水平线;与 V 面平行的直线称为正平线;与 W 面平行的直线称为侧平线。表 2.2 所示为投影面平行线的空间图、投影图及投影特性。规定直线(或平面)对 H 面、V 面和 W 面的夹角分别用 α、β 和 γ 表示。

表 2.2 投影面平行线

名 称	正 平 线	水 平 线	侧 平 线
空间图			
投影图			
投影特性	1. 正面投影反映实长,与 H 面夹角为 α,与 W 面夹角为 γ 2. 水平投影 $/\!/X$ 轴 3. 侧面投影 $/\!/Z$ 轴	1. 水平投影反映实长,与 V 面夹角为 β,与 W 面夹角为 γ 2. 正面投影 $/\!/X$ 轴 3. 侧面投影 $/\!/Y$ 轴	1. 侧面投影反映实长,与 H 面夹角为 α,与 V 面夹角为 β 2. 正面投影 $/\!/Z$ 轴 3. 水平投影 $/\!/Y$ 轴

2)投影面垂直线

与一个投影面垂直的直线称为投影面垂直线,其必然与另外两个投影面平行。与 H 面垂直的直线称为铅垂线;与 V 面垂直的直线称为正垂线;与 W 面垂直的直线称为侧垂线。表 2.3 所示为投影面垂直线的空间图、投影图和投影特性。

通常将投影面平行线和投影面垂直线统称为特殊位置直线。

表 2.3 投影面垂直线

名 称	铅垂线	正垂线	侧垂线
空间图			
投影图			
投影特性	1. 水平投影职聚为一点 2. 正面投影和侧面投影 // Z 轴，且反映实长	1. 正面投影职聚为一点 2. 水平投影和侧面投影 // Y 轴，且反映实长	1. 侧面投影职聚为一点 2. 正面投影和水平投影 // X 轴，且反映实长

3）一般位置直线

与三个投影面均倾斜的直线称为一般位置直线，其三个面上的投影均小于实长。如图 2.10 所示，$ab=AB\cos\alpha$，$a'b'=AB\cos\beta$，$a''b''=AB\cos\gamma$，显然一般位置直线的投影与投影轴之间的夹角不反映空间直线与投影面之间的夹角。

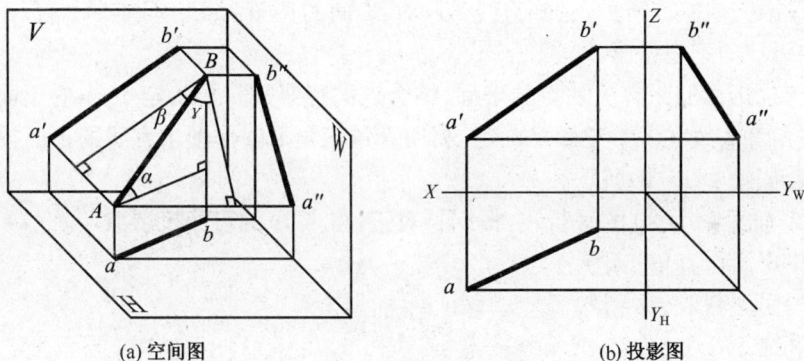

(a) 空间图   (b) 投影图

图 2.10 一般位置直线的投影

3. 一般位置直线的实长及夹角

特殊位置直线的实长及夹角可从投影图中直接得到，而一般位置直线并不具备此特性，故研究采用直角三角形法求一般位置直线的实长及夹角。

直角三角形法：如图 2.11(a) 所示，AB 为一般位置直线。作 $BC // ab$，则 △ABC 为直角三角形，$AC=\triangle Z=|Z_A-Z_C|$，$BC=ab$，AB 为实长，直线 AB 与 BC 的夹角为直线 AB 对 H 面的夹角 α。如图 2.11(b) 所示，在投影面 H 上作出全等直角三角形，三角形的斜边为 AB 的实长，斜边与 ab 的夹角为 AB 对 H 面的夹角。图 2.11(c) 为另一种不同的作图形式。

同理，若要求 β 角和 γ 角，亦可相应作出另外两种直角三角形，如图 2.12 所示。

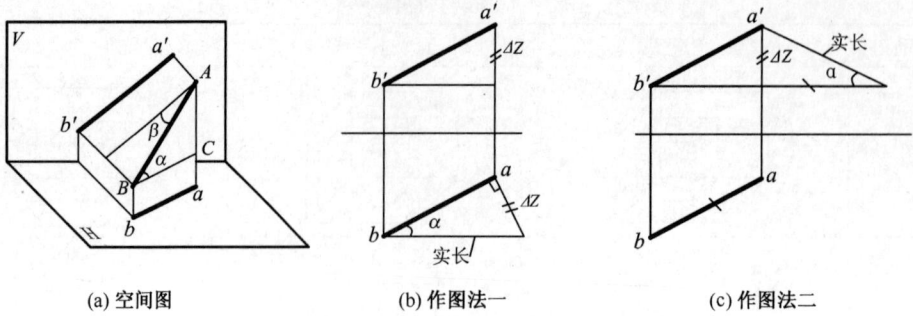

(a) 空间图   (b) 作图法一   (c) 作图法二

图 2.11 求一般位置直线的实长及夹角

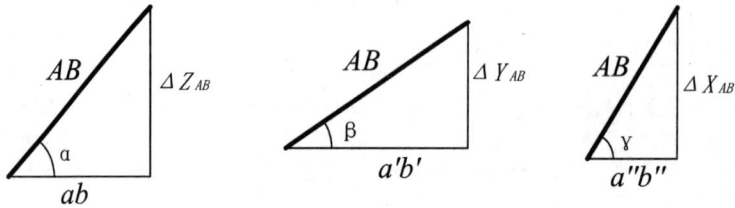

图 2.12 直角三角形法

一般位置直线的实长可从图 2.12 三种直角三角形中任意一个求出,而其对平面的夹角只能从某一特定的直角三角形中求出。

例 2.2 如图 2.13(a)所示,已知直线 AB 对 H 面的夹角为 25°,且点 A 与 H 面距离为 20,作图完成直线 AB 的正面投影。

分析:点与投影面的距离反映点的坐标,结合点的投影规律可确定点 A 的正面投影。又直线与平面的夹角和直线的一个投影已确定,利用直角三角形法作图求直线的正面投影。

作图步骤:如图 2.13(b)所示。

(1)作与 X 轴距离为 20 的平行线,根据长对正,得点 A 的正面投影点 a'。

(2)水平投影上作直角三角形。

(3)正面投影上截取 ΔZ 得 b'。

$a'b'$ 即为所求。

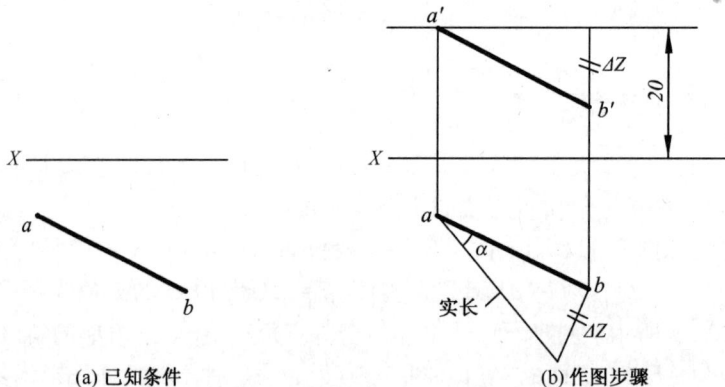

(a) 已知条件   (b) 作图步骤

图 2.13 求直线 AB 的正面投影

4. 直线上的点

图 2.14(a)所示为空间一直线 AB 及直线上的点 C,属于直线的点有以下 2 个投影特性:

(1)点在直线上,则点的投影必在直线的各个同面投影上。如点 C 在直线 AB 上,则 c 在 ab 上,c′在 a′b′上,c″在 a″b″上。

(2)点分线段之比,投影前后保持不变。如图 2.14(a),AC/CB=2∶1,则 ac/cb=a′c′/c′b′ =a″c″/c″b″=2∶1,如图 2.14(b)所示。

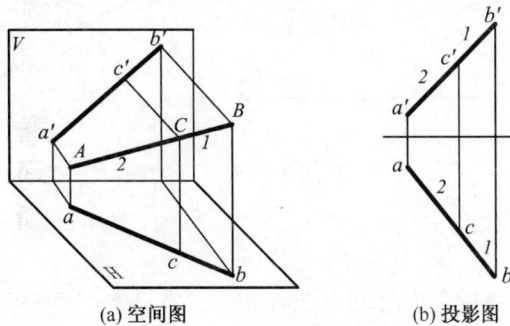

图 2.14　直线上的点的投影

2.1.4　平面的投影

1. 平面的表示方法

平面的空间位置可由以下五组几何元素确定,图 2.15 为相应几何元素投影表示的平面,各组表示方法之间可相互转换。

(1)不在同一直线上的三点,如图 2.15(a)所示。

(2)直线和直线外的一点,如图 2.15(b)所示。

(3)相交两直线,如图 2.15(c)所示。

(4)平行两直线,如图 2.15(d)所示。

(5)任意平面图形,如图 2.15(e)所示。

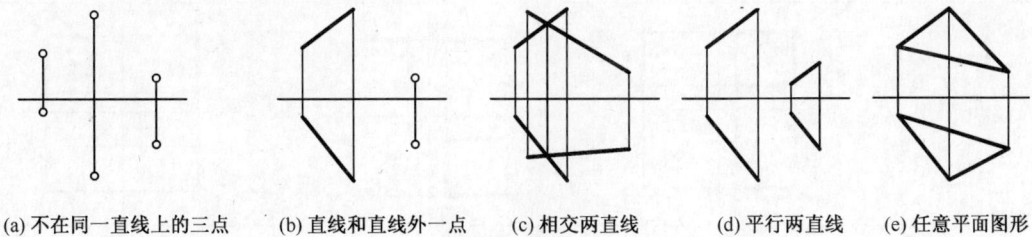

(a) 不在同一直线上的三点　(b) 直线和直线外一点　(c) 相交两直线　(d) 平行两直线　(e) 任意平面图形

图 2.15　平面的表示方法

除此之外,亦可用迹线表示平面,迹线为平面与投影面的交线。如图 2.16(a)所示,平面 P 与 V 面的交线为正面迹线,用 P_V 表示;平面 P 与 H 面的交线为水平迹线,用 P_H 表示;平面 P 与 W 面的交线为侧面迹线,用 P_W 表示。

P_V 和 P_H 是平面 P 与 V 面和 H 面的交线,亦是 P 面上的两条相交直线,故用迹线表示平面本质上与用几何元素表示平面是一致的。P_V 和 P_H 的另一个投影均在 OX 轴上，为使图面表达清楚，另一投影不必画出，图 2.16(b)即为用迹线表示的平面。

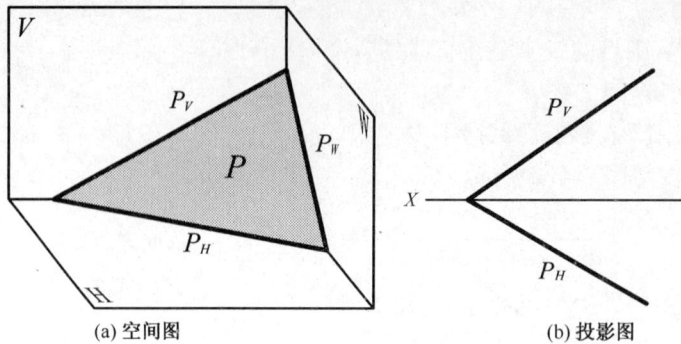

(a) 空间图　　　　　　　　　　(b) 投影图

图 2.16　平面的迹线表示法

2. 平面的分类

三投影面体系中，平面与投影面之间有三种相对位置，故相应将平面分为投影面平行面、投影面垂直面和一般位置平面。

1）投影面平行面

平行于一个投影面的平面称为投影面平行面，该平面必然垂直于另外两个投影面。与 H 面平行的平面称为水平面；与 V 面平行的平面称为正平面；与 W 面平行的平面称为侧平面。表 2.4 所示为投影面平行面的空间图、投影图、迹线图和投影特性。

表 2.4　投影面平行面

名　称	正　平　面	水　平　面	侧　平　面
空间图			
投影图			
迹线图			
投影特性	1. 正面投影反映实形　2. 水平投影积聚成平行于 X 轴的直线；侧面投影积聚成平行于 Z 轴的直线	1. 水平投影反映实形　2. 正面投影积聚成平行于 X 轴的直线；侧面投影积聚成平行于 Y 轴的直线	1. 侧面投影反映实形　2. 正面投影积聚成平行于 Z 轴的直线；水平投影积聚成平行于 Y 轴的直线

2)投影面垂直面

垂直于一个投影面且与另外两个投影面都倾斜的平面称为投影面垂直面。与 H 面垂直的平面称为铅垂面;与 V 面垂直的平面称为正垂面;与 W 面垂直的平面称为侧垂面。表 2.5 所示为投影面垂直面的空间图、投影图、迹线图和投影特性。

通常将投影面平行面和投影面垂直面统称为特殊位置平面。

表 2.5　投影面垂直面

名　称	正垂面	铅垂面	侧垂面
空间图			
投影图			
迹线图			
投影特性	1. 正面投影积聚为直线,与 H 面夹角为 α,与 W 面夹角为 γ 2. 水平投影和侧面投影是缩小的类似形	1. 水平投影积聚为直线,与 V 面夹角为 β,与 W 面夹角为 γ 2. 正面投影和侧面投影是缩小的类似形	1. 侧面投影积聚为直线,与 H 面夹角为 α,与 V 面夹角为 β 2. 正面投影和水平投影是缩小的类似形

3)一般位置平面

与三个投影面均倾斜的平面称为一般位置平面,其三个投影皆不具有积聚性或反映实形,均为缩小的类似形,如图 2.17 所示。

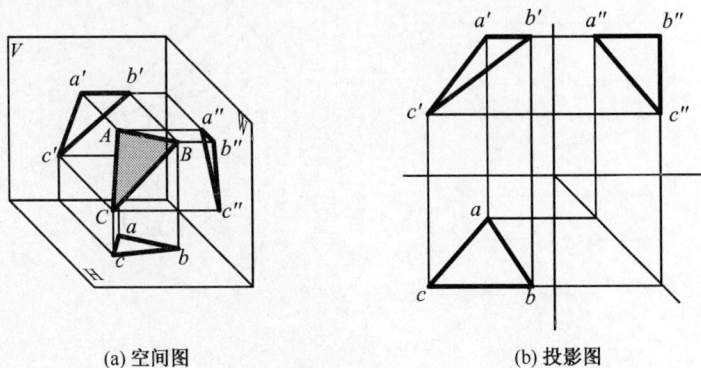

(a) 空间图　　　(b) 投影图

图 2.17　一般位置平面的投影

3. 平面内的点和直线

1)平面内的点

点在平面内的几何条件是:点在平面内的直线上。根据这一几何条件,既可在平面内作点,亦可判断点是否在平面内。

2)平面内的直线

直线在平面内的几何条件是:直线通过平面内的两点,或直线通过平面内一点且平行于平面内另一直线。根据这一几何条件,既可在平面内作直线,亦可判断直线是否在平面内。

例2.3　如图 2.18(a)所示,点 M 在△ABC 内,已知其正面投影 m',求点 M 的水平投影 m。

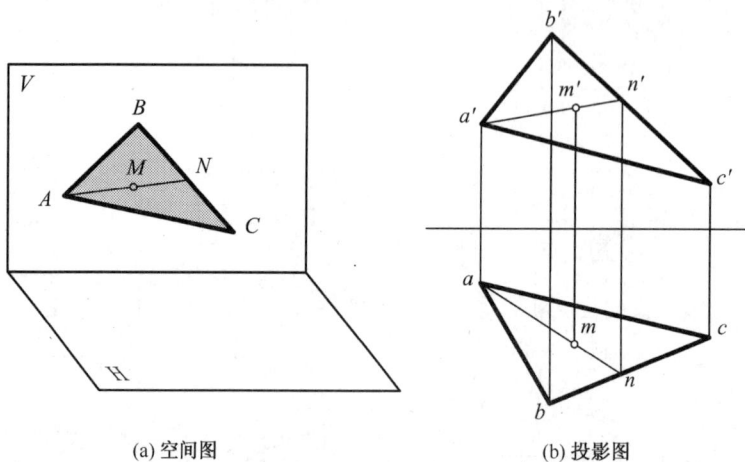

(a) 空间图　　　　　　　　(b) 投影图

图 2.18　作辅助线 AN 求点 M 的水平投影

作图方法一:如图 2.18(b)所示。

(1)过点 A 和点 M 作直线交 BC 于 N,得直线 AN。

(2)根据点 M 在直线 AN 上的投影性质,作图得 m。

作图方法二:如图 2.19(b)所示。

(1)过点 M 作直线与 BC 平行,分别交直线 AB 和 AC 于点 E 和点 F。

(2)根据点 M 在直线 EF 上的投影性质,作图得 m。

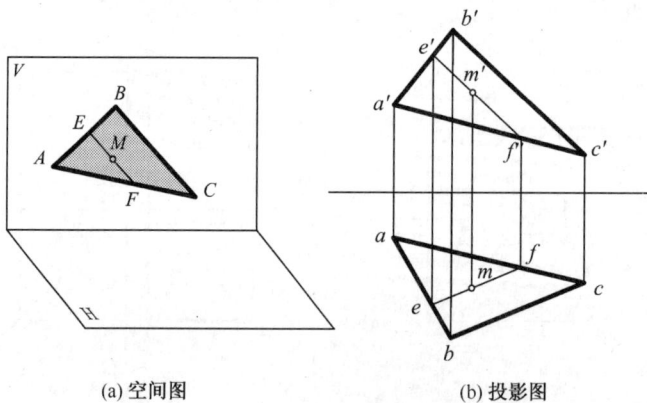

(a) 空间图　　　　　　　　(b) 投影图

图 2.19　作辅助线 EF 求点 M 的水平投影

3)平面内的投影面平行线

平面与投影面平行面相交的交线为水平线、正平线或侧平线,该交线既满足直线在平面内的几何条件,又满足投影面平行线的投影性质。

如图 2.20(a)所示,一般位置平面△ABC 内过点 A 作水平线 AM,由于水平线的正面投影平行于 X 轴,故过点 a′作 a′m′∥OX 轴,又根据点 M 在直线 BC 上作出 am,同理作出正平线 CN 的投影,如图 2.20(b)所示。

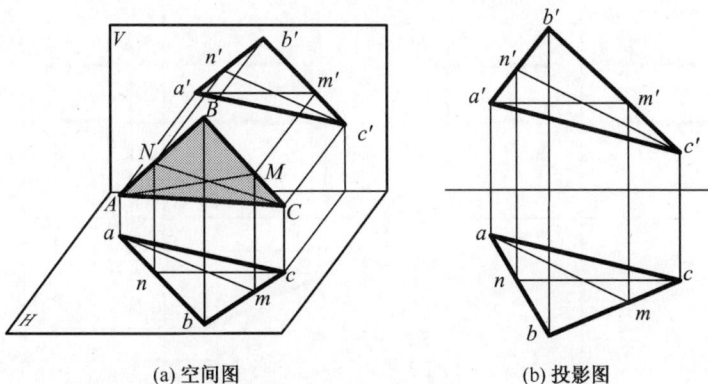

(a) 空间图　　　　　　　　(b) 投影图

图 2.20　平面内的投影面平行线

2.2　空间几何元素的相对位置

空间几何元素中,直线与直线之间除相互重合之外,共有平行、相交和交叉三种相对位置;直线与平面之间除直线在平面内之外,共有平行和相交两种相对位置;平面与平面之间除重合之外,亦有平行和相交两种相对位置。垂直是相交和交叉的特例,本教材单独列出。综上,将空间几何元素的相对位置分为平行、相交、交叉和垂直四种情况分别介绍。

2.2.1　平行关系

1. 直线与直线平行

若两直线相互平行,则其各同面投影亦相互平行,且平行两直线长度之比等于其投影长度之比。反之,若两直线的各同面投影均相互平行且投影比相等,则两直线亦相互平行。如图 2.21(a)所示,直线 AB∥直线 CD,则平面 ABab∥平面 CDcd,它们与投影面的交线(即投影)亦相互平行,图 2.21(b)为其投影图。

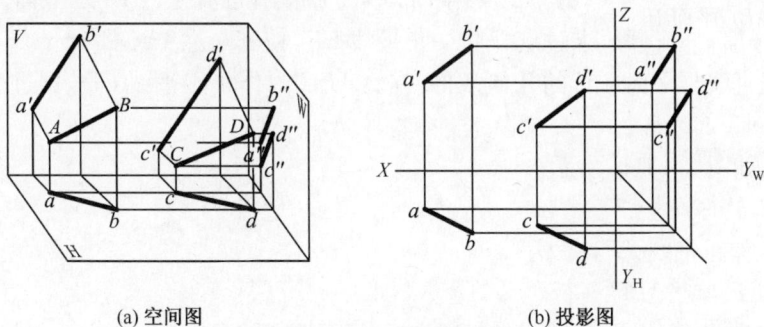

(a) 空间图　　　　　　　　(b) 投影图

图 2.21　平行两直线

例 2.4　如图 2.22(a)所示,已知 $a'b'$ ∥ $c'd'$,$a''b''$ ∥ $c''d''$,判断直线 AB 和 CD 是否平行。

分析:设已知两直线的两个同面投影相互平行,若两直线为一般位置直线,其第三面投影相互平行,则两直线一定平行;若两直线为投影面垂直线,则两直线一定相互平行;若两直线为投影面平行线,则两直线不一定相互平行,需作第三面投影图或利用投影比才能判断。分析图 2.22(a),直线 AB 和 CD 均为水平线,需作图求第三面投影或根据投影比判断直线是否平行。

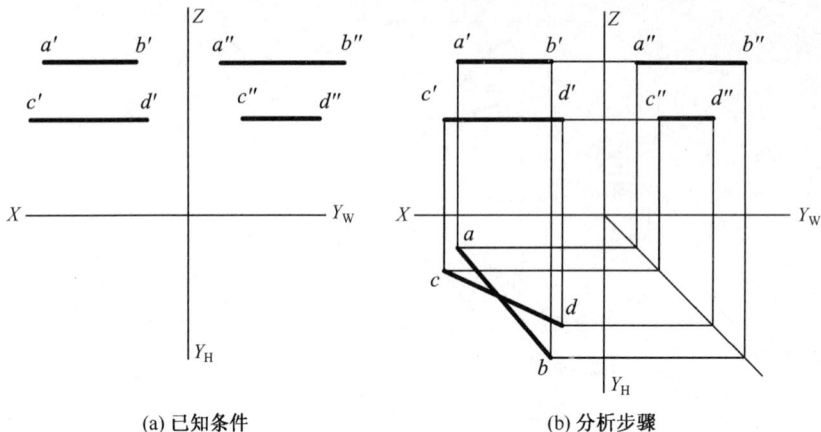

(a) 已知条件　　　　　　　　　　(b) 分析步骤

图 2.22　判断两直线是否平行

判断方法一:如图 2.22(b)所示,作图求两直线的水平投影,显然 ab 不平行于 cd,故直线 AB 和 CD 不平行。

判断方法二:分析图 2.22(a),$a'b'/c'd' \neq a''b''/c''d''$,则直线 AB 和 CD 不平行。

2. 直线与平面平行

直线与平面平行的几何条件是:若直线与平面内一直线平行,则该直线与该平面相互平行。如图 2.23 所示,直线 AB∥CD,其中直线 CD 为平面 P 内的直线,则直线 AB∥平面 P。

利用这一几何关系,可解决以下作图问题:

(1)判断直线与平面是否平行;

(2)过定点作直线平行于已知平面;

(3)过定点作平面平行于已知直线。

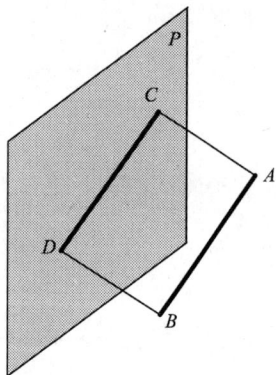

图 2.23　直线 AB∥平面 P

例 2.5　如图 2.24(a)所示,已知△ABC 及平面外一点 E 的投影,求过点 E 作一正平线 EF,使其与△ABC 平行。

分析:根据直线与平面平行的几何条件,在△ABC 内作一正平线 CD,再过 E 点作正平线 EF ∥ CD。

作图步骤:如图 2.24(b)所示。

(1)过点 C 作正平线 CD。

(2)过点 E 作正平线 EF ∥ CD。

则正平线 EF 与△ABC 平行。

例 2.6　如图 2.25 所示,判断直线 EF 与△ABC 是否平行。

分析:根据直线与平面平行的几何条件,若能在△ABC内作出一直线与EF平行,则直线EF与△ABC平行。

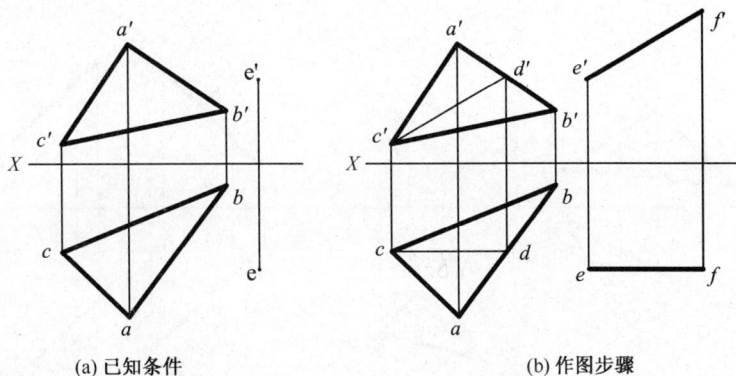

(a) 已知条件　　　　　　　　(b) 作图步骤

图 2.24　过定点作直线与平面平行

作图步骤:在△ABC内作直线CD,使$c'd'$∥$e'f'$,求作得其水平投影cd。

判断:由于cd不平行于ef,则直线EF与△ABC不平行。

3. 平面与平面平行

平面与平面平行的几何条件是:若一平面内两条相交直线对应平行于另一平面内两条相交直线,则两个平面相互平行。如图 2.26 所示,直线AB∥KM,直线AC∥KN,则平面P∥平面Q。

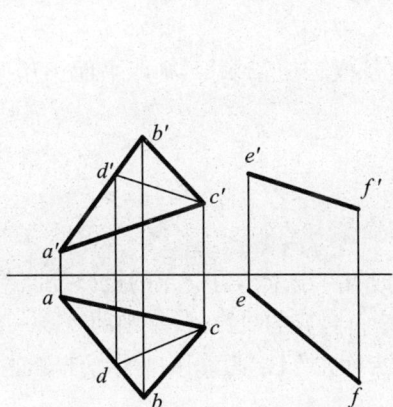

图 2.25　判断直线与平面是否平行

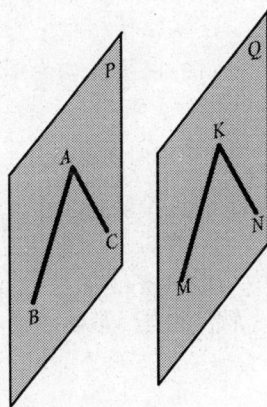

图 2.26　平面P∥平面Q

利用这一几何关系,可解决以下作图问题:

(1)过定点作平面平行于已知平面;

(2)判断两平面是否平行。

例 2.7　如图 2.27 所示,过点K作平面与已知△ABC平行。

分析:过定点作平面平行于已知平面,需过定点作两条相交直线分别平行于已知平面内两条相交直线。为简化作图,直接选用已知平面内的两已知边为相交直线。

作图步骤:

(1)过点K作直线MN∥AB。

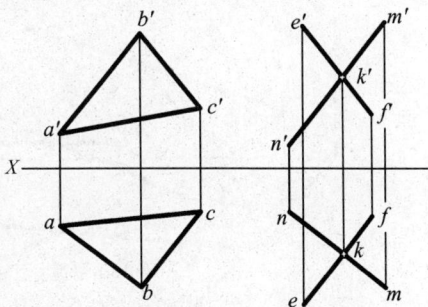

图 2.27　过定点作平面与已知平面平行

（2）过点 K 作直线 $EF /\!/ BC$。

则直线 MN 和 EF 两相交直线确定的平面即为所求。

例 2.8 判断图 2.28 所示平面是否平行。

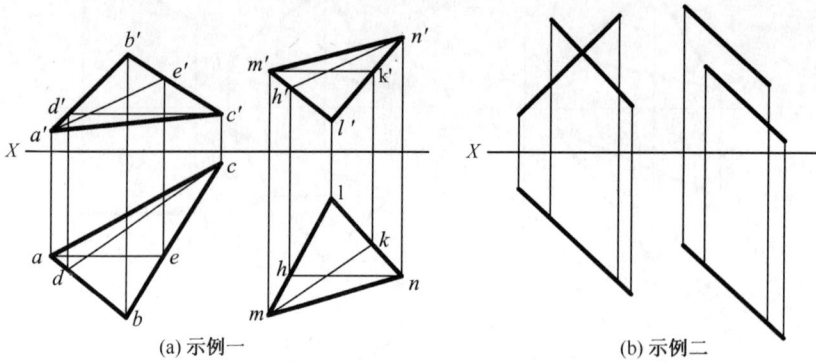

图 2.28　判别两平面是否平行

分析：根据平面与平面平行的几何条件，首先在一平面内确定两条相交直线，再在另一平面内试作两相交直线与其相应平行，若投影能相应平行，则两平面相互平行。若两平面为特殊位置平面则无须作图，可直接根据其有积聚性的投影是否平行直接判断。

判断图 2.28(a)：为简化作图，在△ABC 内作正平线 AE 和水平线 CD 两相交直线，在△LMN 内作正平线 HN 和水平线 MK 两相交直线。由于正平线 $AE /\!/ HN$，水平线 $CD /\!/ MK$，则△ABC 与△LMN 相互平行。

判断图 2.28(b)：两平面均为铅垂面，且其水平投影相互平行，则两平面相互平行。

2.2.2　相交关系

1. 直线与直线相交

如图 2.29(a)所示，若两直线相交，则其各同面投影均相交，且交点的投影符合点的投影规律。反之，若两直线的各同面投影均相交，且交点的投影符合点的投影规律，则两直线一定相交。如图 2.29(b)所示，直线 AB 和 CD 均为一般位置直线，为简化作图，投影图中无需作侧面投影。

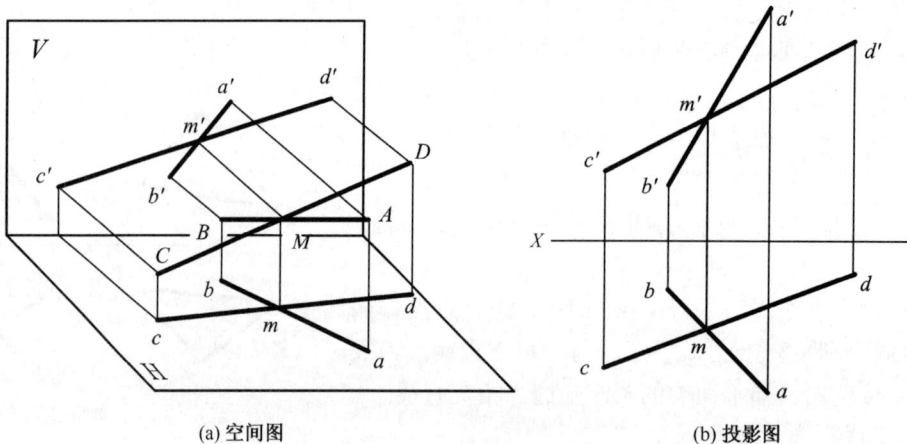

图 2.29　两直线相交

　　若两直线中有一直线为特殊位置直线时,投影图上的"交点"可能不是真正的交点,而是重影点。分析图 2.30(a),直线 CD 为侧平线。

　　判断方法一:作直线 AB 和 CD 的侧面投影,由图 2.30(b)判断直线 AB 和 CD 不相交。

　　判断方法二:若直线 AB 和 CD 相交,假设点 M 为交点,利用点分直线 AB 和 CD 的比例各同面投影应相等,作出点的水平投影 m,由图 2.30(c)可判断直线 AB 和 CD 不相交。

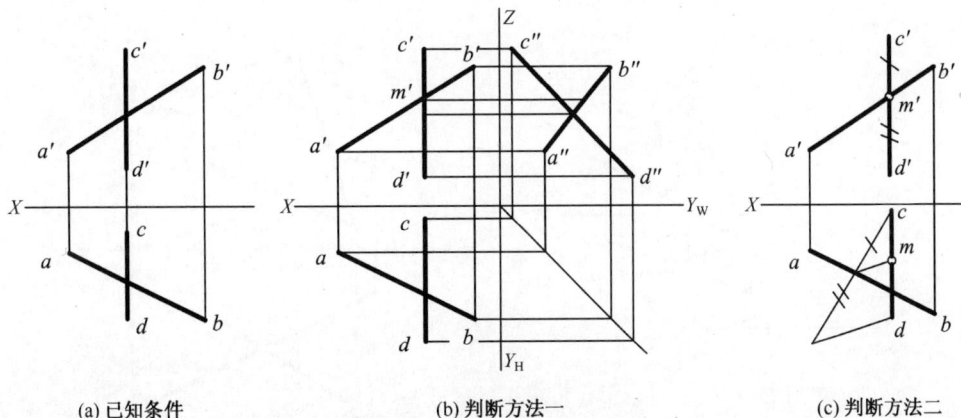

(a) 已知条件　　　　　　(b) 判断方法一　　　　　　(c) 判断方法二

图 2.30　判断两直线是否相交

2. 直线与平面相交和平面与平面相交

　　研究直线与平面相交的目的是为解决求交点的问题,交点为直线与平面的共有点;研究平面与平面相交的目的是为解决求交线的问题,交线为平面与平面的共有线。

　　1)特殊位置直线与一般位置平面相交

　　如图 2.31(a)所示,直线 EF 为铅垂线,△ABC 为一般位置平面,点 K 为交点。由图 2.31(b)可知,直线 EF 水平投影积聚为一点,交点 K 在直线 EF 上,故其水平投影 k 亦积聚在该点。又交点 K 在△ABC 内,过点 A 和点 K 作辅助线交直线 BC 于点 M,根据点在直线上的投影规律,确定 k'。

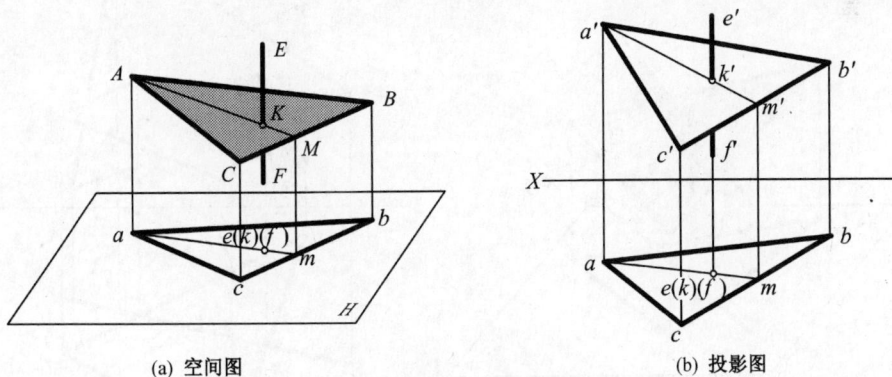

(a) 空间图　　　　　　　　　　　(b) 投影图

图 2.31　特殊位置直线与一般位置平面相交

　　为增强图形的直观感,对直线与平面投影重叠部分区分可见性。交点是可见与不可见的分界点,分析图 2.31(a),KF 在△ABC 的后面,故 $k'f'$ 与△$a'b'c'$ 的重叠部分为不可见,规定画成虚线或不画。

2)一般位置直线与特殊位置平面相交

如图 2.32(a)所示,直线 EF 为一般位置直线,△ABC 为铅垂面,点 K 为交点。如图 2.32(b)所示,△ABC 的水平投影积聚为一直线 abc,与 ef 的交点 k 即为直线 EF 与△ABC 交点 K 的水平投影。根据直线上点的投影规律,确定 k'。交点求出后区分直线与平面投影重叠部分的可见性。

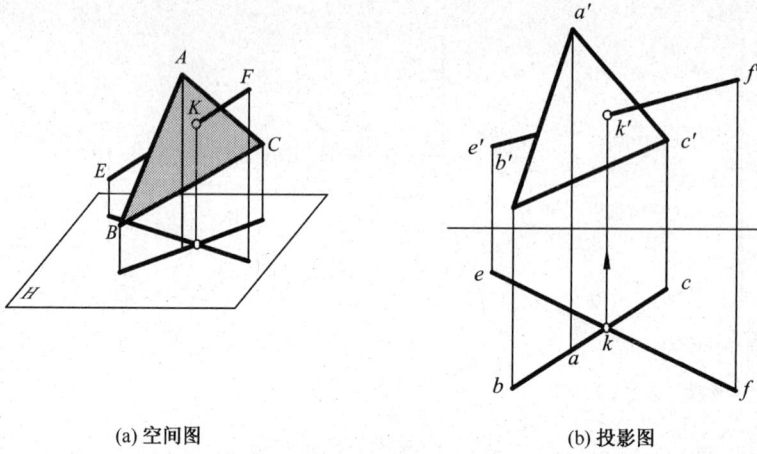

(a) 空间图   (b) 投影图

图 2.32　一般位置直线与特殊位置平面相交

3)一般位置平面与特殊位置平面相交

两平面相交,交线一定为直线,若要求其交线只需分别求得两平面的两个交点即可。如图 2.33(a)所示,一般位置平面△ABC 和铅垂面△DEF,分别求直线 AC 和 BC 与△DEF 的交点为点 K 和点 L,则直线 KL 即为△ABC 与△DEF 的交线。交线求出后区分两平面投影重叠部分的可见性,如图 2.33(b)所示。

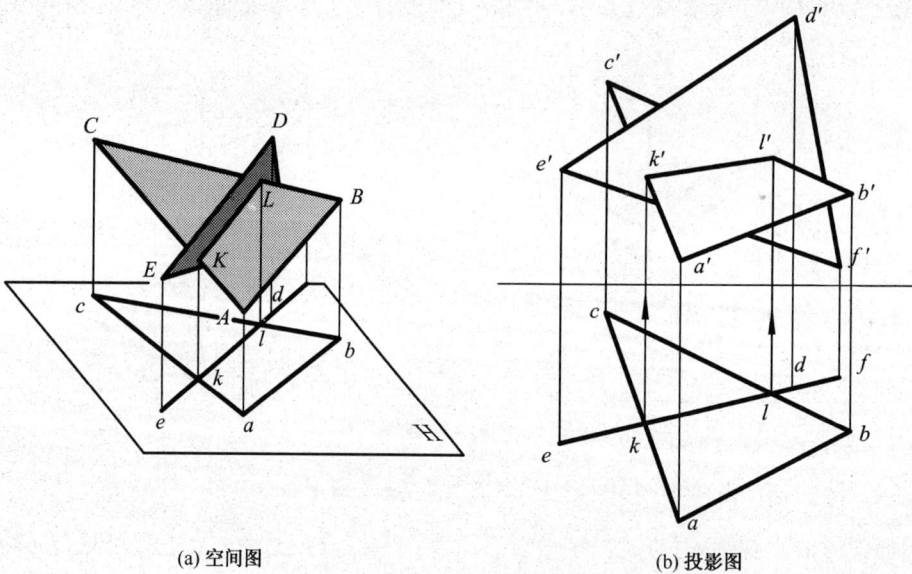

(a) 空间图   (b) 投影图

图 2.33　一般位置平面与特殊位置平面相交

4)一般位置直线与一般位置平面相交

如图 2.34(a)所示,一般位置直线 AB 和一般位置平面△DEF 的投影均无积聚性,若求其交点需首先过一般位置直线 AB 作铅垂面 P;求铅垂面 P 与一般位置△DEF 的交线 MN;再求直线 AB 与 MN 的交点 K。由于点 K 在直线 MN 上,故点 K 在△DEF 上,又点 K 在直线 AB 上,故点 K 为直线 AB 与△DEF 的交点。交点求出后区分直线与平面投影重叠部分的可见性,如图 2.34(b)所示。

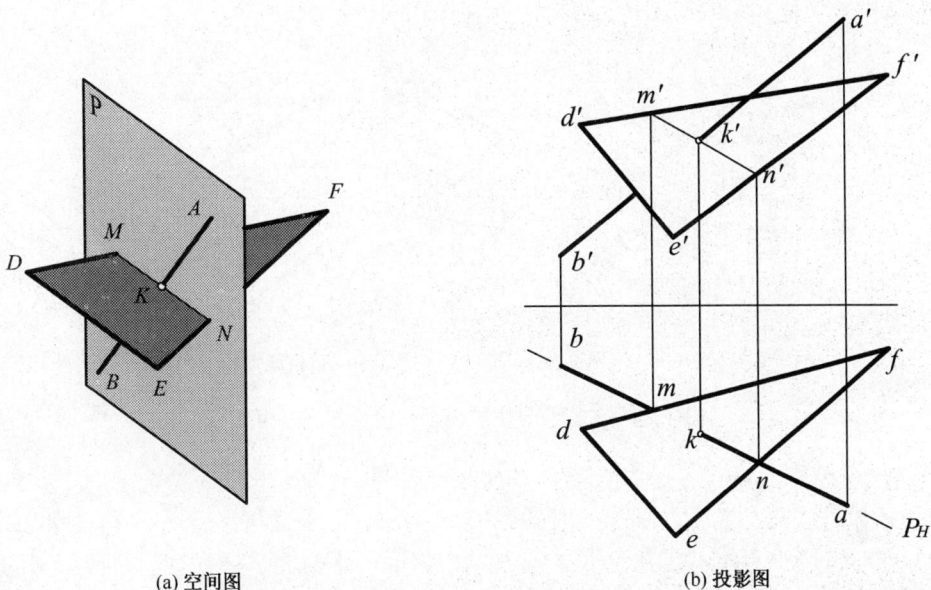

(a) 空间图　　(b) 投影图

图 2.34　一般位置直线与一般位置平面相交

5)两个一般位置平面相交

解决两个一般位置平面相交的问题通常应用两个共有点法和三面共点法。

(1)两个共有点法

两个一般位置平面相交,可先将一平面转化为用两条相交的直线表示,然后分别求这两条直线和另一个平面相交的交点,则两个一般位置平面的交线可由这两个交点确定,该方法适用于两平面直接相交的情况。如图 2.35(a)所示,将△DEF 转化为用两条相交直线 DE 和 DF 表示,分别求它们与△ABC 的交点 K 和 L,则直线 KL 即为△ABC 与△DEF 的交线。交线求出后需区分两平面投影重叠部分的可见性,如图 2.35(b)所示。

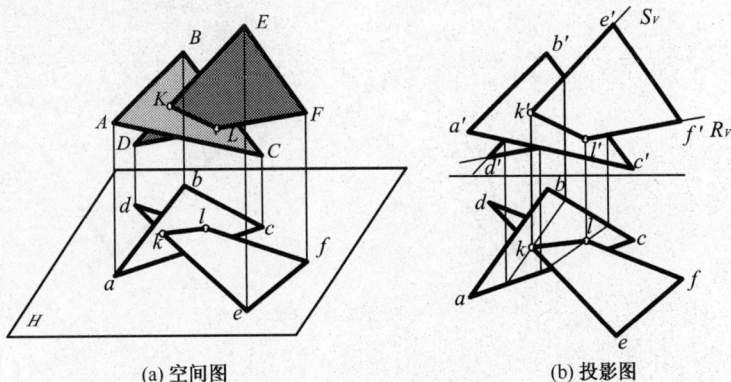

(a) 空间图　　(b) 投影图

图 2.35　两个共有点法求两个一般位置平面相交

（2）三面共点法

如图 2.36(a)所示，一般位置平面△ABC 和平面 DEFG(DE∥FG)不直接相交，欲求其交线可首先作一辅助水平面 P，其与两个平面的交线分别为直线 ⅠⅡ 和直线 ⅢⅣ，两直线相交于点 K_1，分析可知点 K_1 为△ABC、平面 DEFG 和水平面 P 的共有点；同理，作另一辅助水平面 Q，求得第二个共有点 K_2，则直线 K_1K_2 即为△ABC 和平面 DEFG 的交线。图 2.36(b)所示为三面共点法的投影图，该方法适用于两平面不直接相交的情况。

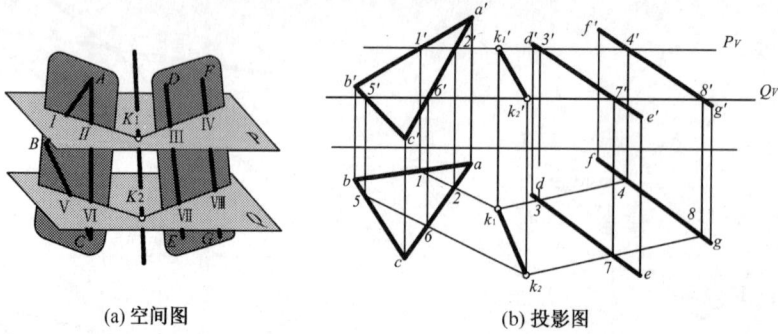

(a) 空间图　　　　　　　　　(b) 投影图

图 2.36　三面共点法求两个一般位置平面相交

例 2.9　过已知点 K 作一直线与直线 AB 相交且与△CDE 平行。

分析：所作直线需与△CDE 平行，则该直线一定在过点 K 且与△CDE 平行的平面内；又需与直线 AB 相交，则该直线一定在点 K 和直线 AB 组成的平面内。根据空间几何元素的相对位置，介绍两种不同的作图方法。

作图方法一：如图 2.37 所示。

(1)过点 K 作平面 KMN∥△CDE。

(2)求直线 AB 与平面 KMN 的交点 L。

则直线 KL 即为所求。

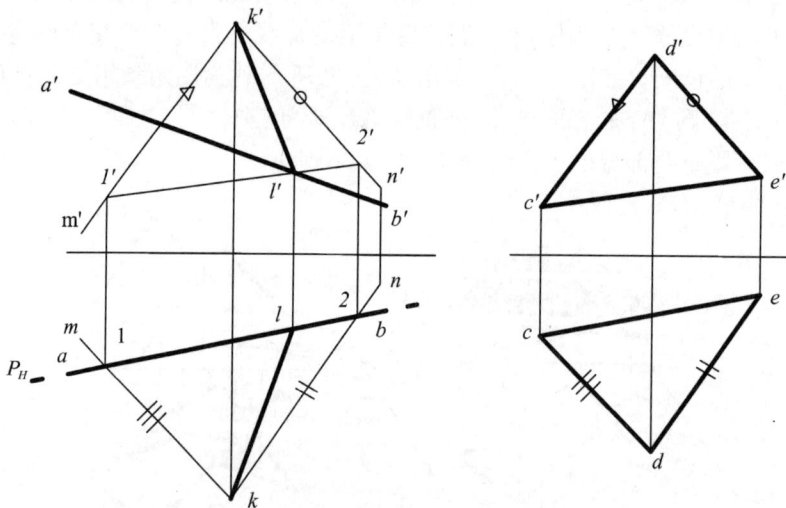

图 2.37　作图方法一

作图方法二：如图 2.38 所示。

(1)连接△ABK。

(2)三面共点法求△ABK 和△CDE 的交线 EF。

(3)过点 K 作直线 KL∥EF。

则直线 KL 即为所求。

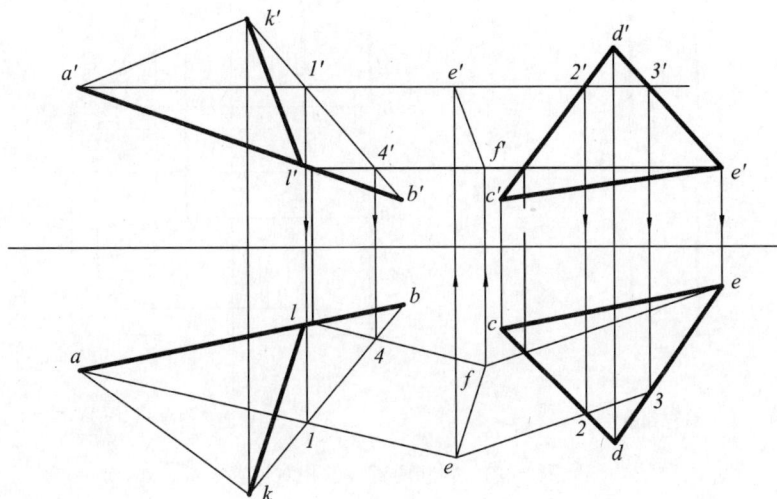

图 2.38 作图方法二

2.2.3 交叉关系

空间既不相交,亦不平行的两直线称为交叉直线。交叉两直线的投影既不符合平行两直线的投影规律,亦不符合相交两直线的投影规律。如图 2.39 所示,直线 AB 和 CD 为交叉两直线,各投影面上的交点实质上是空间两直线的重影点。

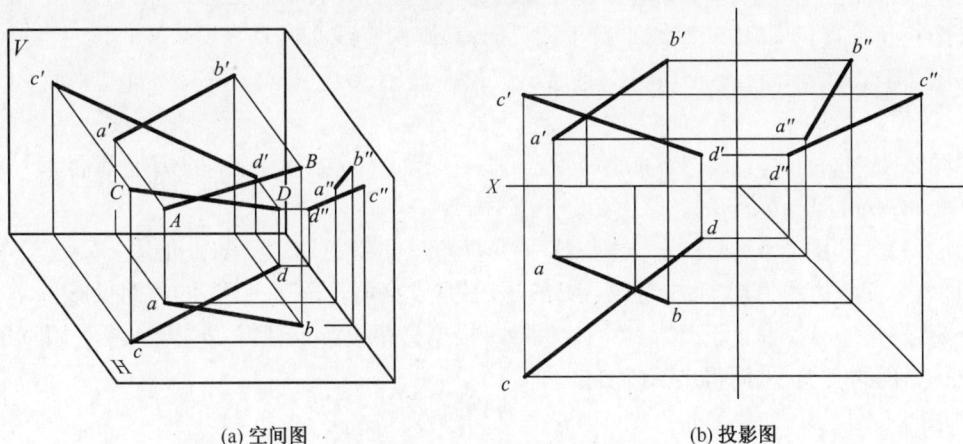

(a) 空间图　　　(b) 投影图

图 2.39 两直线交叉

例 2.10 如图 2.40(a)所示,判断直线 AB 和 CD 的相对位置。

判断:空间两直线的正面投影和水平投影相互平行,若两直线平行,则其第三面投影亦一定相互平行,故可作图求第三面投影或直接根据两直线各同面投影比是否相等判断。如图 2.40(b),两直线侧面投影不平行,故直线 AB 和 CD 不平行;若两直线相交,则其各同面投影均应相交,且交点符合点的投影规律,由图显然直线 AB 和 CD 不相交。空间两直线 AB 和 CD 既不平行亦不相交,故直线 AB 和 CD 为交叉关系。

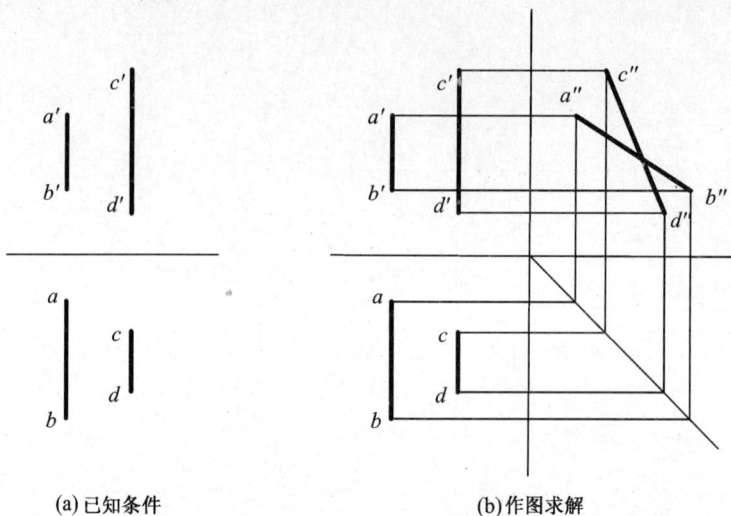

(a)已知条件　　　　　　　　(b)作图求解

图 2.40　判断两直线的相对位置

2.2.4　垂直关系

垂直是相交和交叉的特例,本小节单独列出。

1. 直线与直线垂直

直角投影定理:互相垂直相交或垂直交叉的两直线,若其中一直线平行于某一投影面,则两直线在该投影面上的投影仍保持垂直,该性质称为直角投影定理。反之,若两直线在一投影面上的投影相互垂直,且其中一直线平行于该投影面,则两直线必然垂直。

如图 2.41(a)所示,直线 $AB \perp AC$,且 $AB /\!/ H$ 面,显然 $AB \perp$ 平面 $ACca$,故 $ab \perp$ 平面 $ACca$,得 $ab \perp ac$。

如图 2.41(b)所示,直线 AB 与 MN 交叉垂直,且 $AB /\!/ H$ 面,显然 $AB \perp$ 平面 $MNmn$,故 $ab \perp$ 平面 $MNmn$,得 $ab \perp mn$。

例 2.11　如图 2.42(a)所示,过点 A 作一直角三角形 ABC,已知直角边 BC 处于水平线 MN 上,另一直角边为 AB,且 $AB:BC=2:3$,作图完成直角三角形 ABC 的两面投影。

分析:直角边 AB 垂直于 BC,BC 为水平线,根据直角投影定理得 $ab \perp bc$。再利用直角三角形法求作 AB 的实长,进而得出 BC 实长。

作图步骤:

(1)作 $ab \perp mn$,得直线 AB 的两面投影。

(2)求作 AB 实长,根据 $AB:BC=2:3$,得 BC 实长,如图 2.42(b)所示。

(3)在 MN 上截取 $bc=BC$,完成全图,如图 2.42(c)所示。

2. 直线与平面垂直

如图 2.43(a)所示,若一直线垂直于平面内两条相交直线,则该直线与平面垂直。若一直

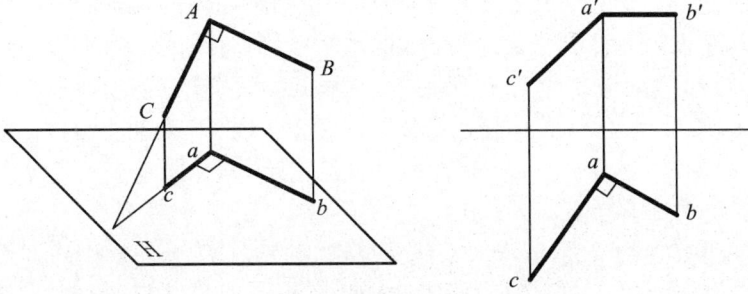

(a) 两相交垂直的直线

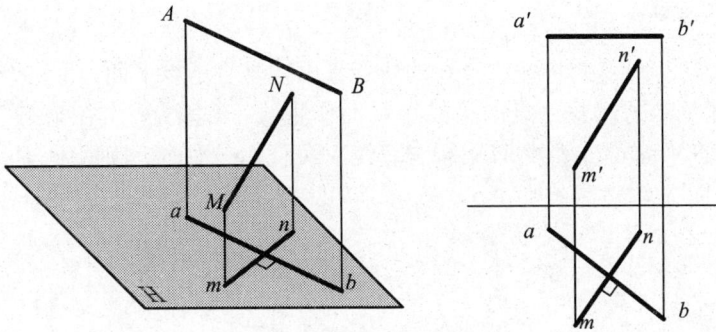

(b) 两交叉垂直的直线

图 2.41 直角投影定理

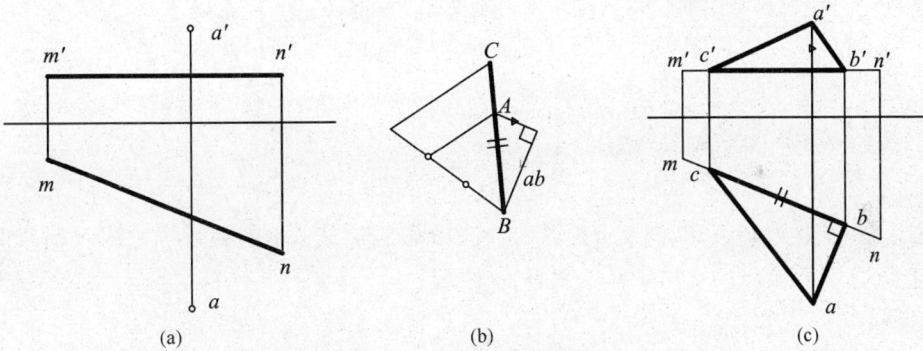

(a)　　　　　　(b)　　　　　　(c)

图 2.42 直角投影定理解题

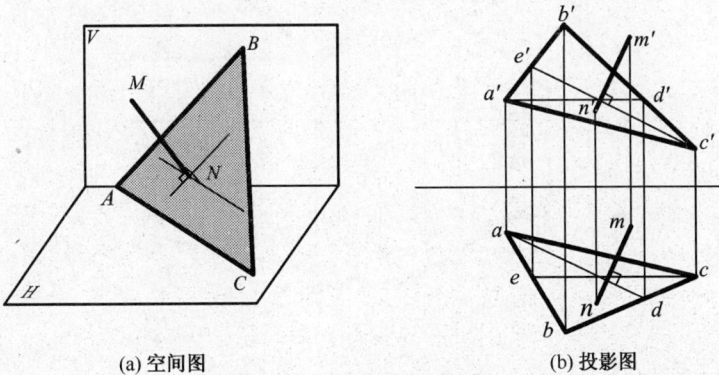

(a) 空间图　　　　　(b) 投影图

图 2.43 直线与平面垂直

线垂直于一平面,则该直线垂直于平面内所有直线,包括平面内的投影面平行线。根据直角投影定理,直线的水平投影垂直于平面内水平线的水平投影;直线的正面投影垂直于平面内正平线的正面投影;直线的侧面投影垂直于平面内侧平线的侧面投影。

如图 2.43(b)所示,在△ABC 内作水平线 AD 和正平线 CE 两相交直线。根据直角投影定理,由点 M 作直线 MN,使 $mn\perp ad$,$m'n'\perp c'e'$,显然,直线 MN 既垂直于直线 AD,又垂直于直线 CE,则直线 MN 垂直于△ABC。

直线 MN 为△ABC 的垂线,由于水平线 AD 和正平线 CE 为任意作的直线,除巧合之外,直线 MN 与它们均不相交。若要求垂足,还需求直线 MN 与△ABC 的交点。

3. 平面与平面垂直

若一直线垂直于一平面,则包含该直线的所有平面均垂直于该平面。反之,若两个平面相互垂直,则由第一个平面内的任意一点向第二个平面作垂线,该垂线一定在第一个平面内。如图 2.44 所示,由点 M 向平面 Q 作垂线 MN,包含垂线 MN 任作一平面 P,则平面 P 垂直于平面 Q。

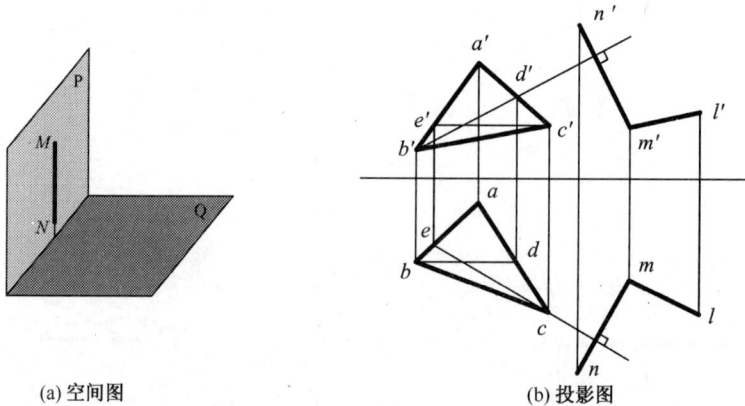

(a) 空间图　　　　　　　　　　　(b) 投影图

图 2.44　两平面垂直

例 2.12　如图 2.45 所示,判断直线 AB 和 CD 两相交直线确定的平面与△GMN 是否垂直。

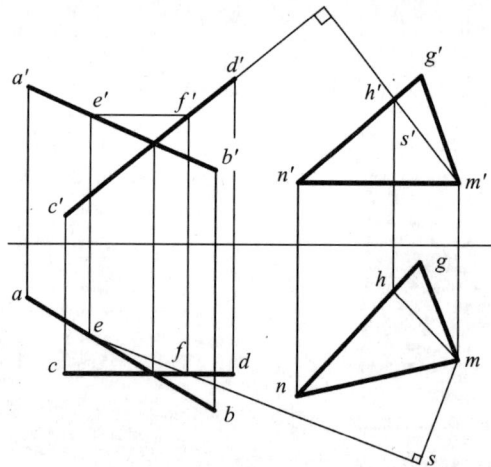

图 2.45　判断两平面是否垂直

分析：判断两平面是否垂直，只需在第一个平面内任取一点向第二个平面作垂线，若该垂线在第一个平面内，则两平面垂直；反之，两平面不垂直。

作图：由△GMN内一点M作直线MS垂直于由直线AB和CD两相交直线确定的平面。

判断：若直线MS在△GMN内，应满足直线在平面内的几何性质，即通过平面内的两点。由图2.45作图可知，直线MS不在△GMN内，故两平面不垂直。

2.3　空间几何元素的投影变换

当空间几何元素相对于投影面处于平行或垂直的特殊位置时，它们的投影能直接反映实长、实形、距离或角度等定位和度量性质，若能将处于一般位置的空间几何元素变换为特殊位置的空间几何元素，则实长、实形、距离或角度等问题即变得易于解决，投影变换正是基于此提出。

常用的投影变换方法为换面法和旋转法。

2.3.1　换面法

1. 换面法的基本概念

换面法是保持空间几何元素的位置不动，通过用新的投影面代替旧的投影面来改变空间几何元素与投影面的位置关系，从而有利于解题。

如图2.46所示，平面为铅垂面。增加一新投影面V_1，保证V_1∥铅垂面，则铅垂面在V_1/H体系中转换为投影面平行面，从而有利于解决求平面的实形、角度和度量等问题。

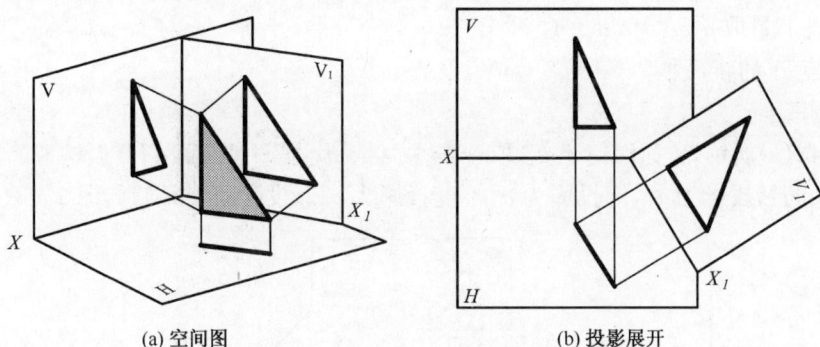

(a) 空间图　　　　　　(b) 投影展开

图 2.46　换面法的基本概念

2. 点的换面

如图2.47(a)所示，V/H体系中，点A的正面投影为a'，水平投影为a。取一铅垂面V_1代替V，H面不变，构成新的两投影面体系V_1/H，得点A在V_1面上的投影为a_1'。

本教材将V/H体系称为旧投影面体系，X轴称为旧投影轴；V_1/H体系称为新投影面体系，X_1轴称为新投影轴；V面称为旧投影面，H面称为不变投影面，V_1面称为新投影面；V面上的投影a'称为旧投影，H面上的投影a称为不变投影，V_1面上的投影a_1'称为新投影。

由于新投影a_1'是按正投影原理作出的，故$a_1'a_{x1}=a'a_x$。归纳出点的换面投影规律如下：

(1)新投影a_1'和不变投影a的连线垂直于新投影轴X_1，即$aa_1'⊥X_1$轴。

(2)点A的新投影a_1'到新投影轴X_1的距离等于旧投影a'到旧投影轴X的距离，即$a_1'a_{x1}=a'a_x$。

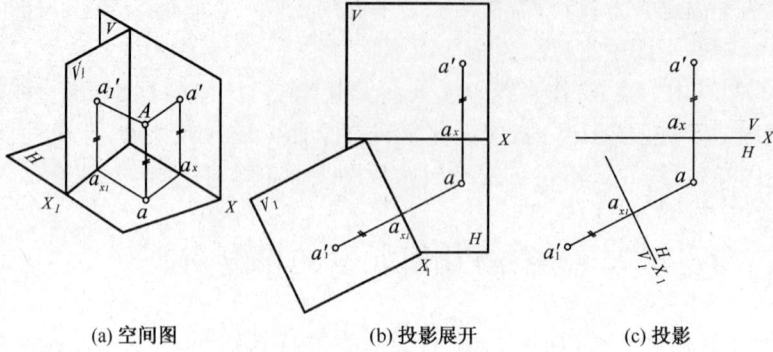

(a) 空间图　　　(b) 投影展开　　　(c) 投影

图 2.47　点的一次换面（更换 V 面）

新投影面 V_1 必须垂直于不变投影面 H，才能保证正投影法的投影规律。同样，亦可用一垂直于 V 面的新投影面 H_1 代替 V/H 体系中的 H 面，组成如图 2.48(a)所示的 V/H_1 新投影面体系。

1）点的一次换面

（1）更换 V 面

如图 2.47(a)所示，点 A 在 V/H 体系中的投影为 a' 和 a，在 V_1/H 体系中的投影为 a_1' 和 a。为便于展开作图，规定 V 面保持不动，将 H 面绕 X 轴旋转 $90°$，V_1 面绕 X_1 轴旋转 $90°$ 展开，如图 2.47(b)所示。

根据点的换面投影规律，作图步骤如图 2.47(c)所示：

①适当位置作新投影轴 X_1。

②过不变投影 a 作新投影轴 X_1 的垂线，交 X_1 于 a_{x1}。

③在垂线上量取 $a_1'a_{x1}=a'a_x$。

则 a_1' 为点 A 的新投影。

（2）更换 H 面

如图 2.48(a)所示，V 面保持不变，取一正垂面 H_1 代替 H，V 面和 H_1 面构成新投影面体系 V/H_1。点 A 的新投影为 a_1，旧投影为 a，不变投影为 a'。投影面展开后如图 2.48(b)所示。

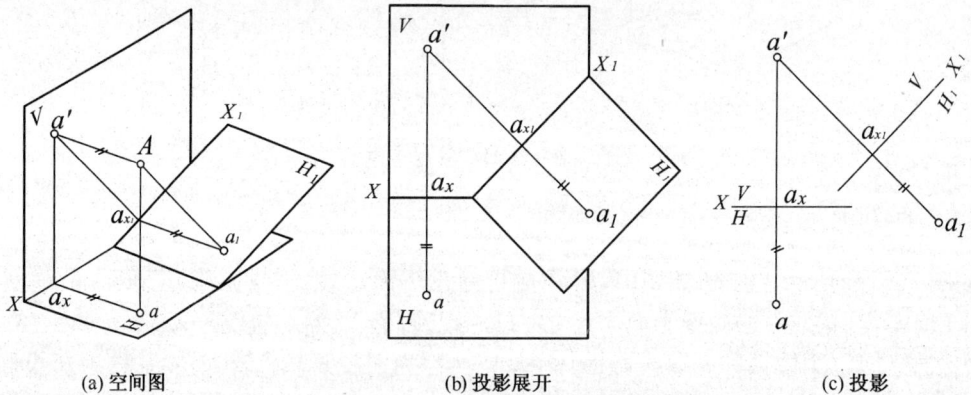

(a) 空间图　　　(b) 投影展开　　　(c) 投影

图 2.48　点的一次换面（更换 H 面）

点的新投影作图步骤如图 2.48(c)所示：

①适当位置作新投影轴 X_1。

②过不变投影 a' 作新投影轴 X_1 的垂线，交 X_1 于 a_{x1}。

③在垂线上量取 $a_1a_{x1}=aa_x$。

综上所述,无论是更换 V 面或是更换 H 面,点的换面投影规律为:

(1)新投影和不变投影的连线,垂直于新投影轴。

(2)新投影到新投影轴的距离等于旧投影到旧投影轴的距离。

2)点的两次和多次换面

应用换面法解决实际问题时,通常会在一次换面的基础上进行多次换面。多次换面时,除必须保证新投影面必须垂直于一不变投影面以外,还需保证一次只能变换一个投影面。点的多次换面原理与一次换面相同,且每变换一次,旧投影、不变投影和新投影均变化。

如图 2.49(a)所示,第一次换面用 V_1 面代替 V 面,构成新投影面体系 V_1/H,此时 a' 为旧投影,a 为不变投影,a_1' 为新投影;第二次换面以 V_1/H 为旧投影面体系,用 H_2 面代替 H 面,构成新投影面体系 V_1/H_2,此时 a 为旧投影,a_1' 为不变投影,a_2 为新投影。具体作图如图 2.49(b)所示。

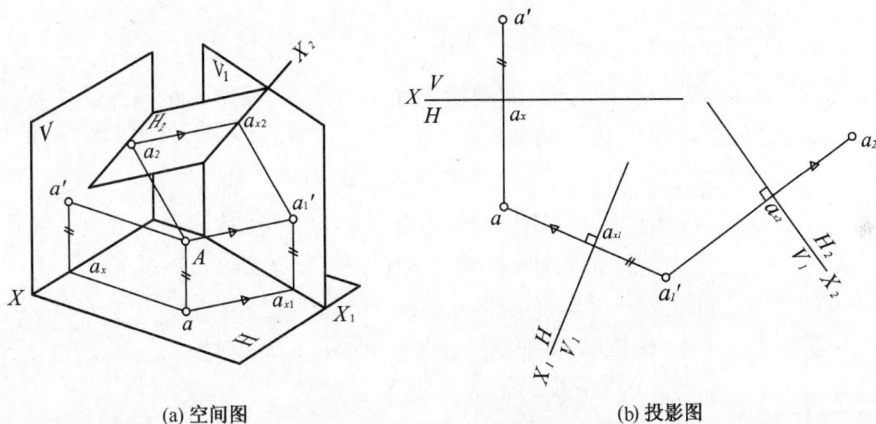

(a) 空间图   (b) 投影图

图 2.49 点的两次换面

3. 直线的换面

两点确定一直线或不在一直线上的三点确定一平面,故需求直线或平面的换面,只需用换面法先求出点的新投影,即可得到直线或平面的新投影。不同的是,作点的换面时,可将新投影面确定在任意位置,而作直线或平面的换面时,必须使直线或平面相对于新投影面处于平行或垂直的特殊位置,才能有利于解题。故在直线或平面的换面中,选择合适的新投影面位置是一个关键问题。

1)一般位置直线换面为投影面平行线

如图 2.50(a)所示,直线 AB 在 V/H 体系中为一般位置直线,选择一新投影面 V_1(铅垂面)平行于直线 AB,则直线 AB 在 V_1/H 中变换为 V_1 面的投影面平行线,新投影 $a_1'b_1'$ 反映直线 AB 的实长及其与 H 面的夹角 α。

作图步骤:如图 2.50(b)所示。

(1)作新投影轴 X_1,使 $X_1 // ab$。

(2)过 a、b 分别作 X_1 轴的垂线,量取 $a'a_{x1}=a'a_x$,$b_1'b_{x1}=b'b_x$,得新投影 a_1'、b_1'。

则 $a_1'b_1'$ 反映直线 AB 的实长,其与 X_1 轴的夹角即为直线 AB 与 H 面的夹角 α。

如图 2.51 所示,若需求直线 AB 对 V 面的夹角 β,则选择一新投影面 H_1(正垂面)平行于

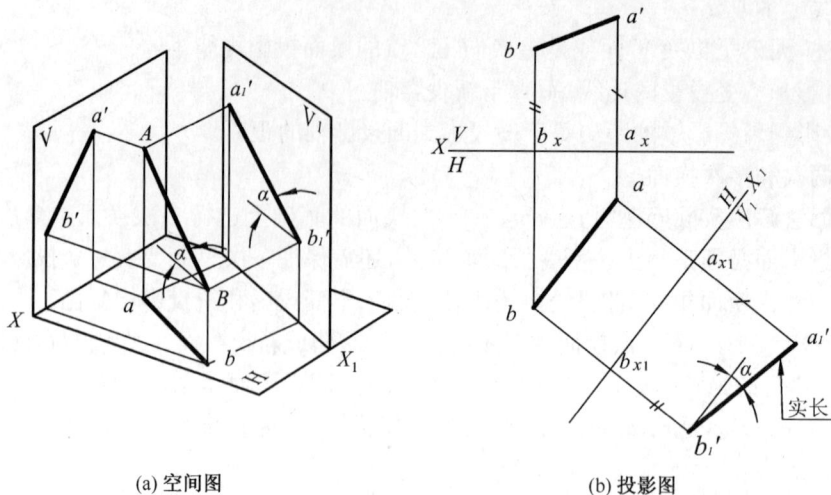

(a) 空间图　　　　　　　　　　(b) 投影图

图 2.50　一般位置直线换面为投影面平行线（求 α 角）

直线 AB，直线 AB 在 V/H_1 中变换为 H_1 面的投影面平行线，新投影 a_1b_1 同样反映直线 AB 的实长，a_1b_1 与 X_1 轴的夹角为直线与 V 面的夹角 β。

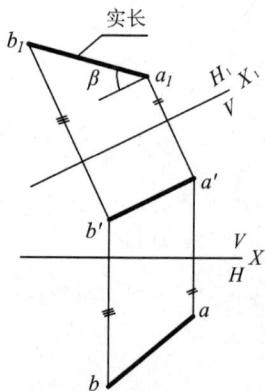

图 2.51　求直线的 β 角

2）投影面平行线换面为投影面垂直线

如图 2.52(a)所示，直线 AB 为水平线，选择一垂直于 AB 的铅垂面 V_1 为新投影面，则水平线 AB 变换为新投影面体系 V_1/H 中的投影面垂直线。

作图步骤：如图 2.52(b)所示。

(1)作新投影轴 X_1，使 $X_1 \perp ab$。

(2)过 a、b 作 X_1 轴的垂线，量取 $a_1'a_{x1} = a'a_x$，$b_1'b_{x1} = b'b_x$，得 $b_1'(a_1')$。

如图 2.53 所示，若直线为正平线，则需更换 H 面将直线变换为投影面垂直线。

3）一般位置直线换面为投影面垂直线

将一般位置直线换面为投影面垂直线，若直接选取新投影面与一般位置直线垂直，则新投影面既不垂直于 V 面，亦不垂直于 H 面，这与换面法中新投影面必须

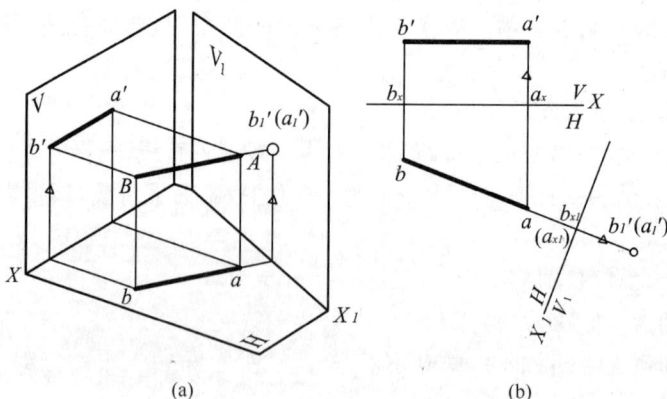

(a)　　　　　　　　　　(b)

图 2.52　水平线换面为投影面垂直线

垂直于一不变投影面的基本原则不相符合．故需经两次换面,第一次将一般位置直线换面为投影面平行线,第二次将投影面平行线换面为投影面垂直线,如图 2.54 所示。

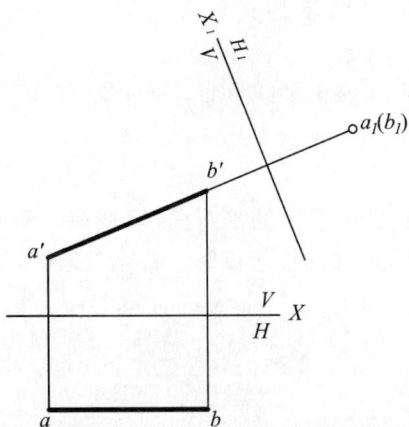

图 2.53 正平线换面为投影面垂直线

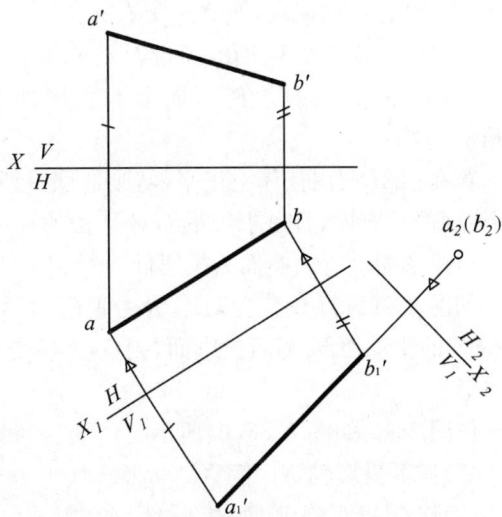

图 2.54 一般位置直线换面为投影面垂直线

4. 平面的换面

1)一般位置平面换面为投影面垂直面

如图 2.55(a)所示,△ABC 为一般位置平面,若需将其变换为投影面垂直面,则应将该平面内一直线变换为新投影面的垂直线。由于一般位置直线变换为投影面垂直线需经过两次换面,而投影面平行线变换为投影面垂直线只需经过一次换面,为简化作图步骤,在△ABC 内任作一投影面平行线,选择与它垂直的 V_1 面作为新投影面,则该投影面平行线变换为 V_1 面的垂直线,△ABC 即变换为 V_1 面的垂直面。

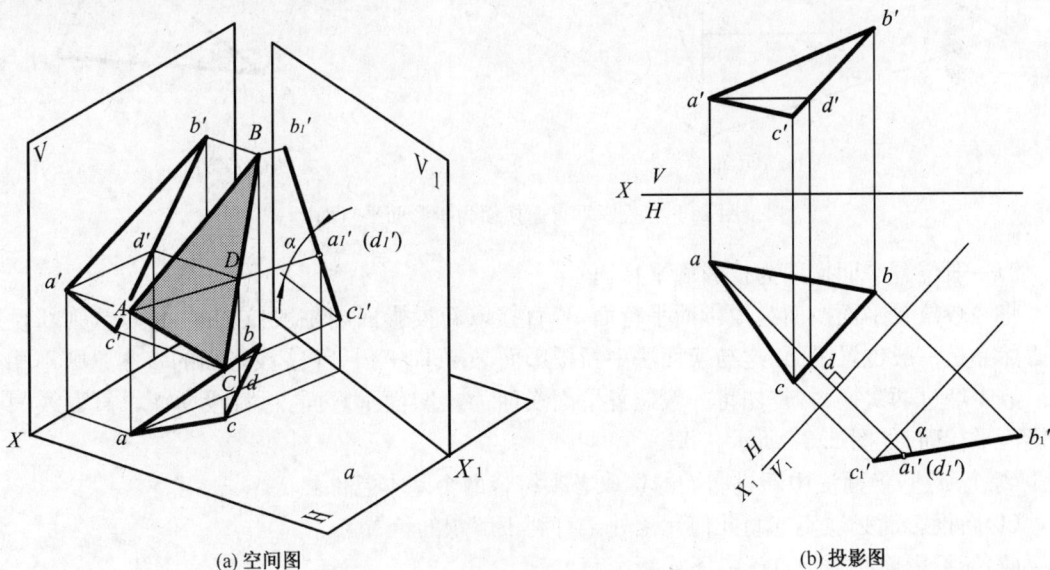

(a) 空间图

(b) 投影图

图 2.55 一般位置平面换面为投影面垂直面

作图步骤:如图 2.55(b)所示。

(1)在△ABC内任作一水平线AD。

(2)作新投影轴 X_1,使 $X_1 \perp ad$。

(3)作△ABC在 V_1 面的新投影 $a_1'b_1'c_1'$。

$a_1'b_1'c_1'$ 即为△ABC在 V_1 面上有积聚性的投影,其与 X_1 轴的夹角为△ABC对 H 面的夹角 α。

若在△ABC内任作一正平线,则选取一新投影面 H_1 与该正平线垂直,亦可将△ABC变换为 H_1 面的垂直面,且可求得平面对 V 面的夹角 β。

2)投影面垂直面换面为投影面平行面

如图 2.56(a)所示,△ABC为铅垂面,若需将其变换为投影面的平行面,可选取一平行于△ABC的铅垂面 V_1 为新投影面,则△ABC变换为 V_1 面的平行面,新投影△$a_1'b_1'c_1'$反映△ABC的实形。

作图步骤:如图 2.56(b)所示。

(1)作新投影轴 X_1,使 $X_1 /\!/ ab(c)$。

(2)作△ABC在 V_1 面的新投影△$a_1'b_1'c_1'$。

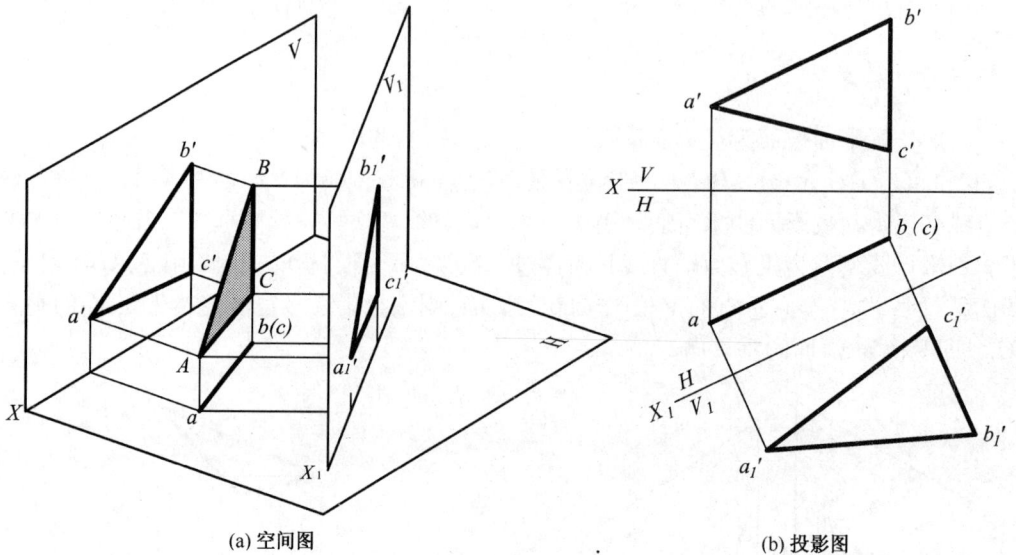

(a) 空间图　　　　　　　　　　　　　(b) 投影图

图 2.56　投影垂直面换面为投影面平行面

3)一般位置平面换面为投影面平行面

将一般位置平面换面为投影面平行面,若直接取新投影面与一般位置平面平行,则新投影面必然亦是一般位置平面,这与换面法中新投影面必须垂直于一不变投影面的基本原则不相符合。故需经过两次换面,首先将一般位置平面换面为投影面垂直面,再将投影面垂直面换面为投影面平行面,如图 2.57 所示。

综上所述,换面法中新投影面的选取必须符合两个基本条件:

(1)新投影面必须使空间几何元素处于有利于解题的位置。

(2)新投影面必须垂直于一不变投影面。

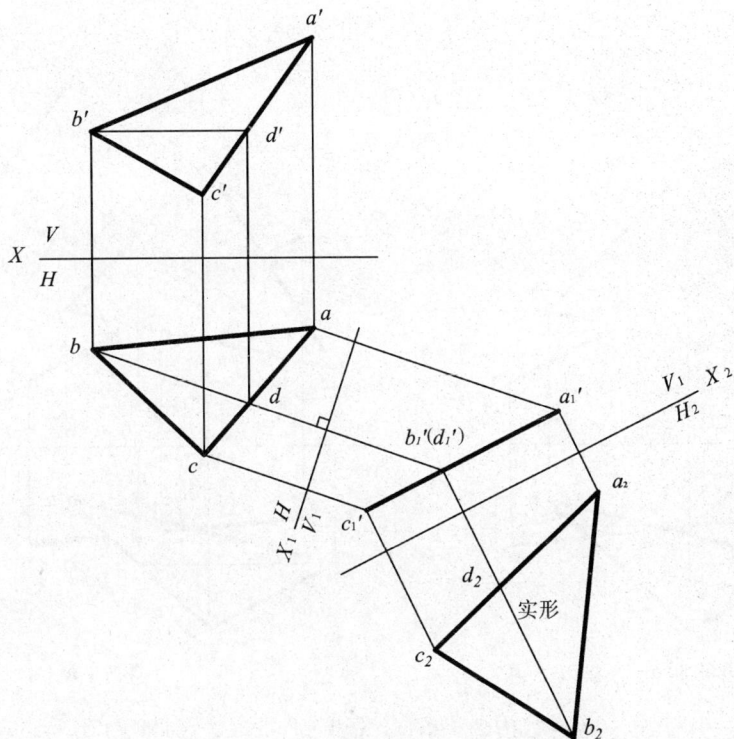

图 2.57　一般位置平面换面为投影面平行面

5. 换面法解题举例

应用换面法解决空间几何元素的定位和度量问题,需将空间几何元素变换至有利于解题的位置,从而使直线或平面的新投影能反映实长、实形、夹角等性质。

例 2.13　如图 2.58(a)所示,已知一般位置直线 EF 与一般位置平面 $\triangle ABC$ 相交,应用换面法求其交点。

分析:若将一般位置平面变换为投影面垂直面,则求一般位置直线与一般位置平面的交点问题即可转化为求一般位置直线与特殊位置平面的交点问题。

作图步骤:如图 2.58(b)所示。

(1)在 $\triangle ABC$ 内作一正平线 CD。

(2)作新投影轴 X_1,使 $X_1 \perp c'd'$。

(3)作出直线 EF 和 $\triangle ABC$ 在 H_1 面的新投影 e_1f_1 和 $a_1b_1c_1$,交点为 m_1。

(4)根据点的换面规律,作图返回求得点 M 在 V/H 体系中的投影 m' 和 m。

点 M 即为所求。

例 2.14　如图 2.59(a)所示,已知点 E 在 $\triangle ABC$ 内,且点 E 和点 A、点 C 的距离均为 10,应用换面法求点 E 的投影。

分析:若能将 $\triangle ABC$ 变换为投影面平行面,则能反映平面内点与点之间距离的实长,进而求得点 E 的投影。

作图步骤:如图 2.59(b)所示。

(1)在 $\triangle ABC$ 内作一正平线 AD。

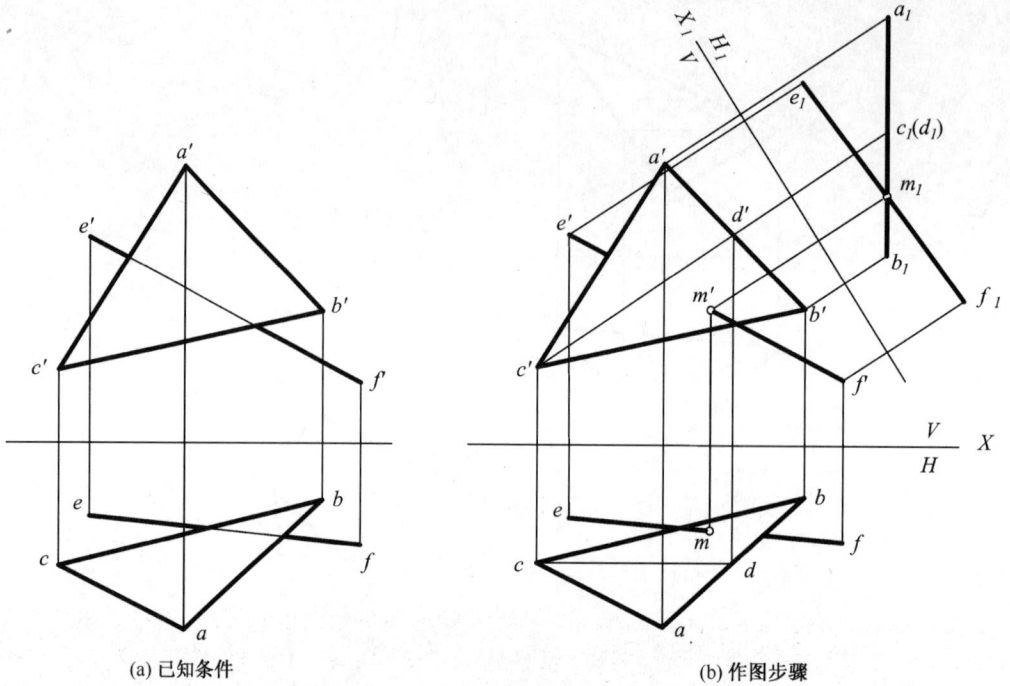

(a) 已知条件　　　　(b) 作图步骤

图 2.58　换面法求一般位置直线与一般位置平面的交点

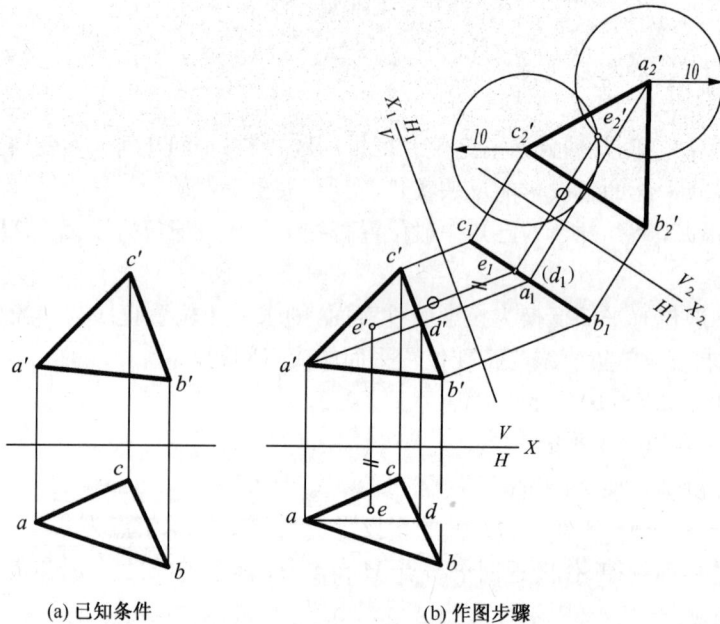

(a) 已知条件　　　　(b) 作图步骤

图 2.59　换面法求平面内点的投影

(2)作新投影轴 X_1，使 $X_1 \perp a'd'$，作 $\triangle ABC$ 在 H_1 面的新投影 $a_1b_1c_1$。

(3)作新投影轴 X_2，使 $X_2 \parallel a_1b_1c_1$，作 $\triangle ABC$ 在 V_2 面的新投影 $\triangle a_2'b_2'c_2'$。

(4)分别以 a_2'、c_2' 为圆心，以 10 为半径作圆，得交点 e_2'。

(5)根据点的换面规律，作图返回求得点 E 的投影 e_1、e' 和 e。

应用换面法解题时需注意两个关键步骤：

(1)根据已知条件,确定空间几何元素对新投影面应处于何种特殊位置,以选择合适的解题思路与方法。

(2)变换后的新投影需根据变换前后的关系,能根据换面法的投影规律返回到原投影体系中。

2.3.2 旋转法

1. 旋转法的基本概念

旋转法是投影面保持不动,空间几何元素绕某一轴旋转到与投影面处于有利于解题的位置。

按照旋转轴相对于投影面的位置,可将旋转法分为两类:一种是绕垂直于投影面的轴旋转,称为绕垂直轴旋转;另一种是绕平行于投影面的轴旋转,称为绕平行轴旋转。本教材仅介绍绕垂直轴旋转。

如图 2.60 所示,空间一铅垂面$\triangle ABC$绕铅垂轴旋转为正平面$\triangle ABC_1$,便于解决求平面的实形、角度和度量等问题。

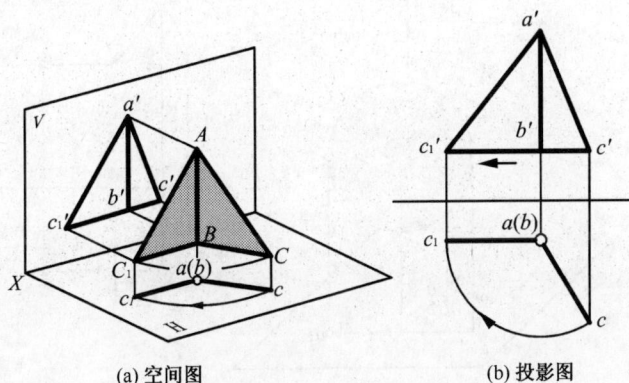

(a) 空间图   (b) 投影图

图 2.60 旋转法的基本概念

2. 点的旋转

1)绕铅垂轴旋转

如图 2.61(a)所示,空间点 A 绕铅垂轴 OO 旋转,运动轨迹为垂直于轴 OO 的水平圆。该水平圆的水平投影反映实形,即以 oo 为圆心,$|OA|$ 长度为半径的圆;正面投影为过点 a' 且平行于 X 轴的直线,长度等于水平圆的直径。当点由位置 A 旋转一定角度 θ 至位置 A_1 时,其水平投影相应由 a 旋转 θ 角至 a_1,正面投影沿平行于 X 轴的直线由 a' 平移至 a_1',其投影作图如图 2.61(b)所示。

2)绕正垂轴旋转

如图 2.62(a)所示,空间点 A 绕正垂轴 OO 旋转,点 A 的运动轨迹为垂直于轴 OO 的正平圆,图 2.62(b)为其投影图。

综上所述,点绕垂直轴旋转的投影规律为:

(1)在垂直于旋转轴的投影面上,点的投影在以轴的投影为圆心,以旋转长度为半径的圆上。

(2)在平行于旋转轴的投影面上,点的投影在垂直于投影轴的直线上。

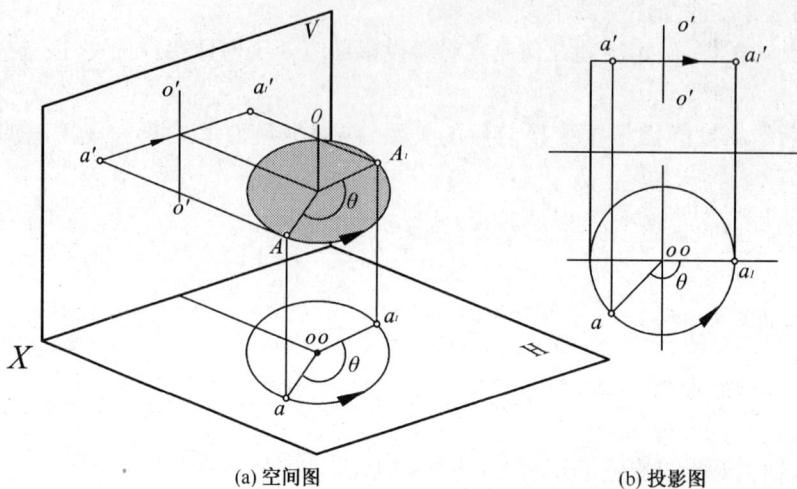

(a) 空间图　　　　　　　　　　(b) 投影图

图 2.61　点绕铅垂轴旋转

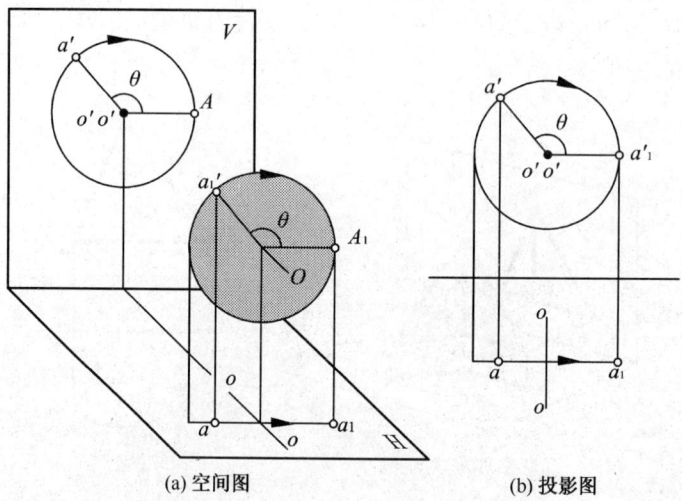

(a) 空间图　　　　　　　　　　(b) 投影图

图 2.62　点绕正垂轴旋转

3. 直线和平面的旋转规律

1) 旋转遵循"三同"原则

直线或平面旋转过程中,自身相对位置不发生变化,即它们绕同一根轴、同一方向和同一角度旋转。直线可由其上任意两点确定,平面可由其上任意不在同一条直线上的三点确定,故直线或平面的旋转可转化为点的旋转,投影图分别如图 2.63 和图 2.64 所示。

2) 在垂直于旋转轴的投影面上,旋转前后投影的形状和大小不变

当直线绕垂直轴旋转时,为简化作图,通常选旋转轴通过直线一端点。如图 2.65 所示,直线 AB 绕过 A 点的铅垂轴 OO 旋转任意角度至位置 AB_1,其运动轨迹为一圆锥面,显然,任意位置的直线 AB_1 与 H 面的夹角 α 不变,水平投影长度亦不变,即 $ab=ab_1$。

由于直线绕垂直轴旋转,在垂直于旋转轴的投影面上,投影的形状和大小不变,显然旋转前后,平面在垂直于旋转轴的投影面上,投影的形状和大小亦不变。

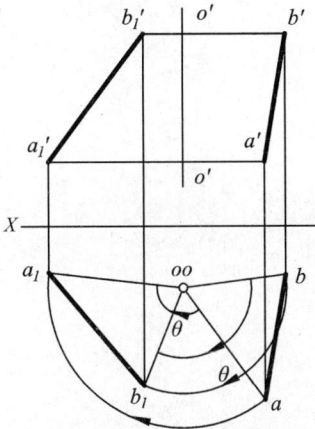

图 2.63　直线的旋转

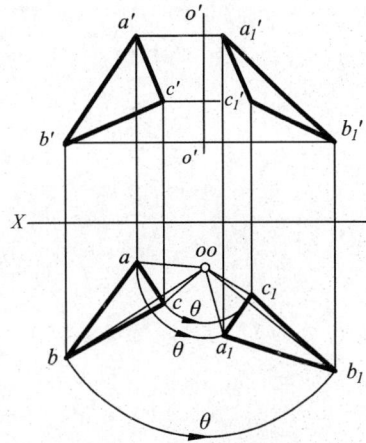

图 2.64　平面的旋转

综上所述,当直线或平面绕垂直轴旋转时,在垂直于轴的投影面上,旋转前后投影的形状和大小不变,且与该投影面的夹角亦不变。

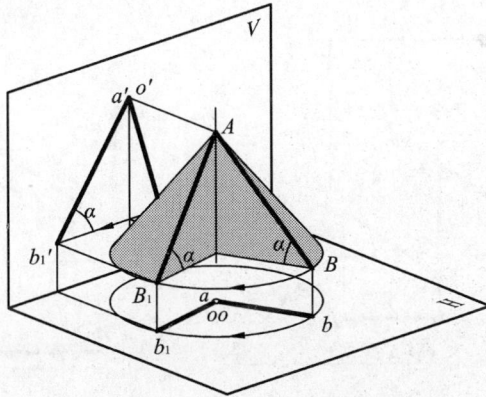

图 2.65　直线绕铅垂轴旋转

4. 直线的旋转

1)一般位置直线旋转为投影面平行线

如图 2.66(a)所示,AB 为一般位置直线,将其绕过 A 点的铅垂轴旋转为正平线,则水平投影 ab 旋转为 ab_1,与 X 轴平行;正面投影 $a'b'$ 的端点 b' 沿平行于 X 轴的直线运动为 $a'b_1'$。显然 $a'b_1'$ 反映直线 AB 实长,$a'b_1'$ 与 X 轴的夹角即为直线 AB 与 H 面的夹角 α,投影作图如图 2.66(b)所示。

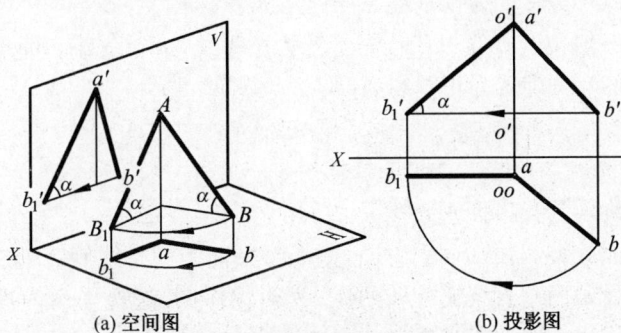

(a) 空间图

(b) 投影图

图 2.66　一般位置直线旋转为正平线

如图 2.67 所示,将一般位置直线 AB 绕正垂轴旋转为水平线,ab_1 反映直线 AB 实长,其与 X 轴夹角即为直线与 V 面的夹角 β。

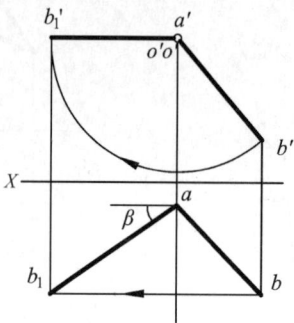

图 2.67　一般位置直线旋转为水平线

2)投影面平行线旋转为投影面垂直线

如图 2.68(a)所示,正平线 AB 绕过 B 点的正垂轴 OO 旋转为铅垂线,水平投影积聚为一点,投影作图如图 2.68(b)所示。

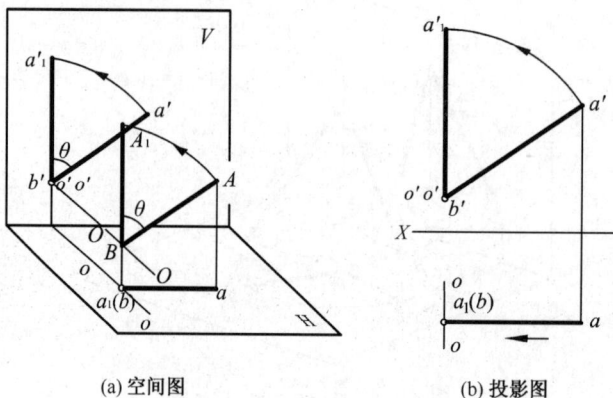

(a) 空间图　　　　　　(b) 投影图

图 2.68　正平线旋转为铅垂线

如图 2.69 所示,水平线 AB 绕过 A 点的铅垂轴旋转为正垂线,正面投影积聚为一点。

3)一般位置直线旋转为投影面垂直线

一般位置直线无论是绕铅垂轴或是绕正垂轴旋转一次,均不能旋转为投影面垂直线,故必须绕不同垂直轴旋转两次。如图 2.70 所示,一般位置直线 AB 先绕铅垂轴 OO 旋转为正平线 A_1B,A_1B 再绕正垂轴 O_1O_1 旋转为铅垂线 A_1B_2。

如图 2.71 所示,一般位置直线 AB 若需旋转为正垂线,应首先绕正垂轴 OO 旋转为水平线 A_1B,A_1B 再绕铅垂轴 O_1O_1 旋转为正垂线 A_1B_2。

5. 平面的旋转

1)一般位置平面旋转为投影面垂直面

若将一般位置平面旋转为投影面垂直面,则需将平面内一直线旋转为投影面垂直线。由于一般位置直线旋转为投影面垂直线需旋转两次,为简化作图,选择平面内投影面平行线一次旋转为投影面垂直线。

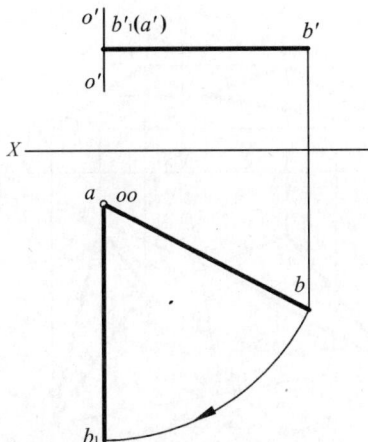

图 2.69 水平线旋转为正垂线

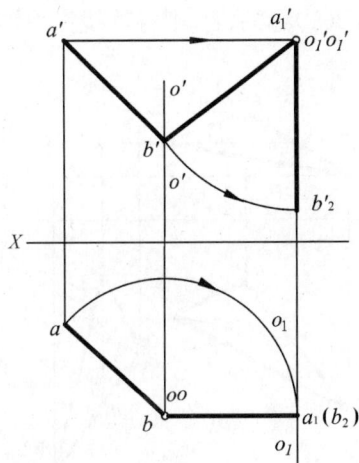

图 2.70 一般位置直线旋转为铅垂线

如图 2.72 所示，△ABC 为一般位置平面，在该平面内作一水平线 AN，绕过 A 点的铅垂轴旋转为正垂线 $AN_1(an_1 \perp X)$。根据"三同原则"，△ABC 和水平线 AN 绕同一根铅垂轴，向同一方向旋转同一角度为正垂面，其正面投影积聚为一直线 $b_1'a_1'c_1'$，与 X 轴的夹角为平面与 H 面的夹角 α。又根据直线和平面的旋转规律，在旋转轴所垂直的投影面上的投影，旋转前后形状和大小不变。

综上，图 2.72 可表示为图 2.73 的形式，保证水平投影 $a_1n_1 \perp X$ 轴和 $\triangle a_1b_1c_1 \cong \triangle abc$，同时保证各点的正面投影沿平行于 X 轴的直线运动且满足"长对正"的投影规律。

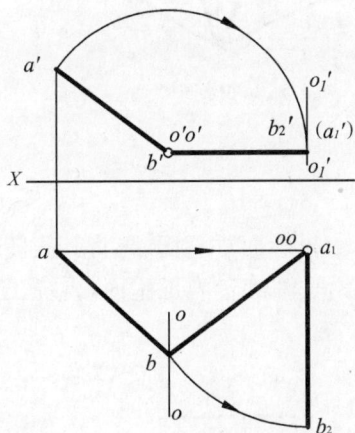

图 2.71 一般位置直线旋转为正垂线

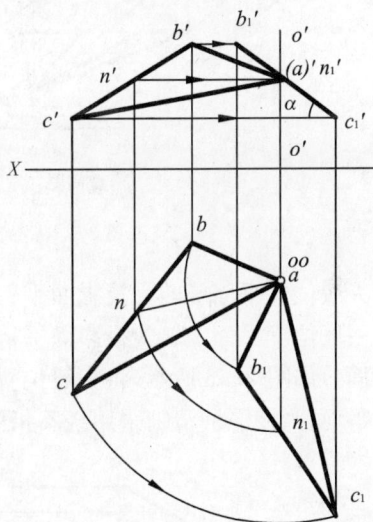

图 2.72 一般位置平面旋转为正垂面

平面绕垂直轴旋转，若所选垂直轴通过平面内几何元素，则旋转前后投影接近甚至部分重叠，图面不清晰，为避免该问题，可采用不指明轴旋转法。图 2.73 和图 2.74 是绕同一个铅垂轴旋转所得，只是图 2.73 未标出旋转轴位置，称为绕不指明轴旋转法。

同理，将一般位置平面绕正垂轴旋转，可旋转为铅垂面。

2)投影面垂直面旋转为投影面平行面

如图 2.75(a)所示，正垂面△ABC 绕正垂轴旋转为水平面，水平投影△ab_1c_1 反映实形，正面投影 $a'b_1'c_1'$ 形状和大小不变，且平行于 X 轴，投影作图如图 2.75(b)所示。

若△ABC为铅垂面,则将其绕铅垂轴旋转为正平面。

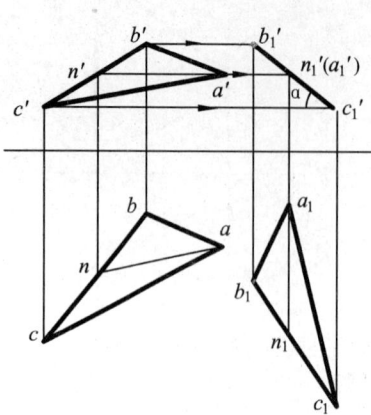

图 2.73　绕不指明轴旋转

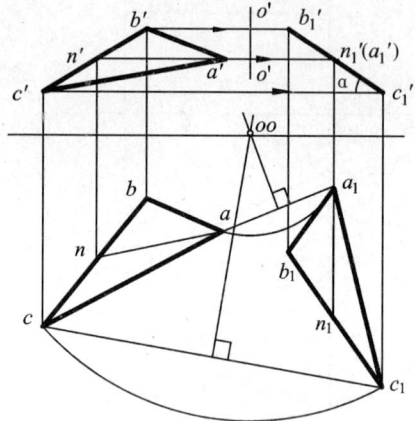

图 2.74　绕指明轴旋转

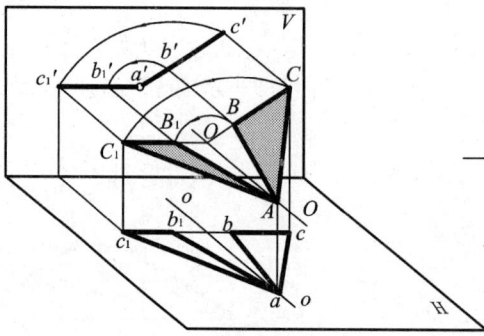

(a)空间图

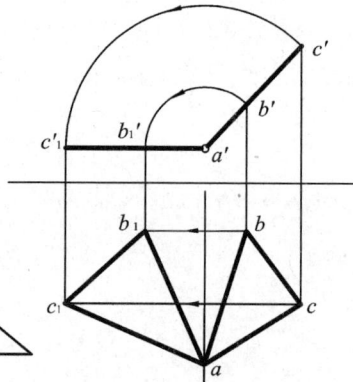

(b)投影图

图 2.75　正垂面旋转为水平面

3)一般位置平面旋转为投影面平行面

将一般位置平面旋转为投影面平行面,需先将其旋转为投影面垂直面,再将其旋转为投影面平行面。如图 2.76 所示,将一般位置平面△ABC 先绕铅垂轴旋转为正垂面,再绕正垂轴旋转为水平面,为使图面清晰采用绕不指明轴旋转法。

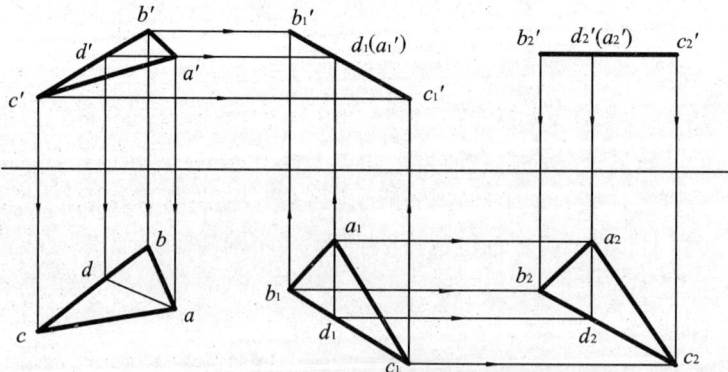

图 2.76　一般位置平面旋转为水平面

6. 旋转法解题举例

例 2.15　如图 2.77(a)所示,△ABC 为一般位置平面,应用旋转法在平面内过点 A 作 α=45°
的直线。

分析:根据直线的旋转规律,直线绕铅垂轴旋转至任意位置,其与 H 面的夹角 α 不变。正
平线的正面投影直接反映夹角 α,使其绕铅垂轴旋转,若保证正面投影沿平面内的水平线运动,
水平投影作圆周运动,即可求得平面内 α=45°的直线。

作图步骤:如图 2.77(b)所示。

(1)过点 A 作一正平线 AM,使 α=45°。

(2)在△ABC 内作一水平线 CD。

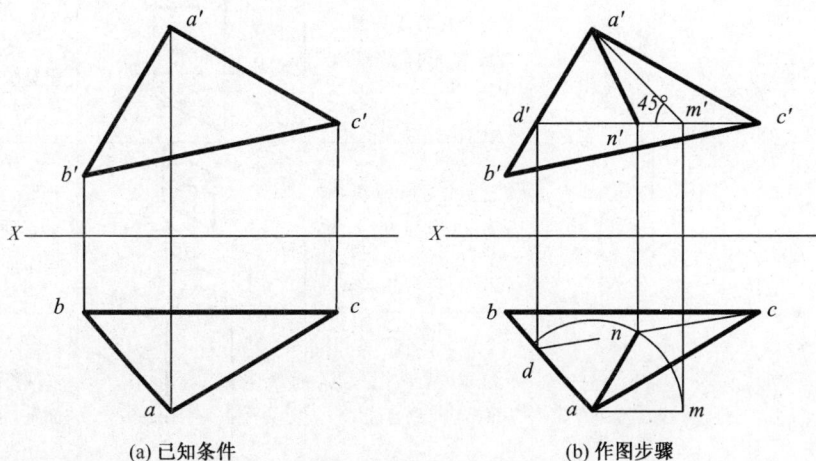

(a) 已知条件　　　　　　　　(b) 作图步骤

图 2.77　作平面内 α=45°的直线

(3)以点 A 为圆心,|am| 为半径作圆,交 CD 于点 N。

则直线 AN 即为所求。

2.4　空间几何问题的综合求解

前三节对空间几何元素的投影、相对位置和投影变换作了详细的论述,熟练掌握这些基本
作图方法会为解决实际工程问题奠定基础。

工程实践中有关空间几何元素的常见问题包括求空间几何元素的实长(实形)、距离度量和
角度度量等问题。直线的实长和平面的实形问题可通过前面介绍的基本作图法直接解决,而空
间几何元素的距离度量和角度度量等综合性问题则相对复杂,需综合应用空间几何元素的相关
知识。

距离度量和角度度量等综合性问题,通常采用综合解题法和投影变换法来解决。综合解题
法是应用空间几何元素的投影和相对位置的作图方法解决问题,而投影变换法则是应用换面法
或旋转法的作图方法解决问题。

2.4.1　距离度量问题

空间几何元素的距离度量包括点到点的距离、点到直线的距离、点到平面的距离、两直线间

的距离、直线到平面间的距离和两平面间的距离。距离度量问题既可应用综合解题法亦可应用投影变换法，具体如表 2.6 所示。

表 2.6　空间几何元素的距离度量问题

方法\类型	综合解题法		投影变换法	
	空间图	解题思路	空间图	解题思路
点到点	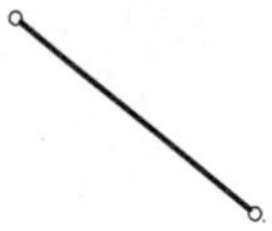	直角三角形法求实长	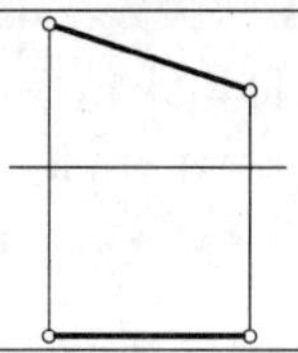	直线变换为投影面平行线
点到直线	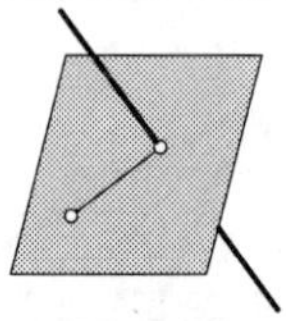	过点作直线垂面，求直线与垂面交点，求实长	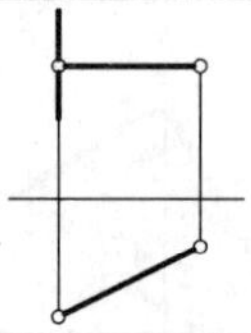	直线变换为投影面垂直线
点到平面	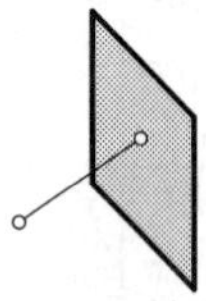	过点作平面垂线，求垂线与平面交点，求实长	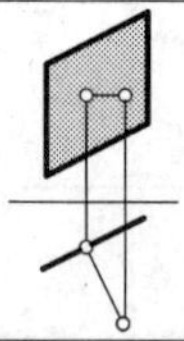	平面变换为投影面垂直面，直角投影定理作垂线
平行两直线	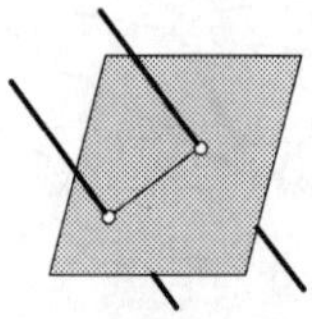	任取一直线上一点，其他同"点到直线"	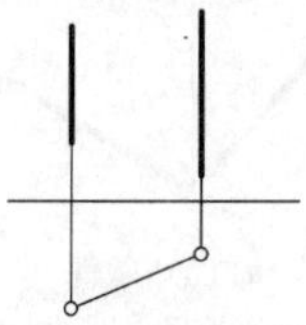	两直线变换为投影面垂直线
平行直线到平面	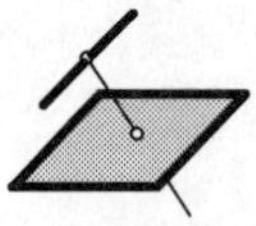	任取直线上一点，其他同"点到平面"	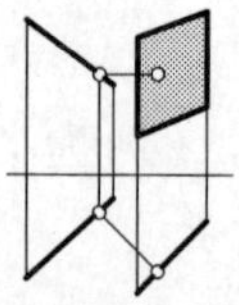	平面变换为投影面垂直面
交叉两直线	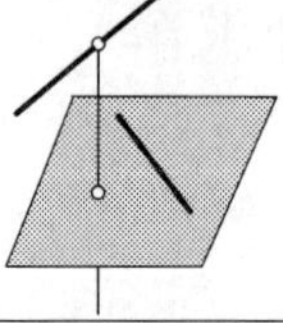	过一直线作平面与另一直线平行，其他同"平行直线到平面"	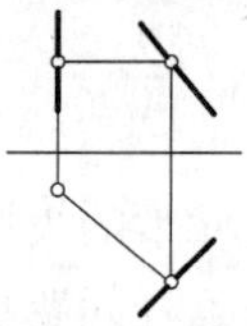	一直线变换为投影面垂直线，直角投影定理作另一直线垂线
两平行平面	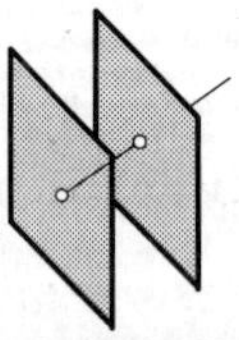	任取平面上一点，其他同"点到平面"	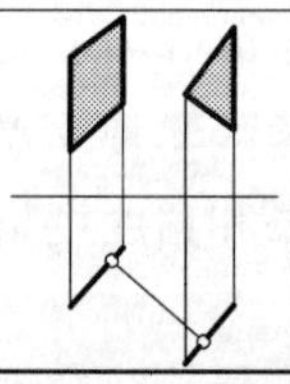	平面变换为投影面垂直面

例 2.16　求点 K 到直线 AB 的距离及垂足在 V/H 体系中的投影。

作图方法一：综合解题法。

首先过点 K 作直线 AB 的垂面，求直线与垂面的交点，再根据直角三角形法确定点到直线的距离。

作图步骤：如图 2.78(a)所示。

(1)过点 K 作水平线 $KM \perp AB$,作正平线 $KN \perp AB$,则平面 KMN 垂直于直线 AB。

(2)求作直线 AB 与平面 KMN 的交点 L。

(3)求作直线 KL 实长。

作图方法二:投影变换法。

分析:AB 为一般位置直线,可用换面法或旋转法先将其变换为投影面平行线,根据直角投影定理在新投影体系作出直线 AB 的垂线,再将投影面平行线变换为投影面垂直线,即可求出点到直线的距离。

作图步骤:如图 2.78(b)所示。

(1)作新投影轴 X_1,使 $X_1 // ab$,作出 $a_1'b_1'$、k_1'。

(2)过 k_1' 作 $k_1'l_1' \perp a_1'b_1'$,垂足为 l_1',作图返回求得 l、l',连接 kl、$k'l'$。

(3)作新投影轴 X_2,使 $X_2 \perp a_1'b_1'$,求作得 $a_2(b_2)(l_2)$、k_2,连接 a_2k_2。

a_2k_2 的长度即为所求。

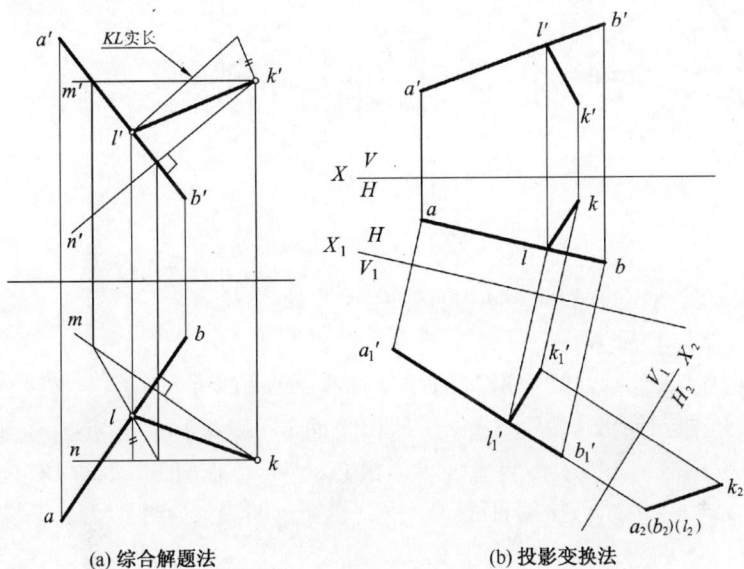

(a) 综合解题法　　(b) 投影变换法

图 2.78　求点到直线的距离

例 2.17　求点 K 到 $\triangle ABC$ 的距离及垂足在 V/H 体系中的投影。

作图方法一:综合解题法。

作图步骤:如图 2.79(a)所示。

(1)过点 K 作 $\triangle ABC$ 的垂线。

(2)求作垂线与 $\triangle ABC$ 的交点 L。

(3)求作 KL 实长。

KL 即为所求。

作图方法二:投影变换法。

当平面变换为投影面垂直面时,平面的投影积聚为一直线,点到平面的垂线即为投影面平行线,其投影反映实长。

作图步骤:如图 2.79(b)所示。

(1)在 $\triangle ABC$ 内作水平线 AD。

(2)作新投影轴 X_1，使 $X_1 \perp ad$，求得投影 $a_1'b_1'c_1'$ 和 k_1'。

(3)过点 k_1' 作 $k_1'l_1' \perp a_1'b_1'c_1'$，垂足为 l_1'。

(4)过点 k 作 $kl /\!/ X_1$。

(5)作图返回 V/H 体系，求得投影 l'。

$k_1'l_1'$ 即为所求。

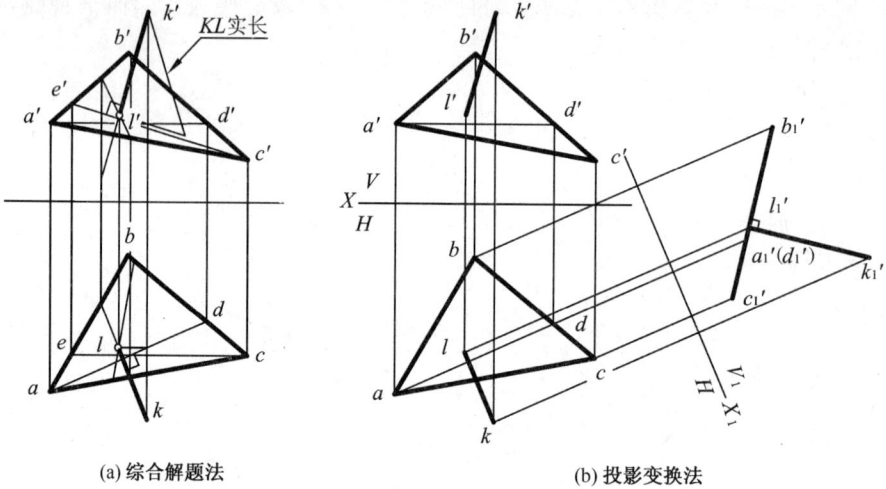

(a) 综合解题法　　　　　　　　(b) 投影变换法

图 2.79　求点到平面的距离

例 2.18　求交叉两直线 AB 与 MN 的公垂线。

作图方法一：综合解题法。

如图 2.80(a)所示，公垂线需同时与两交叉直线垂直相交，首先过一直线 AB 作另一直线 MN 的平行平面 P；再过直线 MN 上任一点 F 作平面 P 的垂线，垂足为点 E，显然直线 EF 同时垂直于直线 AB 和 MN。为求作与直线 AB 相交，过点 E 作直线 $EK /\!/ BC$ 交直线 AB 于点 K，再过点 K 作直线 $KL /\!/ EF$，显然直线 KL 垂直相交于两交叉直线即为公垂线。

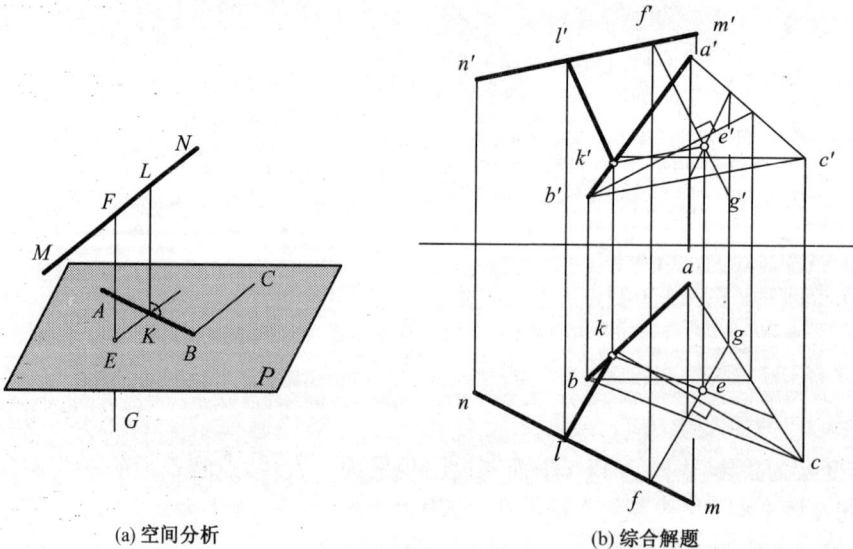

(a) 空间分析　　　　　　　　(b) 综合解题

图 2.80　求交叉两直线的公垂线

作图步骤:如图 2.80(b)所示。

(1)过点 B 作直线 $BC /\!/ MN$,则直线 $MN /\!/ \triangle ABC$。

(2)过直线 MN 上任一点 F 作 $\triangle ABC$ 的垂线 FG。

(3)求作垂线 FG 与 $\triangle ABC$ 的交点 E。

(4)过点 E 作直线 $EK /\!/ BC$,交直线 AB 于点 K。

(5)过点 K 作直线 $KL /\!/ EF$,交直线 MN 于点 L。

直线 KL 即为所求。

作图方法二:投影变换法。

如图 2.81(a)所示,若将一交叉直线 AB 变换为投影面垂直线,则公垂线 KL 为 H_2 面的平行线。根据直角投影定理,$k_2 l_2 \perp m_2 n_2$。由点的换面投影规律,即可返回求得公垂线在 V/H 体系中的投影。

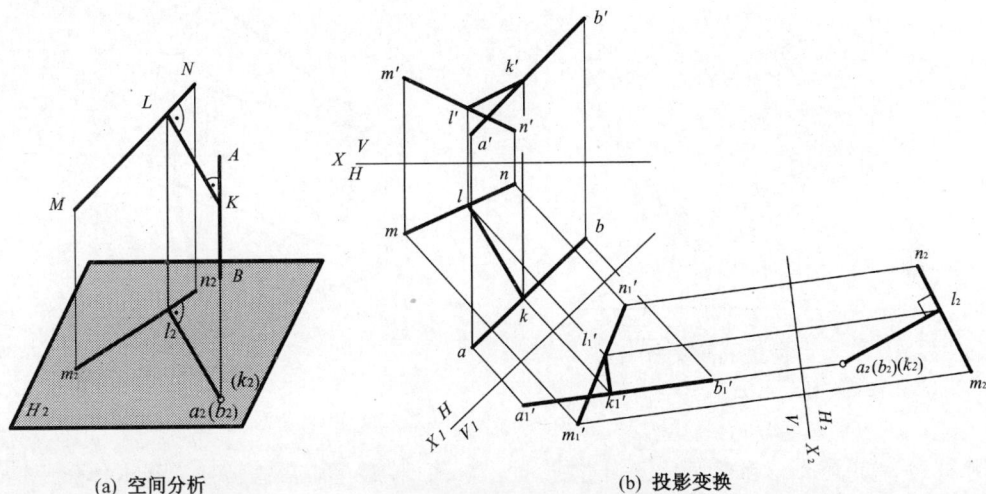

(a) 空间分析　　　　　　　　　　　　(b) 投影变换

图 2.81　求交叉两直线的公垂线

作图步骤:如图 2.81(b)所示。

(1)作新投影轴 X_1,使 $X_1 /\!/ ab$,求得 $a_1' b_1'$ 和 $m_1' n_1'$。

(2)作新投影轴 X_2,使 $X_2 \perp a_1' b_1'$,求得 $a_2(b_2)$ 和 $m_2 n_2$。

(3)过点 $a_2(b_2)$ 作 $k_2 l_2 \perp m_2 n_2$,返回求得点 l_1'。

(4)过点 l_1' 作 $k_1' l_1' /\!/ X_2$。

(5)作图返回 V/H 体系,得两面投影 $k'l'$ 和 kl。

直线 KL 即为所求。

2.4.2　角度度量问题

空间几何元素的角度度量通常分为与投影面之间的夹角和相互之间的夹角两种情况。

1. 一般位置平面与投影面之间的夹角

一般位置平面与投影面的夹角,既可应用投影变换法将其转换为投影面垂直面求夹角,亦可通过综合解题法求最大斜度线的夹角。

平面内对投影面夹角最大的直线称为最大斜度线,研究最大斜度线的目的是为求解一般位置平面与投影面的夹角。

如图 2.82(a)所示,过平面 P 内任一点 A 作平面内直线 AE、AF 和 AD,AD 为水平线,AF 为任意直线,$AE \perp AD$。EF 为水平迹线,显然 $AE \perp EF$。作 $Aa \perp H$ 面,组成 AEF、AEa 和 AFa 三个直角三角形,$AF > AE$,则 $\alpha > \Phi$。AF 为平面 P 内任意直线,则平面 P 内直线 AE 对 H 面的夹角为最大,故直线 AE 为平面 P 对 H 面的最大斜度线。同理,平面 P 内亦有对 V 面的最大斜度线和对 W 面的最大斜度线。

由图 2.82(a)亦可知,$AE \perp AD$,故平面内对 H 面的最大斜度线垂直于平面内的水平线。同理,平面内对 V 面的最大斜度线垂直于平面内的正平线;平面内对 W 面的最大斜度线垂直于平面内的侧平线。分析可知,直线 AE 对 H 面的夹角 α,即为平面 P 对 H 面的夹角。

图 2.82(b)所示为 $\triangle ABC$ 内,对 H 面的最大斜度线 AE 的投影图,其中直线 CD 为 $\triangle ABC$ 内的水平线,且直线 $AE \perp CD$。

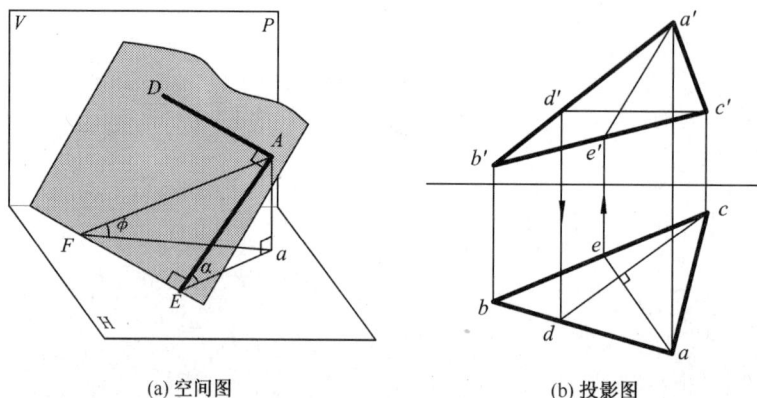

(a) 空间图　　　　　　　　　　　　　　(b) 投影图

图 2.82　最大斜度线

例 2.19　如图 2.83(a)所示,已知直线 AB 为平面对 H 面的最大斜度线,求作该平面对 V 面的夹角 β。

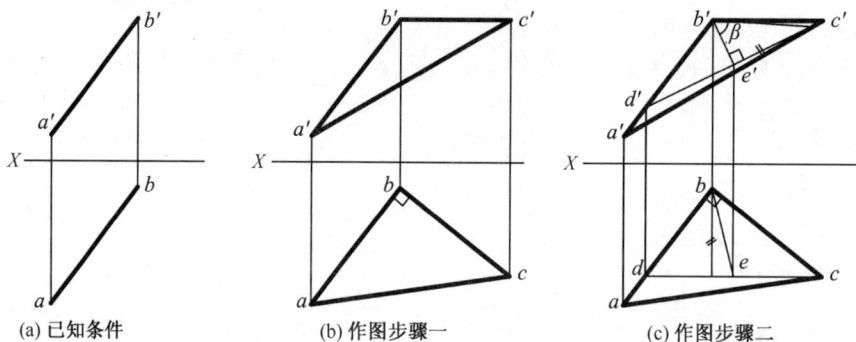

(a) 已知条件　　　　　　　(b) 作图步骤一　　　　　　(c) 作图步骤二

图 2.83　求平面对投影面的夹角

分析:最大斜度线给定,则平面唯一确定。直线 AB 为平面对 H 面的最大斜度线,则其垂直于平面内的水平线 BC,根据直角投影定理,则 $ab \perp bc$。平面确定后,即可作平面对 V 面的最大斜度线,并通过直角三角形法求得夹角 β。

作图步骤:

(1)过点 B 作水平线 BC 垂直于 AB,如图 2.83(b)所示。

(2)在 $\triangle ABC$ 内作正平线 CD,如图 2.83(c)所示。

(3)过点 B 作直线 $BE \perp CD$,如图 2.83(c)所示。

(4)直角三角形法求直线 BE 的 β 角,如图 2.83(c)所示。

直线 BE 的 β 角即为平面对 V 面的夹角 β。

2. 空间几何元素之间的夹角

空间几何元素相互之间的夹角包括相交或交叉两直线间的夹角、直线与平面的夹角和平面与平面的夹角,如表 2.7 所示。

表 2.7　空间几何元素的角度度量问题

方　法 类　型	综合解题法		投影变换法	
	空间图	解题思路	空间图	解题思路
两直线	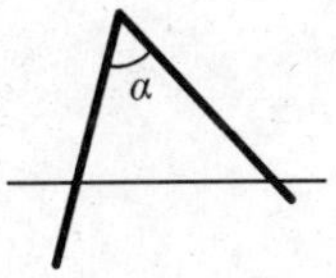	构造三角形,求其实形	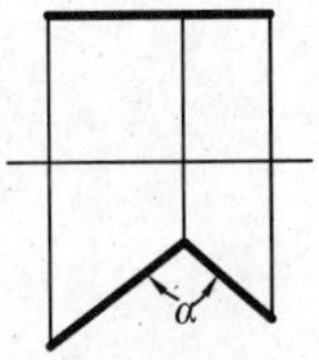	两直线同时变换为投影面平行线
直线与平面	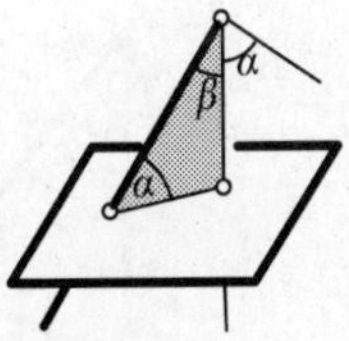	过直线上一点作平面垂线,求直线与垂线的夹角 β,作图求 β 余角 α	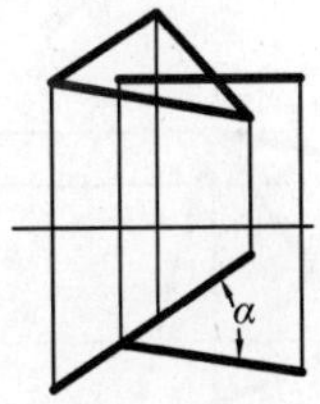	平面变换为投影面垂直面,同时直线变换为投影面平行线
两平面	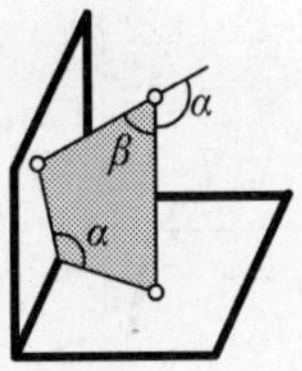	过空间外任一点作两平面垂线,求两垂线的夹角 β,作图求 β 的补角 α	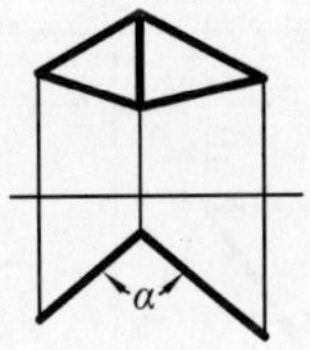	两平面同时变换为投影面垂直面

例 2.20　求 $\triangle ABC$ 和 $\triangle ABD$ 间的夹角。

作图方法一:换面法。

将两个平面同时变换为投影面垂直面,只需将其交线变换为投影面垂直线即可,其投影分别积聚为一直线,显然两直线的夹角反映空间两平面间的夹角。

作图步骤:如图 2.84 所示。

(1)作新投影轴 X_1,使 $X_1 /\!/ ab$,作图求得 $\triangle a_1' b_1' c_1'$ 和 $\triangle a_1' b_1' d_1'$。

(2)作新投影轴 X_2,使 $X_2 \perp a_1' b_1'$,作图求得 $a_2(b_2)$、c_2 和 d_2。

(3)连接 $a_2(b_2) c_2$ 和 $a_2(b_2) d_2$。

则 $\angle c_2 a_2 d_2$ 即为所求。

作图方法二:旋转法。

如图 2.85(a)所示,将两个平面同时旋转为投影面垂直面,只需将其交线旋转为投影面垂直线。$\triangle ABC$ 和 $\triangle ABD$ 的交线 AB 为一般位置直线,故需经两次旋转为投影面垂直线。

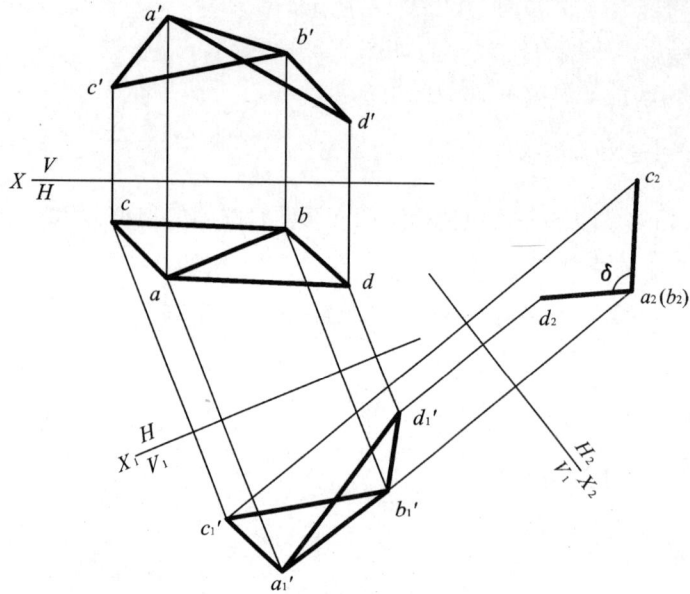

图 2.84 换面法求两平面间的夹角

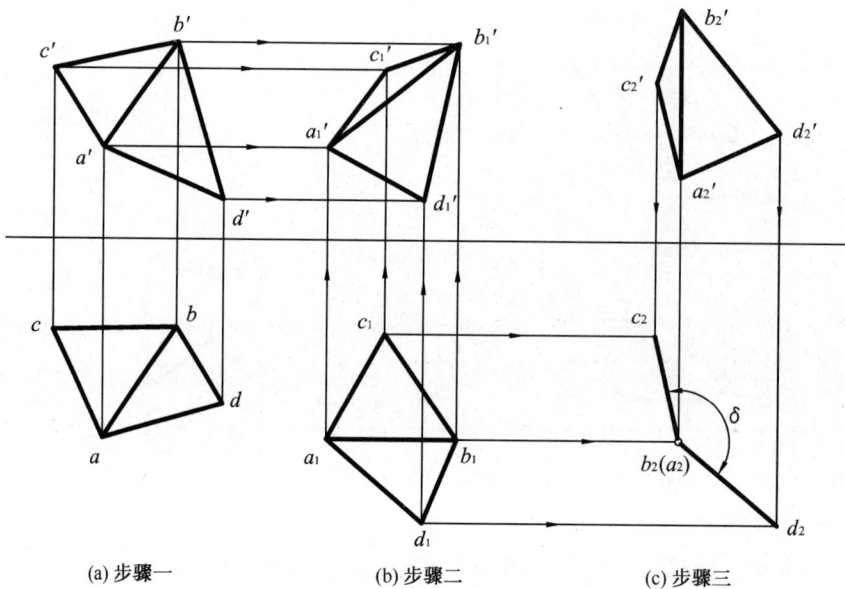

(a) 步骤一　　　　　　(b) 步骤二　　　　　　(c) 步骤三

图 2.85 旋转法求两平面间的夹角

作图步骤：

（1）如图 2.85(b)所示，将一般位置直线 AB 绕铅垂轴旋转为正平线 A_1B_1，保证：$a_1b_1 \parallel X$ 轴，$\triangle a_1b_1c_1 \cong \triangle abc$，$\triangle a_1b_1d_1 \cong \triangle abd$；点的正面投影沿平行于 X 轴的直线运动且满足投影规律，作图求出 $\triangle a_1'b_1'c_1'$ 和 $\triangle a_1'b_1'd_1'$。

（2）如图 2.85(c)所示，将正平线 A_1B_1 绕正垂轴旋转为铅垂线 A_2B_2，保证：$a'_2b'_2 \perp X$ 轴，$\triangle a'_2b'_2c'_2 \cong \triangle a_1'b_1'c_1'$，$\triangle a'_2b'_2d'_2 \cong \triangle a_1'b_1'd_1'$；点的水平投影沿平行于 X 轴的直线运动且满足投影规律，作图求出直线 $b_2(a_2)c_2$ 和 $b_2(a_2)d_2$。

则 $\angle c_2b_2d_2$ 即为所求。

2.4.3　其他问题

空间几何元素除了度量问题以外,还有其他与其相关的问题,同样可应用综合解题法和投影变换法解决。投影变换法前面已详细介绍,此部分着重研究用综合解题法解决空间几何元素的其他问题。

综合解题法通常又分为轨迹法和反推法。

轨迹法从几何元素的轨迹角度考虑问题,如为求作一点,可先将该点所在的轨迹线找到;为求作一条线,可先将该线所在的轨迹面找到。轨迹确定后,再根据已知条件解题。

反推法先假设所求问题已解决,再根据有关空间几何元素的投影性质,反过来推断答案需具备的几何条件,从而得出解题方法和解题步骤。

例 2.21　如图 2.86(a)所示,已知等边△ABC 边 AB 的两面投影,顶点 C 在 V 面上,求作△ABC 的两面投影。

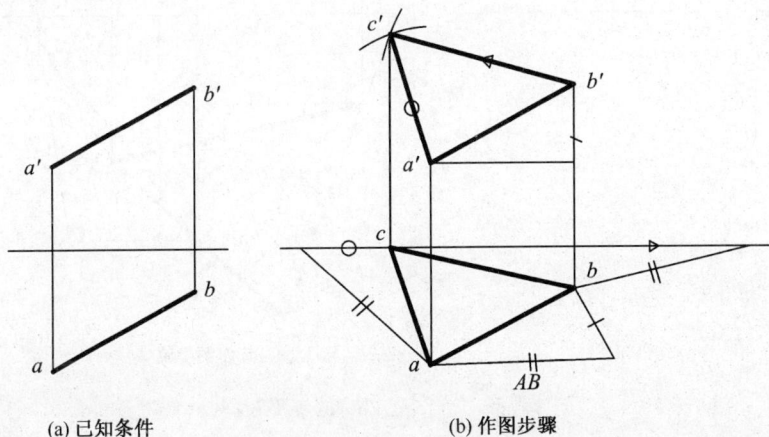

(a) 已知条件　　　　　　　　(b) 作图步骤

图 2.86　求作△ABC 的两面投影

分析:应用反推法,假设△ABC 的两面投影已知,由于点 C 在 V 面上,则其水平投影在 X 轴上,则可知点 A 与点 C 及点 B 与点 C 在 Y 方向上的坐标差。首先作图求出等边三角形 AB 边的实长,再根据直角三角形法确定直线 AC 与 BC 的正面投影。

作图步骤:如图 2.86(b)所示。

(1)直角三角形法求作 AB 边的实长。

(2)AC 边和 BC 边实长已知,且其 Y 方向坐标差已知,根据直角三角形法分别求作其正面投影长度。

(3)以 a' 点和 b' 点为圆心,以相应正面投影长度为半径作圆,得交点 c',完成正面投影△$a'b'c'$。

(4)求作点 c,完成水平投影△abc。

例 2.22　如图 2.87(a)所示,已知等腰△ABC 的正面投影及顶点 A 的水平投影,且△ABC 的高 AD 的实长为 15,求作△ABC 的水平投影。

分析:等腰三角形的高垂直等分底边,且已知高的实长,可利用直角三角形法确定高 AD 的投影。由轨迹法可知,底边 BC 必在过点 D 且垂直于高 AD 的平面内。又根据直线 BC 在平面内的几何条件,确定其水平投影。

作图步骤:如图 2.87(b)所示。

(1)根据定比性,作出点 D 的正面投影 d'。

(2)直角三角形法作出点 D 的水平投影 d。

(3)过点 D 作正平线 $DE \perp AD$,作水平线 $DF \perp AD$,则$\triangle DEF$ 为直线 AD 的垂面。

(4)根据 BC 在$\triangle DEF$ 内的投影性质,确定点 B 的水平投影 b。

(5)延长 bd 长度一倍,得点 C 的水平投影 c。

$\triangle abc$ 即为所求。

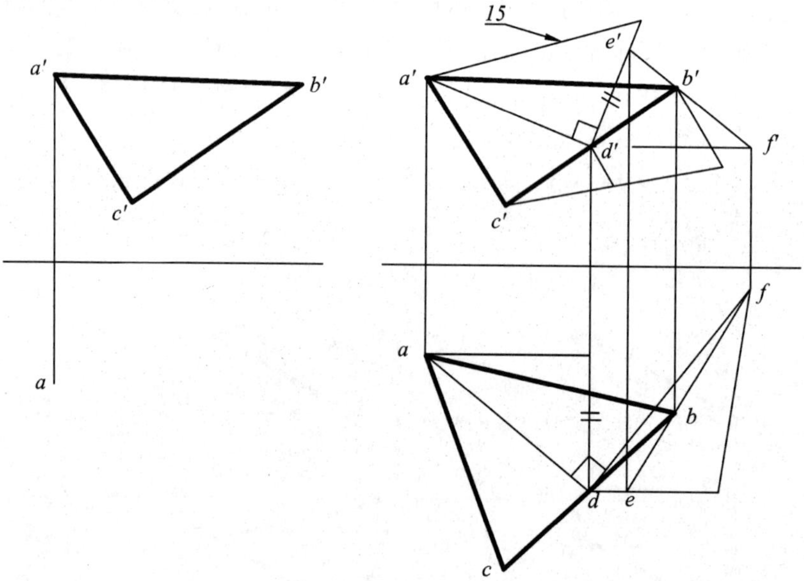

(a) 已知条件　　　　　　　　　(b) 作图步骤

图 2.87　求作$\triangle ABC$ 的水平投影

第3章 从三维物体到二维图形

工程设计师设计的对象如零件、部件和机器,是具有形状、大小等几何属性的三维空间实体。存在于设计师脑海中的设计作品,其一种表达方法,就是使用从三维物体到二维图形的空间思维方式,采用正投影原理把三维物体准确、唯一地绘制在平面图纸上。

在前面学习了空间几何元素的图示与图解等基本投影理论的基础上,本章将进一步学习从三维物体到二维图形的投影特性和画图方法。

3.1 三维立体的二维投影

立体由表面(平面、曲面)确定范围及形状,占有一定空间。根据立体表面的几何性质,立体分为平面立体和曲面立体,如图 3.1(a)所示。完全由平面多边形围成的立体称为平面立体,如棱柱和棱锥;立体表面含曲面的,称为曲面立体。若曲面立体的表面是回转曲面,则该立体称为回转体,如圆柱、圆锥、圆球、圆环等。机器零件一般都可看作是由以上这些简单的基本立体组合而成,如图 3.1(b)所示。

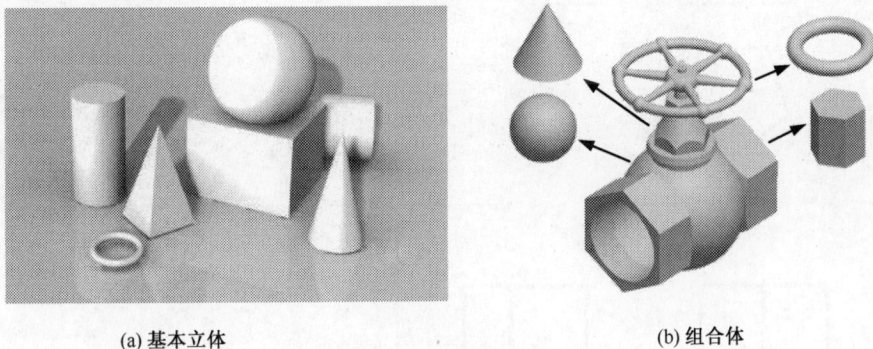

(a) 基本立体   (b) 组合体

图 3.1 基本立体

3.1.1 三维立体的投影

在绘制立体的投影时,可见轮廓线的投影用粗实线表示;不可见轮廓线的投影用虚线表示;若投影的粗实线与虚线重合,则只画粗实线。

1. 平面立体的投影

因为平面立体的表面都是平面多边形,所以绘制平面立体的投影,可归结为绘制其所有平面多边形的投影,也就是绘制这些多边形的边和顶点的投影。

(1)棱柱

棱柱由两个形状相同的上、下底面和若干个四边形棱面所围成,相邻两棱面的交线称为棱线,棱柱的棱线相互平行。若上、下两底面为正多边形,且棱线与之垂直,则称为正棱柱。

表 3.1 为正五棱柱的三面投影图及其作图过程。

表 3.1　正五棱柱的三面投影图及其作图过程

正 五 棱 柱	说 明
立体图	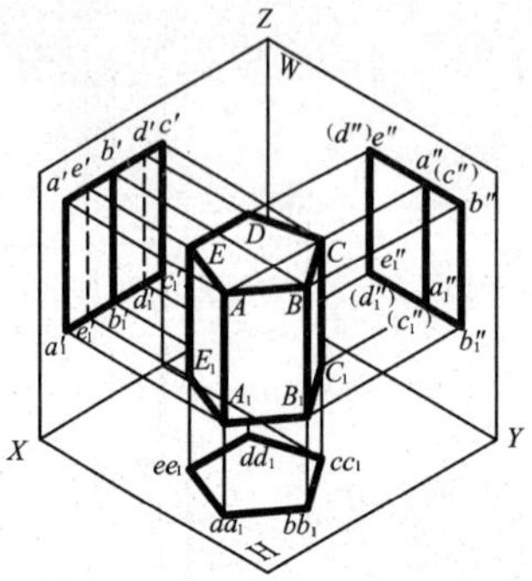 为便于表达,使棱柱轴线与 H 面垂直 　　正五棱柱的上、下底面为水平面,五个棱面均垂直于 H 面,其中 DD_1E_1E 为正平面
作图步骤1	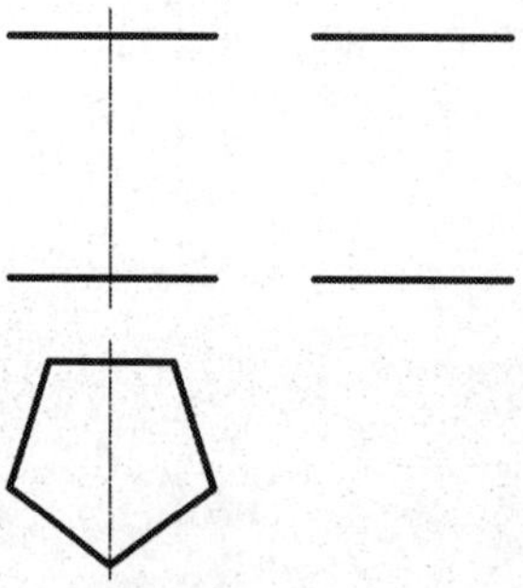 　　作投影图时,先画反映上、下底面实形的水平投影——正五边形,而上、下底面的正面和侧面投影分别积聚成水平直线
作图步骤2	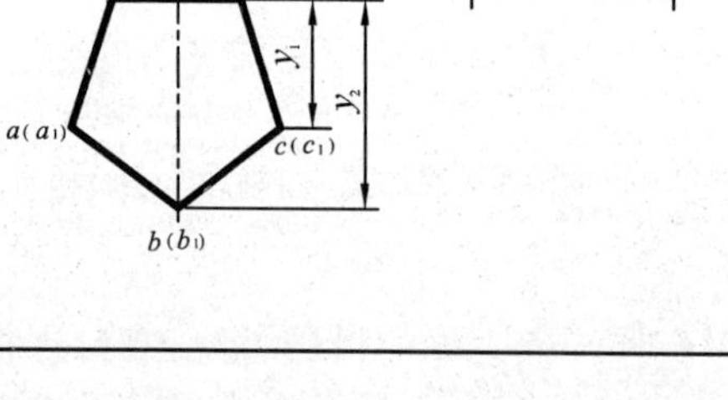 　　画五个棱面的投影,水平投影积聚在正五边形的五条边上,正面和侧面投影为等高而不同宽度的矩形,其中,正平面 DD_1E_1E 的侧面投影 $d''d_1''e_1''e''$ 积聚成线段.对于正面投影来说,正平面 DD_1E_1E 不可见,故 d' d_1'、$e_1'e'$ 应画成虚线

　　如果把正五棱柱看成是由上、下正五边形与五条棱线构成,则作投影图时,完成上、下底面的三面投影后,可以直接画出五条侧棱线的投影:水平投影积聚在正五边形的五个顶点上,正面和侧面投影为直线段。

　　例 3.1　如图 3.2 所示,已知六棱柱表面上点 M 的水平投影 m,点 N 的正面投影 n',求点 M、N 的另外两个投影。

　　分析:由图 3.2 知,点 M 的水平投影 m 可见,且在六棱柱水平投影的正六边形内,则点 M 必在六棱柱的顶面上,而顶面的正面、侧面投影均积聚成直线段,故 m'、m'' 分属其上。

　　点 N 的正面投影可见,则点 N 必在右前方的棱面上,此棱面为铅垂面,其水平投影积聚成直线段,所以 N 的水平投影 n 必在该线段上,由 n' 和 n 可求得 N 点的侧面投影,因该棱面的侧面投影不可见,故 N 点的侧面投影不可见,用 (n'') 表示。

　　作图:如图 3.2 所示。

图 3.2　六棱柱表面取点

　　(2)棱锥

　　棱锥由一个多边形底面和若干个三角形棱面所围成,其所有棱线相交于同一点。表 3.2 为正三棱锥的三面投影图及其作图过程。

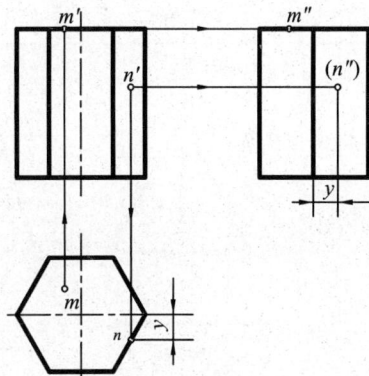

表 3.2　正三棱锥的三面投影图及其作图过程

正　三　棱　锥		说　　明
立体图		正三棱锥的底面 ABC 与 H 面平行,棱面 SAC 为侧垂面,棱线 SB 为侧平线,其他棱面或棱线处于一般位置
作图步骤 1		作投影图时,先画底面的投影:水平投影反映实形,正面和侧面投影都积聚为水平线段

续表

	正 三 棱 锥	说　明
作图步骤2		画锥顶 S 的投影:水平投影 s 在△abc 的中心,正面、侧面投影由三棱锥的高度和 S 的位置确定 　　连接锥顶 S 和顶点 A、B、C 的同面投影,即得该三棱锥的三面投影图。可以看到,侧垂面 SAC 的侧面投影积聚为线段,一般位置的侧棱面 SAB、SBC 的各个投影都分别是它们的类似三角形

例 3.2　如图 3.3 所示,已知三棱锥表面上点 K 的正面投影 k',求点 K 的另外两个投影。

分析:由图 3.3(a)可知,点 K 的正面投影 k' 可见,则点 K 在棱面 SBC 上,可用一般位置平面上取点的方法求得 k 和 k''。因棱面 SBC 为三棱锥的右前面,其正面、水平投影可见,侧面投影不可见,所以,点 K 的侧面投影不可见,用 (k'') 表示。

作图:如图 3.3(b)所示,在 SBC 面上作过点 K 的辅助线 ST(T 在 BC 上),即作出 $s't'$、st、$s''t''$,根据点的投影规律,由 $k' \in s't'$ 求得 $k \in st$、$k'' \in s''t''$。

本例中,也可过点 K,在棱面 SBC 上作平行于底边 BC 的辅助线,根据它与 BC 边的同面投影相互平行,先求出辅助线的水平投影,再由 k' 求得 k 和 (k''),如图 3.3(c)所示。

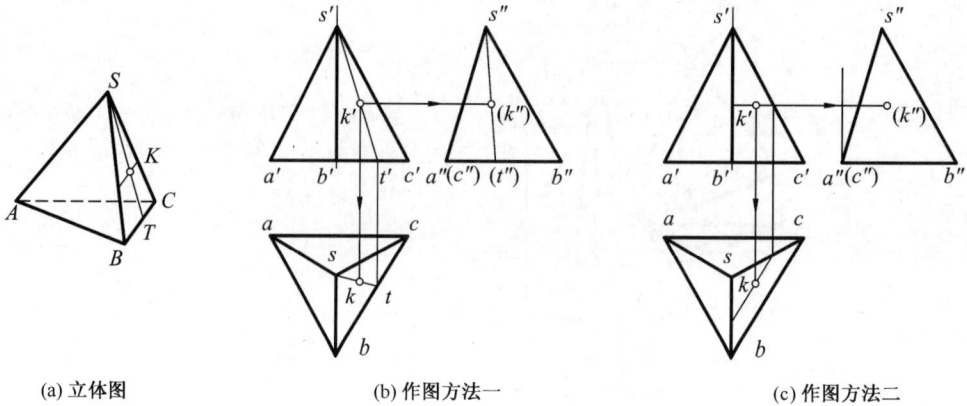

(a) 立体图　　　　　　　(b)作图方法一　　　　　　　(c)作图方法二

图 3.3　正三棱锥表面取点

2. 曲面立体的投影

工程中常见的曲面立体如圆柱、圆锥、圆球等都是回转体,回转体是由回转面或回转面与平面所围成的立体。一条母线(直线、曲线)绕一轴线旋转所形成的曲面称为回转面,母线在回转面上的任意位置称为素线,母线上各点的运动轨迹都是垂直于轴线的纬圆。

1)圆柱

(1)形成和投影

圆柱由圆柱面和上、下两底面所围成。如图 3.4(a)所示,圆柱面是由母线 AA_1 绕与它平行的轴线 OO_1 旋转而成,圆柱的所有素线都互相平行且平行于轴线。

图 3.4(b)所示是轴线为铅垂线的圆柱。圆柱面为铅垂面,上下底面均为水平面。

作图时,先用细点画线画出轴线和圆的对称中心线。圆柱面的正面及侧面投影为大小相同的矩形,上、下两边为圆柱两端面的投影,长度等于圆的直径。

正面投影中 $a'a_1'$、$b'b_1'$ 为圆柱正视转向轮廓线 AA_1、BB_1 的投影。AA_1、BB_1 分别是圆柱面上最左、最右素线,也就是圆柱面前、后两半可见与不可见的分界线。正视转向轮廓线的侧面投影 $a''a_1''$,$b''b_1''$ 与点画线重合,不需画出。

同理,侧面投影中 $c'c_1'$、$d'd_1'$ 是圆柱侧视转向轮廓线 CC_1、DD_1 的投影。CC_1、DD_1 分别是圆柱面上最前、最后素线,也就是圆柱面左、右两半可见与不可见的分界线。侧视转向轮廓线的正面投影 $c'c_1'$,$d'd_1'$ 与点画线重合,不需画出。

正视转向轮廓线和侧视转向轮廓线的水平投影积聚在圆周上的左、右、前、后四个点上。

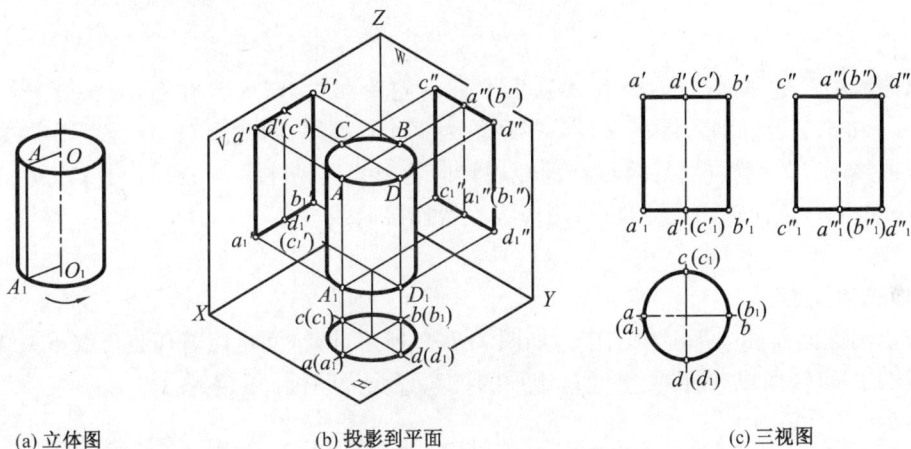

(a) 立体图　　　　(b) 投影到平面　　　　(c) 三视图

图 3.4　圆柱的投影

(2)圆柱表面上取点。

一般地,在回转面上取点、线,与在平面上取点、线的作图原理相同。需注意的是,在回转面上作辅助线时,应选择简单易画的圆或直线。

圆柱面上取点时,可采用辅助直素线法。当圆柱轴线垂直于某一投影面时,利用圆柱面在该投影面上有积聚性这一性质,可简化作图。

例 3.3　如图 3.5 所示,已知圆柱面上点 K、P 的正面投影和点 M 的水平投影,求点 K、P、M 的另两个投影。

解:由图可知:圆柱的轴线垂直于侧立投影面,圆柱的侧面投影积聚成圆。由 k' 及其可见性知,K 在前半圆柱面上。故由 k' 直接求出 k'',再由 k'、k'' 求出 (k)。

由 (p') 及其可见性可知,P 在后半圆柱面上。故由 p' 直接求出 p'',再由 p'、p'' 求出 p。

由 m 及其可见性可知,M 点在圆柱的正视转向轮廓线上。故由正视转向轮廓线的正面、侧面投影,可求出 m' 和 m''。

(3)圆柱表面上取线

例 3.4　如图 3.6 所示,已知圆柱表面上曲线的正面投影 $(a')b'c'$,求曲线的另外两个投影。

分析:曲线 AB 段的正面投影为虚线,故其在右后圆柱面上;曲线 BC 段的正面投影为实线,则其在右前圆柱面上。所以,整段曲线 ABC 的侧面投影不可见。因圆柱面的水平投影积聚成圆,所以曲线段 ABC 的水平投影与右半圆重合,仅侧面投影待求。

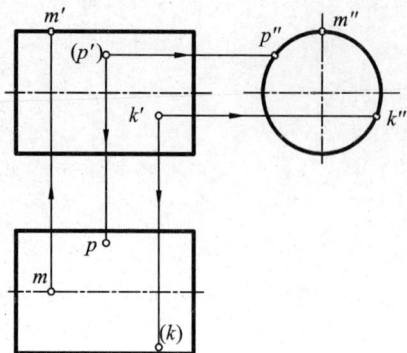

图 3.5　圆柱面上取点　　　　　　　　图 3.6　圆柱面上取线

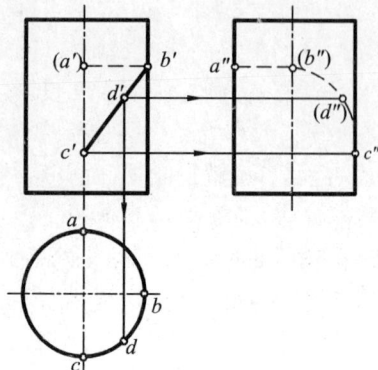

作图：

①求曲线 AB 的侧面投影：因点 A 在后侧视转向轮廓线上、点 B 在右正视转向轮廓线上，故由 a、(a') 和 b、b' 可分别求得 a''、(b'')。AB 段为 1/4 圆弧段，因此，$a''b''$ 为线段，用虚线连接。

②求曲线 BC 的侧面投影：因 C 在前侧视转向轮廓线上，故由 c、c' 可求得 c''；在 b'、c' 间插入 d'，可直接求出 d，从而求出 (d'')；最后用虚线光滑连接曲线段 (b'')-(d'')-c''。

2）圆锥

（1）形成和投影。

圆锥由圆锥面及底圆平面所围成。如图 3.7(a) 所示，圆锥面可以看作是母线 SA 绕与其相交的轴线 OO_1 回转而成，圆锥面上通过锥顶的任意直线为圆锥面的素线。

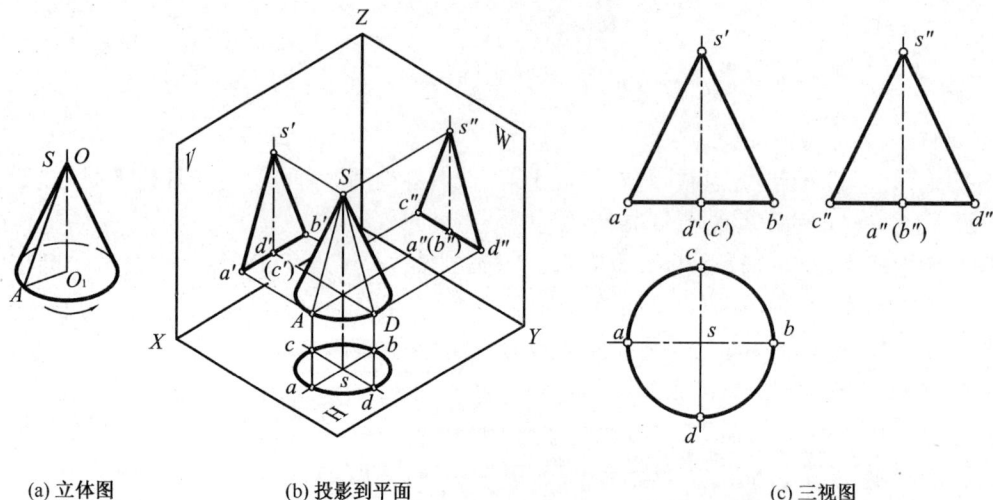

(a) 立体图　　　　　　(b) 投影到平面　　　　　　　　(c) 三视图

图 3.7　圆锥的投影

如图 3.7(b) 所示，当圆锥的轴线为铅垂线时，底圆平面为水平面。圆锥的水平投影为一圆，它是圆锥底圆平面的投影，也是圆锥面的投影，顶点的水平投影在圆心；圆锥的正面和侧面投影均为等腰三角形，其中底边长度等于底圆的直径，而两腰分别为圆锥面正视转向轮廓线 SA、SB 和侧视转向轮廓线 SC、SD 的投影。正视转向轮廓线 SA、SB 为正平线，它们的水平投影和侧面投影分别与点画线重合；侧视转向轮廓线 SC、SD 为侧平线，它们在水平和正面投影中分别与点画线重合，如图 3.7(c) 所示。

（2）圆锥表面上取点。

圆锥面的三个投影都没有积聚性，故在圆锥面上取点需作辅助线。在圆锥面上可以作两种简单易画的辅助线，一种是过锥顶的直素线，另一种是垂直于圆锥轴线的纬圆。

例 3.5　已知圆锥表面上点 K 的正面投影 k'，求作另外两个投影。

方法一：辅助素线法

如图 3.8(a)，在正面投影中，过 k' 作直线 $s't'$，再作 ST 的水平投影 st 和侧面投影 $s''t''$，由 k' $\in s't'$，求出 $k \in st$、$k'' \in s''t''$。因点 K 在左、前圆锥面上，故 k、k'' 均可见。

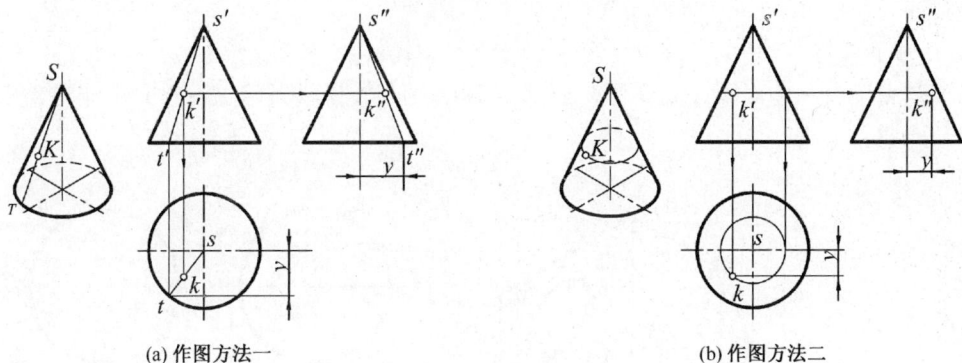

(a) 作图方法一　　　　　　　　　　　　(b) 作图方法二

图 3.8　圆锥面上取点

方法二：辅助纬圆法

如图 3.8(b)，过 k' 作垂直于圆锥轴线的水平直线，与正视转向轮廓线相交，即为辅助纬圆的正面投影。根据投影关系，作出该纬圆的水平投影（反映实形）和侧面投影（与正面投影等长的水平线段）。因点 K 在前半锥面上，故由 k' 向下引投影连线交前半圆周于一点，即为 k，再由 k' 和 k 求得 k''。

例 3.6　如图 3.9 所示，已知圆锥面上直线 SA、曲线 AD 的正面投影，求其另外两个投影。

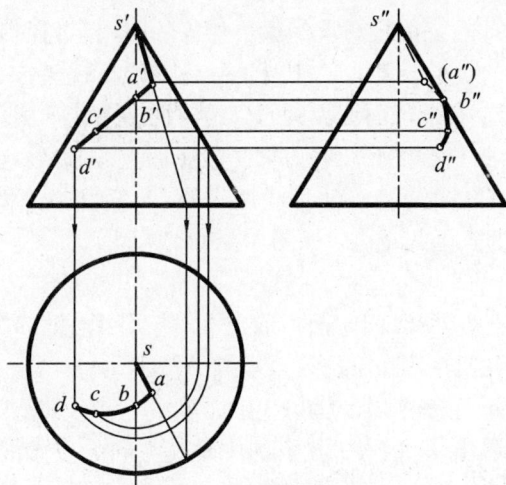

图 3.9　圆锥面上取线

分析：过锥顶的直线 SA，其三面投影仍为直线。曲线 AD 的正面投影虽是直线，但它的另外两个投影均为曲线，欲求它的水平投影和侧面投影，必先求出属于该曲线的特殊点和若干一般点的投影，然后判别可见性并光滑连线。

作图:

①求 SA 段:利用辅助素线(或纬圆)法,由 a' 求得 a 和 (a''),连直线段 sa 和 $s''a''$。因 SA 线段在圆锥的右半部,其侧面投影不可见,因此 $s''a''$ 画虚线。

②求 AD 段:曲线段 AD 通过选取四个点求出。其中 B 点在侧视转向轮廓线上,故由 b' 直接求出 b'',由 b'、b'' 求得 b;C、D 两点用辅助纬圆法,由 c'、d' 求得 c、d 和 c''、d''。最后光滑连接曲线段 $abcd$ 和 $a''b''c''d''$。由于 B 点是 AD 曲线段侧面投影可见与不可见的分界点,故曲线段 AB,其侧面投影不可见,即 $a''b''$ 用虚线连接,而 $b''c''d''$ 可见,用实线连接。

3) 圆球

(1) 形成和投影。

圆球是完全由圆球面围成的立体。如图 3.10(a) 所示,圆球面可以看作是一半圆绕其直径 OO_1 回转而成。

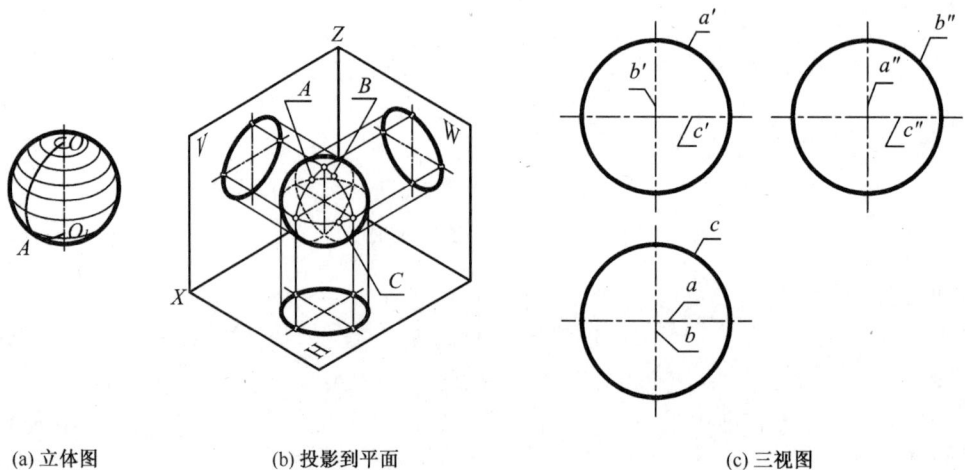

(a) 立体图　　　(b) 投影到平面　　　(c) 三视图

图 3.10　圆球的投影

如图 3.10(b) 所示,圆球的三面投影均为大小相等的圆,其直径等于圆球的直径,它们分别是圆球面的三个投影方向的转向轮廓圆。其中,A 是圆球正视转向轮廓圆(前后半球面分界圆),B 是侧视转向轮廓圆(左右半球面分界圆),C 是俯视转向轮廓圆(上下半球面分界圆)。

需指出的是,某个转向圆只有在其所视方向的投影面上才画线,在另两个投影面上,它均与对应的点画线重合。如正视转向圆 A 的正面投影为圆 a',而其另外两个投影 a、a'' 分别与水平方向的点画线和垂直方向的点画线重合,如图 3.10(c) 所示。

(2) 圆球表面上取点。

由于圆球面上不存在直线,所以圆球面上取点,只能采用辅助纬圆法。即作过点并与各投影面平行的辅助纬圆,先求辅助纬圆的投影,再求点的投影。

例 3.7　如图 3.11 所示,已知圆球表面上点 M、N 的一个投影,求它们的另外两个投影。

分析:由图 3.11(a) 可看出,m 在水平投影图中垂直方向的点画线上,且可见,可知点 M 位于侧视转向轮廓线上。因 n'' 在侧面投影图中的右下方,且可见,故点 N 位于圆球面的左前下方,是一般位置的点,需采用辅助纬圆法求它的另两个投影。

作图:[见图 3.11(b)]:

①由于 M 点在侧视转向圆上,由投影关系可直接求出 m'',然后求得 (m')。

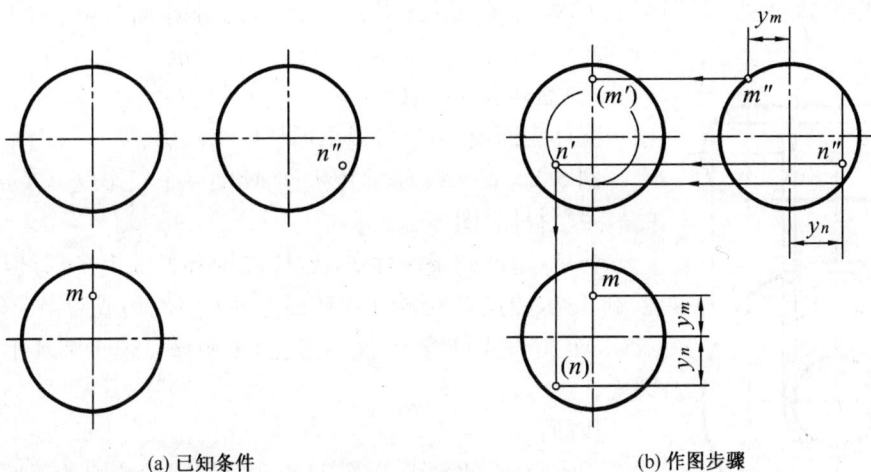

(a) 已知条件　　　　　　　(b) 作图步骤

图 3.11　圆球面上取点

②在侧面投影上,过点 n'' 作辅助正平圆的侧面投影,求出该圆的正面和水平投影,则 N 点的正面和侧面投影必在该圆的同面投影上。

思考:本题中,如何采用作另两个辅助纬圆的方法,求点 N 的其他两个投影?

4)圆环

(1)形成和投影。

圆环是完全由圆环面围成的立体,如图 3.12(a)所示。圆环面可以看作是圆母线绕与圆在同一平面内但不通过圆心的轴线回转而成。由圆母线外半圆回转形成的曲面称为外环面;由圆母线内半圆回转形成的曲面称为内环面。内外环面之间的界线圆称为分界圆。

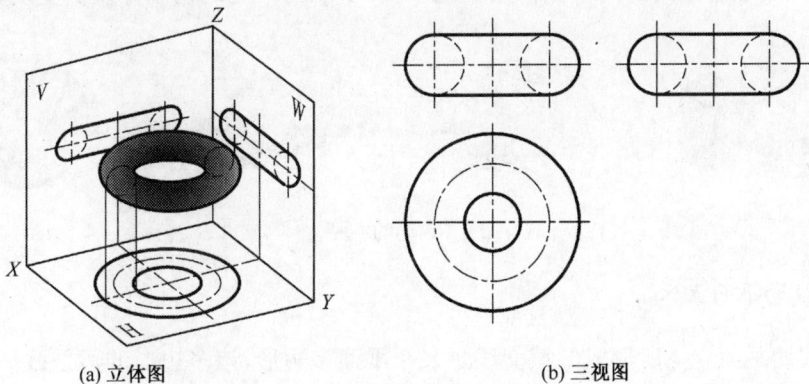

(a) 立体图　　　　　　　(b) 三视图

图 3.12　圆环的投影

画圆环投影图时,先画出轴线、对称中心线以及母线圆圆心回转轨迹的投影,用细点画线表示。

在正面投影中,用点画线表示最左、最右位置素线圆的中心线,然后画出圆环面的正视转向轮廓线的投影,即前后半环面之间分界线和内外半环面之间分界圆的投影;外环面的前一半可见,后一半不可见,内环面均不可见,故内环面上的正视转向轮廓线应画成虚线。

同理,可以作出圆环的侧面投影。

在水平投影中,画出圆环面的俯视转向线的投影,即上下半环面之间的分界圆的投影;

上半环面的投影可见,下半环面的投影不可见;点画线圆与内外环面分界圆的水平投影重合。

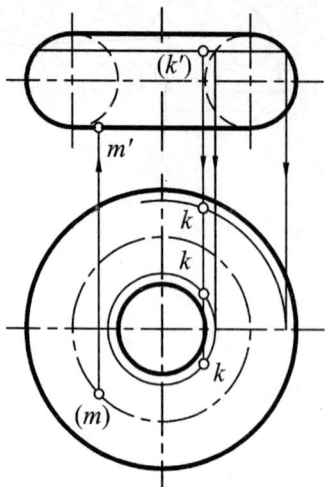

图 3.13　圆环表面取点

(2)圆环表面上取点。

圆环表面上取点,可以采用辅助纬圆法。

例 3.8　已知圆环面上点 K、M 的一个投影 (k')、(m),求它们的另一个投影(图 3.13)。

分析:由已知条件可知,点 K 在圆环面的上半部,但其正面投影不可见,故点 K 可能在内环面上(两个位置)或后半个外环面上;点 (m) 正好在点画线上,又不可见,表明该点位于圆环下方的分界圆上。

作图:

①求点 K 的水平投影:过点 (k') 作辅助纬圆的正面投影——水平线段(纬圆积聚而成),从而作出两辅助纬圆的水平投影,再由 (k') 作投影连线交它们于四个点,根据分析,其中三点(除了最前一点不满足条件)都满足条件,且都可见。

②求点 M 的正面投影:按分析,由 (m) 直接求得 m',为可见。

3.1.2　平面截切立体的投影

平面截切立体,在立体表面产生的交线称为截交线,该平面称为截平面。截交线的形状取决于立体的形状以及截平面相对于立体的位置。由于截交线既在截平面上又在立体表面上,所以截交线是截平面与立体表面的共有线;此外,立体占有一定空间范围,所以截交线也总是封闭的平面图形。图 3.14 所示为常见的切割体及截交线。

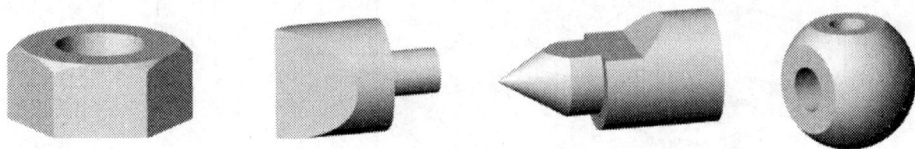

图 3.14　常见的截切立体

1. 平面截切平面立体

截平面截切平面立体所形成的截交线是一个平面多边形,该多边形的边是截平面与平面立体表面的交线,多边形的顶点是截平面与平面立体棱线的交点。因此,求平面立体的截交线,可归结为求两平面的交线或求直线与平面的交点问题。

如图 3.15(a)所示,一个四棱锥被正垂面 P 截切,由于正垂面 P 与四棱锥的四条棱线都相交,所以截交线为四边形。如图 3.15(b)所示,因为 P 是正垂面,故正面投影有积聚性,则截交线的正面投影重合在 P_v 上,且与四条棱线交点的正面投影为 a'、b'、c'、(d'),由此分别求出交点的水平投影分别为 a、b、c、d 和侧面投影 a''、b''、c''、d''。依次连接各交点同面投影,即得截交线的投影。由于四棱锥四个棱面的水平投影都可见,故截交线水平投影可见;正面投影积聚在 P_v 线上,不再判别;而侧面投影也可见。需要注意的是,点 C 所在的棱线位于立体的右侧,侧面投影不可见,用虚线画出,如图 3.15(c)所示。

当平面立体被两个或两个以上的截平面截切时,不仅先要确定每个截平面与平面立体中的哪些平面相交,还要考虑截平面之间有无交线。

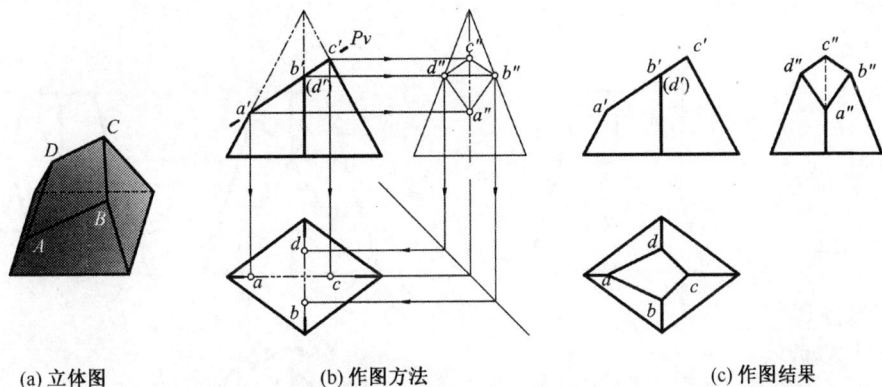

(a) 立体图　　　　　　　　(b) 作图方法　　　　　　　　(c) 作图结果

图 3.15　四棱锥的截交线

例 3.9　图 3.16 所示为一个带切口的三棱锥,求其截交线。

分析:本例中三棱锥切口是由水平截平面和正垂截平面截切后形成,左侧棱线 SA 中间一段被切割掉,在正面投影中画成双点画线。水平截平面与棱锥底面平行,与前、后棱面交线是 DE、DF,分别平行于底边 AB、AC;正垂截平面也与前、后棱面相交,交线是 GE、GF。两个截平面的交线 EF 为正垂线。

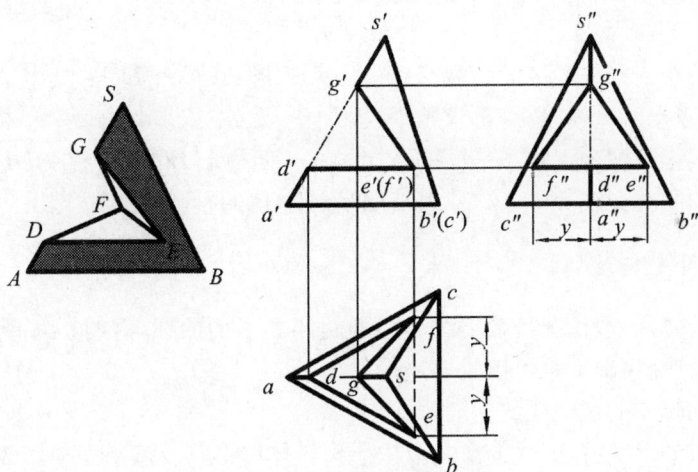

图 3.16　带切口三棱锥的投影

作图:

①作水平截平面与三棱锥的截交线的水平、侧面投影:

因 $D \in SA$,由已知的 $d' \in s'a'$ 得到 $d \in sa$。由 $DE /\!/ AB$、$DF /\!/ AC$,可得到 $de /\!/ ab$、$df /\!/ ac$,其中 $e \in de$,$f \in df$ 分别由 e'、(f') 确定。因水平截平面在侧面投影中有积聚性,所以,由 $d'e'$、de 和 $d'(f')$、df,可作出 $d''e''$、$d''f''$ 重合在水平直线段上。

②作正垂截平面与三棱锥的截交线的水平、侧面投影:

由 $g' \in s'a'$,得到 $g \in sa$,$g'' \in s''a''$,连接 ge、gf 和 $g''e''$、$g''f''$。

③作两截平面交线的水平、侧面投影:

连接 e、f，由于 ef 被两个棱面的水平投影挡住而不可见，故画成虚线；$e''f''$ 则与积聚成直线的水平截平面的侧面投影重合。

例 3.10　如图 3.17(a)所示，已知四棱台中部有一垂直于 V 面的三棱柱形切口，试完成水平投影，作出侧面投影。

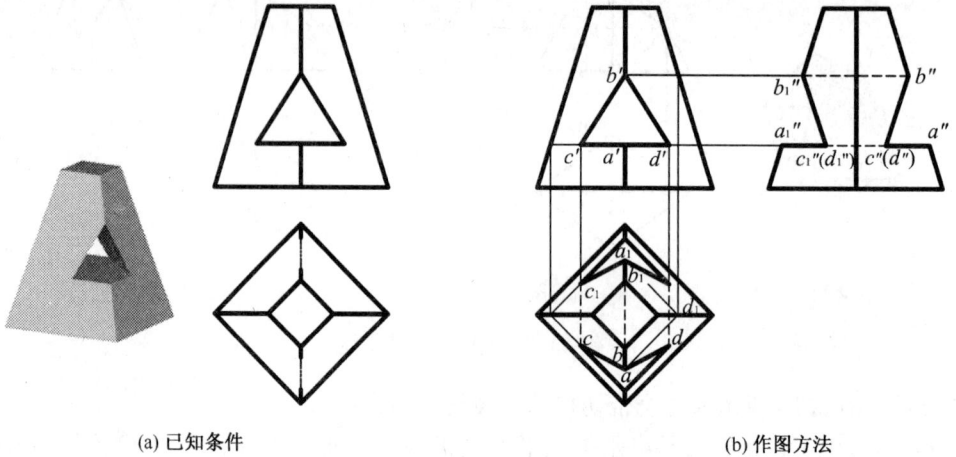

(a) 已知条件　　　　　　　　　　　(b) 作图方法

图 3.17　带切口四棱台的投影

分析：三棱柱形切口由一个水平面和两个正垂面组成。水平面的截交线为六边形，每一个正垂面的截交线为四边形。三个截平面彼此相交于三条正垂线。

作图：［图 3.17(b)］

①利用辅助线作出水平截平面的截交线——六边形 $ACC_1A_1D_1D$，其中 A、A_1 点位于棱线上，可由正面投影直接求侧面投影，再求水平投影。

②利用辅助线作出两个正垂截平面的截交线——四边形 BCC_1B_1 和 BDD_1B_1。

③作出截平面间的交线 BB_1、CC_1、DD_1，并完成立体的投影。

2. 平面截切回转体

平面截切回转体，一般情况下截交线是一条封闭的平面曲线，有时也可能是由曲线和直线组成的平面图形，特殊情况下也可以是多边形。

求平面截切回转体的截交线的一般步骤：

①分析截交线的形状：截交线的形状取决于回转体的形状及截平面与回转体轴线的相对位置。当截平面与回转体轴线垂直时，任何回转面的截交线都是圆。

②分析截交线的投影：分析截平面与投影面的相对位置，明确截交线的投影特性，如是否有积聚性、类似性等。

③画截交线的投影：画截交线时，可先求出能确定截交线形状和范围的特殊点，如：最高、最低、最前、最后、最左、最右点，可见不可见的分界点等；然后，在特殊点之间求出若干个一般点；最后，按可见性，依次光滑连接。

1)平面截切圆柱

平面截切圆柱，根据其相对于圆柱轴线的位置不同，截交线分别为直线、圆和椭圆三种不同的形式，如表 3.3 所示。

表 3.3　平面与圆柱面相交

	与轴线平行	与轴线垂直	与轴线倾斜
截平面位置			
投影图			
交线形状	两条平行于轴线的直线	圆	椭圆

例 3.11　求圆柱截切后的投影(图 3.18)

分析:圆柱轴线为铅垂线,其上部被切掉左右对称的两块,下部中间切出一个左右对称的方槽。因为截平面分别是水平面和侧平面,所以在圆柱面上的交线分别为圆弧和平行于轴线的直线。

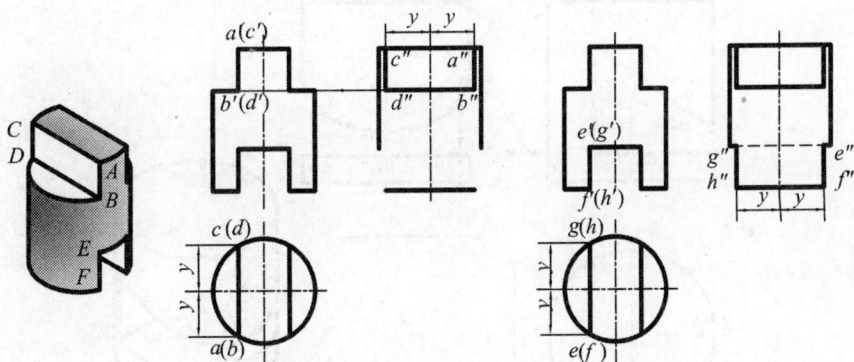

(a) 上部左切口的投影　　(b) 下部方槽的投影

图 3.18　求圆柱截切后的投影

作图:

①求上部左切口的侧面投影:侧平面与圆柱面的截交线是铅垂线 AB 和 CD,根据它们的正面投影和水平投影,按照投影关系,可以求出侧面投影 $a''b''$ 和 $c''d''$。水平面与圆柱面的交线是圆弧 BD,其侧面投影为 $b''d''$,如图 3.18(a)所示。

②求上部右切口的侧面投影:由于上部两个切口左右对称,所以它们的侧面投影重合。

③求下部方槽的侧面投影:槽的左侧面与圆柱面的交线为 EF 和 GH,按照投影关系可以求出侧面投影 $e''f''$ 和 $g''h''$。槽底面的侧面投影积聚成直线,其中位于 $e''f''$ 和 $g''h''$ 之间的部分被圆柱剩余的部分遮挡,不可见,画成虚线,如图 3.18(b)所示。

图 3.19 所示为圆筒切口和开槽后的投影。这与前例相似,只是将实心圆柱改为圆筒,这时截平面不仅与外圆柱面相交,也与圆孔面相交,从而产生两层交线。

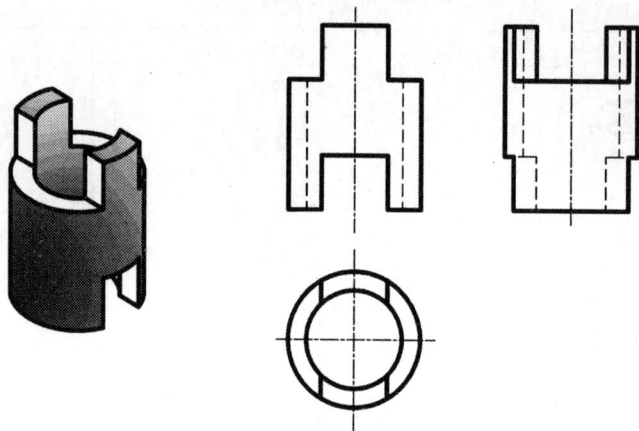

图 3.19　开槽圆筒的投影

例 3.12　完成带切口圆柱的投影(图 3.20)。

分析:切口由正垂面 P、侧平面 Q 和水平面 R 截切圆柱而形成,截平面 P 为正垂面,截交线为部分椭圆弧;截平面 Q 为侧平面,截交线为两条直线;截平面 R 为水平面,截交线为部分圆弧。截平面 Q 与截平面 P、R 分别相交于线段 Ⅰ Ⅴ、Ⅵ Ⅹ,均为正垂线。因为截面的正面投影都具有积聚性,所以需要求作的是切口的水平投影和侧面投影。

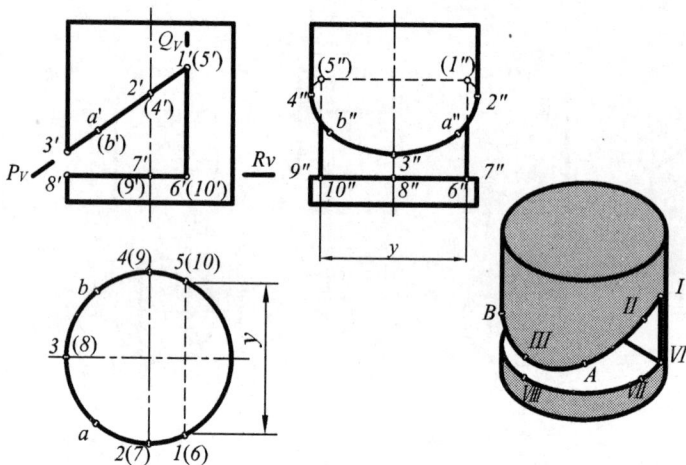

图 3.20　带切口圆柱的投影

作图:

①求截平面 P 的截交线:截平面 P 倾斜于圆柱的轴线,与圆柱面的截交线为一段椭圆弧;平面 P 与平面 Q 的交线是正垂线 Ⅰ Ⅴ,它们组成了截交线 Ⅰ-Ⅱ-Ⅲ-Ⅳ-Ⅴ-Ⅰ,根据正面投影,可以求得水平投影和侧面投影。

求特殊点:利用已知的 V、H 面投影,求出特殊点的侧面投影:(1″)、2″、3″、4″、(5″)。

求一般点:为光滑连接椭圆弧,在 ⅡⅢ、ⅢⅣ 之间分别插入一般点 A、B,由 a、a' 和 b、(b') 求得 a''、b''。

②求截平面 Q 的截交线:截平面 Q 平行于圆柱的轴线,它与圆柱面的截交线是两段直线 ⅠⅥ 和 ⅤⅩ,平面 Q 与平面 P、R 的交线是两段直线,它们组成了矩形 Ⅰ-Ⅵ-Ⅹ-Ⅴ-Ⅰ。

③求截平面 R 的截交线：截平面 R 垂直于圆柱的轴线，它与圆柱面的截交线是一段圆弧，平面 R 与平面 Q 的交线是正垂线ⅥX，它们组成一弓形Ⅵ-Ⅶ-Ⅷ-Ⅸ-Ⅹ-Ⅵ，如图 3.20 所示。

④判别可见性：水平投影中，因切口在圆柱体中间，故三截面间的两条交线不可见，画成虚线；侧面投影中，线段 $1''5'$ 和椭圆弧 $1''2''$、$4''5''$ 均被挡住，线段 $1''6''$ 和 $5''10''$ 上端部分被挡住，为不可见，应画成虚线。

⑤整体检查：侧面投影中 $2''7''$ 和 $4''9''$ 之间，因切口前后贯通、侧视转向轮廓线被切掉而不画。

2)平面截切圆锥

截平面截切圆锥表面时，根据其相对圆锥轴线的位置不同，截交线有五种情形，如表 3.4 所示。

表 3.4　平面截切圆锥

	垂直于轴线	与素线相交	平行于一素线	平行于轴线	过锥顶
截切位置					
投影图					
交线	圆 $\theta=90°$	椭圆 $\theta>\alpha$	抛物线 $\theta=\alpha$	双曲线 $\theta<\alpha$	一对相交直线 过锥顶

例 3.13　已知切口圆锥的正面投影，补全另两个投影(图 3.21)。

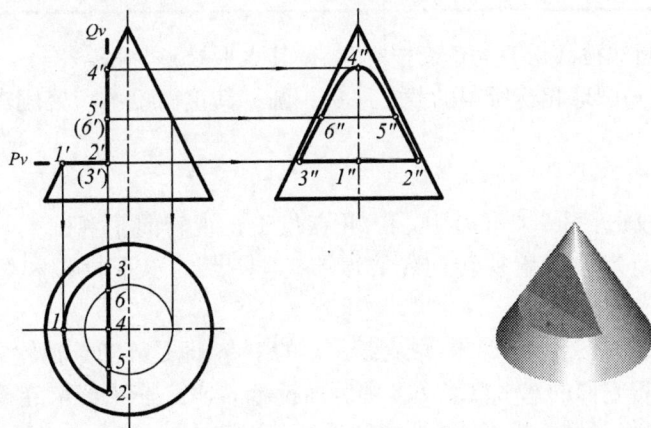

图 3.21　切口圆锥的投影

分析:圆锥切口由水平面 P 和侧平面 Q 截切而成。P 垂直于轴线,其截交线为圆弧,水平投影反映实形,侧面投影和正面投影积聚成直线;Q 平行于轴线,截交线为双曲线,侧面投影反映实形,水平投影和正面投影积聚成直线段。P 与 Q 相交,交线为正垂线。

作图:

①求截平面 P 的截交线:由正面投影可知圆弧的半径从而求出水平投影圆弧 2-1-3,侧面投影为水平直线 $2''3''$。

②求截平面 Q 的截交线:截交线水平投影积聚在直线 23 上,其侧面投影为反映实形的双曲线。找特殊点:最高点为Ⅳ,由 $4'$ 得 $4''$、4,最低点(也是最前、最后点)为Ⅱ、Ⅲ,已求得。求一般点(本题只求Ⅴ、Ⅵ两点):取 $5'$、$6'$,再利用纬圆法(或直素线法)求得水平投影 5、6,进而求出 $5''$、$6''$,光滑连成双曲线。

③判断可见性:因切口在左半个圆锥上,因此水平投影和侧面投影全部可见,均画实线。

3)平面截切圆球

截平面与圆球相交,无论截平面与圆球的相对位置如何,截交线都是圆。根据截平面相对投影面位置的不同,所得截交线的投影可能是圆、椭圆或积聚成直线,如表 3.5 所示。

表 3.5　平面截切圆球

	水平面截切圆球	正垂面截切圆球	圆球切口
立体图	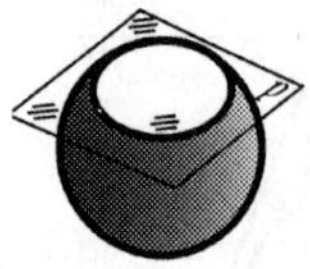		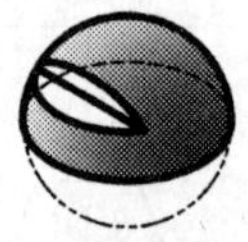
投影图	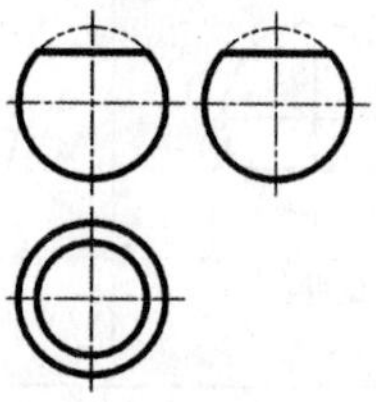	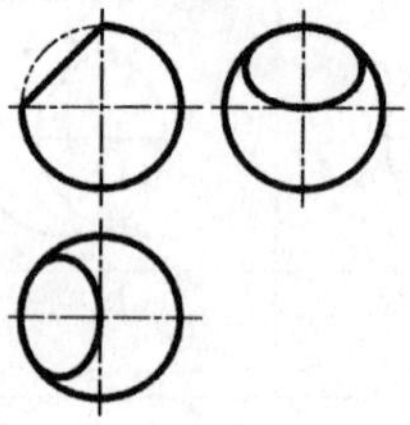	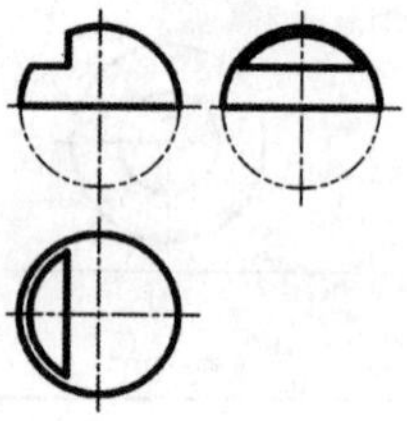
交线形状	圆	圆	圆

例 3.14 已知圆球被截切后的正面投影,补全其水平投影(图 3.22)。

分析:正垂面 P 与圆球相交所得的截交线是一圆。其正面投影积聚成直线,水平投影和侧面投影均为椭圆。

作图:

①求特殊点的投影:图 3.22(a)中,Ⅰ、Ⅱ点位于正视转向轮廓圆上,Ⅲ、Ⅳ点位于侧视转向轮廓圆上,Ⅴ、Ⅵ点位于俯视转向轮廓圆上,这些点的水平投影和侧面投影可以直接作出。

②求椭圆长轴端点:图 3.22(a)中,取直线 $1'2'$ 的中点,即是椭圆长轴的端点Ⅶ、Ⅷ的正面投影,用辅助纬圆法求得它们的水平投影 7、8 和侧面投影 $7''$、$8''$。依次光滑连接各点的同面投影,得到截交线的水平投影和侧面投影,如图 3.22(b)所示。

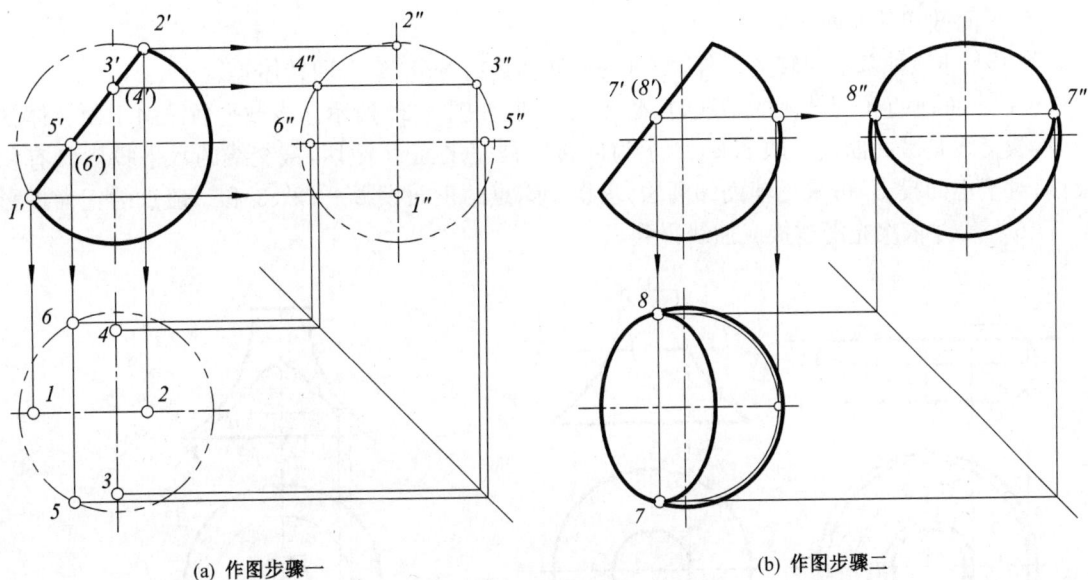

(a) 作图步骤一　　　　　　　　　(b) 作图步骤二

图 3.22　圆球被截切的投影

例 3.15　求圆球切口的投影(图 3.23)。

分析:半圆球上的切口由两个侧平面和一个水平面组成。三个截平面与半圆球表面的交线均是圆弧,且在各自平行的投影面上反映实形,在其他投影面上有积聚性。三个截平面间产生的两条交线均为正垂线。

作图:

①求两侧平面与半球的截交线:如图 3.23(a)所示,由于两个侧平面左右对称,因此,两侧平面与半圆球交线的侧面投影重合为一段反映实形的圆弧,即弧 1′3′2′和弧 4″5″6″(两者重合);该截交线的水平投影积聚成直线 13 和 46。

②求水平面与半球的截交线:如图 3.23(b)所示,此截交线在水平投影中反映实形,为弧 174 和弧 386;截交线的侧面投影是两直线段 1″7″和 3″8″。

③求截面间交线的投影:两条正垂交线的水平投影与两侧平截面的水平投影重合;侧面投影为 1″3″,因在切口底部而不可见,画成虚线。

④整体检查:半球侧视转向轮廓线的侧面投影弧 7″8″段因切口断开不画线。

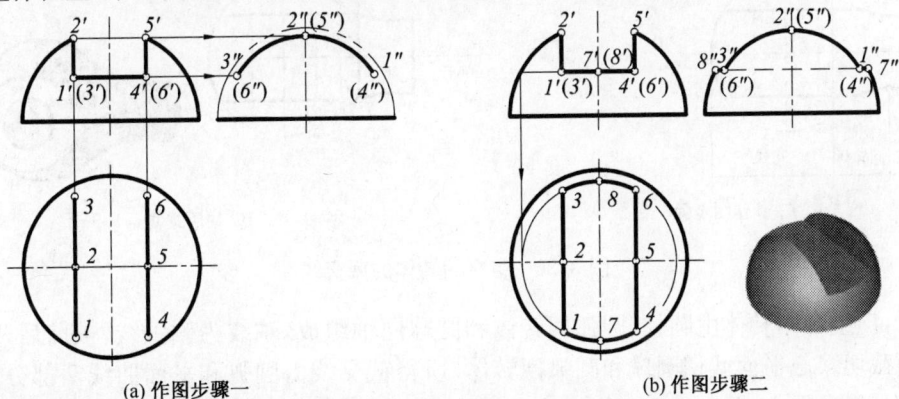

(a) 作图步骤一　　　　　　　　　(b) 作图步骤二

图 3.23　切口半圆球的投影

4)平面截切其他回转体

除了上述三种基本回转体以外,常见的回转体还有圆环、组合回转体等。

当截平面垂直于回转体的轴线时,截交线是圆,如图 3.24 所示。当截平面倾斜于回转体轴线时,截交线是平面曲线。图 3.25 所示为回转体被正平面 P 截切,截交线的水平投影具有积聚性;对于正面投影,可采用辅助纬圆法,求得特殊点的正面投影 $1'$、$2'$、$3'$ 和一般点的正面投影 $4'$、$5'$、$6'$、$7'$,并依次光滑连接成曲线得到。

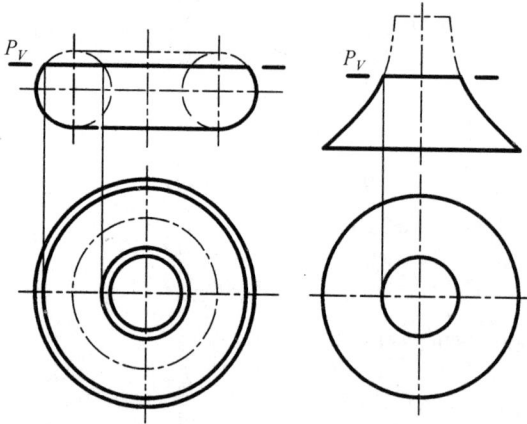

图 3.24　水平面截切回转体　　　　　图 3.25　正平面截切与圆弧回转体

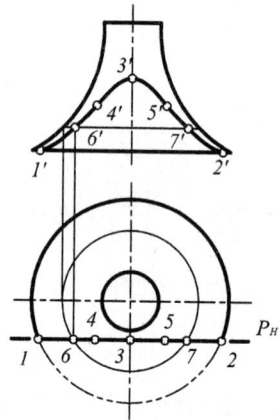

组合回转体是指具有共同轴线的几个基本回转体组合而成的形体。在求组合回转体的截交线时,首先应分析组合回转体是由哪几个基本回转体组成,各回转体的分界线。然后分析截平面与哪些回转体相交及交线的形状。最后分别求出截平面与各单个回转体的交线,再依次连接。

例 3.16　求组合回转体被两正平面截切所得的截交线(图 3.26)。

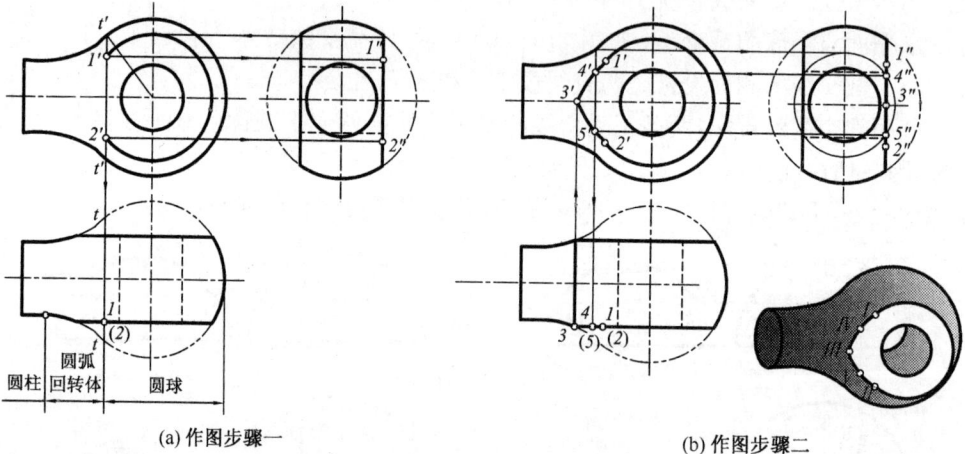

(a) 作图步骤一　　　　　　　　　(b) 作图步骤二

图 3.26　组合回转体的截交线

分析:该组合回转体由圆柱、圆弧回转体和圆球同轴组成,轴线为侧垂线,被前后两个对称的正平面截切。截平面截切圆球和圆弧回转体,所得截交线由圆弧和平面曲线两部分组成,两段交线的分界点是Ⅰ、Ⅱ。由于截平面为正平面,所以截交线的正面投影反映实形,水平投影和侧面投影随截平面而积聚成直线。

作图：

①求圆弧回转体与圆球面的分界圆：为求出组成截交线的圆弧与平面曲线的分界点Ⅰ和Ⅱ，须先作出圆弧回转体与圆球面的分界圆。圆弧回转体与圆球面的分界圆为侧平圆，其正面投影为直线。可在正面投影上求出两段圆弧的切点 t'（两圆弧圆心间的连线与轮廓线的交点），然后作出分界圆的正面投影 $t't'$ 和水平投影 tt。

②求圆球面上的截交线：由于两个截平面前后对称，与圆球相交所得的截交线正面投影重合，为反映实形的圆弧，$1'$、$2'$ 分别为分界点Ⅰ和Ⅱ的正面投影，如图 3.26(a)所示。

③求圆弧回转面的截交线：截交线最左点Ⅲ的正面投影 $3'$ 可由水平投影 3 直接求出；利用辅助纬圆法可以求出一般点Ⅳ和Ⅴ的正面投影，如图 3.26(b)所示。

④光滑连接所求各点，并注意截交线圆弧部分与平面曲线部分应在分界点 $1'$、$2'$ 处相切，即完成作图，如图 3.26(b)所示。

3.1.3　立体与立体相交的投影

两立体相交称为相贯，两立体表面的交线称为相贯线。根据立体形状的不同，两立体相贯分三种情况：两平面立体、平面立体与曲面立体以及两曲面立体相贯，如图 3.27 所示。由于平面立体可以看作为若干个平面围成的实体，所以，前两种相贯情况可归结到前一节所述内容中，本节着重介绍两曲面立体的相贯线。

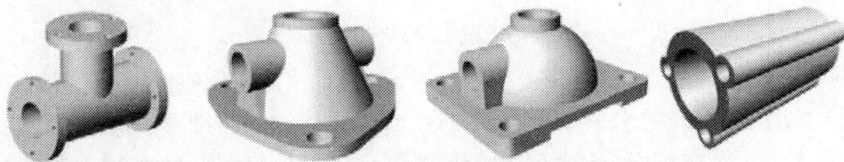

图 3.27　立体与立体相交

1. 相贯线概述

1)相贯线性质

两曲面立体的相贯线，一般情况下是封闭的空间曲线；特殊情况下，可以是不封闭的，或者是平面曲线，甚至是直线。相贯线是两曲面立体表面的共有线，相贯线上的点是两曲面的共有点。

2)相贯线求法

求相贯线的实质是求两曲面立体表面上的一系列共有点，再按可见性、依次光滑地连接。求两立体表面共有点的常用方法，主要有表面取点法和辅助面法。当两个立体中有一个立体表面的投影有积聚性时(如垂直于投影面的圆柱)，可直接找到相贯线的一个投影，再通过表面取点法求出相贯线的其他投影。而一般情况下，则可利用辅助面法，即三面共点法求两立体表面的共有点。

和截交线一样，在相贯线上也有一些特殊点：转向轮廓线上的点，最前、最后、最左、最右、最上、最下等极限位置点，对称顶点，可见与不可见的分界点等。相贯线上的特殊点确定相贯线的形状和范围，所以，求相贯线时，需要先求特殊点；然后按照需要再适当求出若干一般点，从而能够较准确地画出相贯线的投影。只有当相贯线同时位于两个立体的可见表面上时，这段相贯线的投影才是可见的；否则不可见。

2. 相贯线的作图

1)表面取点法

例 3.17 求轴线垂直相交两圆柱的相贯线(图 3.28)。

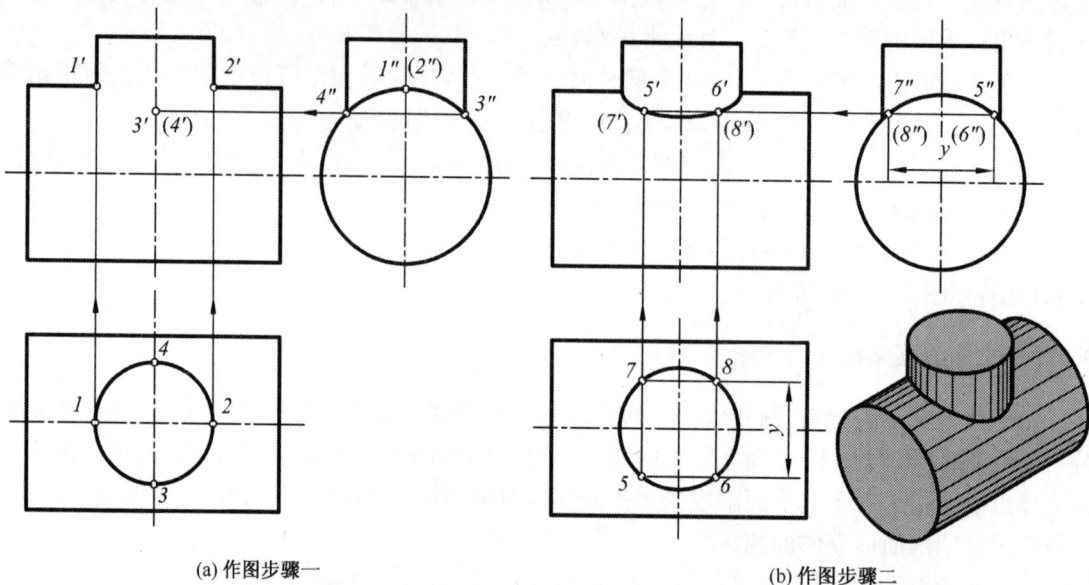

(a) 作图步骤一   (b) 作图步骤二

图 3.28　两正交圆柱的相贯线

分析:两圆柱的轴线垂直相交,相贯线为前后、左右对称的封闭空间曲线。因小圆柱的水平投影积聚为圆,所以相贯线的水平投影与该圆重合;大圆柱的侧面投影积聚为圆,故相贯线的侧面投影为该圆周上小圆柱侧面投影范围内的一段圆弧,所以,仅相贯线的正面投影待求。

作图:

①求特殊点:由水平投影可知,相贯线的最左、最右点(两点也为最高点)、最前、最后点(两点也为最低点)的水平投影分别为 1、2、3、4,在侧面投影上作出 1″、2″、3″、4″,由此求得正面投影 1′、2′、3′、(4′),如图 3.28(a)所示。

②求一般点:在相贯线的水平投影上,取左右、前后对称的四点 5、6、7、8,作出它们的侧面投影 5″、(6″)、7″、(8″),由此求得正面投影 5′、6′、(7′)、(8′),如图 3.28(b)所示。

③光滑连线:按相贯线水平投影各点的顺序,连接各点的正面投影,即为相贯线的正面投影。由于相贯线前后对称,故只画实线。

两立体相交可能是它们的外表面相交,也可能是内表面相交。如在两圆柱相交中,就会出现表 3.6 所示的三种形式。这三种形式下的相贯线,除了可见性不同以外,相贯线的形状和作图方法是相同的。

表 3.6　两圆柱相交的三种形式

相交形式	两外表面相交	外表面与内表面相交	两内表面相交
立体图			

相交形式	两外表面相交	外表面与内表面相交	两内表面相交
投影图			

例 3.18　求轴线垂直交叉两圆柱的相贯线(图 3.29)。

分析:两圆柱轴线垂直交叉,相贯线为一条左右对称、前后不对称的封闭空间曲线。利用两圆柱投影的积聚性,可以直接求出相贯线的水平投影和侧面投影,分别重合在相应的圆周上,只有相贯线的正面投影待求。

作图:

①求特殊点:根据相贯线的最左、最右、最前、最后、最高点的水平投影 1、2、3、4、5、6 和它们的侧面投影为 1″、(2″)、3″、4″、5″、(6″),求出它们的正面投影 1′、2′、3′、(4′)、(5′)、(6′),如图 3.29(a)所示。

②求一般点:根据需要,求出若干一般点。如图 3.29(b)所示,根据一般点的水平投影 7、8(左右对称),作出其侧面投影 7″、8″(重合),由此求出正面投影 7′、8′。

③光滑连线:按各点水平投影的顺序,连接各点的正面投影。连接时,因曲线段 1′-3′-2′ 为直立小圆柱的前半部分,故可见,画实线;曲线段 1′-(4′)-2′ 为直立小圆柱的后半部分,故不可见,画成虚线,如图 3.29(b)所示。

④整体检查:侧垂大圆柱上部正视转向轮廓线的正面投影左、右分别画到点(5′)、(6′),与相贯线正面投影相切,但点(5′)左边和(6′)右边一部分转向线正面投影被直立小圆柱挡住,应画成虚线;而直立小圆柱的正视转向轮廓线正面投影可见,故用实线分别画到点 1′、2′ 为止,如图 3.29(b)所示。

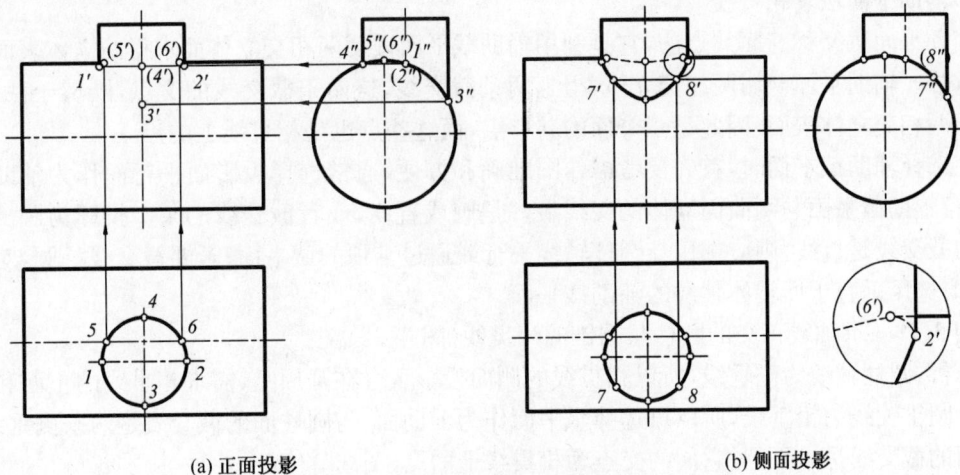

(a) 正面投影　　　　　　　　　　　　　　(b) 侧面投影

图 3.29　垂直交叉两圆柱的相贯线

从以上例子可以看出,当相交两回转体轴线的相对位置发生改变时,相贯线的形状也发生改变,即相贯线不仅与两相交立体的表面几何性质有关,也与它们之间的相对位置有关。

图 3.30 表示当圆柱直径变化时,相贯线的变化情况。当直立圆柱直径较小时,相贯线为上下两条空间曲线;当两圆柱直径相等时,相贯线为大小相等的两个椭圆;当直立圆柱直径较大时,相贯线为左右两条空间曲线。

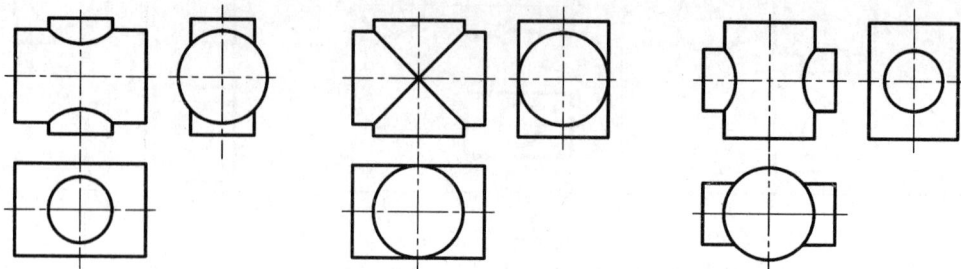

图 3.30　圆柱直径变化时对相贯线的影响

当两圆柱直径不变,而轴线的相对位置发生改变时,相贯线的位置和形状均发生变化,如图 3.31所示。

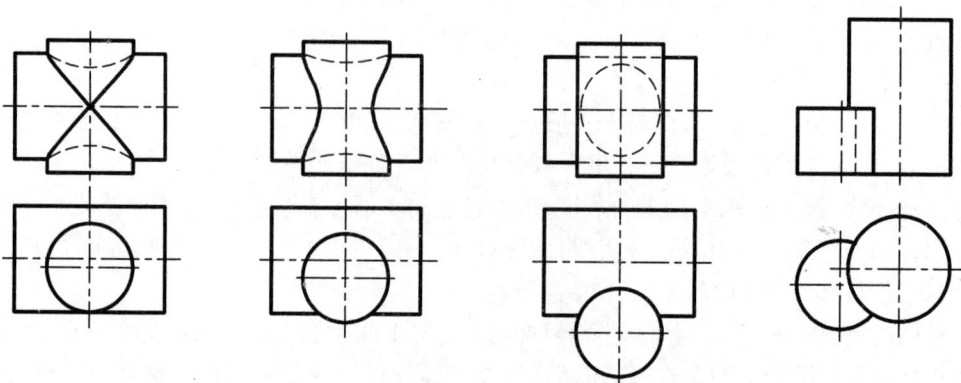

图 3.31　圆柱相对位置变化时对相贯线的影响

2)辅助平面法求相贯线

辅助平面法又称三面共点法,它是利用辅助截平面截切两相交立体而求得两立体表面共有点的方法。辅助平面截切两相交立体,得到两条截交线,这两条截交线的交点,既属于截平面,又属于两相交立体表面,因此是三个面的共有点,而这些点也是相贯线上的点。

在选择辅助截平面时,首先要考虑作图准确和方便,通常选择投影面平行面作为辅助截平面,而且辅助截平面与两曲面立体的交线最好是圆或直线,或者截交线的某个投影为圆。若要得到的截交线是直线,则应选用与圆柱轴线平行或通过锥顶的截平面;若要截交线是圆,对于回转体,应选用垂直于回转体轴线的辅助截平面。

例 3.19　求轴线正交的圆柱与圆锥的相贯线(图 3.32)。

分析:圆柱轴线为侧垂线,所以相贯线的侧面投影重合在圆周上,需求相贯线的正面和水平投影。圆锥轴线为铅垂线,所以可选择水平面作为辅助面,与圆柱面的截交线是两条侧垂线,与圆锥面的截交线是水平圆,它们的交点为相贯线上的点(图 3.32(a))。

作图:

①求特殊点:如图 3.32(b)所示,过锥顶 S 作辅助正平面 Q,与圆锥面交于两条正视转向轮廓线 SA 和 SB,与圆柱面也交于两条正视转向轮廓线,两者交于点 I(1,1′,1″),II(2,2′,2″),

为相贯线的最高、最低点;过圆柱轴线作辅助水平面 P,与圆柱面交于两条俯视转向线,与圆锥面的截交线为水平圆,两者交于点Ⅲ$(3,3',3'')$,Ⅳ$(4,4',4'')$,为相贯线的最前、最后点。

②求一般点:如图 3.32(c)所示,在点Ⅰ与Ⅲ、Ⅳ之间,作一辅助水平面 P_1,与圆锥面截交线为水平圆,与圆柱面截交线为两条素线,两者交于点Ⅴ$(5,5',5'')$、Ⅵ$(6,6',6'')$;同理,再作辅助水平面 P_2,求得另外两个一般点Ⅶ$(7,7',7'')$、Ⅷ$(8,8',8'')$。

③判别可见性并光滑连接:因相贯线前后对称,相贯线的正面投影前后重合,用粗实线连接;水平投影中,位于圆柱上半部分的相贯线可见,用粗实线连接;位于圆柱下半部分的相贯线不可见,用虚线表示,即以点 3、4 为界,3-5-1-6-4 用实线光滑连接,4-8-2-7-3用虚线光滑连接。

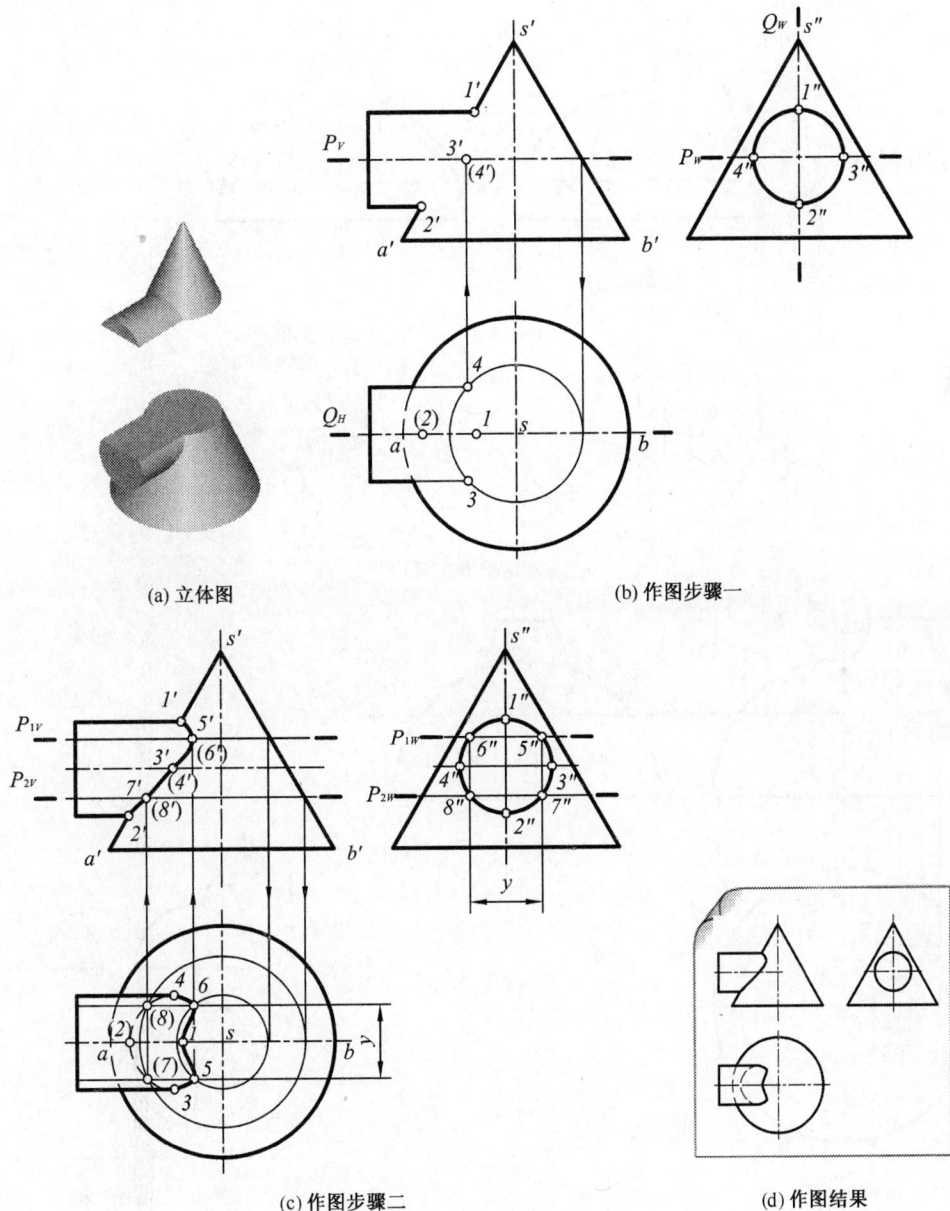

(a) 立体图　　　　　　　　　　(b) 作图步骤一

(c) 作图步骤二　　　　　　　　(d) 作图结果

图 3.32　轴线正交的圆柱与圆锥相贯线

④整体检查:正面投影图中,圆锥正视转向轮廓线 SA 的正面投影上 1′、2′之间不应连直线;水平投影图中,圆柱面的前后俯视转向线应从左分别画到 3、4 为止;圆锥底圆被圆柱挡住的部分,其水平投影应画成虚线,如图 3.32(d)所示。

例 3.20　求圆台和半圆球的相贯线(图 3.33)。

分析:圆台的铅垂轴线与半圆球的铅垂轴线同处于一个正平面内,且圆台完全被半球面包围,故相贯线是前后对称,且封闭的空间曲线,三面投影均无积聚性。可选用过圆台轴线的正平面、侧平面作为辅助面,求得相贯线上的特殊点;选用水平面作为辅助面,与圆台和圆球的截交线均为圆,从而求得相贯线上的一般点。

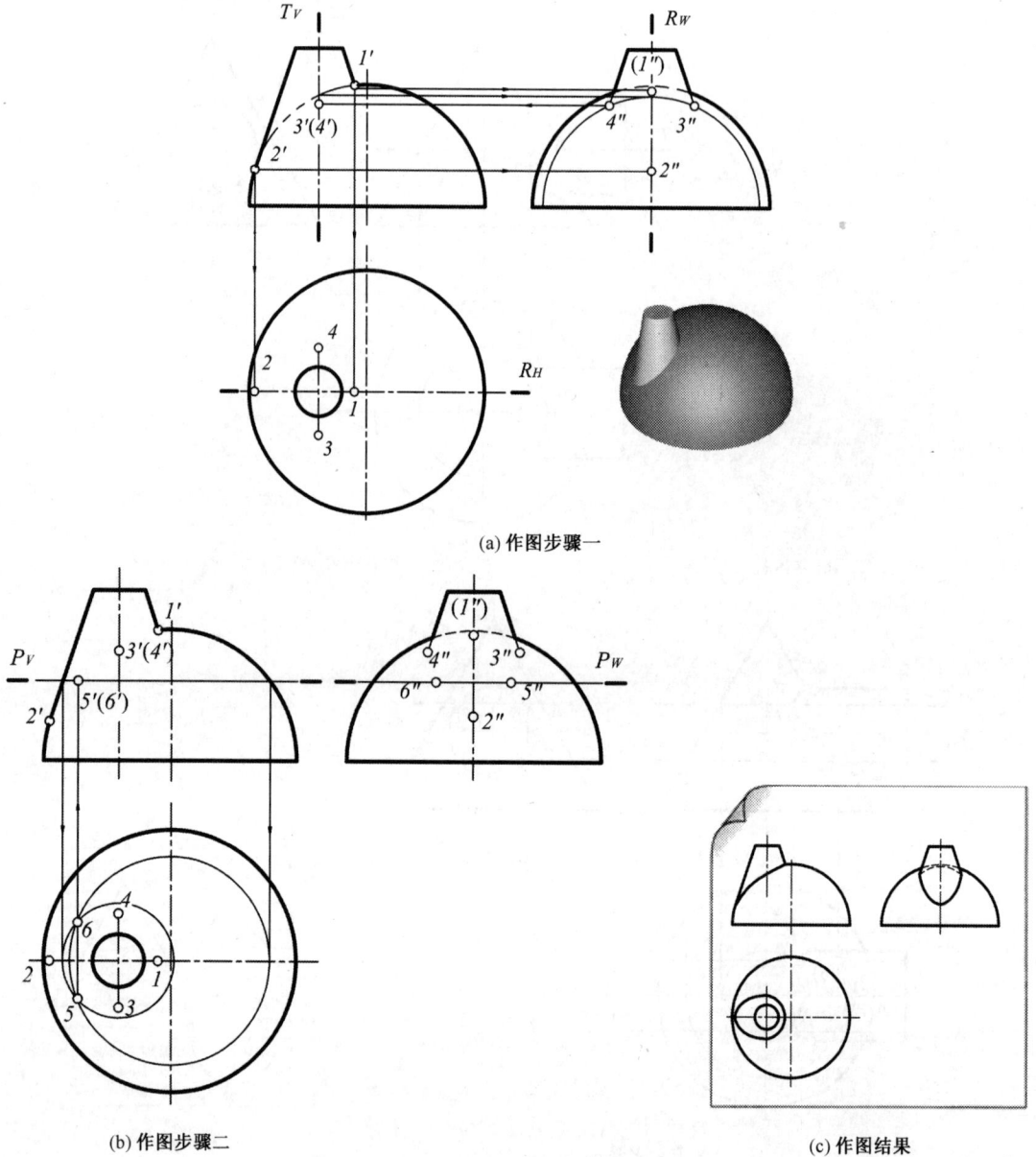

(a) 作图步骤一

(b) 作图步骤二

(c) 作图结果

图 3.33　圆台与半圆球的相贯线

作图：

①求特殊点：如图 3.33(a)所示，过圆台轴线作辅助正平面 R，与圆台交于两条正视转向轮廓线，与圆球面交于正视转向圆，两者交于点 I(1,1′,1″)、II(2,2′,2″)，即为相贯线的最高、最低点；过圆台轴线作辅助侧平面 T，与圆台面交于两条侧视转向轮廓线，与圆球面交于一个侧平半圆，两者交于点 III(3,3′,3″)、IV(4,4′,4″)，为相贯线的最前、最后点。

②求一般点：如图 3.33(b)所示，在适当位置作辅助水平面 P，与圆台的截交线为水平圆，与球面截交线也为水平圆，两者交于点 V(5,5′,5″)、VI(6,6′,6″)。

③判别可见性并光滑连接：相贯线前后对称，正面投影用粗实线画出；水平投影全部可见，也画成粗实线；侧面投影中，处于圆台左半部的相贯线为可见，其余部分不可见，故连线时，以 3″、4″ 为分界点，曲线段 3″-5″-2″-6″-4″ 画粗实线，曲线段 3″-(1)″-4″ 段画成虚线，如图 3.33(c) 所示。

④整体检查：在正面投影中，半球正视转向轮廓线的正面投影 1′-2′ 之间不应画线；侧面投影中，圆台侧视转向轮廓线的侧面投影分别画到 3″、4″ 为止，半球的部分侧视转向圆因被圆台挡住，其侧面投影应画成虚线。

3. 相贯线的特殊情况

两回转体相交，一般情况下相贯线是空间曲线，但在特殊情况下，相贯线也可能是直线、圆或其他平面曲线，如表 3.7 所示。

表 3.7　相贯线的特殊情况

相贯线的特殊情况	投　影　图	说　明
直线	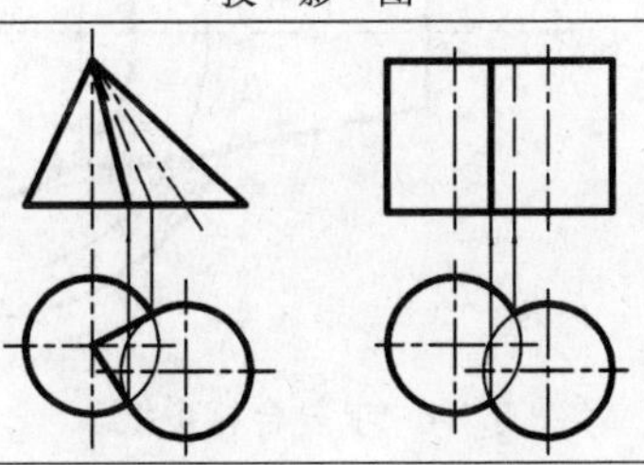	两个共顶点的锥体相交时，相贯线为两条过锥顶的直线 轴线相互平行的圆柱相交时，相贯线为两条平行于轴线的直线
圆	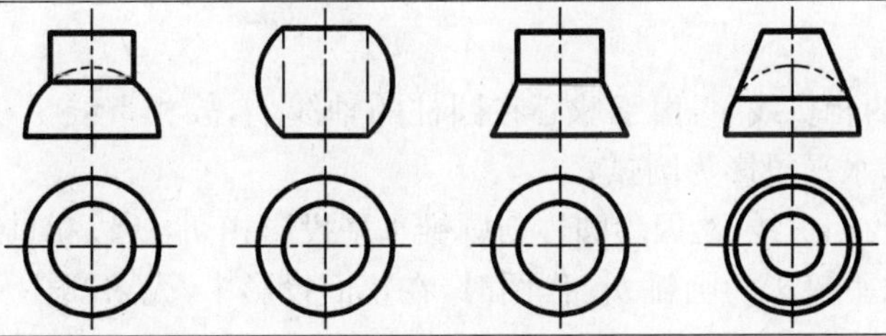	两个同轴回转体的相贯线，是垂直于轴线的圆
椭圆	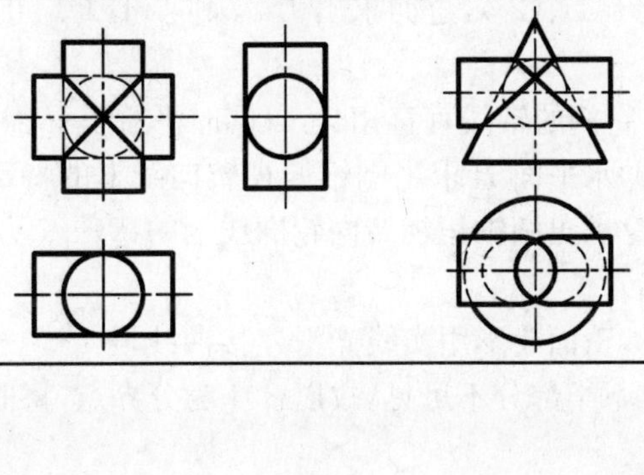	当两个二次曲面公切于第三个二次曲面时，相贯线为椭圆

4. 复合相贯线

三个或三个以上立体相交时,它们表面的交线比较复杂,既有相贯线也有截交线,称为复合相贯线。作图时,需要分析各相交立体的形状、各立体之间的相对位置,找出存在交线的各个表面,应用截交线和相贯线的基本作图方法,逐一求出各交线的投影。

例 3.21　求圆柱、圆锥及圆球三体相贯的复合相贯线(图 3.34)。

分析:由图可见,该复合相贯线由圆柱与圆球之间 A、圆柱与圆锥之间 B、圆锥与圆球之间 C 三条相贯线组成。这三条相贯线具有共有点 Ⅰ、Ⅱ,它们也是各段相贯线的分界点。欲求出复合相贯线,应先分别求出各段相贯线。

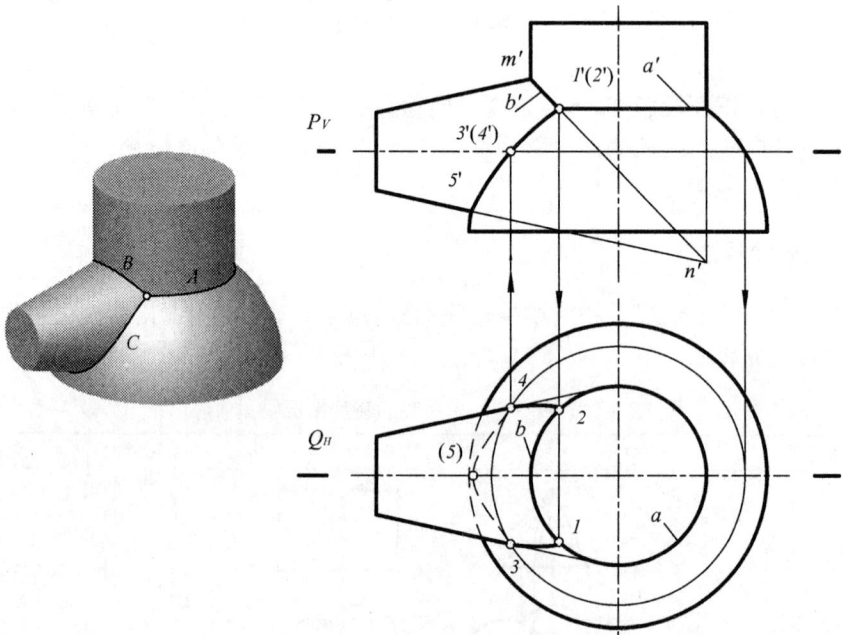

图 3.34　求复合相贯线

作图:

①求圆柱与圆球的相贯线 A:由于球心在圆柱的轴线上,故相贯线 A 为一水平圆(弧),正面投影积聚为直线 a',水平投影为圆弧 a。

②求圆柱与圆锥的相贯线 B:因为圆柱与圆锥水平投影相切,所以相贯线为椭圆(弧),正面投影积聚为直线 b',水平投影为圆弧 b。作图时,在正面投影中,先求圆柱及圆锥正视转向轮廓线的交点 n',连 $m'n'$,与直线 a' 交于 $1'$、$(2')$,进而求出 1、2,则 Ⅰ$(1,1')$、Ⅱ$(2,2')$ 为相贯线 A、B、C 的分界点。

③求圆锥与圆球的相贯线 C:它们的轴线垂直相交,且同时平行于 V 面,相贯线为前后对称的空间曲线。用过圆锥轴线的辅助水平面 P 求出圆锥俯视转向线上的特殊点 Ⅲ$(3,3')$、Ⅳ$(4,4')$;用过圆锥轴线的辅助正平面 Q 求出圆锥正视转向轮廓线上的特殊点 Ⅴ$(5,5')$;再用辅助侧平面求出一些一般点(图中未注出)。

④光滑连线:相贯线前后对称,正面投影用实线光滑连接曲线段 $1'$-$3'$-$5'$;水平投影中位于圆锥上半部分的相贯线可见,圆锥下半部分不可见,故以 3、4 为分界点,将曲线段 3-(5)-4 画成虚线,其余画粗实线。

⑤整体检查:水平投影中,圆锥前后俯视转向线的投影应画到点 3、4 为止;半圆球的底圆轮廓,位于圆锥下面的部分,其水平投影应画成虚线。

5. 相贯线的近似画法

对直径不等且轴线垂直相交的两圆柱表面的相贯线的投影,允许用圆弧近似代替,其作图方法如图 3.35 所示。

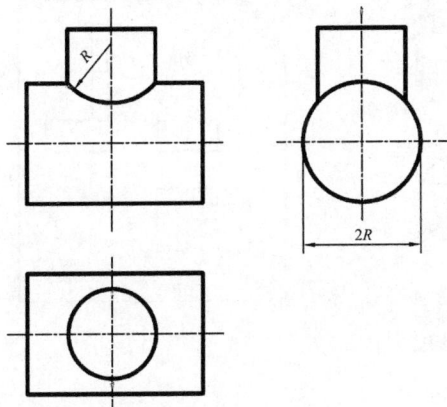

图 3.35　相贯线近似画法

3.2　组合体的三视图

形状比较复杂的立体,都可以将其假想地分解成若干个基本形体。故若干个基本形体按一定方式组合而成的复杂立体,称为组合体。

3.2.1　组合体三视图

立体向投影面投影所得的图形称为视图。用正投影法绘制视图时,仅用一个视图,无法完整和准确地表达立体的形状和大小。如图 3.36(a)所示,两个形状不同的立体,它们的主视图却完全相同。要想完整而准确地表达立体形状和大小,必须多方向观察物体,如图 3.36(b)所示。

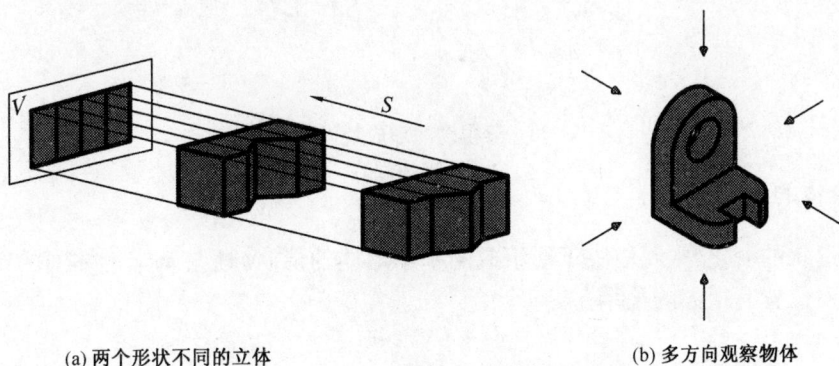

(a) 两个形状不同的立体　　　　　　　　　　(b) 多方向观察物体

图 3.36　一个视图不能确定物体的形状

可以通过旋转立体从不同角度观察得到不同的视图,如图 3.37 所示。

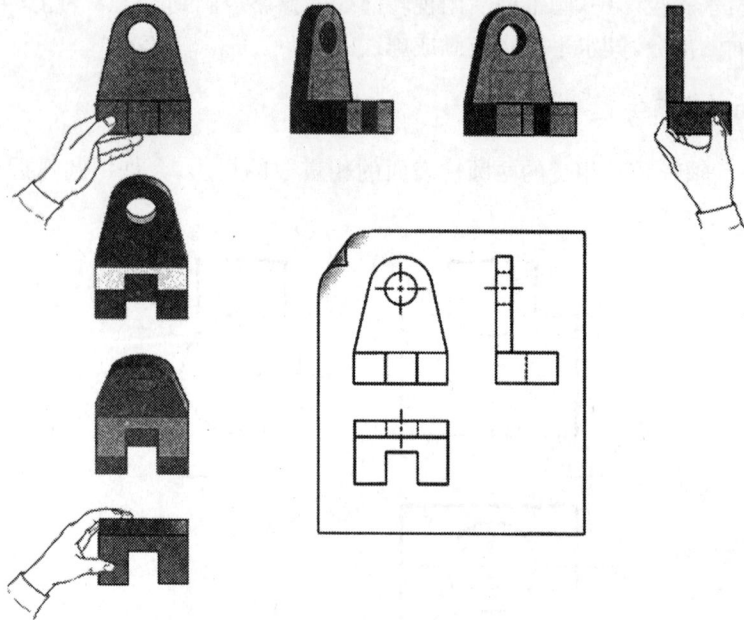

图 3.37　旋转立体得到视图

　　如图 3.38 所示,可将立体放在三投影面体系中,向三个方向投影得到三视图,而其投影规律已在本书第 2 章中介绍过。

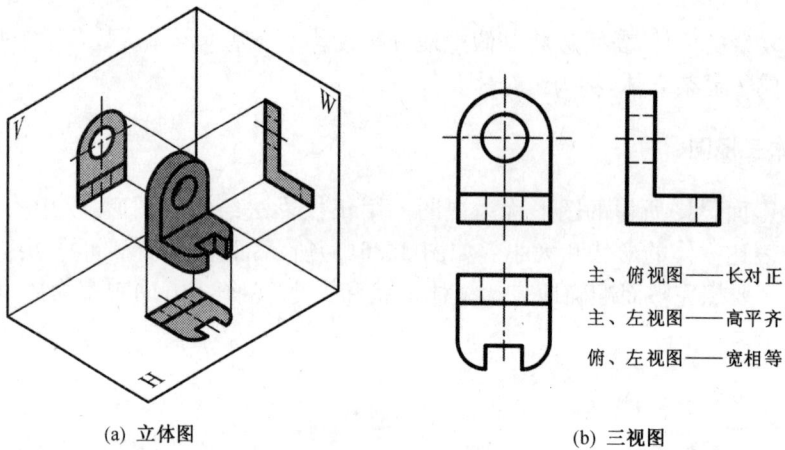

主、俯视图——长对正
主、左视图——高平齐
俯、左视图——宽相等

(a) 立体图　　　　　　　　　　　　　　(b) 三视图

图 3.38　三视图的形成及投影规律

3.2.2　组合体的组合形式

　　组合体形状的变化,主要取决于所组成的基本形体的形状,还与基本形体间的组合方式和表面间的相对位置有很大的关系。

1. 组合体的组合方式

　　组合体的组合方式分为叠加、切割两种基本形式,如图 3.39(a)所示立体是由 Ⅰ、Ⅱ、Ⅲ 几个基本形体叠加而成。图 3.39(b)所示立体是对长方体进行切割,即去除 Ⅰ、Ⅱ、Ⅲ、Ⅳ 几个基本形体而形成。大多数组合体的组合方式,实际上是叠加和切割的综合形式。

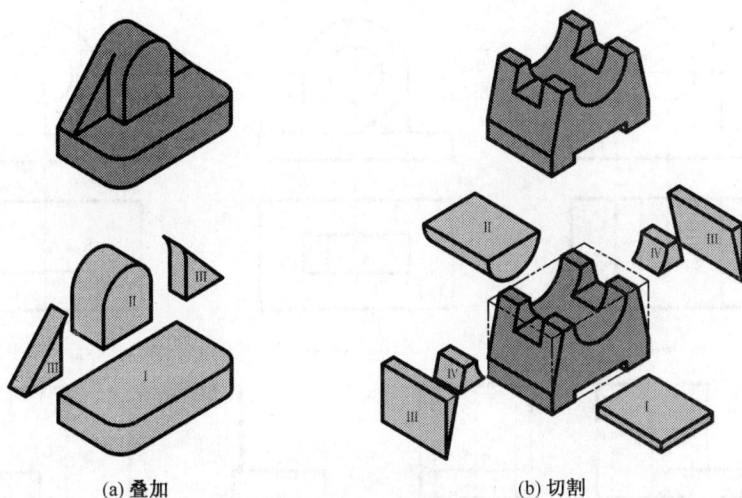

(a)叠加　　　　　(b)切割

图 3.39　组合体的组合方式

2. 组合体表面间的相对位置

如图 3.40 所示,组合体相邻表面(A 面和 B 面)的相对位置关系有平齐、不平齐、相切、相交四种情况。

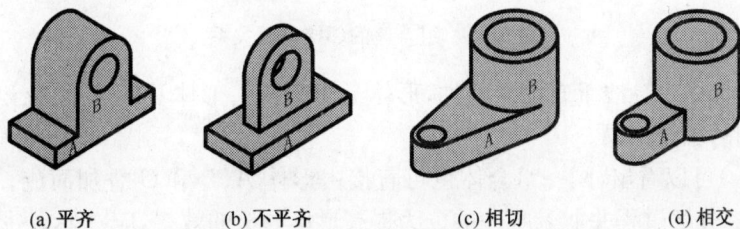

(a)平齐　　　(b)不平齐　　　(c)相切　　　(d)相交

图 3.40　基本形体间的邻接表面关系

当两形体的表面平齐时,其投影之间没有线隔开;如图 3.41(a)所示,因为上下两个基本形体的前后表面都平齐,则在主视图中这两表面间不应画线。当两形体的表面不平齐时,其投影之间应有线隔开;如图 3.41(b)所示,因为前后表面都不平齐,所以主视图中这两表面间应有线;而图 3.41(c)中,因为后表面不平齐,所以主视图中应有虚线。如图 3.41(d)所示,当两形体的表面相切时,主视图上切线的投影不应画出。如图 3.41(e)所示,当两形体的表面相交时,主视图上交线的投影应画出。

3.2.3　组合体的分析方法

1. 形体分析法

把组合体假想分解为若干个基本形体,并确定各基本形体的形状、相互位置以及组合方式,从而产生对整个组合体形状的完整概念,这种方法称为形体分析法。

如图 3.42(a)所示的组合体,是由基本形体Ⅰ(圆柱)、Ⅱ(四棱柱)、Ⅲ(圆柱)、Ⅳ(由半圆柱和四棱柱组成的 U 形柱)、Ⅴ(圆柱)、Ⅵ(圆柱)组成。由图 3.42(b)知,形体Ⅰ和Ⅱ同轴叠加;在形体Ⅱ左右两侧的中间各挖去一个形体Ⅳ;与形体Ⅰ同轴挖去一个形体Ⅲ,其高度为形体Ⅰ、Ⅱ

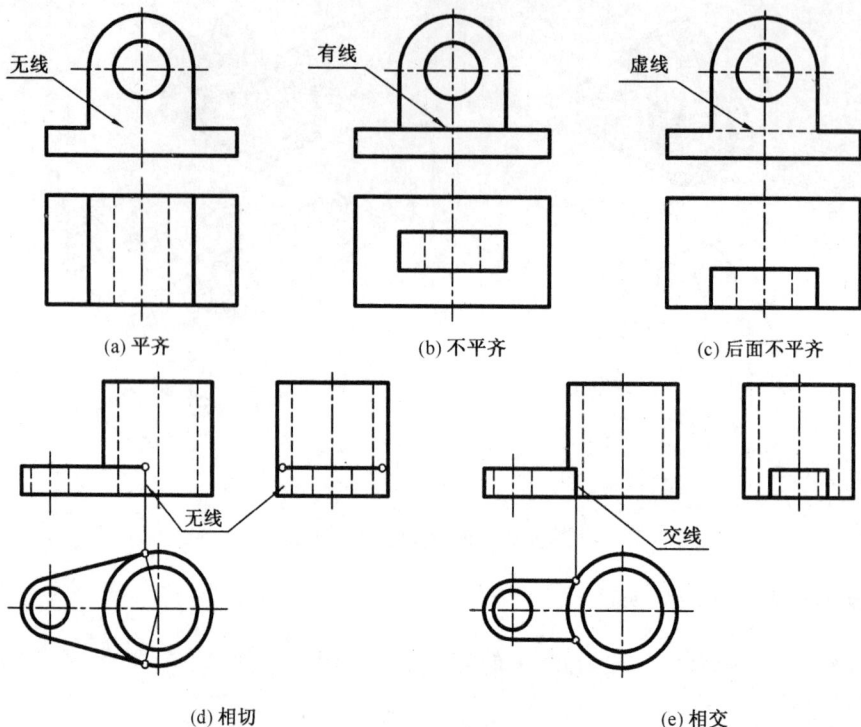

(a) 平齐　　　　　(b) 不平齐　　　　　(c) 后面不平齐

(d) 相切　　　　　　　　　(e) 相交

图 3.41　组合体的邻接表面关系

之和。形体Ⅴ和形体Ⅰ轴线垂直相交叠加,形体Ⅴ中间挖去形体Ⅵ。可见,该组合体是基本形体经叠加和切割的综合结果。

从图 3.42(c)可以看出,同一组合体也可直接由形体 A、B 和 C 叠加而成。所以形体分析法分解组合体时,分解过程并非是唯一的。为提高形体分析的效率,应熟悉、掌握一些常见的基本形体。

形体分析法作为组合体画图、读图、标注尺寸的最基本方法,其优点是把复杂形体分解成简单的基本形体,容易想象理解。但是,形体分析法存在局部细节较难确定的问题,需要结合线面分析法对组合体进行分析。

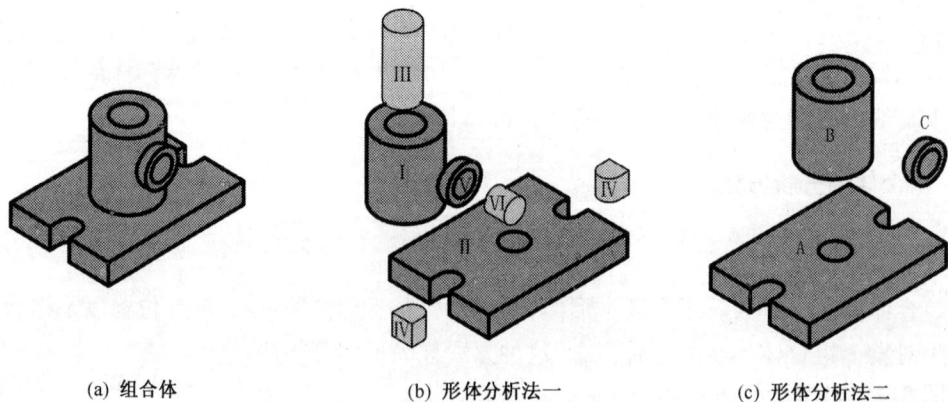

(a) 组合体　　　　　(b) 形体分析法一　　　　　(c) 形体分析法二

图 3.42　组合体的形体分析法

2. 线面分析法

线面分析法就是运用线面的投影特性,分析视图中每条图线、每个封闭线框与空间形体上线面的对应关系,从而实现画图、读图的方法。

线面分析法包括线形和面形的分析。线形分析是指对视图中的每条图线,要分析出是两面交线的投影,还是有积聚性面的投影,或者是回转面转向线的投影;面形分析是指对视图中的每一封闭线框(一般都表示组合体某个表面的投影),分析出它是什么位置平面的投影,还是什么性质曲面的投影。

如图 3.43 所示的顶尖由圆柱和圆锥同轴叠加而成。水平投影中,直线 4 是锥面和圆柱面交线的水平投影;直线 7 是圆柱右端面的水平投影;直线 1 是圆锥面俯视转向线的水平投影。封闭线框 $A(a', a, a'')$,$B(b', b, b'')$,$C(c', c, c'')$,$D(d', d, d'')$ 分别是正垂孔、方槽、水平面和侧平面的三面投影。

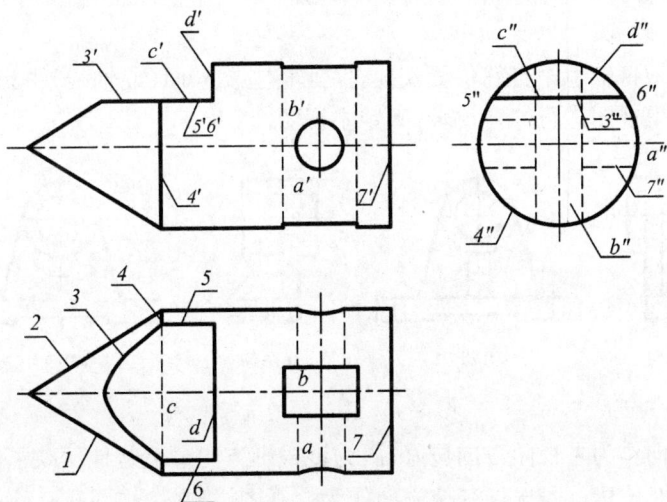

图 3.43　顶尖三视图

在线面分析时,要明确线面在三个视图中的投影必定符合投影规律;特别注意它们在各自的投影中是否具有积聚性、实形性和类似性。

一般在画图或读图过程中,总是把形体分析法与线面分析法结合起来运用,取长补短。先用形体分析法把握形体的大致轮廓特征,建立起较完整的组合体形状概念,在此基础上,再用线面分析法解决局部的不确定的线面细节和难点,所以,可概括为一句话:"形体分析识主体,线面分析攻难点"。

3.2.4　绘制组合体三视图

现以图 3.44 所示的轴承座为例,介绍绘制组合体三视图的方法和步骤:

1. 形体分析和线面分析

该轴承座由底板Ⅰ、支承板Ⅱ、圆筒Ⅲ和肋板Ⅳ叠加而成。其中,支承板的两侧斜面与圆筒的外圆柱面相切,肋板两侧面与圆筒的外圆柱面相交,底板的顶面与支承板、肋板底面相互叠加,底板与支承板的后表面共面。

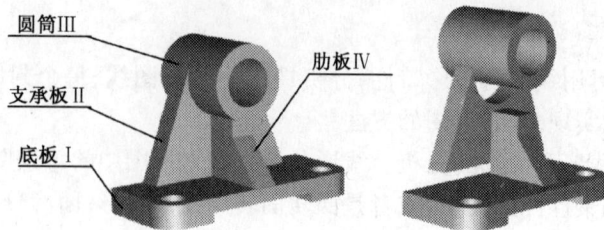

图 3.44　轴承座

圆筒Ⅲ
肋板Ⅳ
支承板Ⅱ
底板Ⅰ

2. 视图的选择

根据组合体形状的不同,可以采用不同的视图来表达。在绘制组合体三视图之前,应该根据组合体的形状特征选择主视图。主视图是三视图中最主要的视图,应选择能反映组合体主要形状特征及各基本形体间相互位置,并能减少其他视图上虚线的方向作为主视图的投影方向。

如图 3.45 所示,将轴承座自然位置安放,保证其主要平面(或轴线)平行或垂直于投影面,对四个方向投影所得视图进行综合比较,确定主视图。

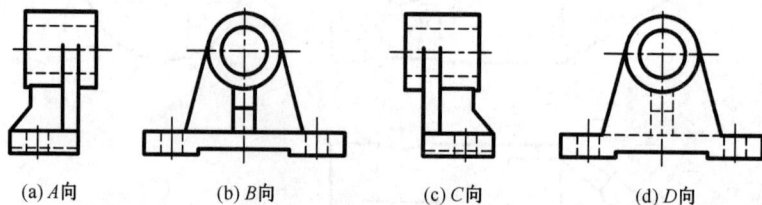

(a) A向　　　(b) B向　　　(c) C向　　　(d) D向

图 3.45　主视图的选择

显然,选择 B 向作为主视图方向更好,因为该投影方向最清楚地反映了轴承座各组成部分的形状特点及其相对位置。若选择其他方向作为主视图,将在主视图或其他视图中出现太多的虚线,不利于表达。

3. 画图步骤

1)选比例,定图幅

画图时,尽可能选用 1∶1 的比例。按所选比例,根据组合体的长、宽、高估算出三个视图所占面积,并在视图之间、视图与图框之间留出适当间距,由此选用合适的标准图幅。

2)布图,画各视图的基准线

根据各视图的大小和位置在固定好的图纸上画出基准线,一般常用的基准线有对称中心线、轴线或底面位置线等,如图 3.46(a)所示。

3)画底稿

根据各基本形体的投影规律,用细线从反映其特征的视图画起,逐个画出它们的三视图。其顺序是:先画主要部分,后画次要部分;先画大形体,后画小形体;先画轮廓形状,后画细节形状,如图 3.46(a)～(e)所示。

4)检查,加深

底稿完成后,按形体逐个仔细检查:每个形体的投影是否都画全,相对位置是否都画对,表

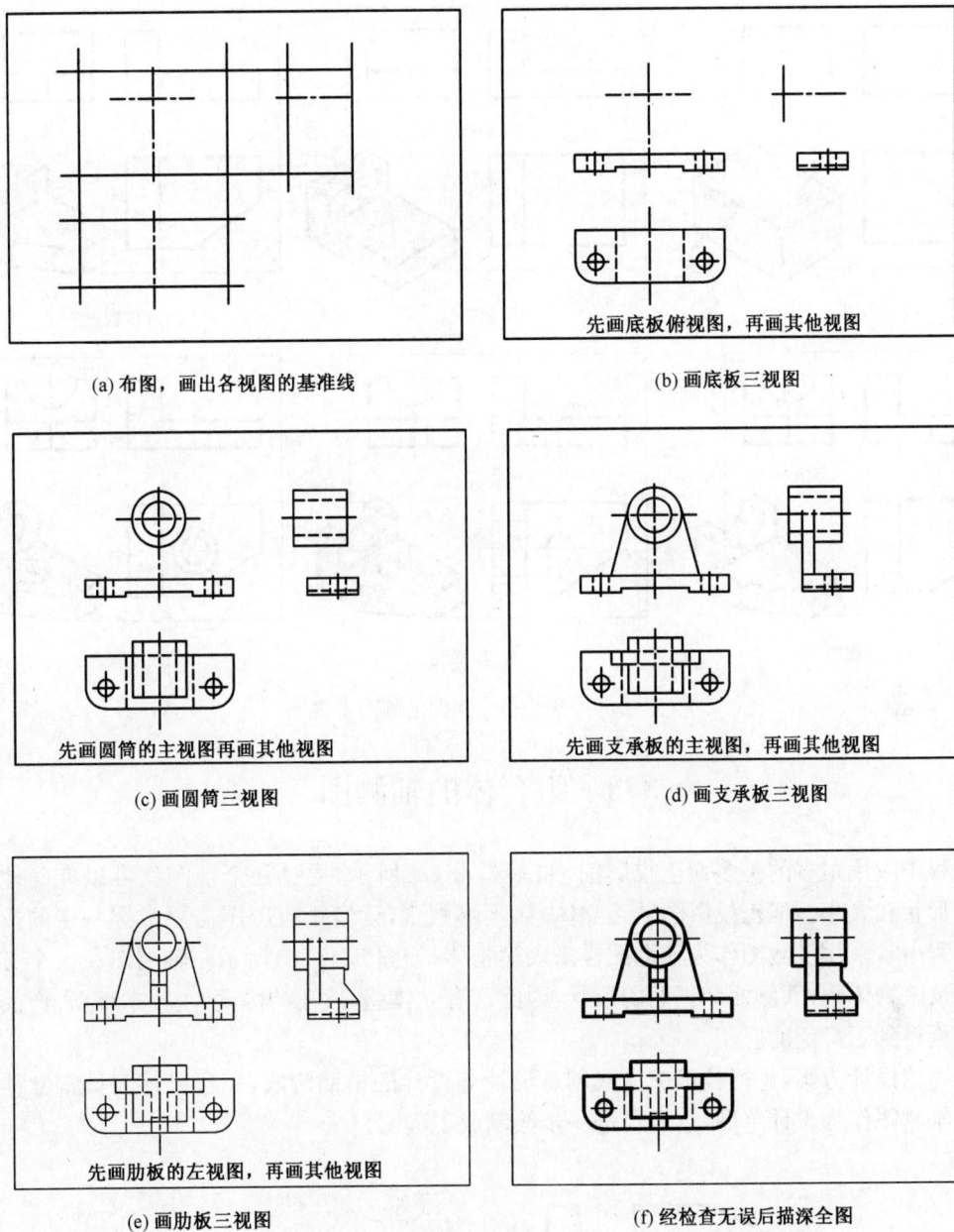

(a) 布图，画出各视图的基准线

(b) 画底板三视图

先画底板俯视图，再画其他视图

(c) 画圆筒三视图

先画圆筒的主视图再画其他视图

(d) 画支承板三视图

先画支承板的主视图，再画其他视图

(e) 画肋板三视图

先画肋板的左视图，再画其他视图

(f) 经检查无误后描深全图

图 3.46 轴承座三视图的画图步骤

面邻接关系是否都表达正确。认真修改，确认无误后，按规定线型，加深全图，如图 3.46（f）所示。

3.2.5 画图举例

例 3.22 绘制组合体三视图。

如图 3.47 所示，此组合体可看成是由长方体经过切割而得到的，所以可先画出长方体的三视图，然后逐步切割，完成组合体的三视图。

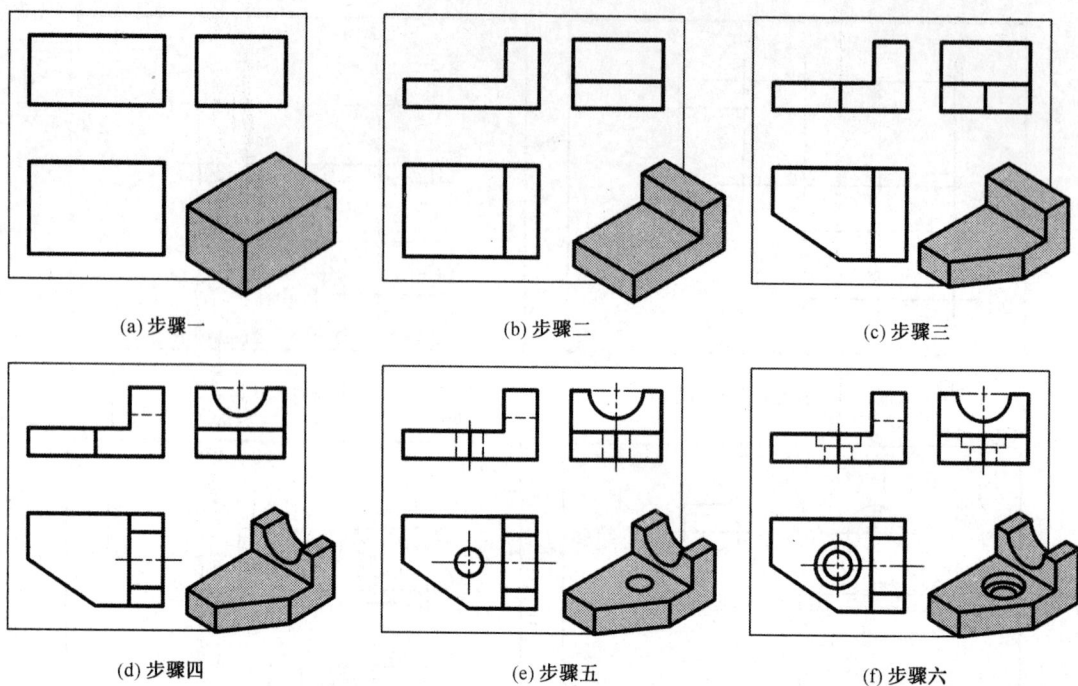

(a) 步骤一　　　　　　(b) 步骤二　　　　　　(c) 步骤三

(d) 步骤四　　　　　　(e) 步骤五　　　　　　(f) 步骤六

图 3.47　组合体三视图的画图步骤

3.3　组合体的轴测图

　　工程中应用最多的是多面正投影图,如图 3.48(a)所示,通过几个视图就可以准确地表达物体的形状和大小。但正投影图缺乏立体感,不够直观,读懂正投影图需要掌握一定的投影知识。工程中常采用轴测图作为辅助图样来表达物体,如图 3.48(b)所示。轴测图在一个方向上能同时反映物体正面、侧面和顶面的形状,因此富有立体感,故在结构设计、技术革新、产品说明书等方面得到了广泛的应用。

　　在讨论设计方案,进行技术交流或创意设计等设计的早期阶段,工程设计人员常常徒手绘制一些轴测图作为设计草图,然后再进一步绘制成工程图。

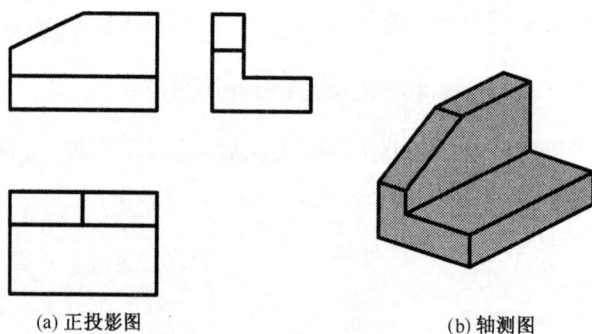

(a) 正投影图　　　　　　(b) 轴测图

图 3.48　正投影图与轴测图

3.3.1　轴测投影的基本知识

1. 轴测图的基本概念

利用平行投影法将物体投射到单一投影面上所得的具有立体感的图形,称为轴测投影图,简称轴测图。

(1)轴测投影面——被选定的平面,如图 3.49 中 P 面。

(2)轴测轴——直角坐标轴 OX、OY、OZ 在平面 P 上的投影 O_1X_1、O_1Y_1、O_1Z_1 称为轴测投影轴,简称轴测轴。

(3)轴间角——每两根轴测轴之间的夹角 $\angle X_1O_1Y_1$、$\angle X_1O_1Z_1$、$\angle Y_1O_1Z_1$。

(4)轴向变形系数——空间直角坐标轴单位长度的投影长度和实际长度之比称为轴向变形系数。即 $O_1X_1/OX=p$,$O_1Y_1/OY=q$,$O_1Z_1/OZ=r$,p、q、r 分别称为 X 向、Y 向、Z 向的轴向变形系数。

2. 轴测图的种类

如图 3.49 所示,将物体向三个投影面倾斜,三条坐标轴 OX、OY、OZ 倾斜于轴测投影面 P,将物体向轴测投影面进行正投影,这样所得到的轴测投影称为正轴测图。

如图 3.50 所示,物体正对投影面的相对位置不变,改变投影方向,把物体向轴测投影面斜投影,也可以得到反映物体在三维空间形象的轴测图,这样所得到的轴测图称为斜轴测图。

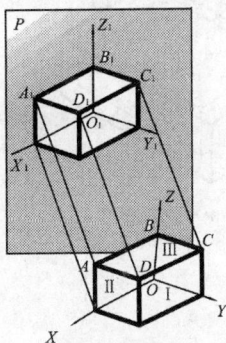

图 3.49　正轴测图的形成　　　　　　　图 3.50　斜轴测图的形成

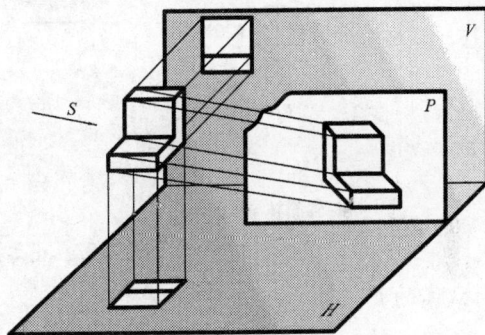

根据轴向变形系数的不同,每类轴测图又可分为三种:

(1)若 $p=q=r$,称为正(或斜)等测轴测图,简称为正(或斜)等测。

(2)若其中有两个轴向变形系数相等,如 $p=r\neq q$,称为正(或斜)二测轴测图,简称为正(或斜)二测。

(3)若 $p\neq q\neq r$,称为正(或斜)三测轴测图。

因为轴测图的种类比较多,以下主要介绍正等测和斜二测,如图 3.51 所示。

3. 轴测图的投影特性

由于轴测投影采用的是平行投影法,因而它具有以下平行投影的基本性质:

(1)若空间两直线互相平行,则其轴测投影仍互相平行,如图 3.49 中,$AB/\!/CD$ 则 $A_1B_1/\!/C_1D_1$。

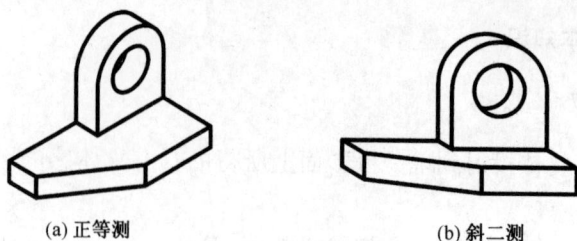

(a) 正等测　　　　　　　(b) 斜二测

图 3.51　轴测图的种类

（2）与坐标轴平行的线段，其轴测投影平行于相应的轴测轴，投影长度等于原来的长度乘以相应的轴向变形系数，画图时沿着相应的轴测轴测量其长短，"轴测"的含义就是沿轴测量的意思。

3.3.2　正等测的画法

在正投影情况下，当 $p=q=r$ 时，三个坐标轴与轴测投影面的倾角都相等，均为 $35°16'$。根据几何关系可以证明：轴测图上的轴间角均为 $120°$，三个轴向变形系数均为 0.82。

实际画图时，为了作图简便，在正等测中，一般把轴测轴 O_1Z_1 画成铅垂位置，各轴间角均为 $120°$，轴向尺寸采用简化轴向变形系数：$p=q=r=1$。这样轴向尺寸即被放大 $k=1/0.82≈1.22$ 倍，这对反映物体的形状没有影响，但作图却得到了简化，如图 3.52 所示。

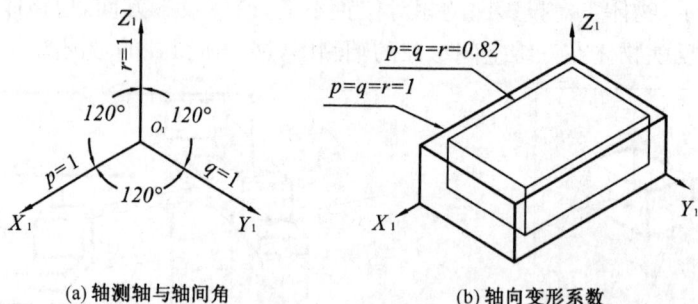

(a) 轴测轴与轴间角　　　　　　　(b) 轴向变形系数

图 3.52　正等测

1. 平面立体的正等测

绘制轴测图的基本方法是坐标法，即先根据坐标作出立体各顶点的轴测投影，然后连接完成轴测图。

例 3.23　作出如图 3.53(a) 所示组合体的正等测图。

作图步骤：(如图 3.53(b)～(e) 所示)

（1）在两面投影图上建立坐标系 $O-XYZ$。

（2）画出正等轴测轴 $O_1-X_1Y_1Z_1$。

（3）用坐标法画出Ⅰ、Ⅱ、Ⅲ三个点的轴测投影。

（4）利用平行性，过Ⅰ、Ⅱ、Ⅲ分别画相应平行线。

国家标准中规定：轴测图中一般只画出可见部分，必要时才画出其不可见部分。所以最后还要判别可见性，将不可见部分去掉。

（5）切去长方体的左上角，作轴测图时只要沿着相应的轴线（如 Z 轴）方向测量，得到 A、B 的轴测投影 A_1、B_1，再作相应的平行线，即可得其轴测图，如图 3.53(d) 所示。

（6）画出组合体开槽后的轴测图，如图 3.53(e) 所示。

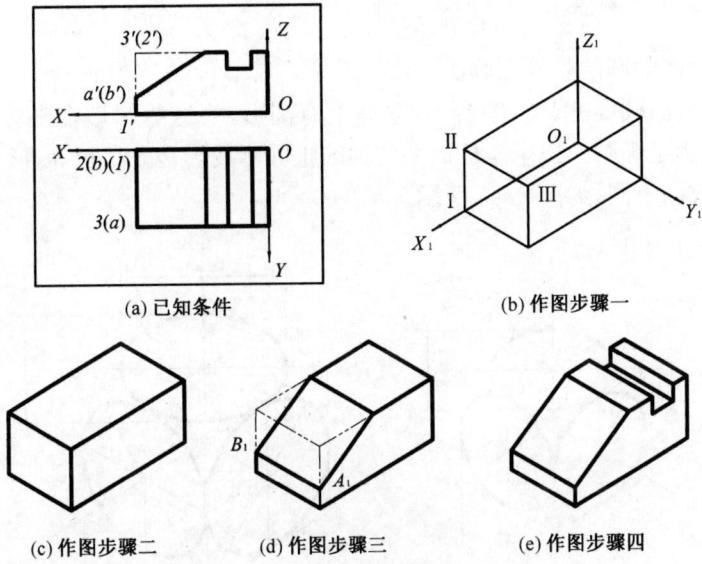

(a) 已知条件

(b) 作图步骤一

(c) 作图步骤二

(d) 作图步骤三

(e) 作图步骤四

图 3.53　组合体的正等测

例 3.24　作出如图 3.54(a)所示组合体的正等测图。

分析：组合体是由基本体通过叠加、切割等方式组合起来的，所以画轴测图时也可以采用叠加法或切割法。

作图：如图 3.54(a)所示，该组合体可看成是由长方体经过切割得到的。所以可先画出长方体的轴测图，然后逐步切割，并画出切割后的形状，如图 3.54(b)～(e)所示。

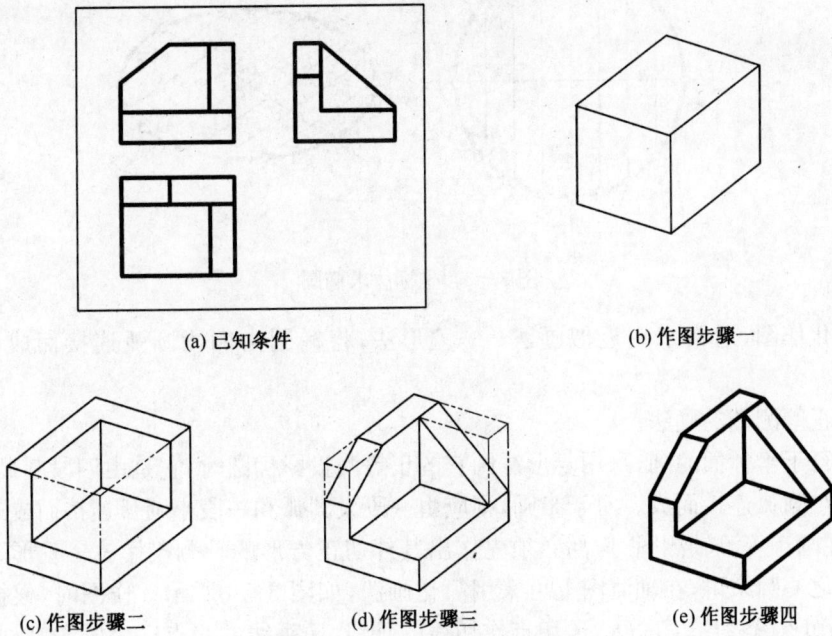

(a) 已知条件

(b) 作图步骤一

(c) 作图步骤二

(d) 作图步骤三

(e) 作图步骤四

图 3.54　作组合体的正等测图

2. 曲面立体的正等测图

1)平行于坐标面的圆的正等测画法

曲面立体如圆柱、圆锥、圆球、圆台等,立体上有圆形,当这些圆形在坐标面或其平行面上时,它的正等测投影是椭圆。三个坐标面上的圆的正等测投影是大小相等,形状相同的椭圆,只是它们的长短轴方向不同,如图3.55所示。

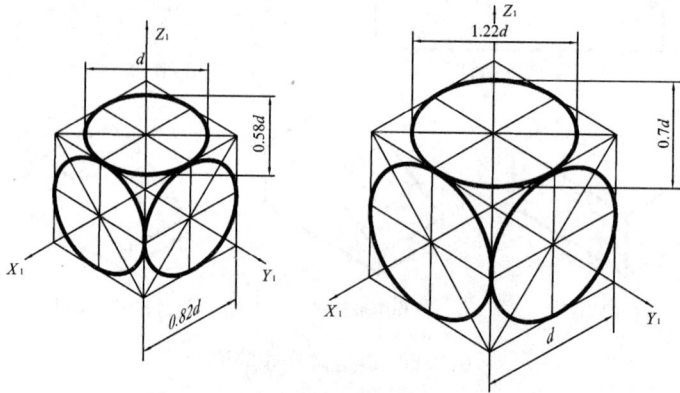

图 3.55　平行于坐标面的圆的正等测图

如图3.56所示,对于处在坐标面或其平行面上的圆,可以用坐标法作出圆上一系列点的轴测投影,然后光滑地连接起来,即得圆的轴测投影。

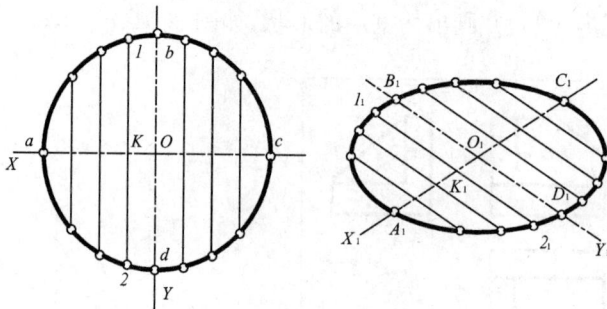

图 3.56　坐标法求椭圆

为了简化作图,通常采用近似画法——菱形法,将椭圆由四段圆弧连接而成,如图3.57所示。

2)圆角正等测图的画法。

对于平行于坐标面的圆,采用菱形法画它的正等测投影椭圆时,它是由四段圆弧,即两段大圆弧和两段小圆弧连接而成。对于半圆,则应由一段大圆弧和一段小圆弧连接而成。无论是圆还是半圆,在画正等测轴测图时,都必须先作出其外切正方形的轴测投影——菱形。而对于圆角——四分之一圆来讲,在轴测图上可采用简化画法,如图3.58所示。作图时,根据已知圆角半径 R 找出切点 A_1、B_1、C_1、D_1,过切点作切线的垂线,两垂线的交点即为圆心,以此圆心到切点的距离为半径画圆弧,即得圆角的正等轴测图。前表面画好之后,采用移心法将 O_1、O_2 向后移动 h,即得后表面两圆弧的圆心,如图3.58(d)。

(a) 作圆的外切正方形　　　(b) 确定轴测轴，并作菱形　　　(c) 以O_3为圆心画弧 3_14_1，以O_2为圆心画弧 1_12_1

(d) O_34_1、O_33_1与菱形长对角线的交点为O_4、O_5，并
以O_4为圆心，画弧 1_14_1，以O_5为圆心，画弧 2_13_1

(e) 加深椭圆，完成全图

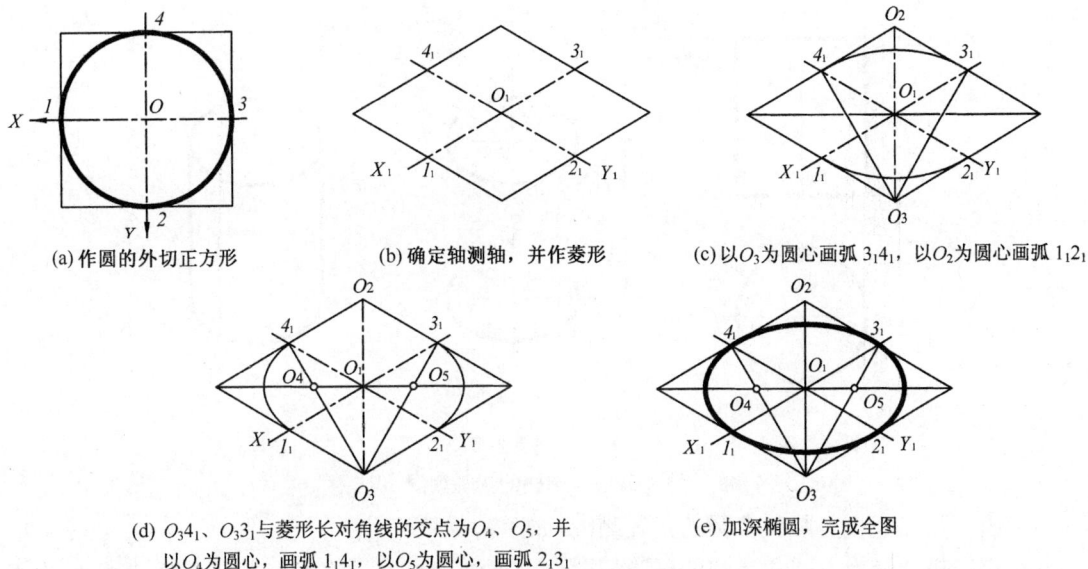

图 3.57　菱形法求椭圆

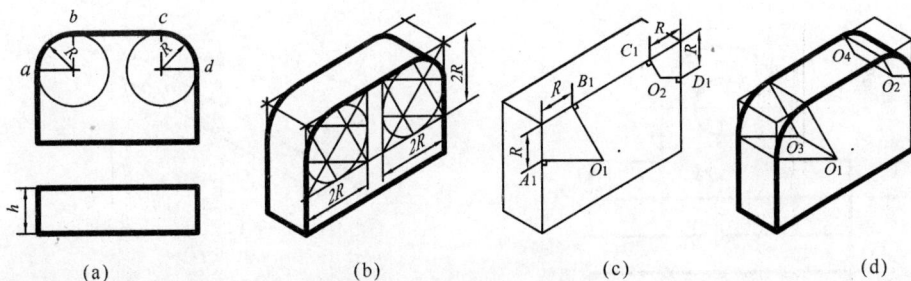

(a)　　　　　　(b)　　　　　　(c)　　　　　　(d)

图 3.58　作圆角的正等测图

例 3.25　已知圆柱的两面投影图，画出其正等测图。

作图：

(1) 在两面投影图上，建立直角坐标系 $O-XYZ$，如图 3.59(a)所示。

(2) 作轴测轴 $O_1-X_1Y_1Z_1$，且分别在 X_1、Y_1 轴上截取长度 d，画出圆的外切正方形的正等测投影（菱形）。

(3) 用菱形法画出圆柱上底圆的正等测投影椭圆，用移心法将圆柱上底圆的正等测投影椭圆的前半部分下移 H，如图 3.59(b)所示。

(4) 作两椭圆的外公切线，去除椭圆不可见部分，得圆柱正等测图，如图 3.59(c)所示。

3. 组合体的正等测图

画组合体的轴测图时，也应采用形体分析法，逐个画出各组成形体的轴测图。

现以图 3.60(a)所示组合体为例，来说明组合体正等测的画法。

作图：

(1) 在两面投影图上建立直角坐标系 $O-XYZ$，如图 3.60(a)所示。

(2) 作正等测轴 $O_1-X_1Y_1Z_1$，画底板和竖板的正等测图，如图 3.60(b)所示。

(3) 用切割法进一步画出底板和竖板的正等测图，如图 3.60(c)所示。

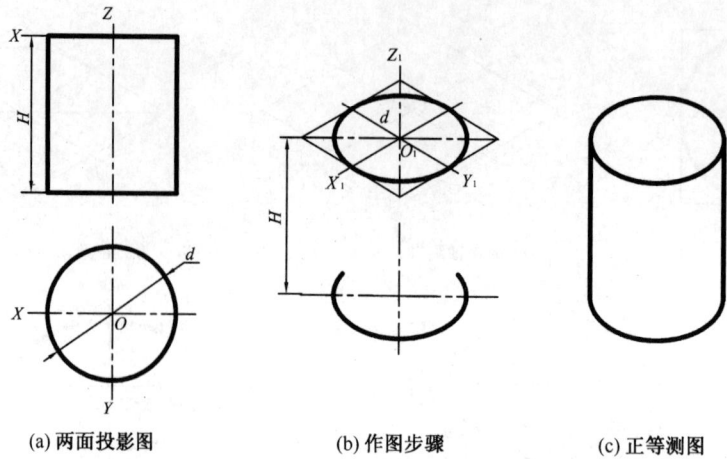

(a) 两面投影图　　　　　　(b) 作图步骤　　　　　　(c) 正等测图

图 3.59　作圆柱的正等测图

(4)画底板和竖板上圆和半圆的正等测图,如图 3.60(d)所示。

(5)将底板和竖板上圆和半圆的正等测图分别移到底板的下底面和竖板的后表面上,然后擦去作图线、整理、加深即完成全图,如图 3.60(e)所示。

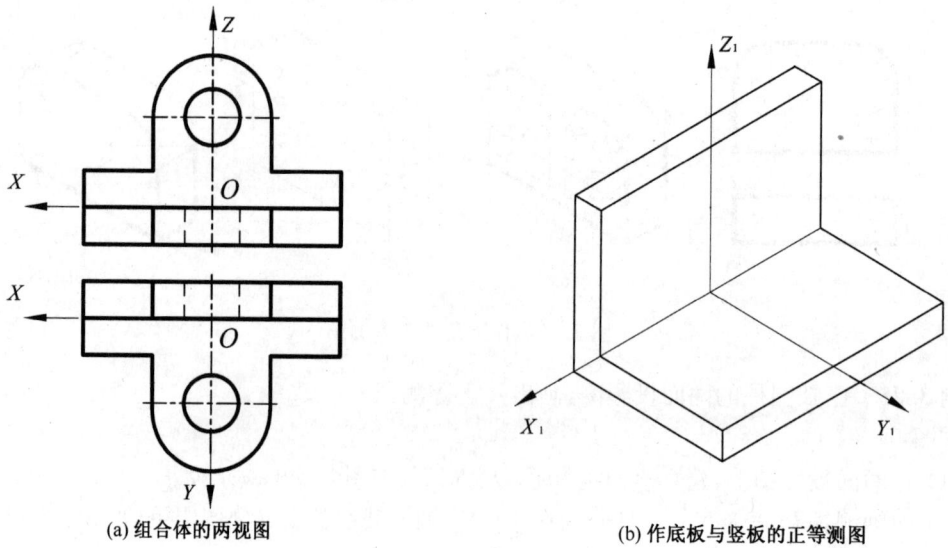

(a) 组合体的两视图　　　　　　　　　　　　(b) 作底板与竖板的正等测图

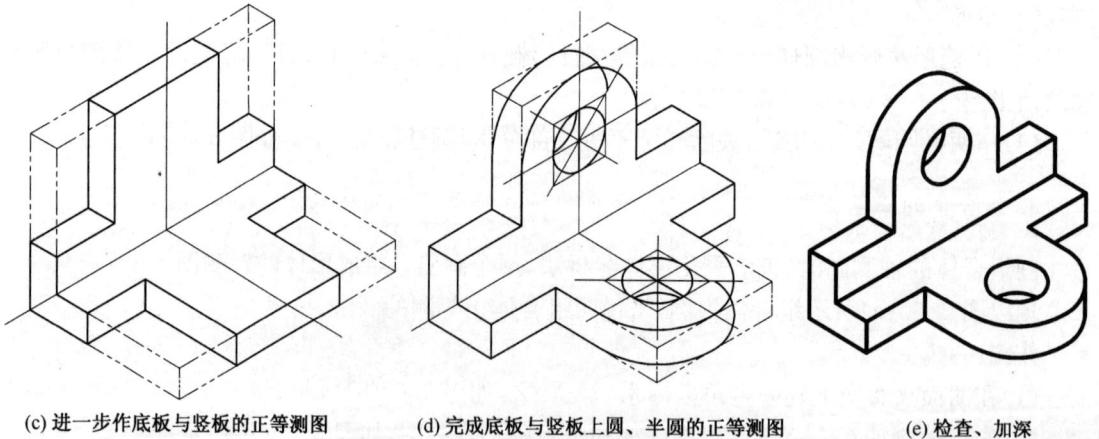

(c) 进一步作底板与竖板的正等测图　　(d) 完成底板与竖板上圆、半圆的正等测图　　(e) 检查、加深

图 3.60　组合体正等测图的作图过程

4. 作图举例

例 3.26　在网格纸上绘制如图 3.61(a)所示组合体的正等测图。

在网格纸上沿轴测轴方向,可以快速地绘制正等测图,作图过程如图 3.61(b)~(e)所示。

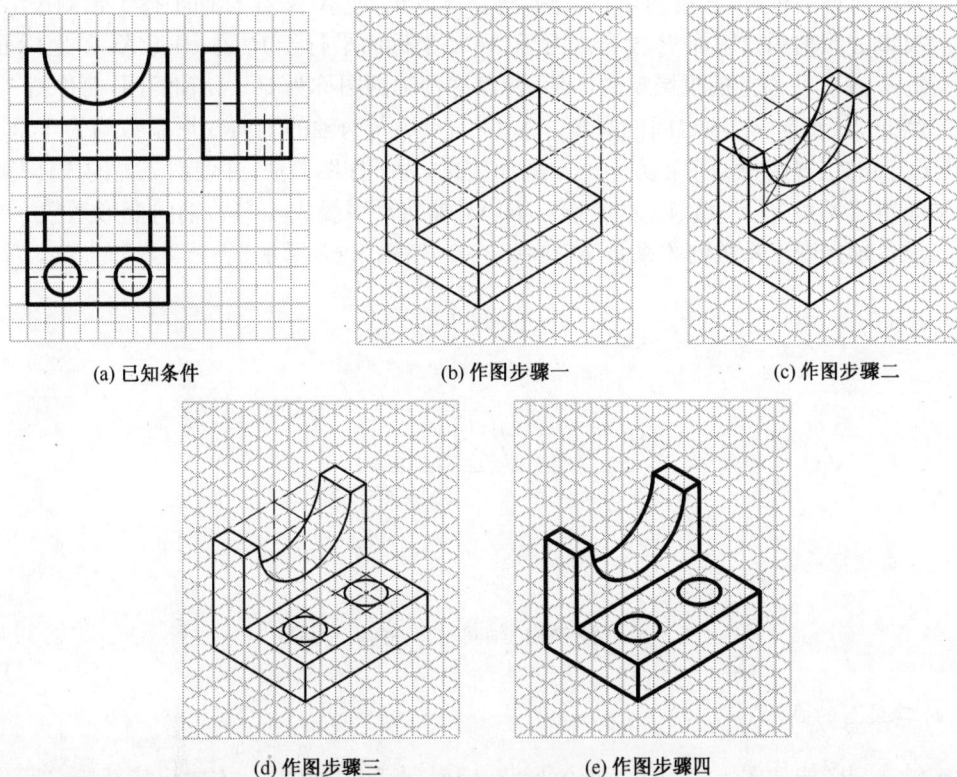

(a) 已知条件　　　　　(b) 作图步骤一　　　　　(c) 作图步骤二

(d) 作图步骤三　　　　　(e) 作图步骤四

图 3.61　在网格纸上绘制组合体正等测图

例 3.27　徒手绘制正等测图。

作图时,假想手持物体旋转到如图 3.62(a)所示位置,使立体的左右两条棱线与水平方向成 30°,高度方向为铅垂方向。

首先画出立体的整体外形,使直线 AD 和 AC 与水平方向成 30°,分别反映立体的长度和宽度,AB 为铅垂方向,反映立体的高度。如图 3.62(b)所示。

画出右侧被切割后的立体,如图 3.62(c)所示。

整理、加粗、完成轴测图,如图 3.62(d)所示。

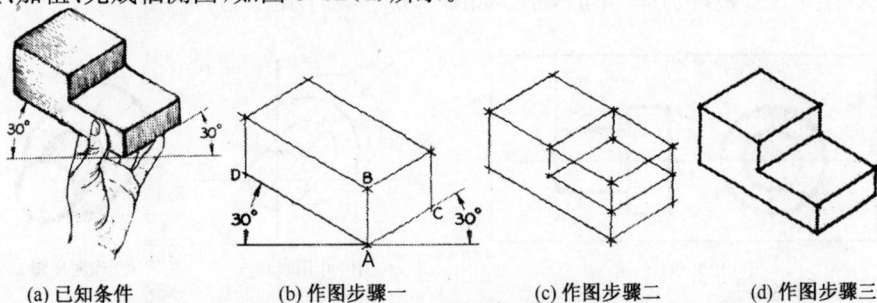

(a) 已知条件　　　(b) 作图步骤一　　　(c) 作图步骤二　　　(d) 作图步骤三

图 3.62　徒手绘制正等测图

3.3.3 斜二测轴测图的画法

1. 斜二测的轴间角和轴向变形系数

斜轴测图有许多种，最常用的是斜二测，将物体放正，使 XOZ 坐标面平行于轴测投影面 P，并采用斜投影法向轴测投影面 P 投影。由于 XOZ 坐标面平行于 P 面，因此 XOZ 坐标面以及与它平行的平面在 P 面上的投影反映实形，所以这种轴测图称为斜二测轴测图，简称斜二测。

斜二测的 X_1 轴与 Z_1 轴之间的夹角 $\angle X_1 O_1 Z_1 = 90°$，两轴的轴向变形系数均为 1，即 $p=r=1$。而 Y_1 轴的位置则根据投影方向的不同而变化，为了作图简便，并使斜二测的立体感较强，通常取轴间角 $\angle X_1 O_1 Y_1 = \angle Y_1 O_1 Z_1 = 135°$，即 Y_1 轴与水平线成 45°角，轴向变形系数 $q=0.5$，所以斜二测各轴向变形系数的关系是 $p=r=2q=1$，如图 3.63 所示。

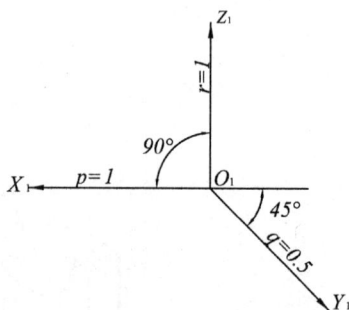

图 3.63　斜二测的轴间角和轴向变形系数

2. 斜二测图的画法

由于斜二测图能如实表达物体正面的形状，因而它适合表达某一方向形状复杂或只有一个方向有圆的物体。

例 3.28　绘制如图 3.64(a)所示物体的斜二测图。

作图步骤如下：

(1) 在两面投影图中，建立直角坐标系 $O-XYZ$。

(2) 画出正面斜二测图中的轴测轴 $O_1-X_1Y_1Z_1$。

(3) 在 Y_1 轴上量取 $O_1A_1=1/2oa$，得 A_1 点，同理量取 $A_1B_1=1/2ab$，得 B_1 点。

(4) 分别以 O_1、A_1、B_1 为圆心，画出各圆的实形，再作出相应圆的公切线，如图 3.64（b）所示。

(5) 擦去作图线，整理加深，完成全图，如图 3.64（c）所示。

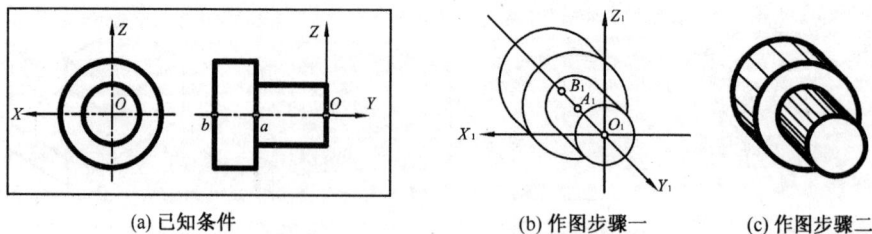

(a) 已知条件　　　　(b) 作图步骤一　　　　(c) 作图步骤二

图 3.64　作组合体的斜二测图

例 3.29 绘制如图 3.65(a)所示物体的斜二测图。

作图:图 3.65(a)所示组合体可看成是由长方体经过切割得到的。所以可先画出长方体的斜二测图,然后逐步切割,完成切割的过程,如图 3.65(b)~(f)所示。

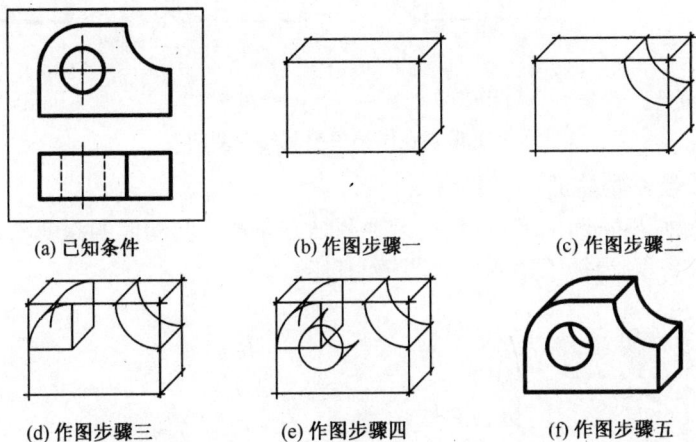

(a) 已知条件   (b) 作图步骤一   (c) 作图步骤二

(d) 作图步骤三   (e) 作图步骤四   (f) 作图步骤五

图 3.65 作组合体的斜二测图

例 3.30 已知立体的两面投影图,如图 3.66(a)所示,求其斜二测轴测图。

作图:图 3.66(a)所示组合体圆柱面较多,所以应先确定各圆心的位置,画图过程中要注意相切的情况,绘制步骤如图 3.66(b)~(e)所示。

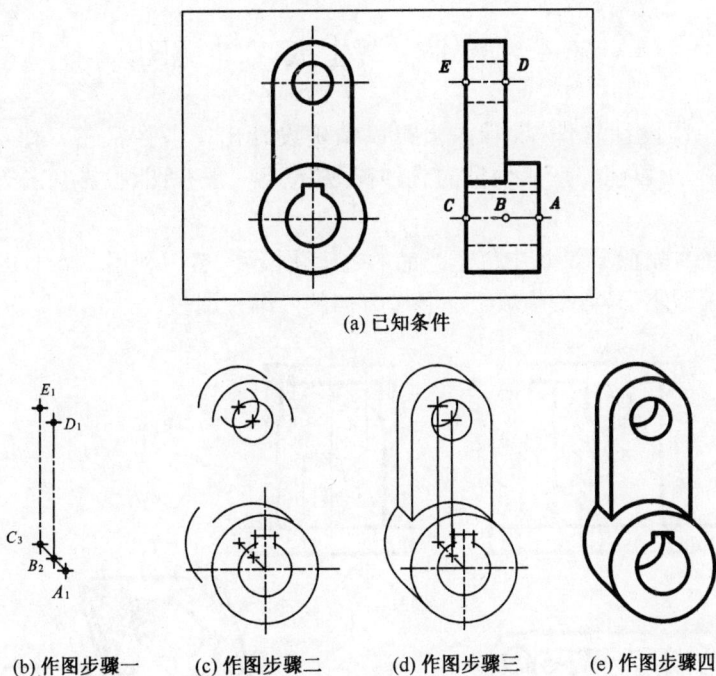

(a) 已知条件

(b) 作图步骤一   (c) 作图步骤二   (d) 作图步骤三   (e) 作图步骤四

图 3.66 作组合体的斜二测图

例 3.31 在网格纸上绘制如图 3.67(a)所示组合体的斜二测图。

利用网格对角线近似得到立体深度方向的大小,在网格纸上沿轴测轴方向,可以快速地绘制斜二测图,作图过程如图 3.67(b)~(d)所示。

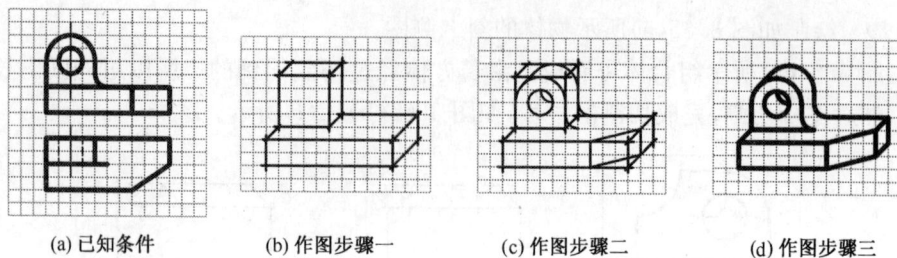

(a) 已知条件　　　　(b) 作图步骤一　　　　(c) 作图步骤二　　　　(d) 作图步骤三

图 3.67　在网格中绘制斜二测图

例 3.32　徒手绘制物体的斜二测图。

画图时,可以先画出正面的实形,然后沿轴测轴方向再绘制物体的深度轮廓线,即可得到物体的斜二测图。图 3.68 为徒手绘制斜二测图的过程。

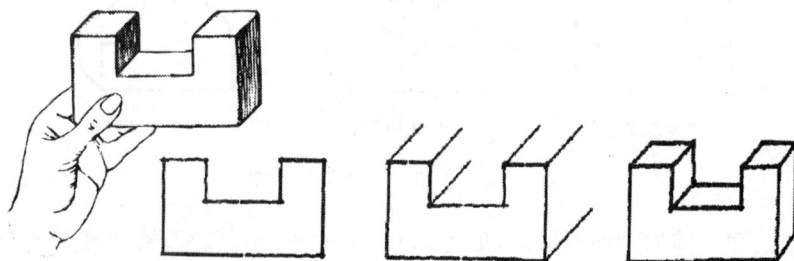

图 3.68　徒手绘制物体的斜二测图

3.4　三维模型生成二维视图

使用 Pro/E 工程设计软件,设计人员可以精确设计出工业产品的三维数字化模型。在 Pro/E 绘图模块中,可以建立产品模型的各种视图,包括一般视图、投影视图等,用来满足模型描述的需要。

如图 3.69 所示,先在 Pro/E 中创建产品的数字化模型,然后利用 Pro/E 的绘图模块,由产品的三维数字化模型驱动,自动生成产品各个方向的二维视图。

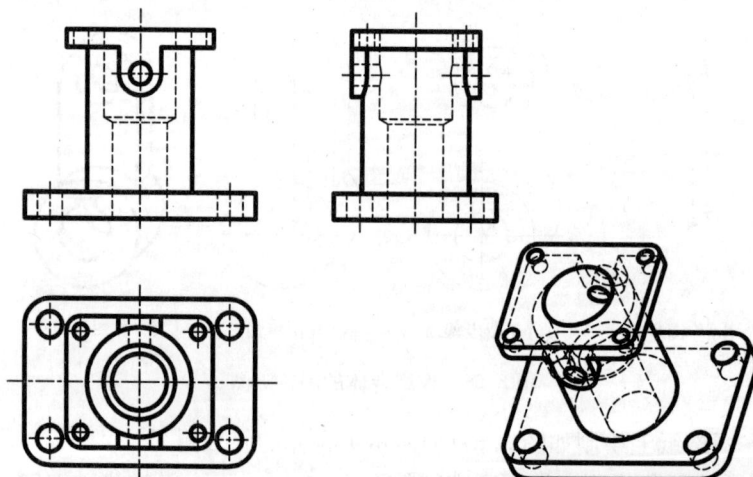

图 3.69　Pro/E 三维模型生成二维视图

3.5　组合体的尺寸标注

三视图只能表达组合体的形状结构,而其真实大小及各形体间的相对位置则要根据视图上所标注的尺寸来确定。组合体尺寸标注要达到以下几点要求:

(1)正确:标注的尺寸符合国家标准的有关规定。

(2)完整:尺寸能够完全确定组合体的形状、大小及其各基本形体间的相对位置,不遗漏,不重复。

(3)清晰:尺寸布局整齐、清晰,便于看图。

3.5.1　尺寸标注的基本规定

1.基本规则

1)机件的真实大小应以图样上所注的尺寸数值为依据,与图形的大小及绘图的准确度无关。

2)图样中(包括技术要求和其他说明)的尺寸,以毫米(mm)为单位时,不需标注计量单位的代号或名称。如果采用其他单位,则必须注明相应计量单位的代号或名称。

3)图样中所标注的尺寸,为该图样所示机件的最后完工尺寸,否则应另加说明。

4)机件的每一尺寸,一般只标注一次,并应标注在反映该结构最清晰的图形上。

2.尺寸的组成

一个完整的尺寸应由尺寸数字(或者有关符号)、尺寸线和尺寸界线组成。

1)尺寸数字

尺寸数字要严格按照标准字体书写清楚,同一张图样上保持字高一致,且不能被任何图线通过。

2)尺寸线

尺寸线用细实线绘制,其终端形式常采用箭头,如图 3.70 所示。箭头应与尺寸界线接触,尺寸线不能用其他图线代替,也不得与其他图线重合或画在其延长线上。

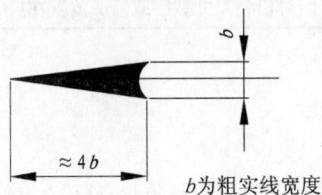

图 3.70　箭头形式

3)尺寸界线

尺寸界线用细实线绘制,并应由图形的轮廓线、轴线或对称中心线处引出;也可利用轮廓线、轴线或对称中心线作为尺寸界线。

3.尺寸的注法

尺寸的标注形式多样,常见尺寸的标注形式如表 3.8 所示。

表 3.8　常见尺寸的标注形式

线性尺寸标注	图例	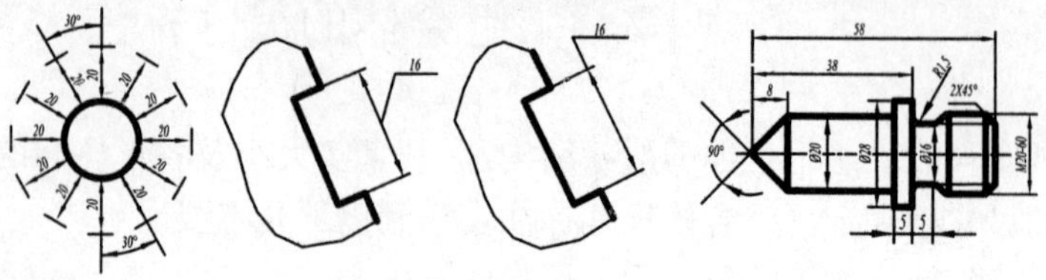
	说明	1. 尺寸线必须与所标注的线段平行 2. 尺寸数字：水平方向标注在尺寸线上方，字头朝上；垂直方向标注在尺寸线左方，字头朝左；倾斜方向标注在尺寸线斜上方，字头朝上，应避免在 30°范围内标注，不可避免时可引出标注
圆、圆弧、球面尺寸标注	图例	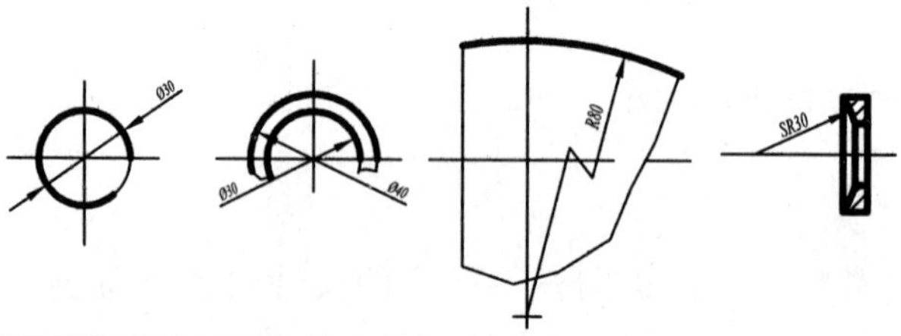
	说明	标注直径尺寸时，在尺寸数字前面加符号"Φ"；标注半径尺寸时，在尺寸数字前加符号"R"；标注球面尺寸时，在"Φ"或"R"前加符号"S"
角度尺寸标注	图例	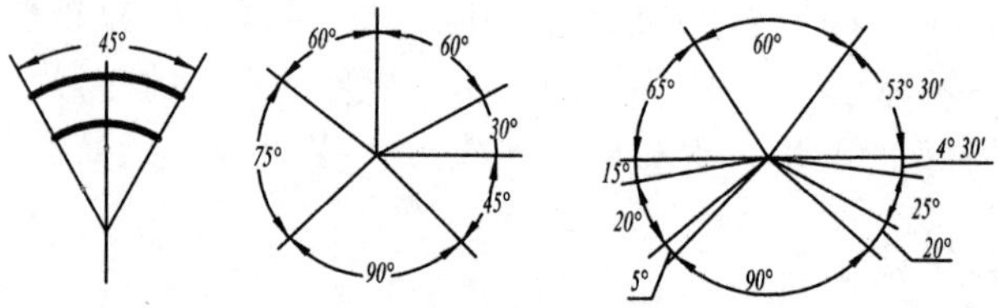
	说明	表示角度的数值一律水平书写，并注明单位
小尺寸标注	图例	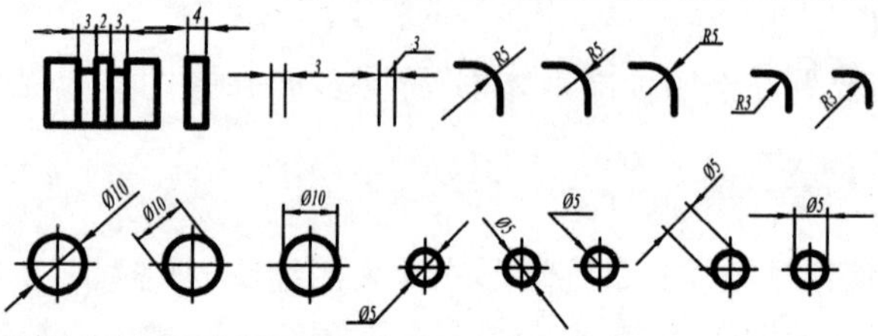
	说明	对于比较小的尺寸，可以将尺寸数字或箭头放置在尺寸界线之外

3.5.2　常见物体的尺寸标注

1. 基本形体的尺寸标注

基本形体的尺寸是组合体尺寸标注的重要组成部分。在标注时，一般要标注长、宽、高三个方向的尺寸，以确定其形状大小。但在标注圆柱、圆锥等回转体尺寸时，如果在非圆视图上标注出直径符号"Φ"，则可减少一个方向的尺寸，也可省略一个视图。

表 3.9 是常见基本形体的尺寸标注法。

2. 切割立体和相贯立体的尺寸标注

在标注切割立体尺寸时，应首先标注基本体的尺寸，然后再标注出确定截平面位置尺寸。截平面的位置确定后，截交线即被唯一确定，因此对截交线不应再进行标注。在标注相贯立体尺寸时，应首先标注两个基本体的尺寸，然后再标注确定相贯两基本体相对位置的尺寸，而相贯线上也不应再标注尺寸。表3.10为几种常见切割和相贯立体的尺寸标注方法。

表3.9　常见基本形体的尺寸标注

平面立体	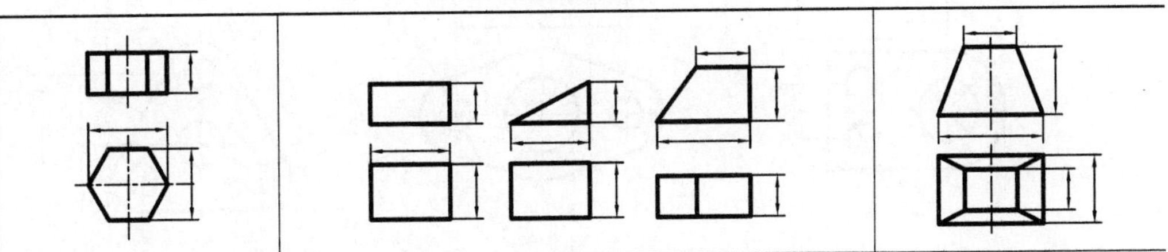
回转体	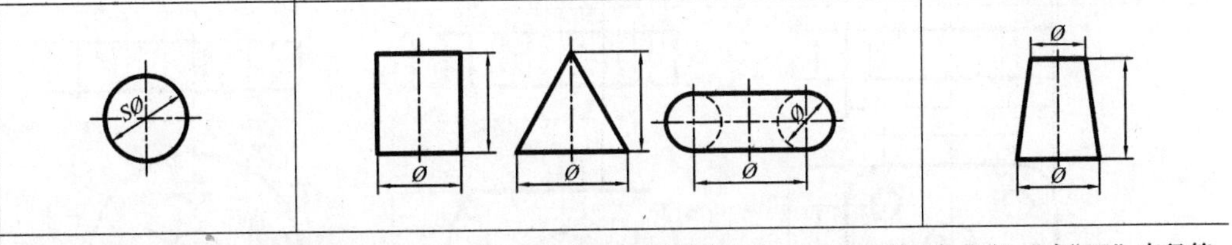
说明	标注直径或半径，尺寸数字前面加注“*Φ*”或“*R*”；标注球面直径或半径，尺寸数字前面加注“*SΦ*”或“*SR*”；直径符号“*Φ*”尽量标注在回转体的非圆视图上，半径符号“*R*”必须标注在反映圆弧的视图上

表3.10　常见切割和相贯立体的尺寸标注

切割立体	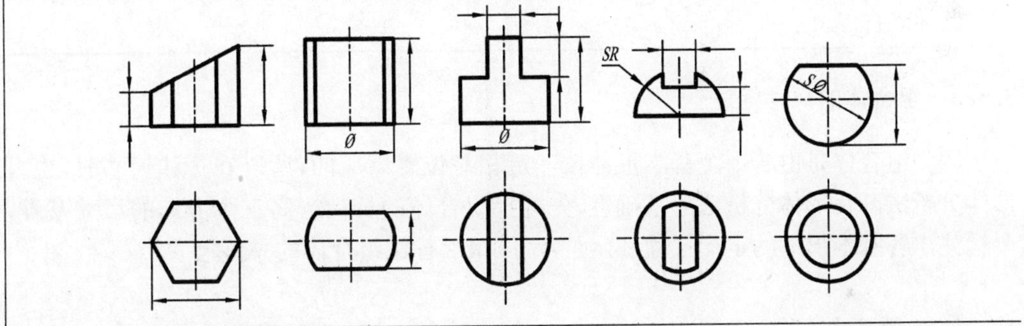
相贯立体	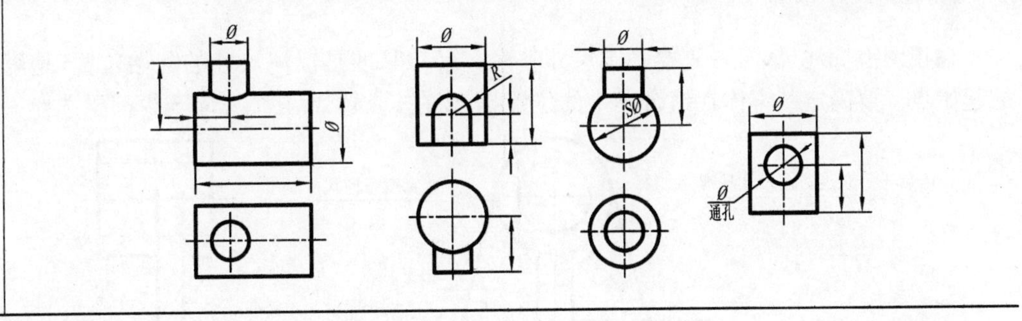

3. 常见形体的尺寸标注

常见形体如不同形状的底板和拱形体等，这类形体上常有数量不等的圆孔和圆角，它们大小相等、分布均匀。在尺寸标注时，不仅要包括确定圆孔和圆角大小的定形尺寸，还需要标注确定它们相对位置的定位尺寸。对大小相等分布均匀的相同结构，如孔或槽等，还需要标注出数量。表3.11为几种常见底板的尺寸标注方法。

表 3.11　常见形体的尺寸标注

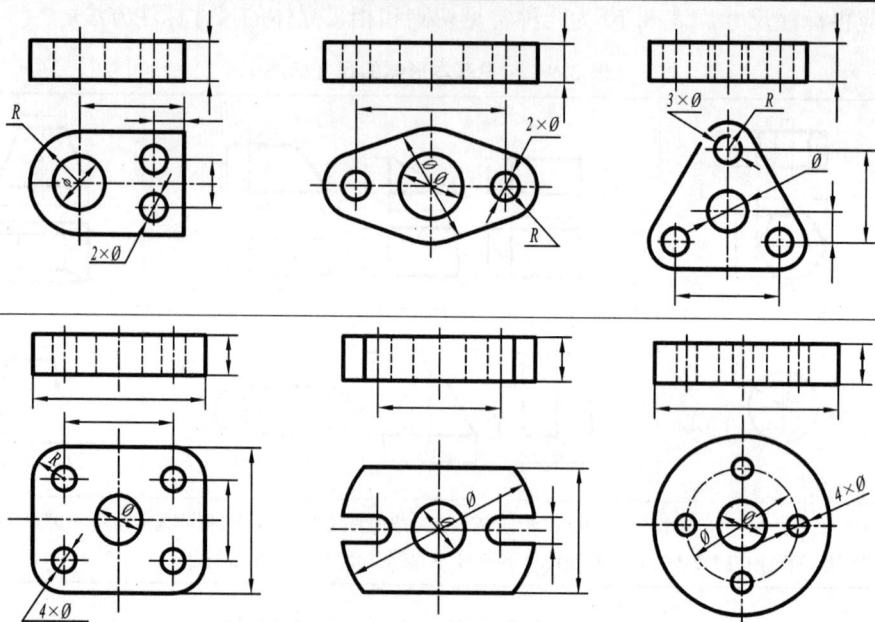

几个大小相等分布均匀的圆孔标注直径时,只标注一个,但要在直径符号前标注出孔的个数;半径相同的圆弧只标注一个,而且不加任何说明

3.5.3　组合体的尺寸标注

因为组合体是由若干个基本形体按一定相对位置组成的,所以在标注尺寸时,也可以采用形体分析法。在形体分析法的基础上,先选择组合体的长、宽、高三个方向的尺寸基准,然后逐个标注出各基本形体的定形尺寸和定位尺寸,最后标注组合体的总体尺寸。

1. 选择尺寸基准

在视图上标注尺寸,首先要确定尺寸基准。尺寸基准是标注尺寸的起始位置,是度量尺寸的起始点。要确定基本体在组合体中的位置,需要在长、宽、高三个方向至少都要选择一个尺寸

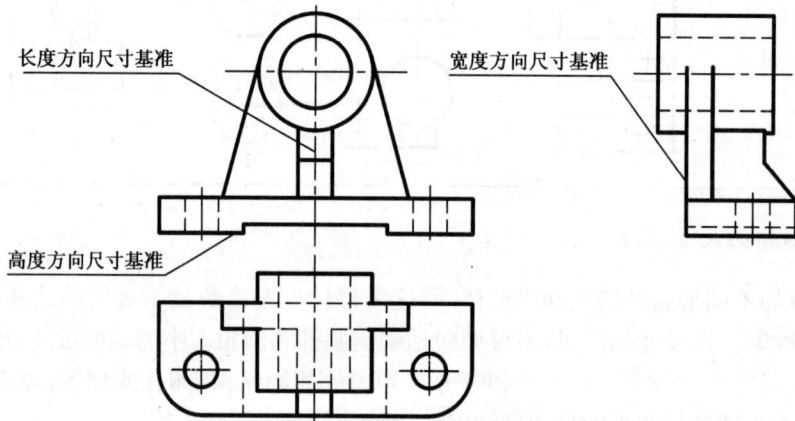

图 3.71　轴承座的尺寸基准

基准。通常选用组合体的底面（或较大的平面）、对称面、端面、回转体轴线等作为尺寸基准。图 3.71 示出了轴承座三个方向的尺寸基准。

2. 标注尺寸要完整

组合体尺寸标注要完整，既无遗漏，也无重复或多余。一个组合体的尺寸标注要完整，必须包含基本体的定形尺寸，基本体的定位尺寸和组合体的总体尺寸这三方面的尺寸。

(1) 定形尺寸：表示各基本体长、宽、高三个方向大小的尺寸。

(2) 定位尺寸：表示各基本体之间相对位置的尺寸。

(3) 总体尺寸：表示组合体外形的总长、总宽、总高的尺寸。

如图 3.72 所示，轴承座是由底板、圆筒、支承板和肋板组成。其中，底板的定形尺寸是长方向尺寸 110、宽方向尺寸 38、高方向尺寸 12，圆角半径 $R15$。通槽的定形尺寸是 50、38、3。两通孔的定形尺寸是 $2 \times \Phi12$、12。圆筒的定形尺寸是 $\Phi40$、$\Phi25$、40 等。

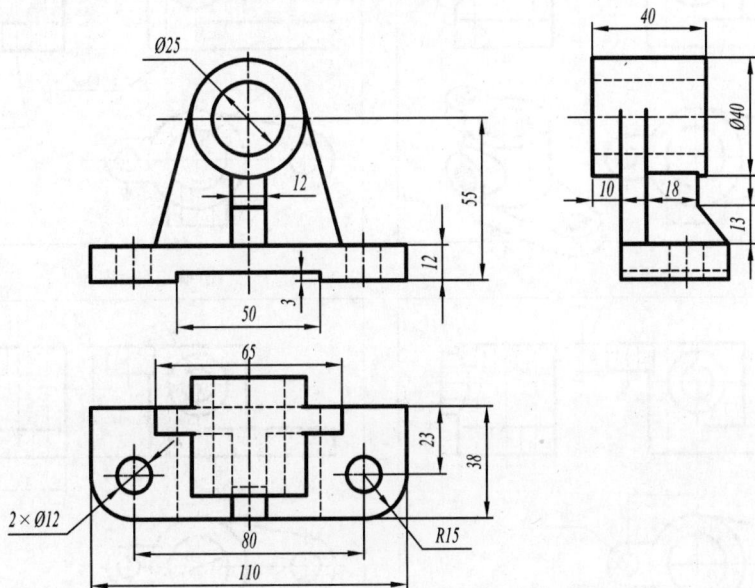

图 3.72　轴承座尺寸标注

定位尺寸一般从尺寸基准直接标注出。如图 3.72 中的圆筒的高度方向定位尺寸 55，宽度方向定位尺寸 10，而圆筒长度方向的定位尺寸，因其本身尺寸基准（即轴线）与轴承座的长度方向尺寸基准重合，故不用标注。底板上两个圆孔，其宽度方向定位尺寸是 23，长度方向因对称于轴承座长度方向的尺寸基准，故用一个对称于基准的定位尺寸 80 标注。

如图 3.72 所示，底板的长度方向尺寸 110 直接标注出轴承座的总长，而总宽由底板宽度方向尺寸 38 和圆筒相对支承板后面突出部分的宽度方向尺寸 10 之和决定，总高为圆筒的高方向定位尺寸 55 和圆筒外径 $\Phi40$ 的一半之和决定，因此，总宽、总高没有直接标注出。

3. 标注尺寸要清晰

为了便于看图，尺寸标注除了要求正确、完整以外，还要力求清晰。下面以图 3.72 为例进行说明。

(1) 每一形体的尺寸尽可能集中标注在形体特征最明显的视图上。如图 3.72 所示，底板在俯视图中反映实形特征,故除了高度尺寸,它们的定形、定位尺寸集中标注在俯视图上;而支承板和肋板的厚度分别标注在左视图和主视图上,比标注在俯视图上好。

(2)直径尺寸尽量标注在非圆视图上,而圆弧的半径必须标注在投影为圆弧的视图上。如图 3.72所示,圆筒的外径 $\Phi40$ 标注在左视图中,而底板的圆角尺寸 $R15$ 标注在俯视图中。

(3)尺寸尽量不标注在虚线上。如圆筒的内径 $\Phi25$ 标注在主视图上,而不标注在左视图上。

(4)尺寸应尽量标注在视图的外面,与两视图有关的尺寸应标注在两视图之间。如图 3.72所示。主视图和俯视图、主视图和左视图之间都布置了一些尺寸,大部分尺寸都标注在视图之外。但是,为了避免尺寸界线过长或与其他图线相交,必要时也可标注在视图内部,如肋板的定形尺寸 12、18 等。

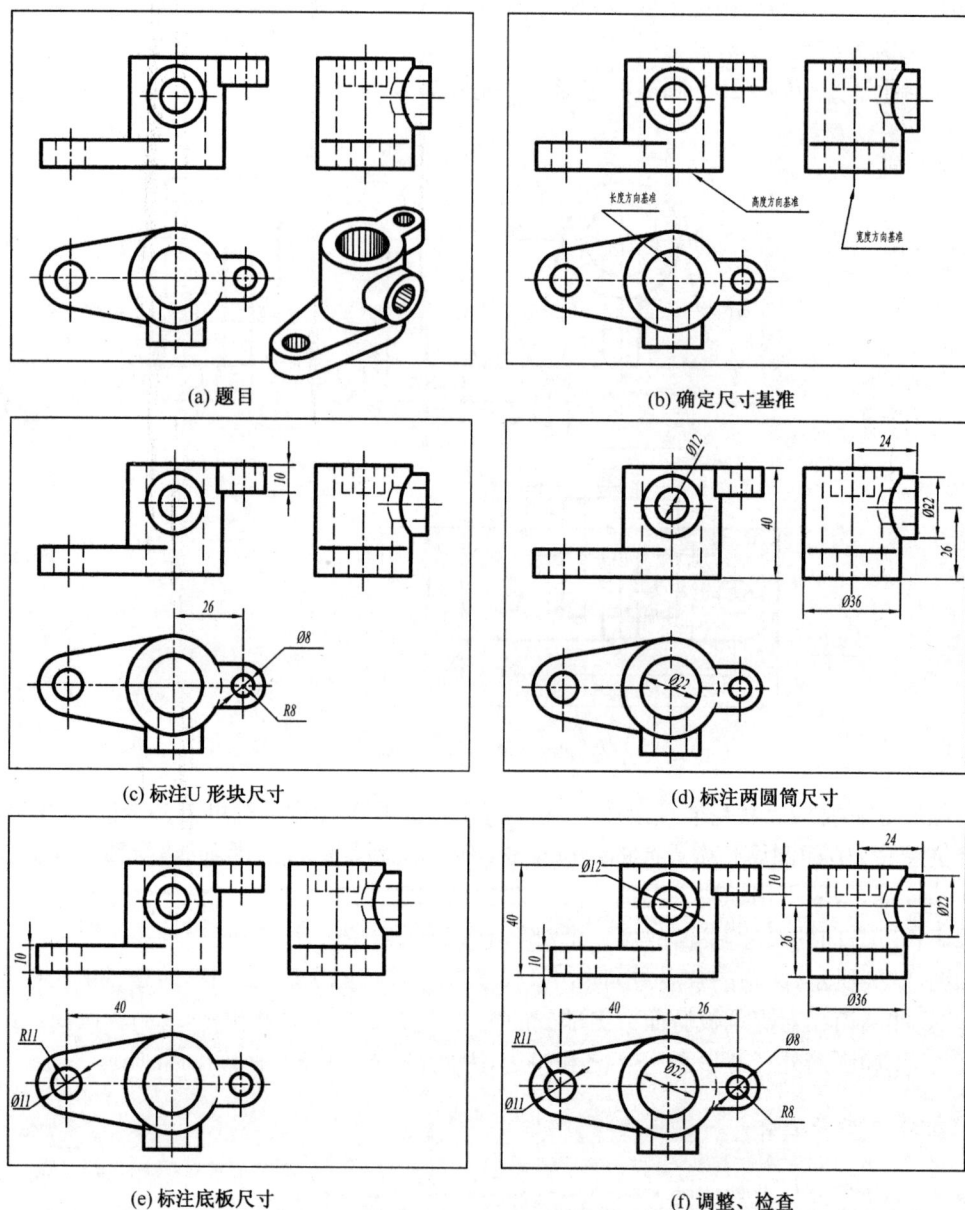

(a) 题目　　　　　　　　　　　　(b) 确定尺寸基准

(c) 标注U 形块尺寸　　　　　　　　(d) 标注两圆筒尺寸

(e) 标注底板尺寸　　　　　　　　(f) 调整、检查

图 3.73　组合体尺寸标注

(5)尺寸布置要整齐,避免分散和杂乱。在标注同一方向的尺寸时,应该小尺寸靠近视图标注,大尺寸依次向外标注,避免尺寸线与尺寸界线相交。如图 3.72,俯主视图中的 23、38 和主视图中的 12、55。

以上各点在标注时,可能会出现不能同时兼顾的情况,但必须保证尺寸标注在正确、完整的前提下,灵活掌握,合理布置,力求清晰。

例 3.33　标注图 3.73(a)所示组合体的尺寸。

(1)形体分析。该组合体由四部分基本形体组成:底板、直立圆筒、水平圆筒、U 形块。

(2)选尺寸基准。以底板底面为高度方向的基准,以直立圆筒轴线和水平圆筒轴线所在的平面为长度方向的基准,以前后对称面为宽度方向的基准,图 3.73(b)所示。

(3)标注定形、定位尺寸。

① 标注 U 形块的尺寸,如图 3.73(c)所示,其中 26 为定位尺寸。

② 标注两圆筒的尺寸,如图 3.73(d)所示,其中 24、26 为定位尺寸。

③ 标注底板的尺寸,如图 3.73(e)所示,其中 40 为定位尺寸。

(4)调整总体尺寸。总高已由直立圆筒高度方向定形尺寸标注出,总长、总宽均可间接得到,不需直接标注出。

(5)检查。以各形体为单位,逐个形体逐个尺寸地检查定形、定位尺寸,最后检查总体尺寸,使尺寸标注不重复、不遗漏、不矛盾,符合国标规定,如图 3.73(f)所示。

第4章 从二维图形到三维物体

设计师在设计工业产品时,其表达和交流的方式一般有两种:三维数字化模型和二维工程图样。

设计师利用 CAD 工程设计软件设计零部件的三维数字化模型时,一般先绘制二维截面图形;然后将截面图形经过拉伸、扫描、旋转或混合等特征操作,逐步生成由一个或多个特征构成的三维数字化模型。另外,工程技术人员在阅读工程图样时,也需要使用从二维图形到三维物体的空间思维方式,采用正投影原理把三维物体准确、唯一地想象出来。

在前面章节中已经学习了从三维物体到二维图形的投影基本理论,本章将进一步学习从二维图形到三维物体的组合体构型方法和组合体读图方法。

4.1 二维草绘截面与三维建模

在设计过程中,三维建模一般都是从二维的草绘截面开始的,通过对二维草绘截面进行拉伸、旋转、扫描、混合等操作,可以得到三维实体,如图 4.1 所示。

4.1.1 二维草绘截面

草绘截面是二维平面图形,它包括尺寸信息和形状信息。尺寸信息包括长、宽、高、直径、半径和角度等。形状信息可以用添加约束来实现,约束包括平行、垂直、相切、对称、重合、水平等。

在 Pro/E 中,用户在创建二维草绘截面时,一般分为三步:首先绘出所需要的形状;完成草绘截面图形后,就可以根据需要,输入精确的尺寸值,或者添加约束;最后,Pro/E 会根据用户的输入自动完成二维截面的再生。

图 4.2 为一个包含准确尺寸和完整约束的正六边形草绘截面。

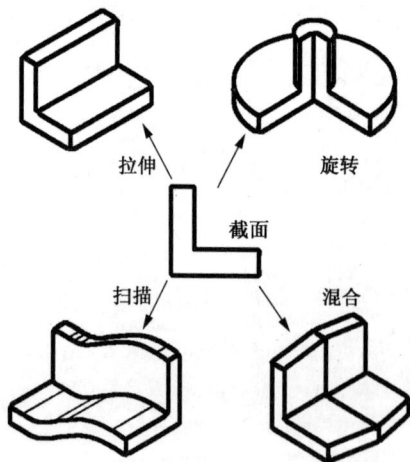

图 4.1 三维建模的方法

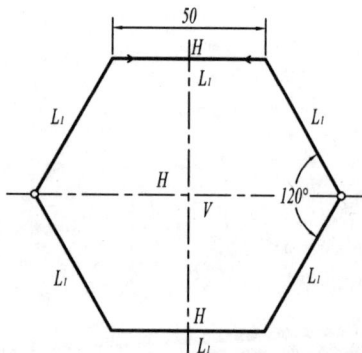

图 4.2 草绘截面

4.1.2　三维建模

三维建模的方法主要包括拉伸、旋转、扫描和混合。

1. 拉伸

拉伸,顾名思义,就是将某个截面图形按照某一特定方向进行伸长,形成实体的过程,如图 4.3 所示。拉伸实体在垂直于拉伸方向的所有截面都完全相同,所以拉伸特征一般用于创建垂直截面相同的实体。

建模步骤:
(1) 绘制封闭的拉伸截面
(2) 确定拉伸方向和长度
(3) 拉伸

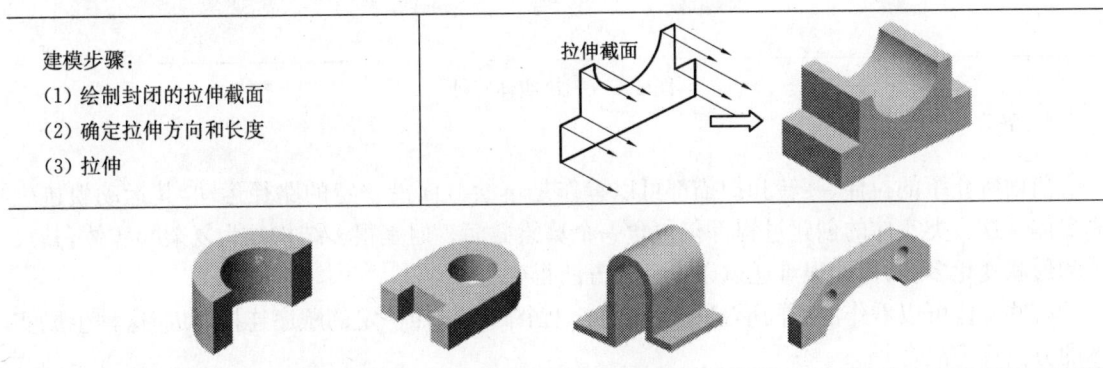

图 4.3　拉伸实体

2. 旋转

旋转是将某个截面图形围绕某一特定轴进行一定角度的旋转,最终形成实体的过程。在旋转实体中,穿过旋转轴的任意平面所截得的截面都完全相同,如图 4.4 所示。回转体都可以采用旋转特征生成。

建模步骤:
(1) 绘制封闭的旋转截面
(2) 指定旋转轴、旋转方向和旋转角度
(3) 旋转

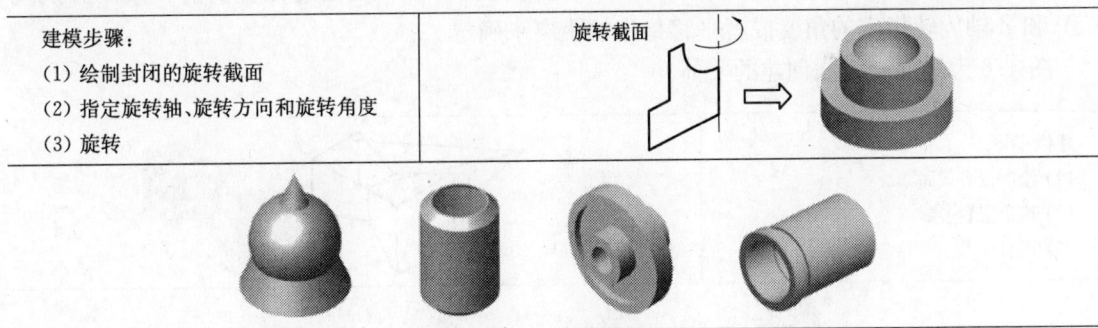

图 4.4　旋转实体

3. 扫描

扫描是用二维截面沿一定的轨迹运动,创建三维实体的过程。拉伸和旋转都可以看作是扫描方法的特例,拉伸的扫描轨迹是垂直于草绘平面的直线,而旋转的扫描轨迹是圆周。

由图 4.5 可见,扫描方法中有两大要素:扫描截面和扫描轨迹。将扫描截面沿扫描轨迹扫描后,即可创建实体,所创建的实体的横断面与扫描截面完全相同,实体的外轮廓线与扫描轨迹相对应。

| 建模步骤：
(1) 绘制扫描轨迹线
(2) 绘制扫描截面
(3) 扫描 | |

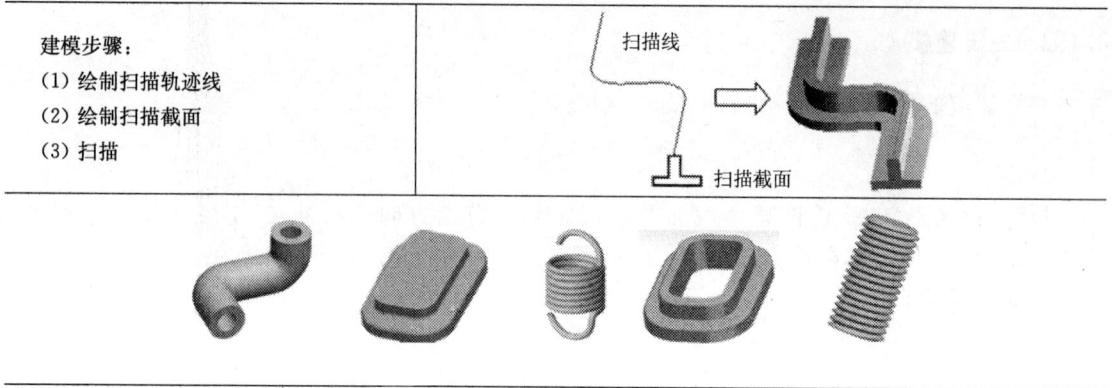

图 4.5　扫描实体特征

4. 混合

前面所介绍的拉伸、旋转和扫描都可以看作是草绘截面沿一定的路径运动,其运动轨迹生成实体。这三类实体的创建过程都仅包含一个草绘截面。但是很多结构较为复杂的实体,其尺寸和形状变化多样,因此很难通过以上三种方法得到。

有些实体可以看作由不同形状和大小的若干个截面按照一定的顺序连接而成,这种生成实体的方法称为混合。

利用混合方法建模时,多个截面按照一定的顺序相连而成,根据各截面间的相对位置关系,有三种混合建模的方法：

(1)平行混合:将相互平行的多个截面连接成实体。

(2)旋转混合:将相互并不平行的多个截面连接成实体,后一截面的位置由前一截面绕 Y 轴旋转指定角度来确定。

(3)一般混合:各截面间无任何确定的相对位置关系,后一截面的位置由前一截面分别绕 X、Y 和 Z 轴旋转指定的角度或者平移指定的距离来确定。

图 4.6 为用混合方法创建的实体。

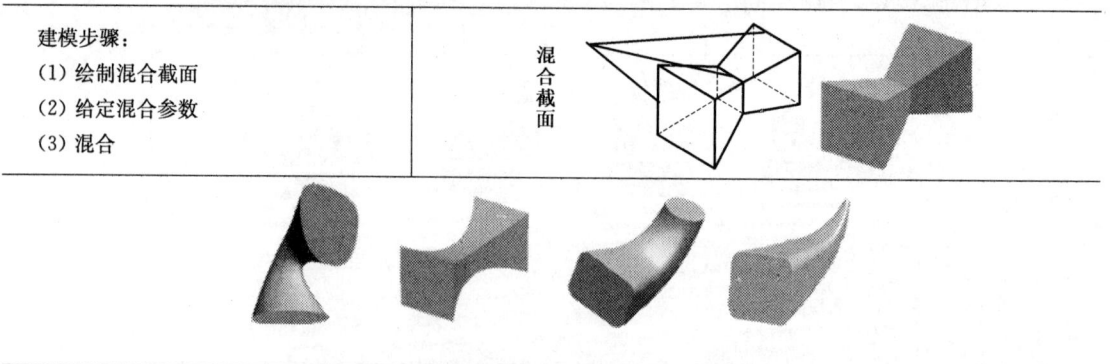

| 建模步骤：
(1) 绘制混合截面
(2) 给定混合参数
(3) 混合 | |

图 4.6　混合特征

4.2　组合体的布尔运算

布尔(Boole. George)是英国的数学家,在 1847 年发现了处理二值之间关系的逻辑数学计算法,包括合并、相减、相交。后来,人们在图形处理操作中引用了这种逻辑运算方法,使简单的基本图形组合产生新的图形,最终由二维布尔运算发展到三维实体布尔运算。所以对于一些复杂的组合体,可以在拉伸和旋转生成三维实体的基础上,通过布尔运算来实现。

4.2.1　平面图形的布尔运算

通过对简单平面图形进行布尔操作,可以生成较复杂的平面图形,再经过拉伸、旋转等操作即可生成复杂组合体。

图 4.7 所示为两个图形的合并、相减和相交三种形式的布尔运算。

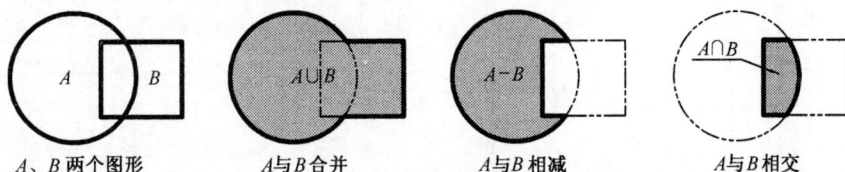

图 4.7　平面图形的布尔运算

4.2.2　组合体的布尔运算

1. 实体合并

实体合并是两个或两个以上实体合并成为一个物体。首先选择要合并的实体对象,再选择另一个被合并的实体对象,两个实体合并后成为一个新的实体。

说明:

(1)合并运算没有实体选择先后次序的问题,无论先选择哪个实体,最终的运算结果都是相同的。

(2)要合并的两个实体应该是面接触或体相交。

2. 实体相减

实体相减是从一个实体中减去另一个实体上与其相交的部分。首先选择一个实体作为源对象,然后选择被减对象。

说明:

(1)减运算有选择实体先后次序的问题,选择实体的顺序不同,所得结果也不同。

(2)两实体必须相交。

3. 实体相交

实体相交是删除两个实体不相交的部分,保留两个实体相交的部分作为新的实体。

说明:相交运算没有实体选择先后次序的问题,无论先选择哪个实体,最终的运算结果都是相同的。

图 4.8 所示为三维实体的布尔运算,图中假设实体 A 为圆盘,实体 B 为长方体。

例 4.1　"上圆下方"实体的建模。

分析:图 4.9 是"上圆下方"实体模型,此实体模型的"上圆"与"下方"在俯视图中成相切关系(圆为四边形的内切圆,如图 4.10(a)所示)。该实体模型不能简单地通过拉伸或旋转生成,而需要采用布尔运算来完成。

		合并:两个实体结合在一起,并减去重叠的部分,符号表示为"∪"
	$A\cup B$	
	$A-B$	相减:一个实体减去另一个实体与其相交的部分所剩下的部分,符号表示为"—"
	$A\cap B$	相交:保留两个实体重叠的部分,并删除其余部分,符号表示为"∩"

图 4.8　三维实体布尔运算

步骤:

(1) 绘制"上圆"与"下方",使其成内切关系,并绘制"下方"的外接圆,如图 4.10(a)、(b)所示。

(2) 将四边形 $CDEF$ 进行拉伸生成实体(拉伸高度为 O_1O_2),如图 4.10(c)所示。

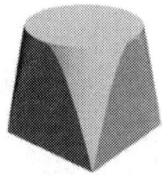

图 4.9　"上圆下方"三维实体模型

(3) 将四边形 O_1O_2AB 绕轴 O_1O_2 旋转生成实体,如图 4.10(d)所示。

(4) 将图 4.10(c)实体减去图 4.10(d)实体,得到如图 4.10(e)所示的实体模型。

(5) 将图 4.10(c) 实体减去图 4.10(e)实体,得到"上圆下方"实体模型。

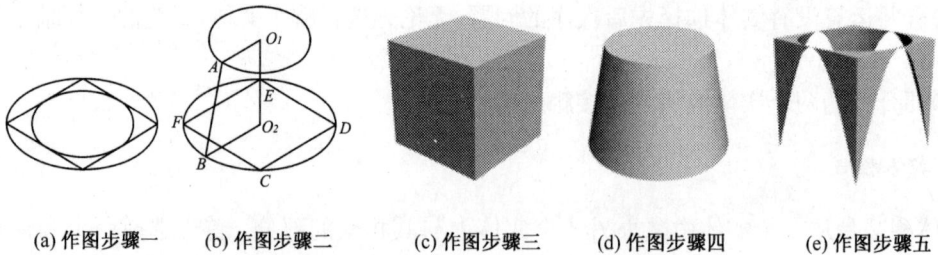

(a) 作图步骤一　　(b) 作图步骤二　　(c) 作图步骤三　　(d) 作图步骤四　　(e) 作图步骤五

图 4.10　三维实体建模

4.3　组合体的构型设计

将基本形体按照一定的构型法则构造出新的组合体,是在设计中创造形体的重要手段。在掌握组合体形体分析和线面分析的基础上,进行组合体构型设计方面的学习和训练,可以进一步提高空间想象力和创造力,为今后的工程设计打下基础。

4.3.1　构型设计的要求

1. 构型应以基本形体为主

组合体的构型设计应尽可能符合工程上零件结构的设计要求,以平面立体和回转体为主,通过采用不同的组合方式和相对位置,构造出新的形体。为了使构型过程更清晰有序,图 4.11 利用线框图,采用树形结构表达,并写明各结点间的运算关系,自下而上生成该形体。

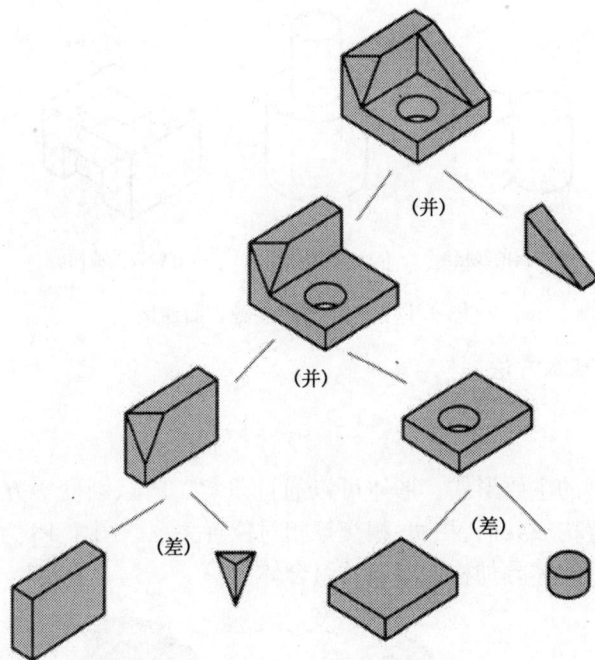

图 4.11　组合体构型

2. 构型应具有创新性

构造组合体时,在满足给定的条件下,充分发挥想象力,设计出不同风格而且造型新颖、独特的形体。在创作过程中,可以采用多种手法来表现形体的差异,例如直线与曲线、平面与曲面、凸与凹、大与小、高与低、实与虚的变化,避免构型的单调。

3. 构型应遵循美学法则

形体构造过程中应遵循一定的美学法则,设计出的形体才能表现出美感。

(1) 比例与尺度:构型设计的组合形体各部分之间、各部分与整体之间的尺寸大小和比例关系应尽可能做到合理。只有形体具有和谐的比例关系,视觉上才具有美感。

(2) 均衡与稳定:构型设计的组合形体各部分之间,前后左右相对的轻重关系要做到均衡,上下部分之间的体量关系要做到稳定。对称形体具有平衡和稳定感,而构造非对称形体时,应注意形体大小和位置分布等因素,以获得视觉上的平衡感。

(3) 统一与变化:在构型设计时要注意在变化中求统一,使形体各部分之间和谐一致、主从分明、相互呼应;在统一中求变化,使形体各部分之间对比分明、节奏明快、重点突出,使物体形象自由、活跃、生动。

4. 构型应具有合理性和便于成型

(1) 两个形体组合时,不能出现线接触(图 4.12(a)～(d))和面连接(图 4.12(e))。

(2) 一般采用平面或回转曲面造型。

(3) 封闭的内腔不便于成型,一般不要采用。

(a) 错误的线接触　　(b) 错误的线接触　　(c) 错误的线接触　　(d) 错误的线接触　　(e) 错误的面连接

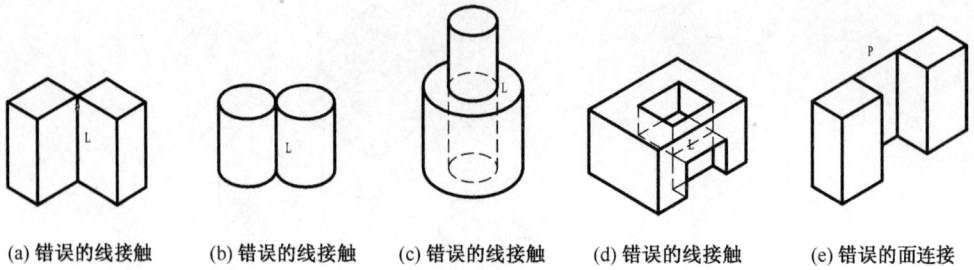

图 4.12　错误的线接触和面连接

4.3.2　组合体构型的基本方法

1. 叠加法

叠加是组合体构型的主要形式。形体可以通过重复、变位、渐变等方式构成新的形体。形体间可以通过变换位置构成共面、相切、相交等相对位置关系。图 4.13 为长方体叠加构成不同的组合体，图 4.14 为回转体叠加构成不同的组合体。

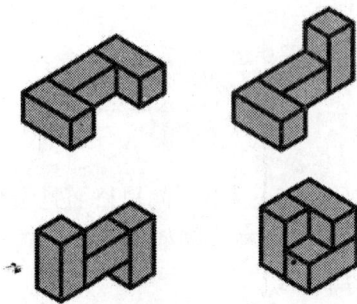

图 4.13　长方体的叠加　　　　　图 4.14　回转体的叠加

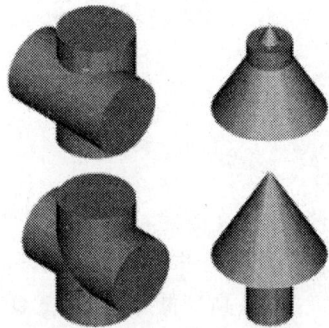

2. 切割法

切割形体可以采用多种方式：平面切割或曲面切割。

图 4.15 为长方体的切割，图 4.16 为圆柱体的切割，通过切割得到不同的形体。

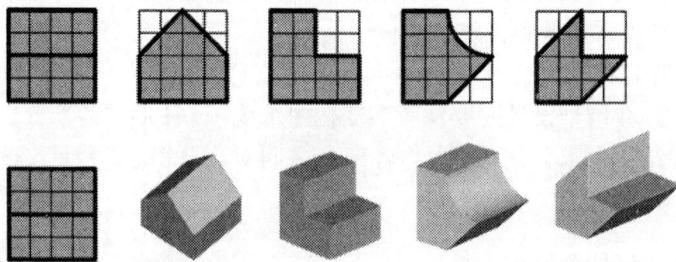

图 4.15　长方体的切割

3. 综合法

同时运用上述方法进行构型设计的方法称为综合法，这是构型设计常用的方法。

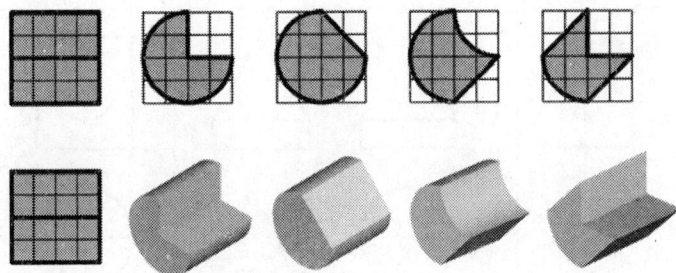

图 4.16　圆柱体的切割

4.3.3　组合体构型设计举例

1. 通过给定的视图进行构型设计

根据给出的一个或多个视图,构思出不同结构的组合体。

例 4.2　已知主视图,构思不同的组合体。

根据给出的主视图,利用叠加、切割等方法,考虑平面或曲面立体进行组合体构型,在构型过程中,不断进行更改和修正,得到不同的组合体,如图 4.17 所示。

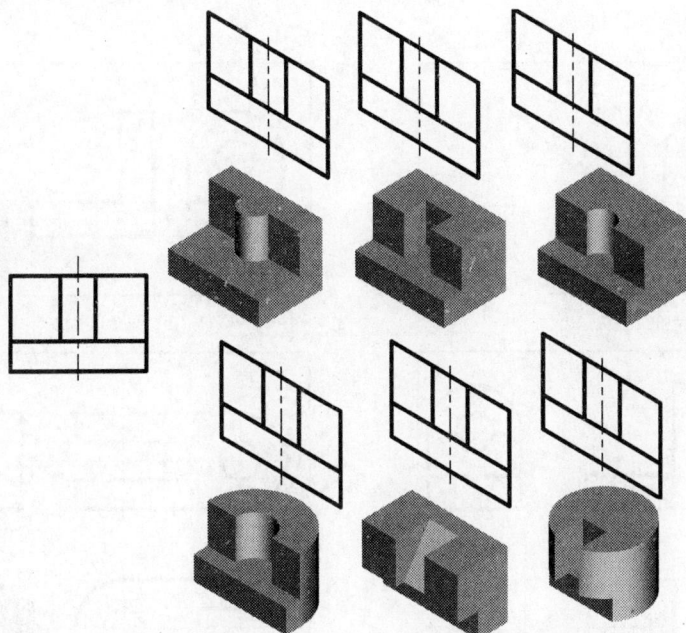

图 4.17　根据主视图构思组合体

2. 通过给定形体的外形轮廓线进行构型设计

例 4.3　已知形体的外形轮廓,如图 4.18(a)所示,构思可能的形体,并完成三视图。

因为左视图中的外形轮廓为三角形和矩形,俯视图中为圆,所以想象该形体为圆锥和圆柱叠加而成,如图 4.18(b)所示。

因为俯视图为圆形,而左视图补全后为矩形,所以想象其基本形体为圆柱,经过截切后得到该形体,如图 4.18(c)所示。

(a) 已知外形轮廓   (b) 形体一   (c) 形体二

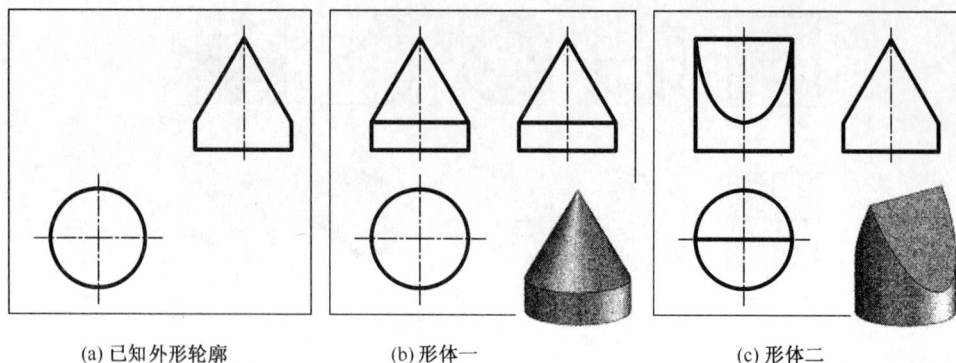

图 4.18　根据外形轮廓线构思形体

3. 通过给定的几个形状和大小相同的基本形体进行构型设计

例 4.4　已知形体为 U 形块，如图 4.19(a)所示，分别用两个、三个和四个该形体构思可能的组合体，并完成三视图。

图 4.19(b)为两个 U 形块叠加得到的组合体，图 4.19(c)和图 4.19(d)分别为三个、四个 U 形块通过叠加构成的组合体。

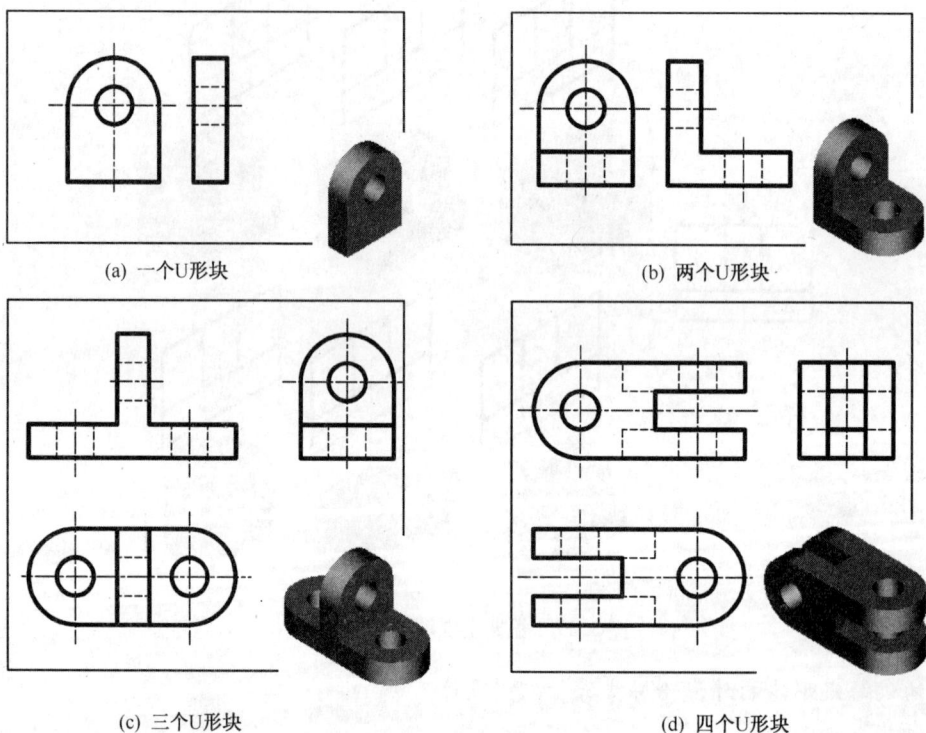

(a) 一个U形块   (b) 两个U形块

(c) 三个U形块   (d) 四个U形块

图 4.19　多个 U 形块的构型设计

4. 通过求某一已知几何体的补形进行构型设计

例 4.5　图 4.20 (a)为给出的已知形体，要求设计出另一形体，使其与已知形体组成完整的圆柱体。

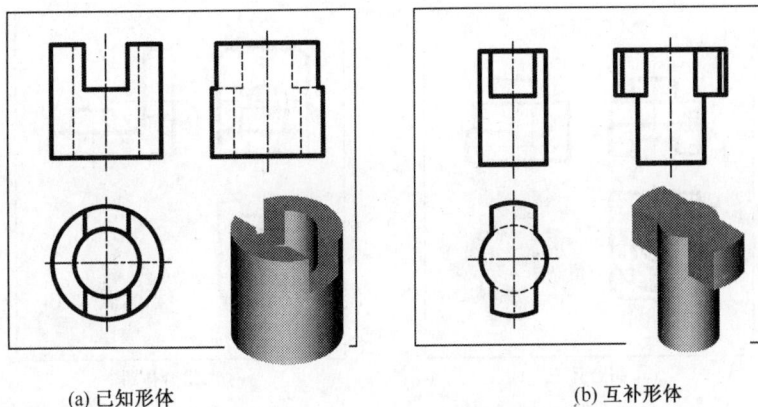

(a) 已知形体　　　　　　　　　(b) 互补形体

图 4.20 互为补形的两个形体

该示例为求已知形体的补形,已知形体为圆筒上部开槽,其补形为图 4.20(b)所示。

5. 通过给定的几个基本形体进行构型设计

例 4.6 如图 4.21 所示,有三个基本形体,图 4.21(a)为圆筒,图 4.21(b)为底板,图 4.21(c)为 U 形板,要求利用给出的三个基本形体构成组合体。

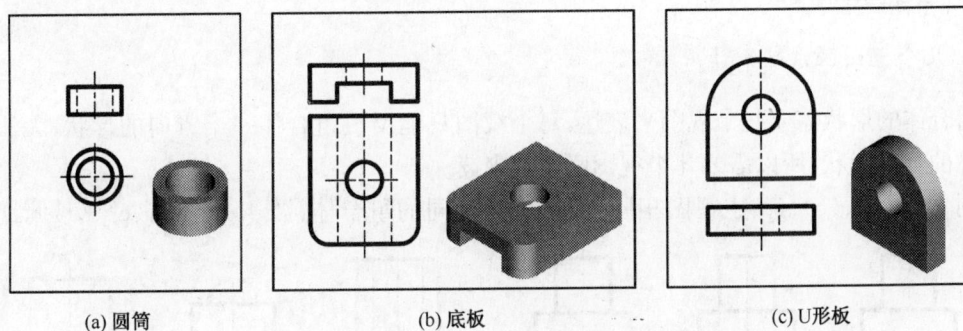

(a) 圆筒　　　　　　　(b) 底板　　　　　　　(c) U形板

图 4.21 三个基本体

根据已知基本形体,可以构造如图 4.22(a)~(d)所示的组合体。

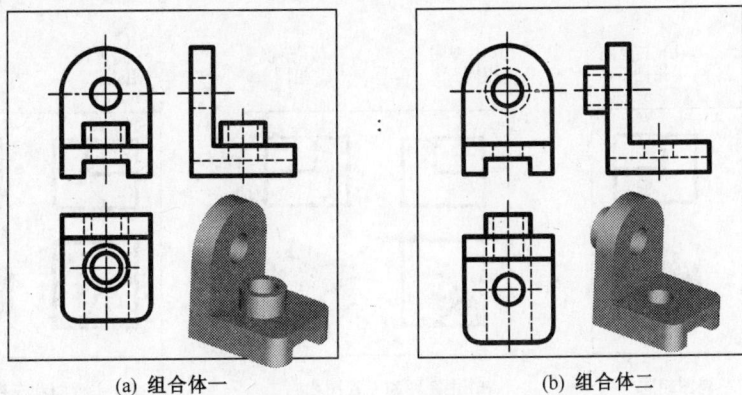

(a) 组合体一　　　　　　　　　(b) 组合体二

图 4.22 组合体

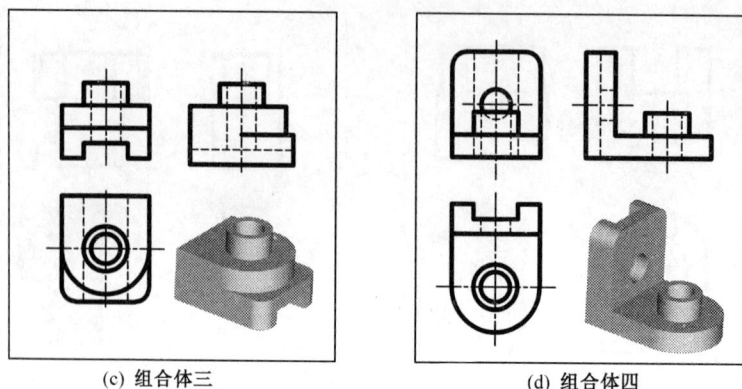

(c) 组合体三　　(d) 组合体四

图 4.22　组合体(续)

4.4　组合体的读图方法

读图是画图的逆过程,即运用投影规律,由组合体的视图想象其结构形状的过程。读图的基本方法是形体分析法,对于一些较复杂的局部结构,采用线面分析法。

4.4.1　读图基本原则

1. 几个视图联系起来读

组合体的形状需要几个视图来表达,每个视图只能反映组合体一个方向的形状,无法确定组合体的全部形状,所以需要几个视图联系起来读。

图 4.23(a)、(b)、(c)主视图相同,但却表达不同的组合体;图 4.23(d)、(e)、(f)俯视图相

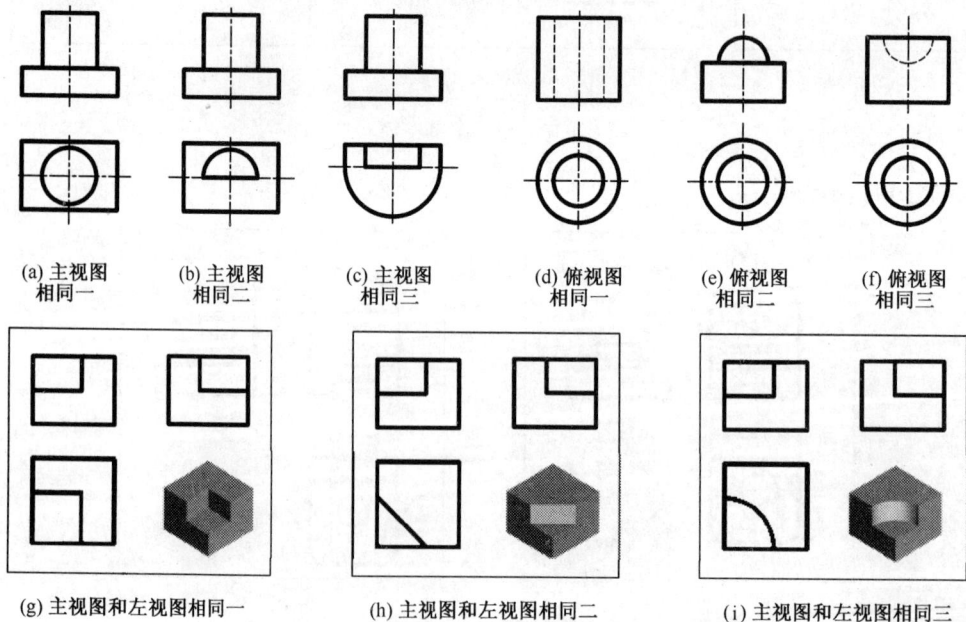

(a) 主视图相同一　(b) 主视图相同二　(c) 主视图相同三　(d) 俯视图相同一　(e) 俯视图相同二　(f) 俯视图相同三

(g) 主视图和左视图相同一　(h) 主视图和左视图相同二　(i) 主视图和左视图相同三

图 4.23　联系起来读视图

同,但表达的立体不同;图 4.23(g)、(h)、(i)中,尽管主视图和左视图都相同,实际上也表达了三个不同的立体,需要进一步联系俯视图,才能完全确定组合体的形状。

2. 明确视图中的线框和图线的含义

运用线面分析法,明确视图中每个封闭线框、每条图线的含义。

(1)视图中每个封闭的线框,一般代表形体上一个表面的投影,也可能是一个孔或空腔的投影,所表示的面可能是平面或曲面,也可能是由平面与曲面相切所组成的。

结合图 4.24(b)所示的轴测图,可知,图 4.24(a)所示主视图中的封闭线框 a'、b'、d' 和俯视图中的封闭线框 c 都表示平面,主视图中的封闭线框 f' 表示孔,而俯视图中的线框 e 表示为平面与圆柱面相切的情况。

(2)视图中每一条图线,可能是下面情况中的一种。

①平面或曲面的积聚性投影。图 4.24(a)俯视图中的线段 a、b、d 表示平面的水平投影,主视图中的圆 f' 表示曲面(孔)的投影。

②两个面交线的投影。图 4.24(a)主视图中的线段 g',表示两平面 A 和 B 的交线的正面投影。

③转向轮廓线的投影。图 4.24(a)俯视图中的线段 h,表示圆柱孔转向轮廓线的水平投影。

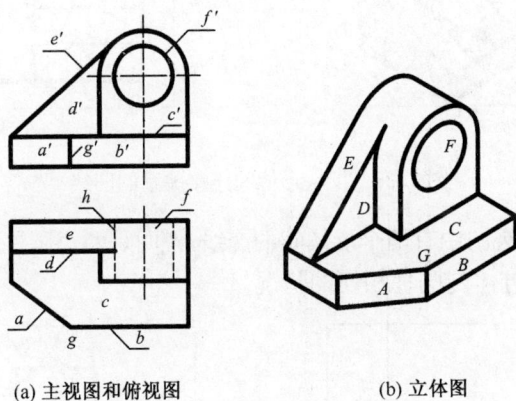

(a) 主视图和俯视图　　　(b) 立体图

图 4.24　线框和图线的含义

3. 利用特征视图来构思组合体的形状

通常,主视图反映组合体的主要形状特征,因此,看图时一般应该从主视图入手,构思出几种可能的组合体形状,再对照其他视图,最终得出正确形状。但是,由于组合体某些结构的特征图形也可能在其他视图上,因此看图时,要善于捕捉反映形体形状特征的视图。

如图 4.25(a)所示,根据主视图,可以想象出此形体的形状为 L 形,如图 4.25(b)所示,但无法确定其宽度,也无法确定主视图中三条虚线的含义。结合俯视图,可以确定该形体的宽度和底板的形状,底板上有两个倒角和一个通孔,如图 4.25(c)所示,但仍无法确定竖板的形状。结合左视图,可知竖板有个半圆形的槽,从而可以完整的想象出组合体的形状,如图 4.25(d)所示。

4. 注意视图中反映形体间连接关系的图线

如图 4.26 所示,在主视图中,线型不同,表示形体间相对位置不同,则组合体形状亦不同。

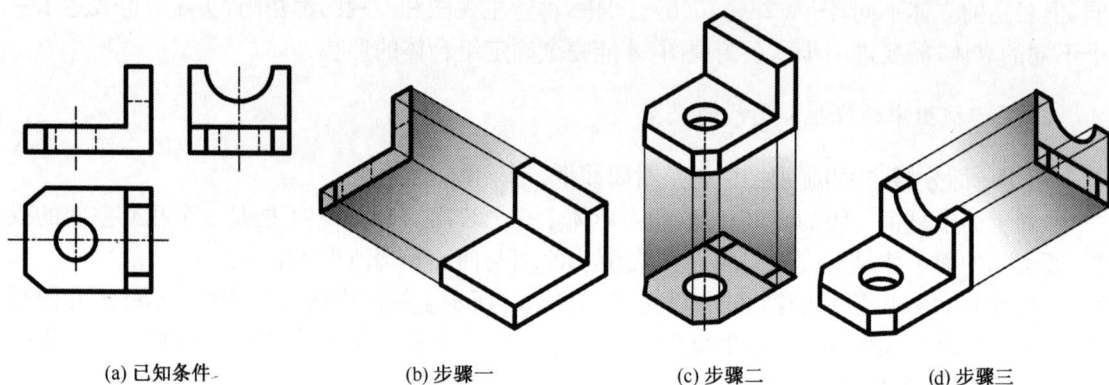

| (a) 已知条件 | (b) 步骤一 | (c) 步骤二 | (d) 步骤三 |

图 4.25　构思组合体的形状

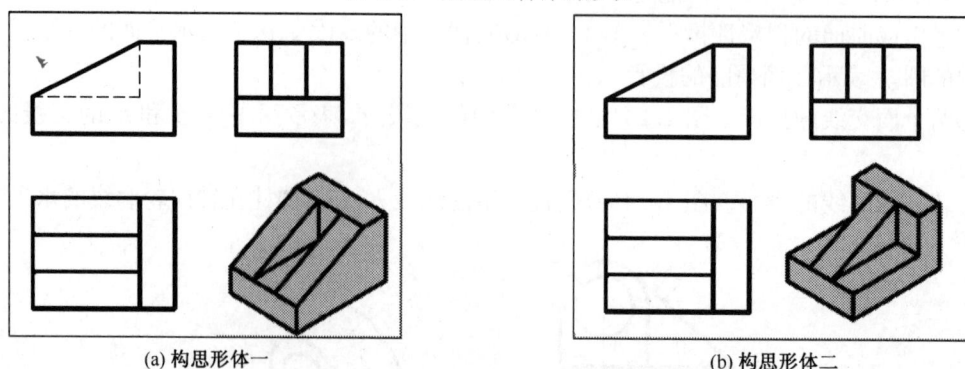

(a) 构思形体一　　　　　　　　　　(b) 构思形体二

图 4.26　反映形体间连接关系的图线

如图 4.27(a)所示,主视图中有两个形体间的交线,说明是两个圆柱垂直相交,而图 4.27(b)主视图中无交线,说明为长方体与圆柱相切的情况。

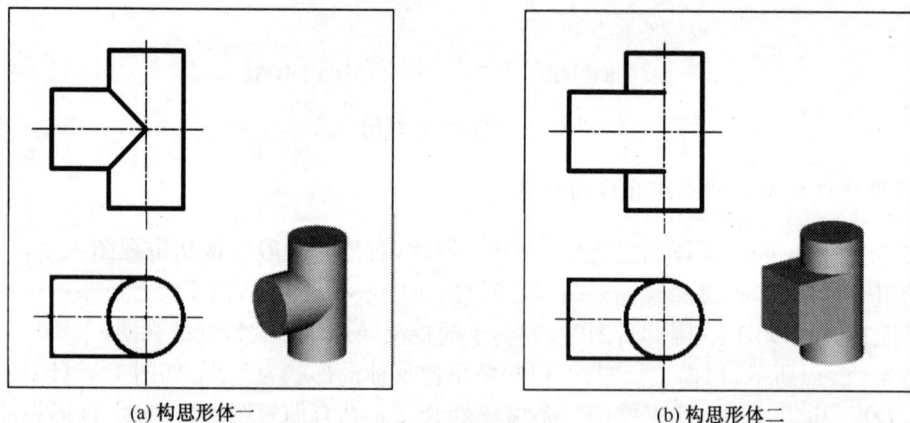

(a) 构思形体一　　　　　　　　　　(b) 构思形体二

图 4.27　反映形体间连接关系的图线

4.4.2　读图基本方法和步骤

1. 形体分析法

与画图方法类似,读组合体视图时也采用形体分析法。一般从反映形状特征的主视图入手,根据视图的特点将组合体假想分成若干部分,由投影关系找出各部分的其余投影;对照各个投影,分析、想象各部分的形状;最后分析形体之间的组合方式及相对位置关系,综合想象出组合体的整体形状。所以,运用形体分析法读图的过程可以概括为:"分线框、找投影,明投影、识形体,定位置、想整体"。

例 4.7　根据 4.28(a)所示的支架三视图,想象支架的结构形状。

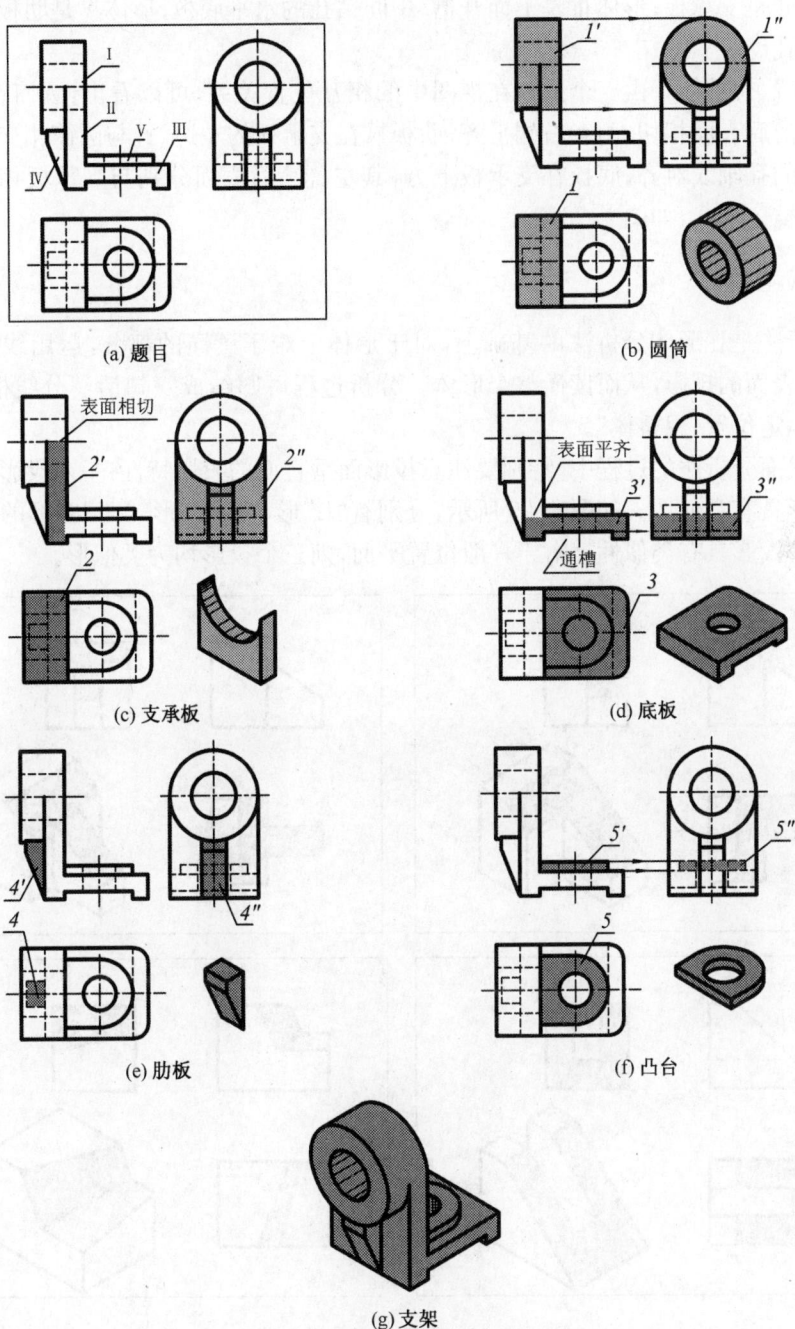

(a) 题目　　(b) 圆筒
(c) 支承板　　(d) 底板
(e) 肋板　　(f) 凸台
(g) 支架

图 4.28　阅读支架三视图的步骤

分析:由支架三视图可知,它是一个前后对称,可以看成由五个基本形体经叠加与切割而形成的组合体。

读图步骤：

(1)分线框、找投影。按主视图分成五个线框：如图 4.28(a)所示。由于各部分形体间的相邻关系不同，有的线框不封闭。由投影关系，找出这五个线框在俯、左视图中的投影。

(2)明投影、识形体。对照三视图，分别识别五个形体。如图 4.28(b)～(f)所示。形体 I 是圆筒，形体 II 是支承板；形体 III 是下面开槽、中间钻孔的水平底板；形体 IV 是肋板；形体 V 是凸台，其中间穿孔。

(3)定位置、想整体。由五个形体在视图中的相互位置关系，可以看出：圆筒在支承板的上方，与支承板前后表面相切，两者右端平齐；肋板靠在支承板的左边，且与圆筒相交；凸台在底板的上面，两者的孔轴线对齐；底板在支承板下方，其左、前、后表面分别与支承板相应表面平齐。因此，支架的整个形状，如图 4.28(g)。

2. 线面分析法

线面分析法是在形体分析法的基础上，对于形体上难于读懂的部分，运用线、面的投影特性，分析形体表面的投影，从而读懂整个形体。分析过程可归纳成一句话："分线框、找投影，明投影、识面形，定位置、想整体"。

在运用线面分析法的过程中，特别要注意投影面垂直面的投影特性：一个投影积聚为直线，另外两个投影具有类似性。如图 4.29 所示，分别有"L"形、"凸"字形、"凹"字形的正垂面，三个投影中的两个投影具有类似性。对于一般位置平面，则三个投影均为类似形。

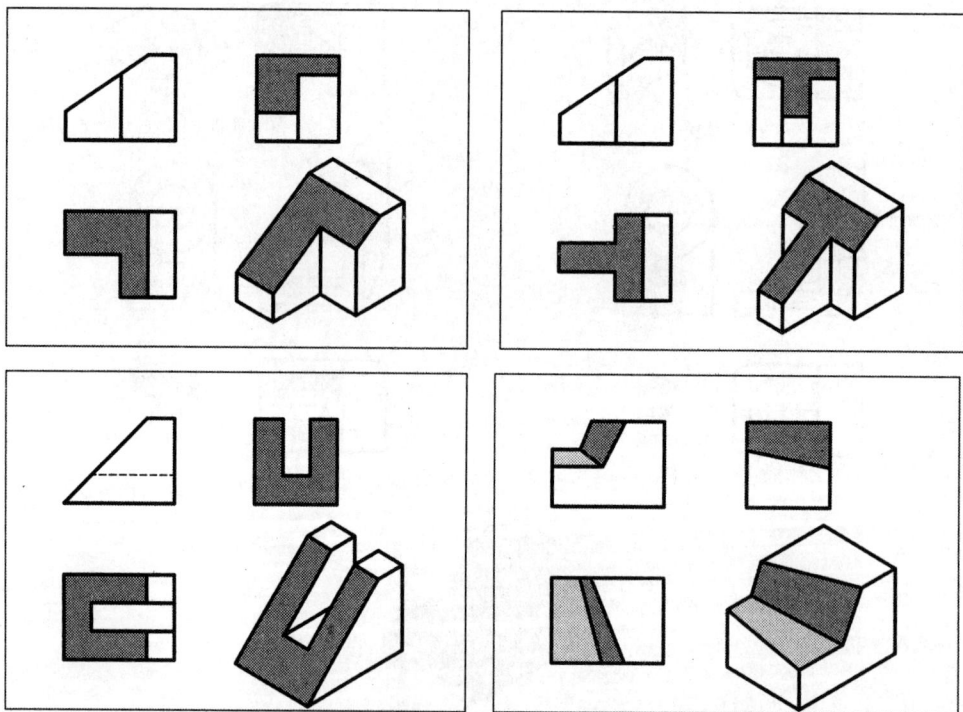

图 4.29　平面投影的类似性

例 4.8　如图 4.30 所示压块的三视图，运用线面分析法，想象压块的结构形状。

分析：由于三个视图外轮廓是由矩形变化来的，所以，可以想象其原始基本形体是个长方体，然后经过切割后得到该形体。

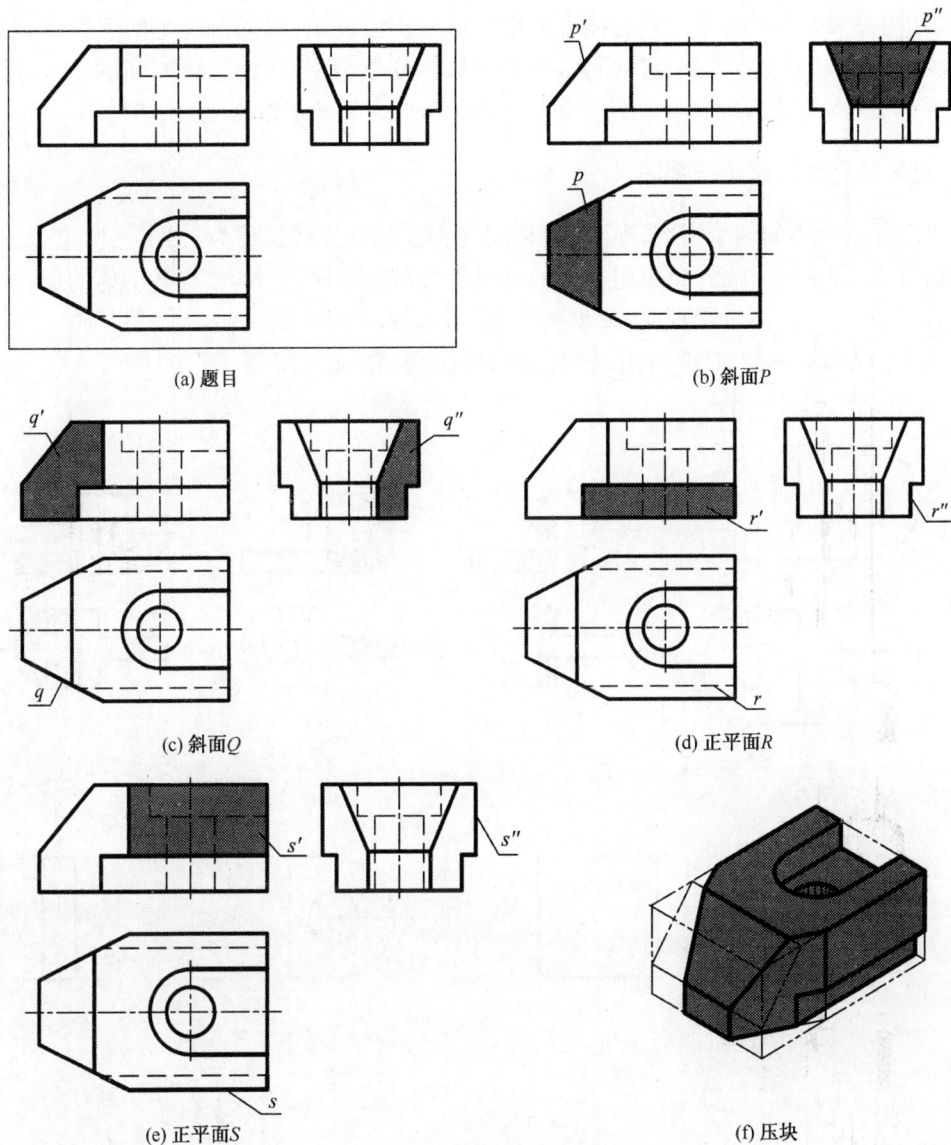

(a) 题目　　　　　　　　　　　　　　　(b) 斜面 P

(c) 斜面 Q　　　　　　　　　　　　　(d) 正平面 R

(e) 正平面 S　　　　　　　　　　　　(f) 压块

图 4.30　线面分析法读图步骤

读图步骤：

(1)分线框、找投影。从主视图入手,将主视图分成 p'、q'、r'、s' 等四个线框或线段,由投影关系找到俯、左视图中的对应投影,如图 4.30(a)所示。

(2)明投影、识面形。在图 4.30 (b)中由线段 p' 和线框 p、p'',可知表面 P 是正垂面,其水平投影 p 和侧面投影 p'' 有类似性;在图 4.30(c)中,由线段 q 和线框 q'、q'' 可知表面 Q 是铅垂面,线框 q' 和 q'' 具有类似性。根据俯、左视图可知该立体前后对称,故还存在一个与 Q 前后对称布置的表面。在图 4.30(d)中,由线段 r、r'' 和线框 r' 可知表面 R 是正平面。在图 4.30(e)中,由线段 s、s'' 和线框 s' 可知表面 S 是正平面。

(3)定位置、想整体。由上述分析的表面,按各自投影位置组合起来的组合体可以看作是一个完整的长方体,被正垂面 P 和两个前后对称的铅垂面 Q 以及两个前后对称的正平面 R 切割,在右侧中间位置又有 U 形槽及圆柱孔。所以,其最终整体形状如图 4.30 (f)所示。

　　需指出的是,以叠加为主的组合体宜采用形体分析法读图;以切割为主的组合体宜采用线面分析法读图。而对大多数组合体而言,则采用形体分析为主,线面分析为辅的综合方法,即:"形体分析识主体、建轮廓,线面分析攻难点、辨细节,综合起来定位置、想整体"。

4.4.3　已知两视图补画第三视图

　　如果已知组合体的两个视图,要求补画第三视图,这个过程简称为"二求三"。它是读图和画图的综合,即按读图方法想象出组合体的空间形状,并按画图步骤,根据各形体的形状和相互间的位置关系,由三视图投影规律,逐步画出整个形体的第三视图。

　　例 4.9　已知立体的主、俯视图,如图 4.31(a)所示,补画左视图。

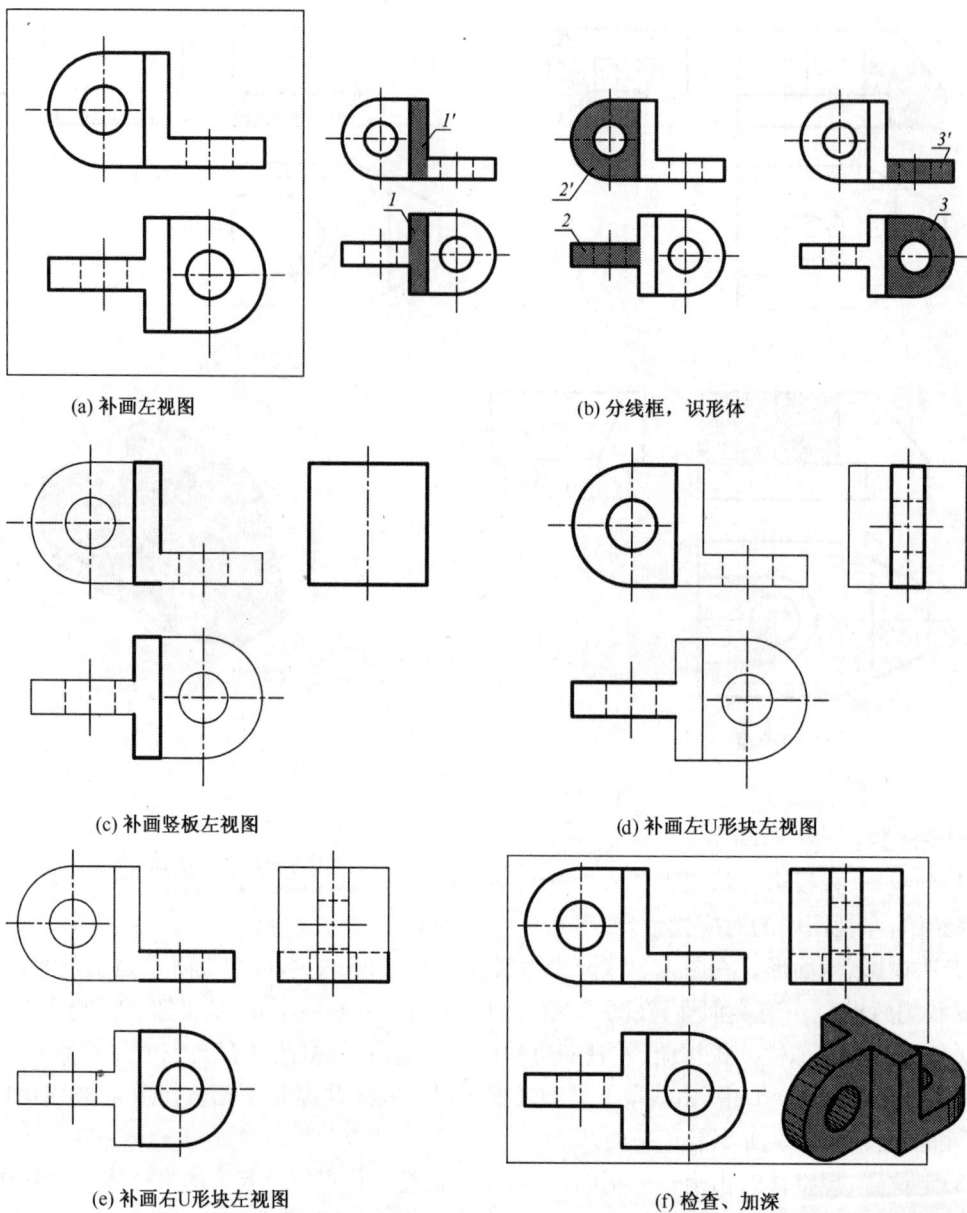

(a) 补画左视图　　　　　　　　　　　　(b) 分线框,识形体

(c) 补画竖板左视图　　　　　　　　　　(d) 补画左U形块左视图

(e) 补画右U形块左视图　　　　　　　　(f) 检查、加深

图 4.31　补画组合体的左视图

分析:从已知的两视图可以看出,该组合体由三个基本形体叠加而成。形体Ⅰ为竖板,形体Ⅱ为竖直放置的左 U 形块,形体Ⅲ为水平放置的右 U 形块。其中,形体Ⅰ与形体Ⅲ前表面平齐;形体Ⅰ、形体Ⅱ与形体Ⅲ有前后方向公共对称面。

具体步骤:

(1)分线框、找投影。分析主、俯视图,将主视图按线框分成 $1'$、$2'$、$3'$ 三部分,对应于俯视图三个线框 1、2、3,如图 4.31(b)所示。

(2)明投影、识形体。由 1、$1'$,形体Ⅰ为竖板;由 2、$2'$ 和 3、$3'$ 可知,形体Ⅱ和形体Ⅲ都为 U 形块。

(3)定位置、想整体。根据三个形体主、俯视图投影之间的相对位置关系,可知形体如图 4.31(f)所示

(4)逐个补画各形体的左视图,如图 4.31(c)~(e)所示。

(5)检查、加深,如图 4.31(f)所示。

例 4.10　已知托架的主、俯视图,如图 4.32(a)所示,求左视图。

分析:从主、俯视图可以看出,托架可看作由初始的长方体经切割形成。长方体的左上角和右上角各切去一块;在长方体后表面左侧开一竖直方槽,在长方体右侧穿通孔;前表面呈凹进凸出的台阶表面。结合俯视图可确定:长方体前表面的右上方凹进,左下方凸出。有了大致的形体轮廓,再结合线面分析,可准确得到托架的整体形状。

具体步骤:

(1) 分线框、找投影。由分析得到主、俯视图中各线框的两面投影,如图 4.32(b)所示。

(2) 明投影、识面形。由 p、p' 可知,P 面为切长方体左上角的正垂面,p' 积聚成线段,则 p、p'' 为类似形;由 q、q' 可知,Q 面为最前表面的正平面,q'' 积聚成铅垂方向的线段;由 r、r' 知,R 面为正平面(比 Q 面靠后),所以 r'' 为铅垂方向线段;由 s、s' 知,S 面为水平面,s'' 为水平线段;由 t、t' 知,T 面为切长方体右上角的正垂面,t'' 与 t 为类似形;由 k、(k') 知,K 面为长方体后表面槽的正平面,k'' 积聚成铅垂线段。

(3) 定位置、想整体。由前述的分析和各线框在视图上的投影关系,可想象出托架的整体结构形状,如图 4.32(d)所示。

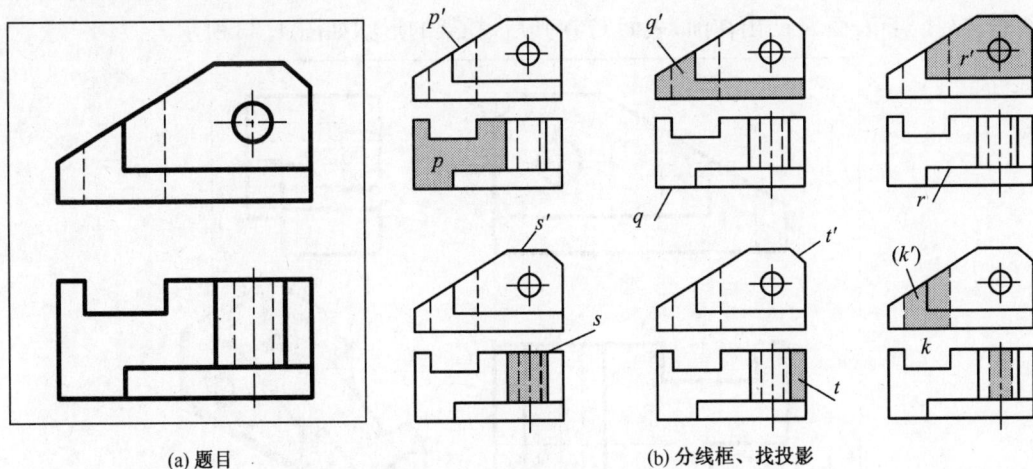

(a) 题目　　　　　　　　　　(b) 分线框、找投影

图 4.32　补画托架的左视图

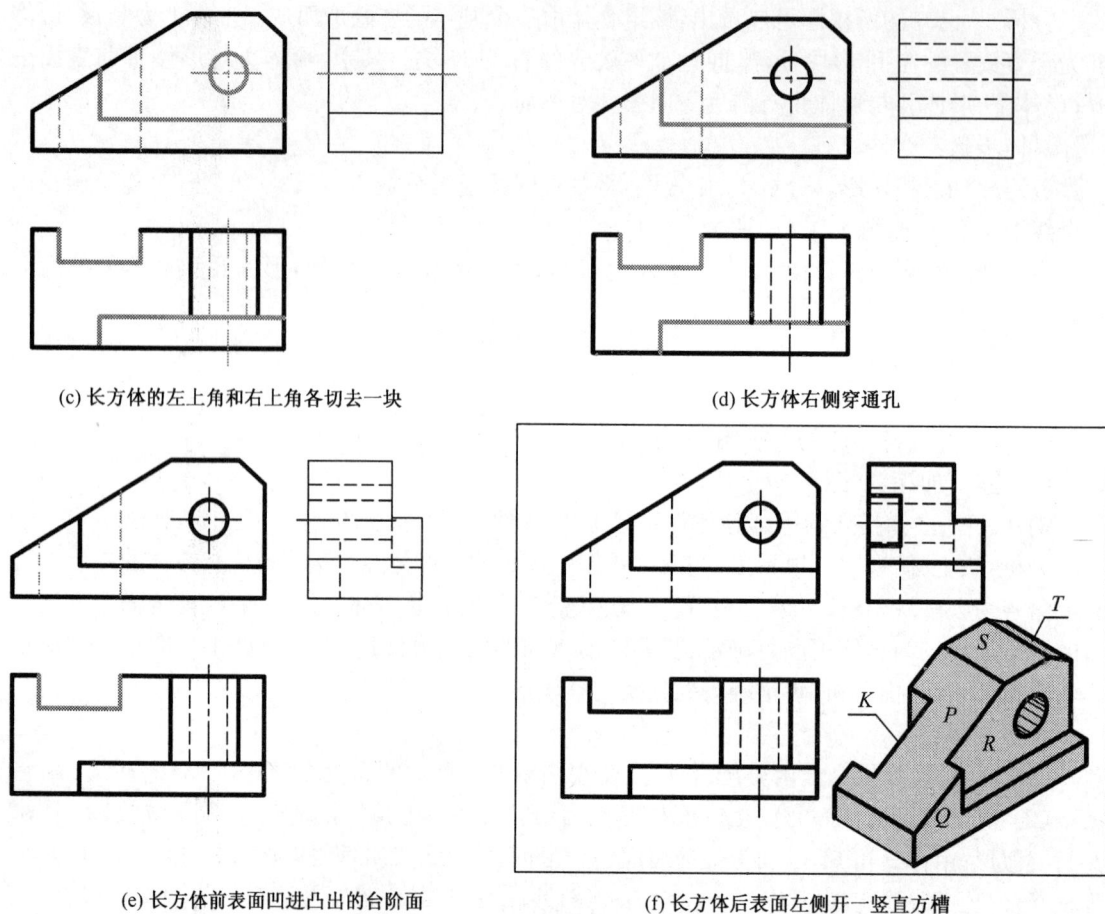

(c) 长方体的左上角和右上角各切去一块

(d) 长方体右侧穿通孔

(e) 长方体前表面凹进凸出的台阶面

(f) 长方体后表面左侧开一竖直方槽

图 4.32　补画托架的左视图(续)

（4）补画左视图，如图 4.32(c)～(d)所示。

（5）检查、加深，如图 4.32(d)所示。

如果将例 4.10 中俯视图稍作改变，而主视图不变，如图 4.33 所示。利用线面分析法可知，该组合体(托架)表面 R 凸出在前，表面 Q 在其后，托架的形状如图 4.33 所示。

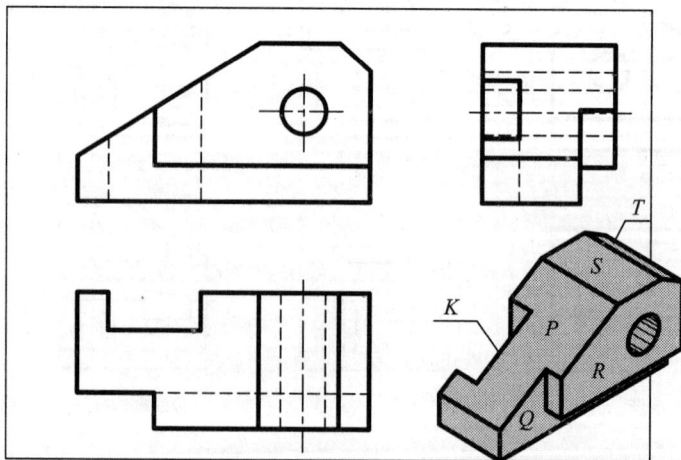

图 4.33　托架的三视图和立体图

例 4.11　已知组合体的主、俯视图如图 4.34(a)所示,补画左视图。

图 4.34(a)所示为一半径 R_1 的正垂圆柱与半径 R_2 的铅垂圆柱相交,因 $R_1 > R_2$,所以交线为空间曲线。圆柱孔 Φ_2 与半圆柱 R_1 垂直相交,圆柱孔 Φ_1 与半圆柱 R_2 垂直相交,交线均为空间曲线。圆柱孔 Φ_1 与圆柱孔 Φ_2 垂直相交,因为 $\Phi_1 = \Phi_2$,所以交线为平面曲线——椭圆,其侧面投影积聚为直线,该组合体的左视图和形状如图 4.34(b)所示。

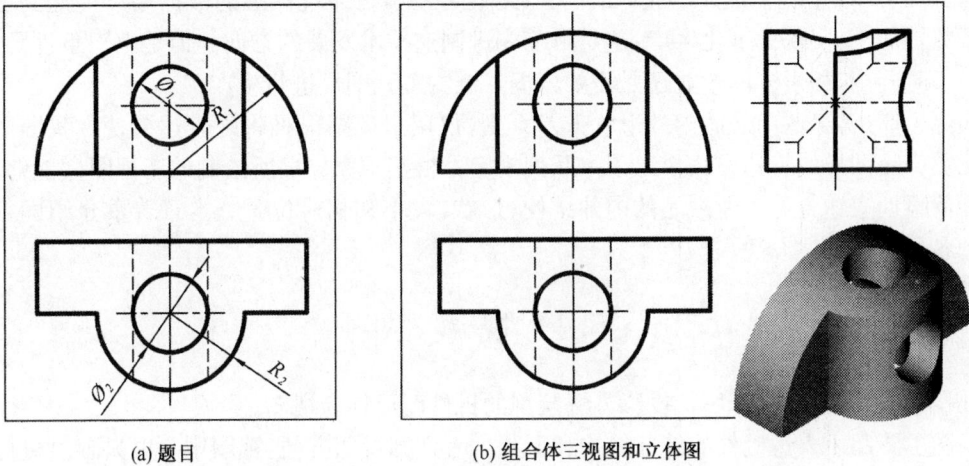

(a) 题目　　　　　　　(b) 组合体三视图和立体图

图 4.34　补画组合体左视图

第5章 机件的常用表达方法

在三维 CAD 系统中设计工业产品的三维数字模型,再通过标准的数据接口传送到加工中心进行数控加工,实现无纸化生产,这是目前先进制造技术发展的方向。但是由于条件限制,在未来一段时间内,相当多的企业还是需要依据二维的工程图样进行生产。

实际生产中,工业产品的内外形状千差万别,仅用三视图很难将之表达清楚。我国国家标准对工业产品图样的表达方法作出了一系列规定。根据国家标准所绘制的工程图样能够正确、完整和清晰地表达各种工业产品的内外结构、形状、大小和相对位置。本章着重介绍国家标准规定的各种图样表达方法。

5.1 视 图

根据有关标准和规定,用正投影方法绘制的机件图形称为视图。

视图主要用于表达机件的外部结构和形状。考虑到看图方便,视图中一般只画出机件的可见部分,必要时才用虚线画出其不可见部分。

视图包含基本视图、向视图、局部视图和斜视图。

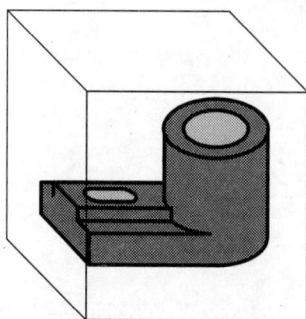

图 5.1 机件与正六面体

1. 基本视图

国家标准规定,在三投影面体系的基础上增加三个投影面组成一个正六面体,将机件放置在正六面体内,如图 5.1 所示。

正六面体的六个面作为基本投影面,将机件向各个基本投影面进行正投影得到六个基本视图。六个基本视图除主视图、俯视图和左视图外,还包括后视图 —— 由后向前投影得到的视图;仰视图 —— 由下向上投影得到的视图;右视图 —— 由右向左投影得到的视图。表达机件时,主视图必不可少,其余视图视机件的结构特征选用,不是任何机件都需画出六个基本视图。

国家标准规定六个基本视图的展开方式:正投影面保持不动,其余各投影面按图 5.2 所示展开至主视图所在的平面。展开后的六个基本视图按图 5.3 配置时无需标注视图名称。

2. 向视图

向视图为可以自由配置的视图。为合理利用图纸,若基本视图不能按图 5.3 所示配置时,则可改用图 5.4 所示向视图表达。向视图的上方用大写拉丁字母"X"标注名称,并在相应视图附近用箭头指明投影方向,同时标注相同的大写字母。显然,图 5.4 中 A 向视图、B 向视图和 C 向视图分别为机件的右视图、仰视图和后视图。

3. 局部视图

当机件采用一定数量的基本视图表达后,若在平行于某基本投影面的方向上仍有局部结构形状需要表达,则将机件的局部结构向基本投影面投影所得的视图称为局部视图。

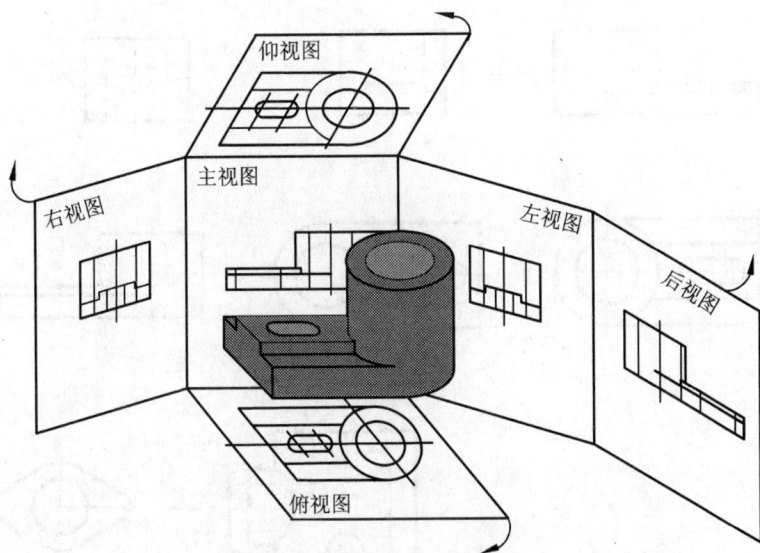

图 5.2　六个基本投影面展开

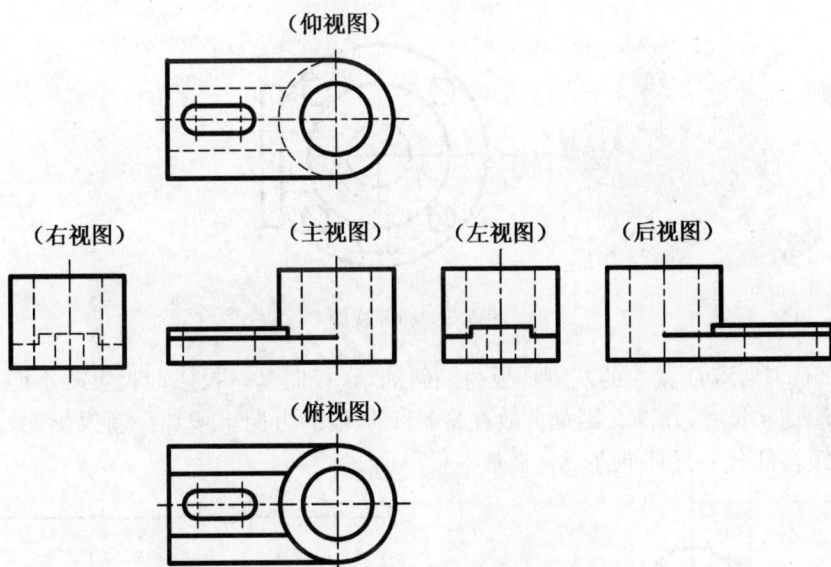

图 5.3　六个基本视图的配置

　　局部视图的断裂边界通常用波浪线表示,当所表示局部结构的外形是完整的,且外形轮廓线又为封闭时,波浪线可省略不画,如图 5.5 所示。

　　局部视图的标注方法与向视图相同,可按基本视图或向视图的配置形式配置,如图 5.5 所示。若局部视图按投影关系配置且中间又没有其他图形隔开时,可省略标注 A,如图 5.5 所示。

4. 斜视图

　　将机件的倾斜部分向不平行于基本投影面的平面投影,所得的视图称为斜视图。斜视图一般只用来表达机件倾斜部分的实形,其余部分不必画出且用波浪线断开。

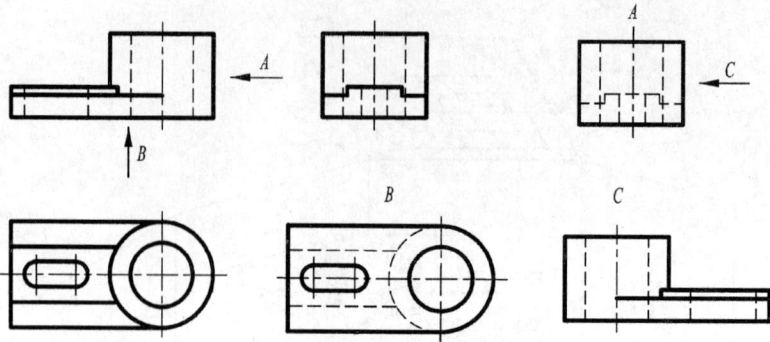

图 5.4　向视图

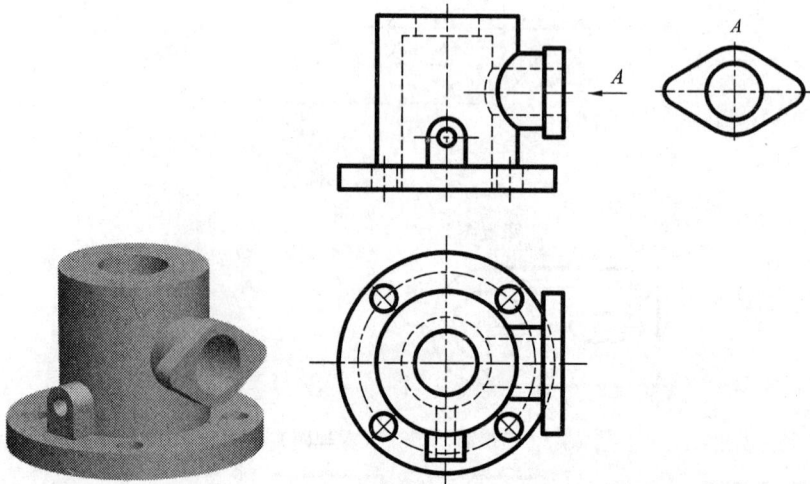

图 5.5　局部视图

　　如图 5.6(a)所示,压紧块的左侧耳板为倾斜的,直接向基本投影面投影既不能表达该部分的实形和标注真实尺寸,作图又困难。故在平行于耳板的方向上增加一新投影面,保证新投影面与耳板的倾斜部分平行且垂直于一个基本投影面。

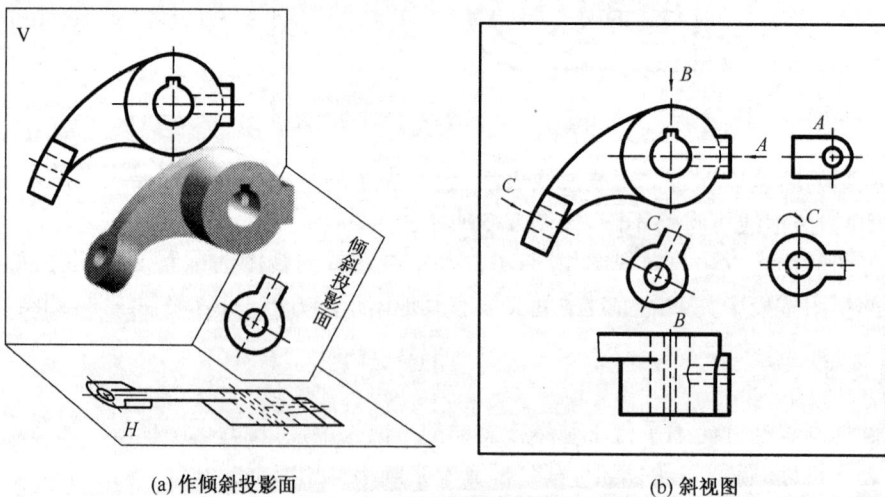

(a) 作倾斜投影面

(b) 斜视图

图 5.6　斜视图

斜视图通常按向视图的配置形式配置,其断裂边界可用波浪线或双折线绘制。画斜视图时必须进行标注,在相应视图的投影部位附近沿垂直于倾斜面的方向画出箭头表示投影方向,并标注字母,在斜视图的上方标注相同字母,字母水平书写,如图 5.6(b)中 C 视图。为合理利用图纸或画图方便,亦可将斜视图旋转配置,相应的斜视图上方需加旋转符号⌒或⌒,箭头方向表示旋转方向,字母写在靠近箭头的一侧,如图 5.6(b)中"⌒C"斜视图。

5.2　剖　视　图

部分机件的内外结构形状比较复杂,若仅用视图表达,则所画视图中会出现很多虚线,既影响图形的清晰,又不便于标注尺寸,且增加了绘图和读图的难度,因此国家标准规定采用剖视图的画法表达机件的内部结构形状。

5.2.1　剖视图的概念

假想用剖切面将机件剖开,如图 5.7(a)所示;将位于剖切面和观察者之间的部分移去,如图 5.7(b);所示其余部分向投影面投影,如图 5.7(c)所示,所得的图形称为剖视图,简称剖视。

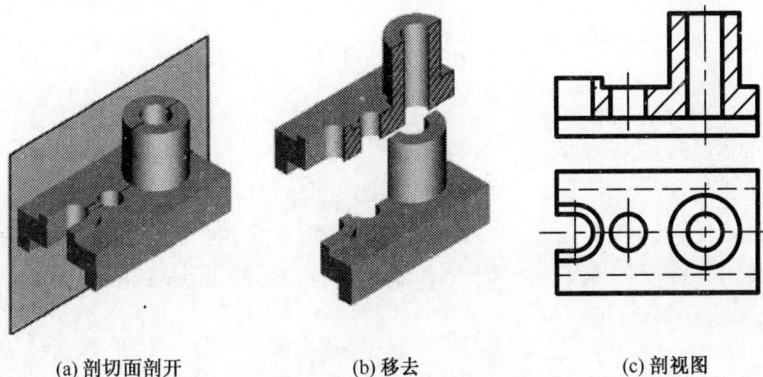

(a) 剖切面剖开　　　　　　　(b) 移去　　　　　　　(c) 剖视图

图 5.7　剖视图的概念

5.2.2　剖视图的画法

本小节以图 5.7 所示机件为例,介绍剖视图的画法和步骤。

1. 画剖视图的步骤

1) 分析机件的结构形状

该机件外形简单,内部结构为底板左侧的 U 形槽、底部通槽、底板中间小孔和右侧通孔,若用视图表达,则机件的内形在主视图中均为虚线,图形不清晰且不便于看图,故主视图选择用剖视图表达。

2) 确定剖切面的位置

为清晰表达机件的内形及避免剖切后产生不完整的结构要素,所取剖切平面一般平行于相应的投影面,且通过机件内部结构的对称面或孔的轴线。如图 5.7(a)所示,将通过机件前后对称面的正平面确定为剖切面的位置。

3）画投影轮廓线

如图 5.7(b)所示,画剖视图时首先移去位于剖切面和观察者之间的部分,则原先不可见的孔、槽等内形变为可见,故原来用虚线绘制的相应轮廓线,在剖视图中应用粗实线画出,剖切平面后的可见部分轮廓线的投影亦用粗实线画出,如图 5.8(a)所示。

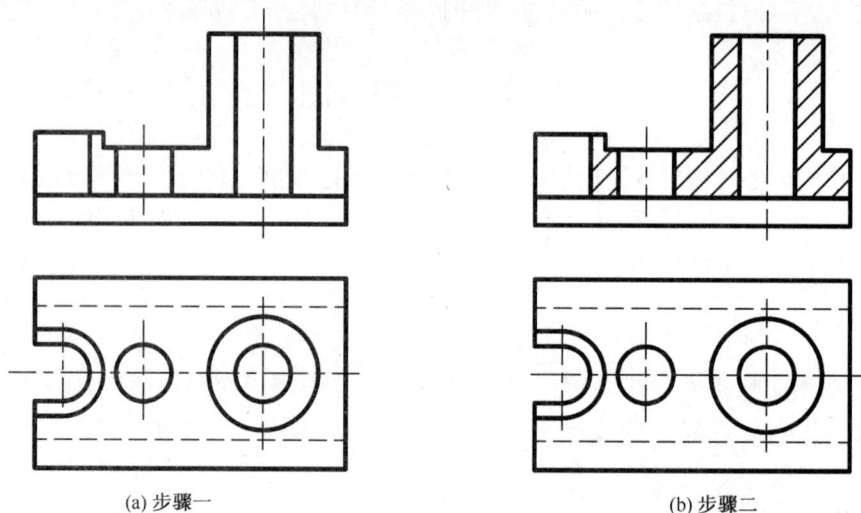

(a) 步骤一　　　　　　　　　　　　　　　(b) 步骤二

图 5.8　剖视图的画法

4）画剖面符号

被剖机件与剖切面接触的部分需画剖面符号,为区分机件的不同材料,国家标准规定了各种不同材料的剖面符号画法,表 5.1 为部分常用的剖面符号。

若不需要区分材料的类别,剖面符号可采用表 5.1 中金属材料的通用剖面线表示。通用剖面线最好与主要轮廓线或区域的对称线成 45°角,间隔均匀的细实线,同一机件的剖面线方向和间隔应一致,如图 5.8(b)所示。

表 5.1　部分剖面符号

材料名称	剖面符号	材料名称	剖面符号
金属材料(已有规定剖面符号者除外)		非金属材料(已有规定剖面符号者除外)	
线圈绕组元件		转子、电枢、变压器和电抗器等的叠钢片	
玻璃及供观察用的其他透明材料		液体	
型砂、填沙、粉末冶金、砂轮、陶瓷刀片、硬质合金刀片等		砖	

5）剖视图的标注

完整的剖视图标注应包括剖视图名称、剖切位置和投影方向。剖视图的名称通常标注在剖视图的上方,用大写英文字母"$X-X$"表示,字母水平书写。在相应视图上,分别用剖切符号和箭头表示剖切位置和投影方向,且标注相同字母。

剖切位置用粗短实线表示,线宽为粗实线线宽,线长为 5～10mm,尽量避免与图形轮廓线相交。投影方向用箭头表示,画在剖切位置的外端,且与剖切位置末端垂直。

当剖视图按投影关系配置,中间又没有其他图形隔开时,可省略箭头,如图 5.9(a) 所示。当单一剖切面通过机件的对称面或基本对称的平面,且剖视图按投影关系配置,中间又没有其他图形隔开时,可省略标注,如图 5.9(b)所示。

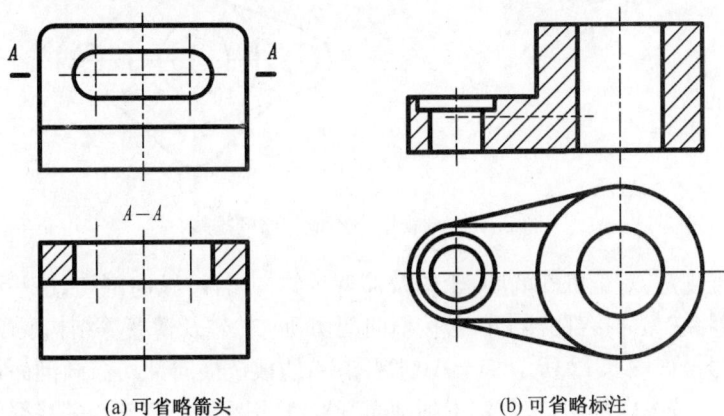

(a) 可省略箭头　　　　　　　　　(b) 可省略标注

图 5.9　剖视图的标注

2. 画剖视图的注意事项

(1)剖视图是假想剖开机件后画出的,故当机件的一个视图被画成剖视图后,其他视图不受影响,仍按完整机件考虑,如图 5.9(a)所示。

(2)剖切平面一般应平行于某一投影面,且通过机件的对称面或孔、槽等结构的轴线或对称线,以反映结构的实形,如图 5.9(b)所示。

(3)剖切面后面的可见轮廓线应全部画出不能漏线,如图 5.10 所示的四种不同机件的剖视图。

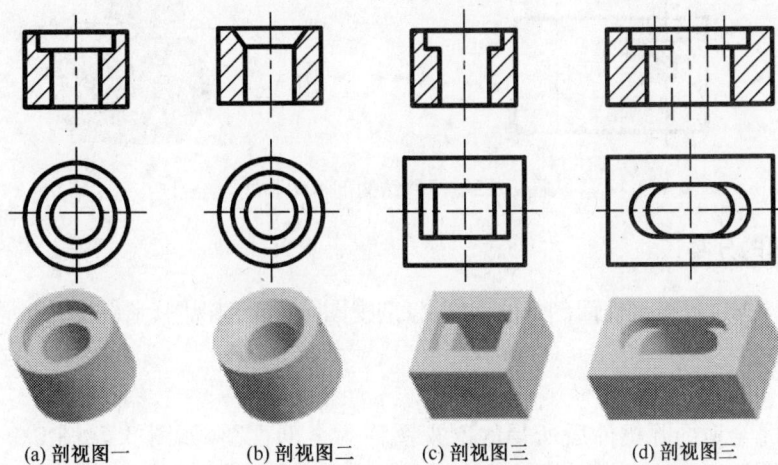

(a) 剖视图一　　(b) 剖视图二　　(c) 剖视图三　　(d) 剖视图三

图 5.10　剖视图中不要漏线

(4)剖视图中不可见轮廓线一般不画,仅当机件的某些结构尚未表达清楚时,才画出必要的虚线。如图 5.11 所示,若去掉主视图中的虚线,则圆形底板的高度没有表达清楚,故主视图中的虚线不能省略。

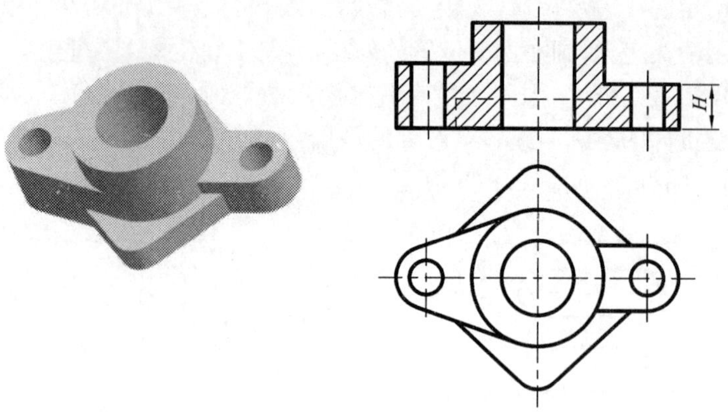

图 5.11　剖视图中不能省略的虚线

（5）国家标准规定:对于机件的肋、轮辐及薄壁等结构,若按纵向剖切,这些结构都不画剖面符号,且用粗实线将它与邻接部分隔开;若按横向剖切,肋、轮辐及薄壁等结构反映其厚度时,截断面上要画剖面符号。如图 5.12 所示,$A-A$ 剖视图中,肋板按横向剖切需画剖面符号;$B-B$ 剖视图中,前方支撑肋板按纵向剖切,按规定不画剖面符号,且用粗实线将它与邻接部分隔开。

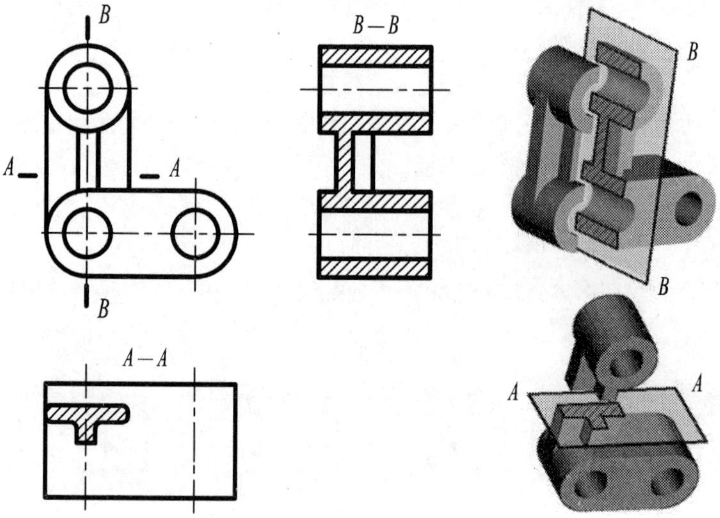

图 5.12　薄壁结构剖视图画法

5.2.3　剖视图的分类

国家标准根据机件被剖切面剖开的程度,将剖视图分为全剖视图、半剖视图和局部剖视图。

1. 全剖视图

用剖切面完全地剖开机件后所得的剖视图称为全剖视图,如图 5.7、图 5.9 和图 5.10 所示。全剖视图适用于表达内部形状复杂的不对称机件或外形简单的回转体。

2. 半剖视图

当机件的形状对称(图 5.13)或接近于对称(图 5.14)时,在垂直于对称平面的投影面上,可以对称中心线为界,一半画成剖视图表达内形,另一半画成视图表达外形,所得图形称为半剖视图。半剖视图适用于内部形状和外部形状都需要表达的对称机件或接近于对称的机件。

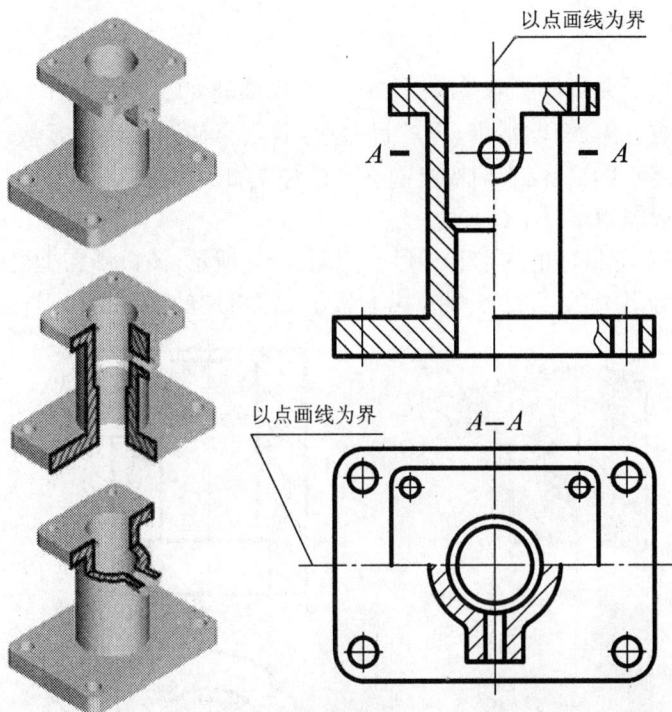

图 5.13　对称机件的半剖视图

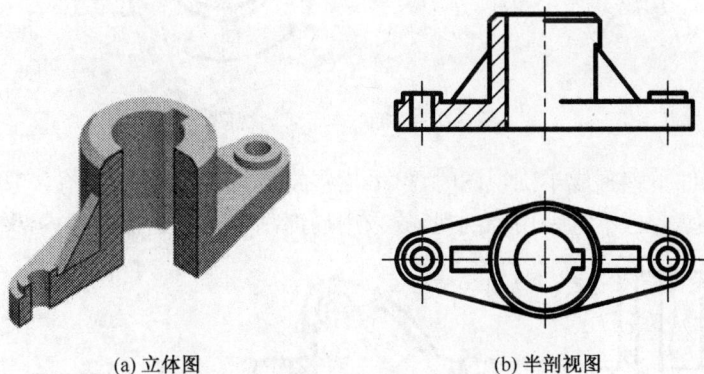

(a) 立体图　　　　　　　　　　(b) 半剖视图

图 5.14　接近于对称机件的半剖视图

　　如图 5.13 所示机件,若主视图采用全剖视,则前面凸台无法表达清楚;若俯视图采用全剖视,则上底板上四个小孔的形状和位置亦无法表达清楚。考虑到该机件前后和左右方向均对称,故采用半剖视图,既表达了机件的内部结构,又保留了机件的外形形状。

　　绘制半剖视图时应注意以下几点:

　　(1)半剖视图可同时兼顾机件内形和外形的表达,故在表达外形的一半视图中不必画出表达内形的虚线,小孔结构需画出中心线,如图 5.14(b),同样在表达内形的一半剖视图上亦不必画出表达外形的虚线。

　　(2)由于半剖视图为假想的,故机件其他图形的表达仍应按完整机件考虑。

(3)半剖视图中,视图与剖视图的分界线用点画线表示。

(4)半剖视图的标注原则与全剖视图相同。

3. 局部剖视图

用剖切面局部地剖开机件后所得的剖视图称为局部剖视图。局部剖视图表达灵活,适当运用可使图形表达重点突出、简明清晰,但若过多运用,则会使图形表达零散,反而不利于读图。局部剖视图一般不需要标注,仅当剖切位置不明显时才加以标注。

局部剖视图一般应用于以下情形:

(1)兼顾表达不对称机件的内形和外形。如图 5.15 所示,该机件在主视图和俯视图中需要用剖视图表达的部分集中在机件的一侧,其他部分无需再用剖视表达或不宜剖开。

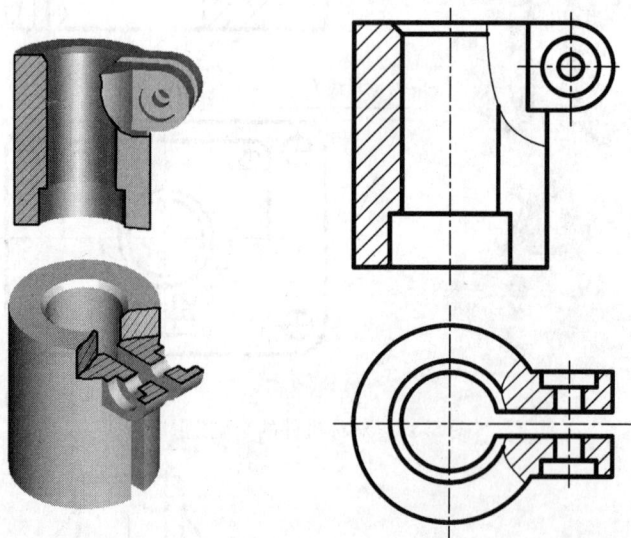

图 5.15　机件的局部剖视图

(2)当对称机件不宜画成半剖视图时,可采用局部剖视图表达。如图 5.16(a)所示,机件的对称中心线处有轮廓线,不宜采用半剖视,故采用局部剖视图表达机件的内部结构。

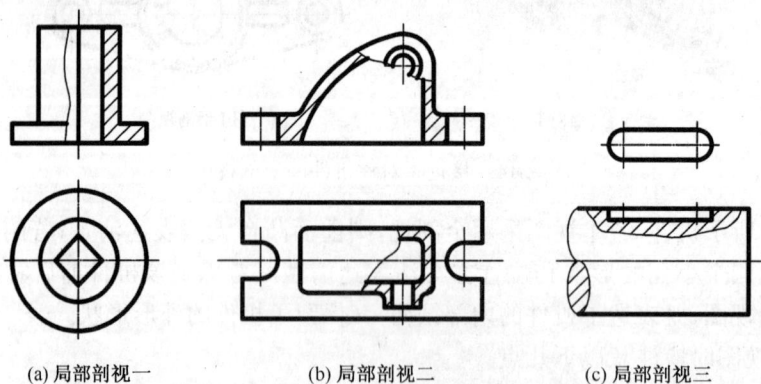

(a)局部剖视一　　　　　　(b)局部剖视二　　　　　　(c)局部剖视三

图 5.16　局部剖视图的应用

(3)机件内的局部结构尚未表达清楚且又无需作全剖视图时,可采用局部剖视图表达。如图 5.16(b)所示,为表达机件两侧的 U 形孔、内部的槽和前方的凸台,采用局部剖视。

（4）部分规定不剖的实心杆件，若有需要表达的内形时，亦可采用局部剖视。如图 5.16（c）所示，主视图中对轴的键槽结构采用局部剖视表达。

局部剖视图中，视图与剖视图的分界线用波浪线表示。绘制波浪线时应注意以下几点：

（1）波浪线不应超出图形的轮廓线范围，波浪线一般应画在机件的实体部分，如遇孔或槽等结构时应断开，图 5.17(a)为其错误画法。

（2）波浪线既不能与图形中其他图线重合，亦不能画在其他图线的延长线上，图 5.17(b)和图 5.17(c)为其错误画法。仅当被剖结构为回转体时，才允许将该结构的中心线作为视图与剖视图的分界线。

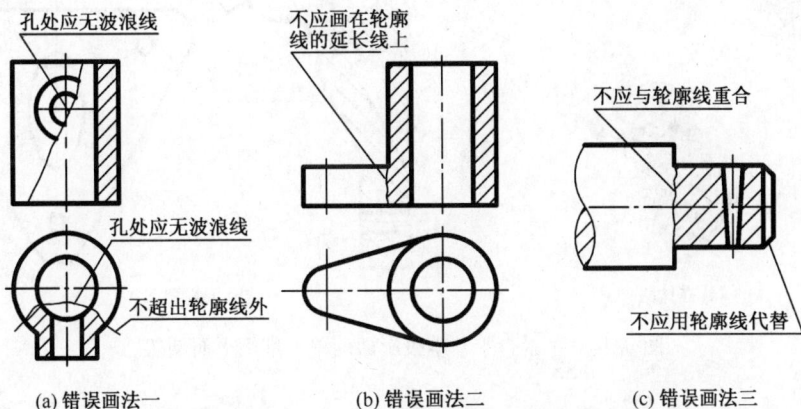

图 5.17　波浪线的错误画法

5.2.4　剖切平面的分类

根据机件的表达需要，可选用单一剖切平面、几个平行的剖切平面和几个相交的剖切平面剖开机件，得到全剖视图、半剖视图和局部剖视图。

1. 单一剖切平面

单一剖切平面通常有两种情况，一种是用平行于基本投影面的一个剖切平面剖开机件，上述全剖视图、半剖视图和局部剖视图均采用此方法剖切，该方法在机件表达上被广泛应用。

另一种是用不平行于任何基本投影面的一个剖切平面剖开机件，移去剖切面和观察者之间的部分，将其余部分投影到与剖切平面平行的投影面上得到剖视图，该方法主要用来表达机件上倾斜部分的内部结构。

用不平行于任何基本投影面的剖切平面剖切得到的剖视图必须标注。一般情况下，尽量按投影关系配置，在不致引起误解时允许将其摆正画出，并在剖视图上方水平标注"⌒$X-X$"或"$X-X$⌒"，如图 5.18 中"$B-B$⌒"。

2. 几个平行的剖切平面

若机件内部结构较多，可用几个与基本投影面平行的剖切平面剖开，该剖切方法适用于表达外形简单，内部结构层次较多，轴线或对称面处于几个不同的平行平面上的机件。

如图 5.19 所示，需同时表达机件上方以及下方的通孔内形，由于其轴线或对称线不在同一平面上,无法用单一剖切平面剖切;但它们相互平行,故可采用两个相互平行的剖切平面将机件剖开,移去剖切面和观察者之间的部分,其余部分向投影面投影,得 $A-A$ 全剖视图。

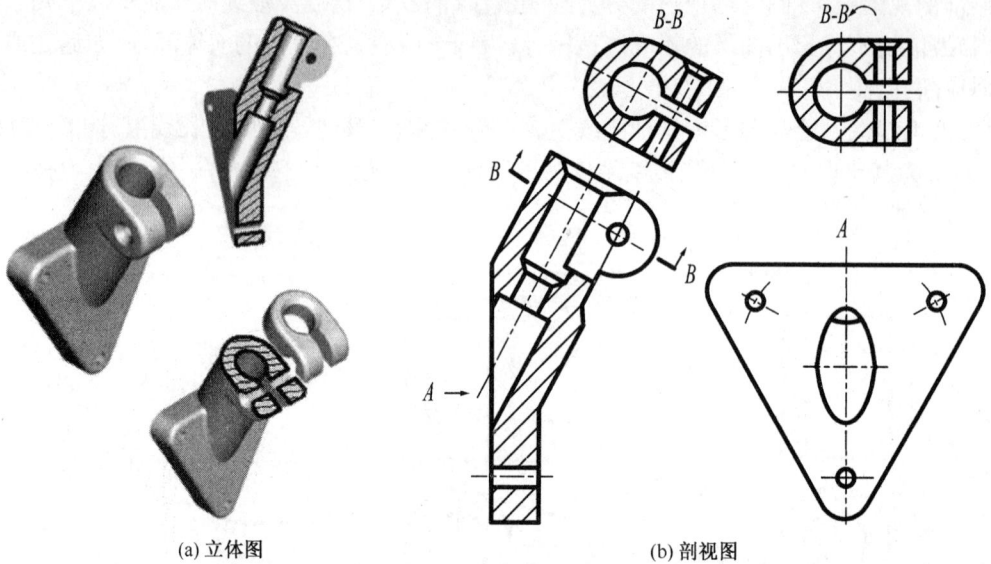

(a) 立体图　　　　　　　　　(b) 剖视图

图 5.18　不平行于基本投影面的单一剖切平面剖切

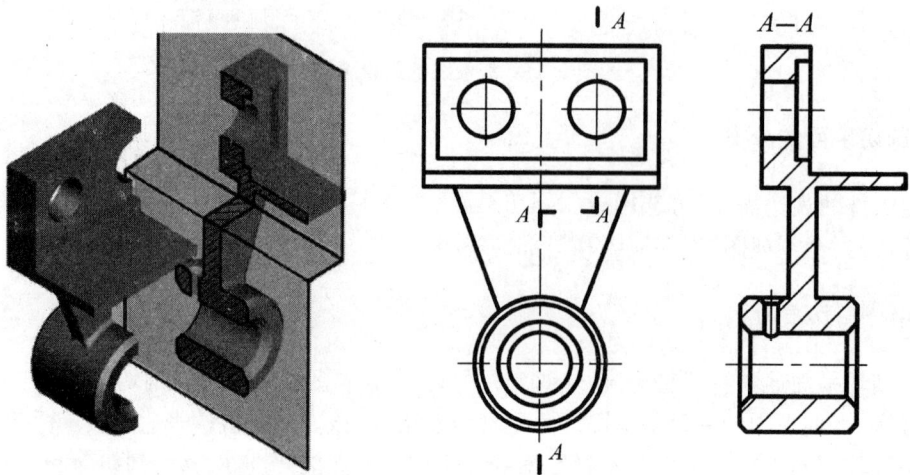

图 5.19　平行剖切平面剖切

绘制时应注意以下几点:

(1)几个平行面剖切得到的剖视图必须标注,在剖切平面的起止和转折处画出剖切符号,并标注相同的字母,起止两端画出箭头表示投影方向。

(2)几个平行面剖切得到的剖视图按投影关系配置,且中间又没有其他图形隔开时,允许省略箭头,如图 5.19 所示。当转折处位置有限,允许省略字母,如图 5.20 所示。

(3)剖切平面转折处以直角转折,不能与图形中的投影线重合,亦不能画出转折处的投影。

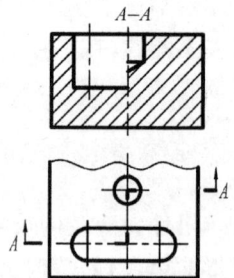

图 5.20　机件的阶梯剖

（4）合理选择剖切位置，避免在图形中出现不完整的结构要素；仅当机件上的两个要素在图形上具有公共对称中心线或轴线时，可以此点画线为分界线各画一半，如图 5.20 所示。

3. 几个相交的剖切平面

当机件的内部结构形状用一个剖切平面不能表达完全，且这个机件在整体上又具有回转轴时，可假想用几个相交的剖切平面剖开机件，然后将被剖切平面剖开的结构及其有关部分旋转到与选定的基本投影面平行，再进行投影。该剖切方法适用于表达具有公共回转轴线的盘盖类机件，如图 5.21 所示。

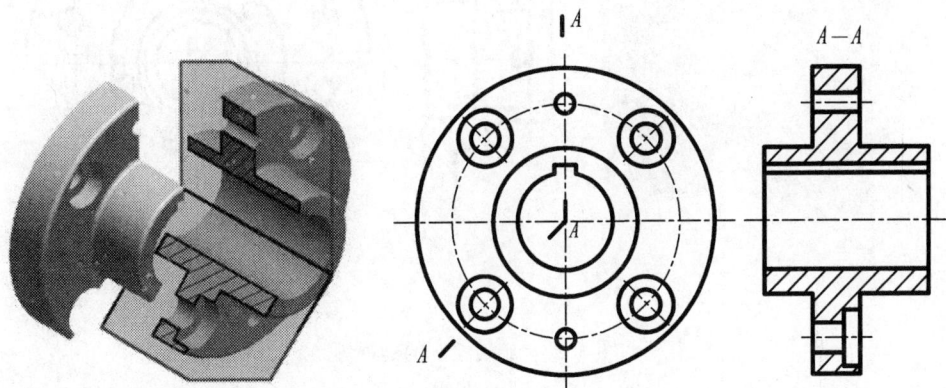

图 5.21　两个相交剖切平面剖切

绘制时应注意以下几点：

（1）几个相交的剖切面应垂直于同一个基本投影面，且不得互相重叠。

（2）先假想按剖切位置剖开机件，并将被剖切面剖开的结构及其有关的部分旋转到与选定的基本投影面平行后再进行投影。

（3）用几个相交的剖切平面剖切必须标注。标注时，在剖切平面的起止和转折处画上剖切符号，标上同一字母，并在起止处画出箭头表示投影方向，在所画剖视图的上方标注名称“$X-X$”，如图 5.21 所示。

（4）位于剖切面后的其他结构，仍按原来位置投影，如图 5.22 中摇臂下部的小孔的投影。

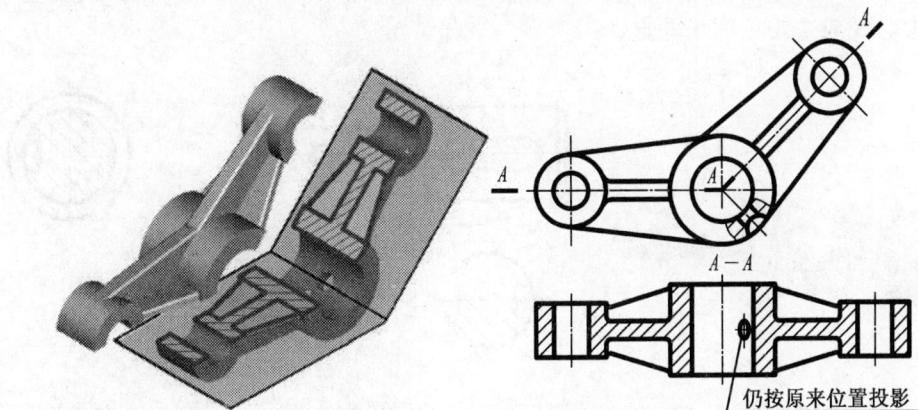

仍按原来位置投影

图 5.22　相交剖切平面剖切

如图 5.23 所示零件形状复杂,需要表达的内部结构有:最大直径薄板上均布的五个通孔、中间共轴线的台阶通孔、左上及右下四个通孔。用几个相交的剖切平面(如图 5.23(a)所示)剖开零件,然后将被剖开的结构及其有关部分旋转到与选定的 V 面平行后再投影,如图 5.23(b)所示。

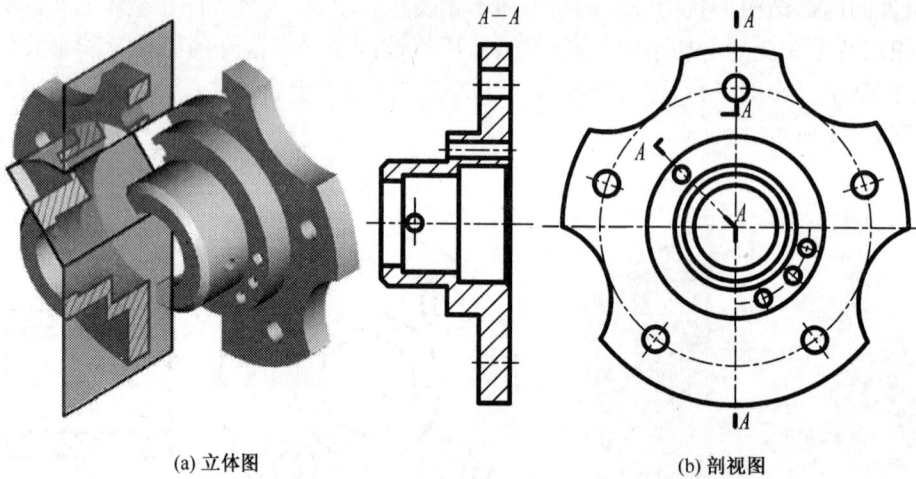

(a) 立体图   (b) 剖视图

图 5.23   旋转绘制的剖视图

5.3   断 面 图

5.3.1   断面图的概念

如图 5.24(a)所示,假想用剖切面将机件的某处切断,仅画出断面的图形,并画上剖面符号,称为**断面图**。断面图主要用于表达机件上的肋、轮辐和轴上的小孔、槽或键槽等结构。如图 5.24(b)所示,机件由三段同轴圆柱体叠加而成,只需一个主视图再加上键槽和小孔的断面图即可将其表达清楚。

剖视图与断面图的主要区别在于断面图仅画出断面的结构形状,而剖视图则要画出断面及其后面的部分一起向投影面的投影,如图 5.24(c)所示。剖切时,剖切平面在切断处应与被剖开机件的中心线或主要轮廓线垂直。

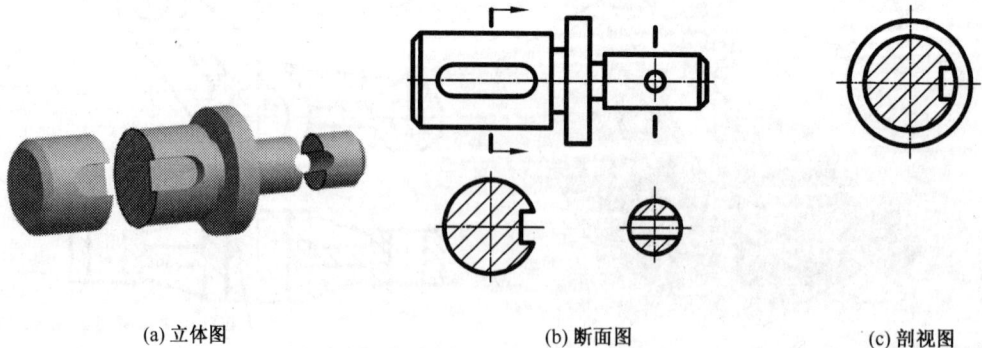

(a) 立体图   (b) 断面图   (c) 剖视图

图 5.24   机件的断面图

5.3.2　断面图的分类

根据断面图配置位置的不同,可分为移出断面图和重合断面图。

移出断面图画在图形的外面,轮廓线用粗实线绘制,如图 5.25 所示。

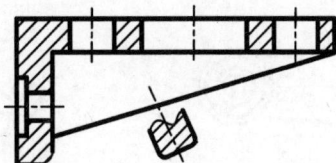

图 5.25　移出断面图

重合断面图画在图形的里面,轮廓线用细实线绘制,如图 5.26 所示。当图形中的轮廓线与重合断面图重叠时,轮廓线仍应连续画出。

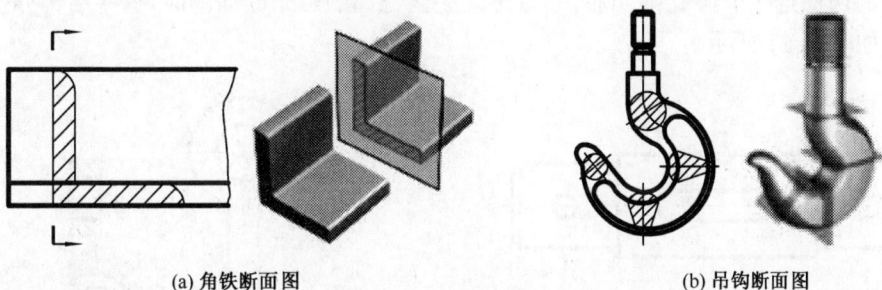

(a) 角铁断面图　　　　　　　　　　　　　(b) 吊钩断面图

图 5.26　重合断面图

5.3.3　断面图的画法

绘制断面图时应注意以下几点:

(1)移出断面图尽量配置在剖切符号或剖切平面迹线的延长线上,如图 5.24 和图 5.25;必要时可将其配置在其他适当的位置,在不致引起误解时,允许将图形旋转,如图 5.27 中"$A-A$⌒"断面图。

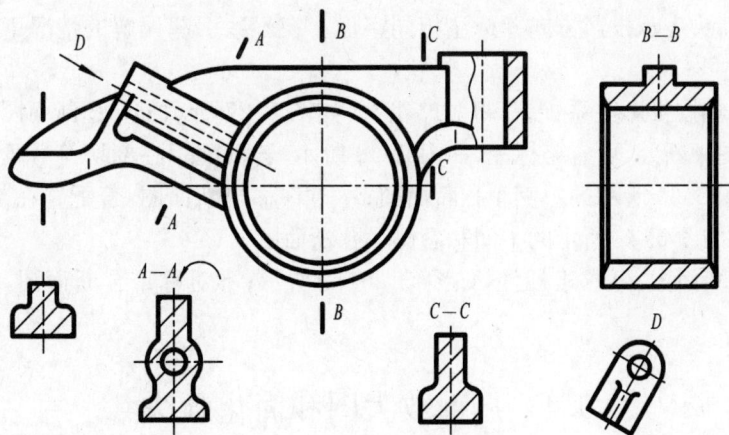

图 5.27　断面图示例

(2)若移出断面图对称,允许将其画在图形的中断处,如图 5.28 所示。

(3)移出断面图由两个或多个分别垂直于机件轮廓线的相交剖切面剖切时,中间一般用波浪线断开,如图 5.29 所示。

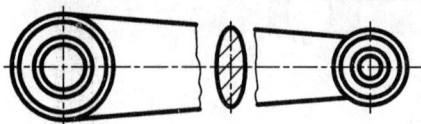

图 5.28　移出断面图画在图形中断处　　　图 5.29　相交平面剖切的移出断面图

(4)当剖切面通过完整的回转面形成的孔或凹坑的轴线时,这些结构按剖视图要求绘制,如图 5.30 所示。

(5)当剖切面通过非圆孔剖切后,导致出现完全分离的两个断面图时,这些结构亦按剖视图要求绘制,如图 5.31 所示。

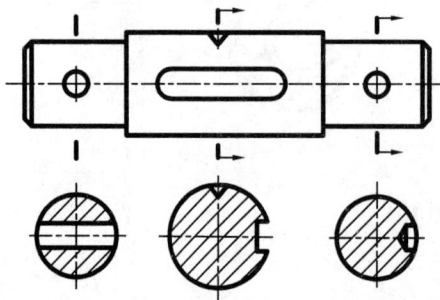

图 5.30　回转形成的孔或凹坑的断面图　　　图 5.31　断面完全分离时按剖视图绘制

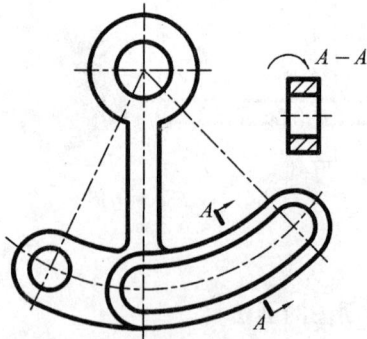

5.3.4　断面图的标注

断面图的标注与剖视图标注类似,在断面图上方用字母标注名称"$X-X$",用剖切符号标出剖切位置,用箭头表示投影方向并标注相同字母。在不致引起误解的情况下,断面图的标注可省略。

移出断面图若按投影关系配置,可省略箭头,如图 5.27 所示 $B-B$ 断面图;对称移出断面图,若配置在视图中断处,可省略标注,如图 5.28 所示;若其配置在剖切符号延长线上,可省略字母和箭头,如图 5.30 所示的左侧小孔断面图;不对称移出断面图,若配置在剖切符号延长线上,可省略字母,如图 5.30 所示的中间和右侧小孔断面图。

对称的重合断面图,可省略标注,如图 5.26(b)所示;不对称重合断面图,可省略字母,如图 5.26(a)所示。

5.4　局部放大图和简化画法

为了使图形清晰和画图简便,国家标准规定机件图样可以采用局部放大图及简化画法。

1. 局部放大图

将机件的部分结构,用大于原图形的比例画出的图形,称为局部放大图。局部放大图适用于表达机件上某些细小结构在原图形中表达不清楚或不便于标注尺寸的情况,可画成视图、剖视图、断面图,其与被放大部分的原表达方式无关。局部放大图尽量配置在被放大部位的附近。

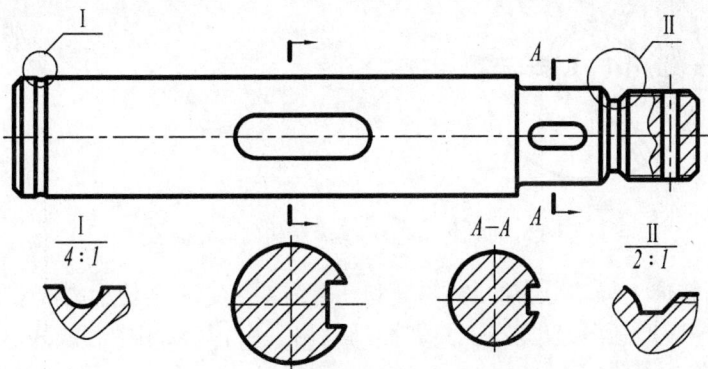

图 5.32　机件的移出断面图和局部放大图

如图 5.32 所示,绘制局部放大图时,除螺纹牙型、齿轮和链轮的齿形外,均需用细实线圆圈出被放大部位。当同一机件上有几处被放大的部位时,必须用罗马数字依次标明被放大部位,并在局部放大图的上方标注出相应的罗马数字和所采用的放大比例。同一机件上不同部位的局部放大图相同或对称时,只需画出一个放大图,必要时可用几个图形表达同一个被放大部位的结构,如图 5.33 所示。

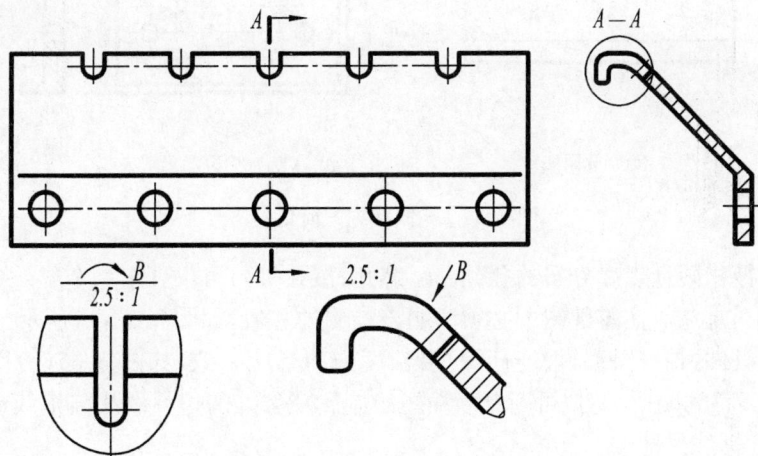

图 5.33　几个图形表达一个放大部位

2. 简化画法

简化画法是在保证完整清晰表达机件的形状和结构的前提下,力求制图简便和看图方便,提高设计效率及图样的清晰度。简化画法在工程上应用广泛,下面简要介绍国家标准规定的部分简化画法。

(1)机件上的肋、轮辐和薄壁等结构,若按纵向剖切(剖切平面平行于厚度方向)时,这些结构均不画剖面符号,且用粗实线将其与邻接部分分开,如图 5.34 所示。

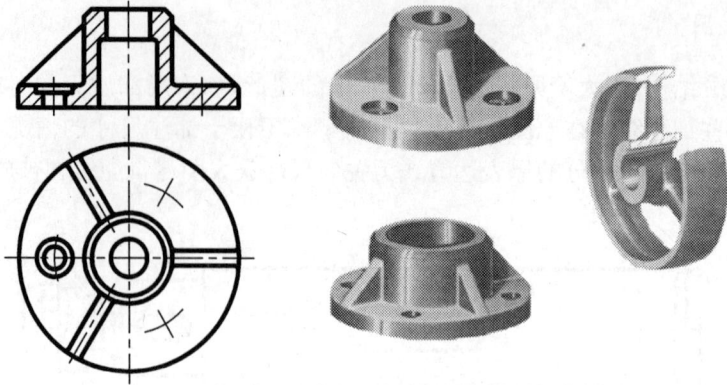

图 5.34　肋、轮辐和薄壁结构的简化画法

（2）当机件回转体上均匀分布的肋、轮辐和孔等需要表达又不处于剖切平面上时，可将这些结构旋转到剖切平面上画出，且均布孔只需详细画出一个，其余用中心线表示出孔的中心位置即可，如图 5.34 所示。

（3）当机件具有若干相同结构（齿、槽等）且按一定规律分布时，只需画出几个完整的结构，其余用细实线连接，在零件图中必须注明该结构的总数，如图 5.35（a）所示。

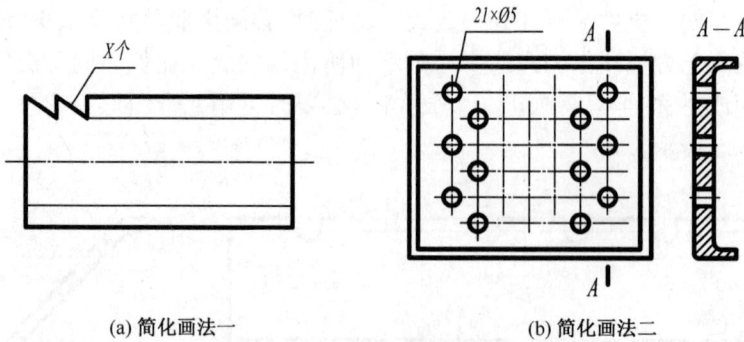

(a) 简化画法一　　　　　　　(b) 简化画法二

图 5.35　相同结构的简化画法

（4）若干直径相同且规律分布的孔（圆孔、螺孔、沉孔等），可仅画出一个或几个，其余只需用点画线表示其中心位置，在零件图中必须注明该结构的总数，如图 5.35（b）所示。

（5）较长的机件（轴、杆、型材、连杆等）沿长度方向形状一致，如图 5.36（a）所示，或按一定规律变化，如图 5.36（b）所示时，可断开后缩短绘制。断裂处的边界线用波浪线或双折线绘制，但需按实际长度标注尺寸。

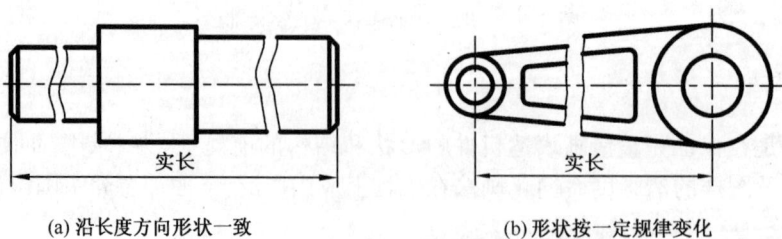

(a) 沿长度方向形状一致　　　　　　　(b) 形状按一定规律变化

图 5.36　较长机件的断开画法

(6)当回转体被平面所截,而图形不能充分表达平面时,可用平面符号即两相交细实线表示,如图 5.37 所示。

(7)网状物或机件上的滚花部分可在轮廓线附近用粗实线完全或部分地示意画出,且在零件图上注明这些结构的要求,如图 5.38 所示。

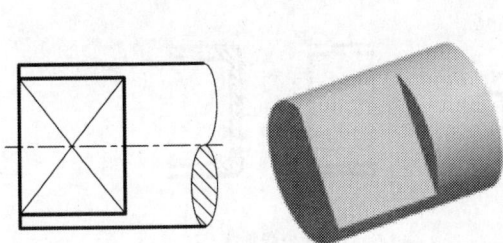

图 5.37　轴端平面的简化画法　　　　　　　图 5.38　网纹与滚花的简化画法

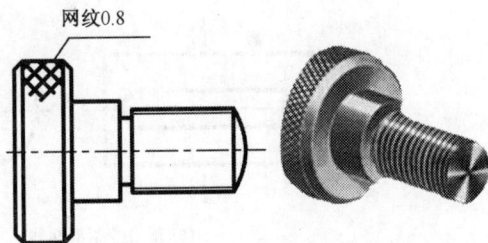

(8)机件上较小的结构在一个图形中已表达清楚,则在其他图形中可简化或省略,如图 5.39 中①处所示;在不致引起误解时,截交线、相贯线允许简化,可用直线或圆弧代替非圆弧曲线,如图 5.39 中②处所示;零件上对称结构(如键槽)的局部视图的绘制方法如图 5.39 中③处所示。

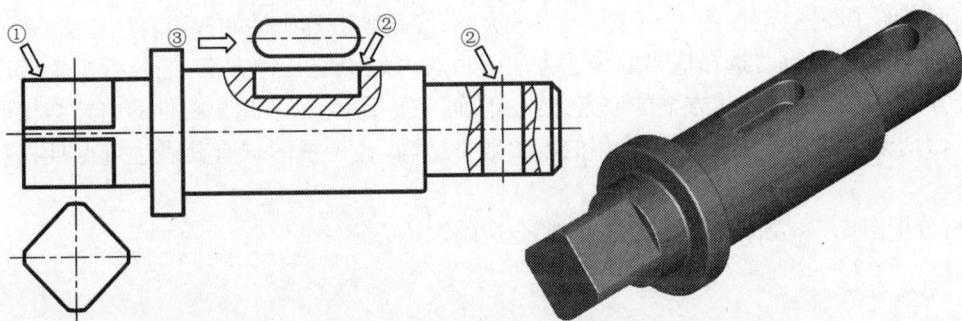

图 5.39　较小结构的简化画法

(9)在不致引起误解时,对称机件的视图允许只画一半或四分之一,且在对称中心线的两端画两条与其垂直的平行细实线,如图 5.40 所示。

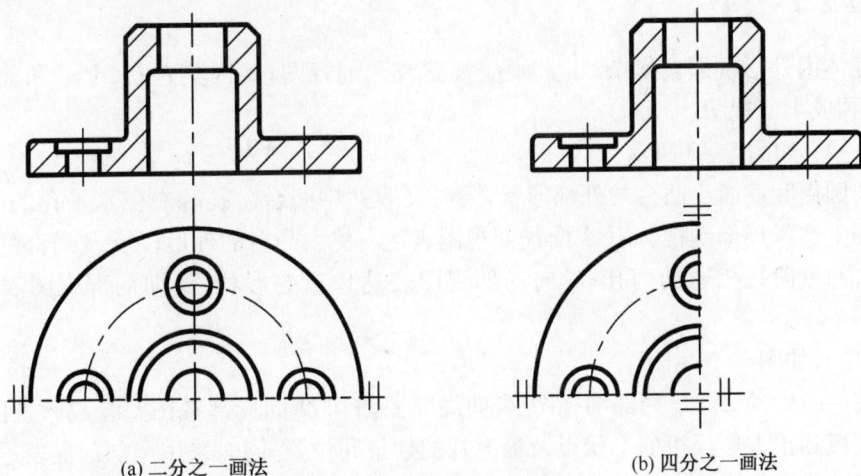

(a) 二分之一画法　　　　　　　　　　　(b) 四分之一画法

图 5.40　对称机件的简化画法

（10）在不致引起误解时，零件图中的移出断面图允许省略绘制剖面线，但剖切位置和断面图的标注必须按规定标注，如图 5.41(a)所示。

（11）机件上斜度不大的结构，若在一个图形中已表达清楚，其他图形可按小端画出，如图 5.41(b)所示。

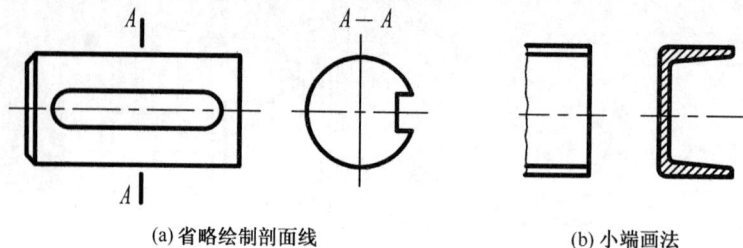

(a) 省略绘制剖面线　　　　　　　(b) 小端画法

图 5.41　其他简化画法

5.5　表达方法综合举例

前面介绍了视图、剖视图、断面图、局部放大图、简化画法等机件的常用表达方法，在表达时应根据机件的结构特征，选择适当的表达方法。一般可先拟定几种方案，经分析比较后选择一个最佳方案。确定最佳表达方案的原则是：在正确、完整、清晰地表达出机件的内外结构形状的前提下，力求绘图简单、看图方便，选用的视图数量适当，各个视图均有其表达重点且相互间又有联系。

例：分析图 5.42 壳体的结构形状，选择合适的表达方案。

1. 形体分析

壳体由方形顶板、中部圆筒、圆形底板、前面小凸台和右侧大凸台五部分组成。顶板和底板上均有四个小孔，且与圆筒间有阶梯孔相通，圆筒与前面小凸台和右侧大凸台间有圆孔相通。

2. 表达方案

由于壳体内外形状都较复杂，不宜画成视图或全剖视图；又因其左右、上下和前后都不对称，亦不可画成半剖视图。

方案（一）：如图 5.43 所示。

为保留圆筒和前面小凸台的外部形状，同时又表达中间台阶孔和右侧水平孔的内部形状，故在主视图上选择局部剖视。用 A 向局部视图表达右侧大凸台的外形；$B-B$ 局部剖视图表达前方小凸台与台阶孔相通的内孔；C 向局部视图表达顶板的形状，D 向局部视图表达底板的形状。

方案（二）：如图 5.44 所示。

将方案（一）中的 $B-B$ 局部剖视图、C 向局部视图和 D 向局部视图整合成俯视图，分别表达了圆形底板和正方形顶板的形状以及板上孔的数量和位置，同时采用局部剖视表达前面小凸台上的孔与阶梯孔相通。右侧大凸台连接板的外形用 A 向局部视图表达。

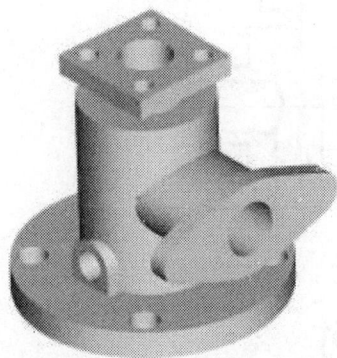

图 5.42　壳体零件

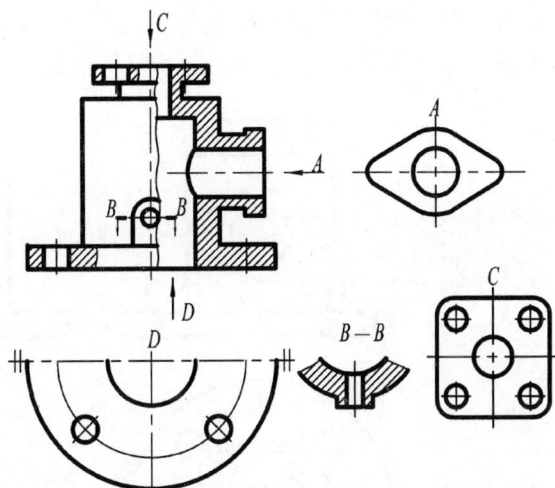

图 5.43　壳体零件表达方案(一)

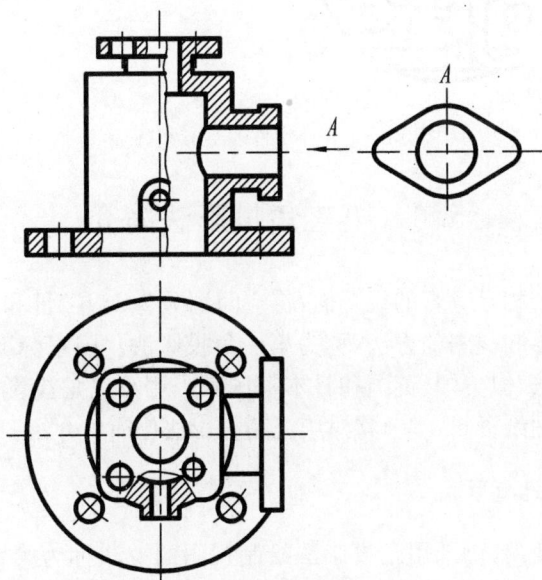

图 5.44　壳体零件表达方案(二)

　　方案(三)：如图 5.45 所示。

　　主视图表达了大凸台的外形和各个结构部分的高度，主视图上的局部剖视表达了顶板和底板上的孔为通孔。左视图采用全剖表达了圆筒中的阶梯孔，以及前面大凸台的孔与圆筒中的阶梯孔相通。俯视图采用 2 个平行剖切面剖切的局部剖视图，既表达了上、下底板的形状和其上小孔的分布情况，也表达了左侧小凸台的孔和圆筒的孔相通。B 向局部视图表达左侧小凸台的形状。

3. 方案比较

　　分析以上三种表达方案，三种方案都已将零件的内外结构形状表达清楚。不同的表达方案将机件内外形需要表达的每一部分进行了不同的组合，组合得好坏，直接影响读图的效果。方

ary.

案(一)显得零散,方案(二)整体感较好,而方案(三)显得烦琐。故确定采用方案(二)表达壳体,既能完整地表达壳体的内外结构形状,又能满足图面简单、清晰的要求。

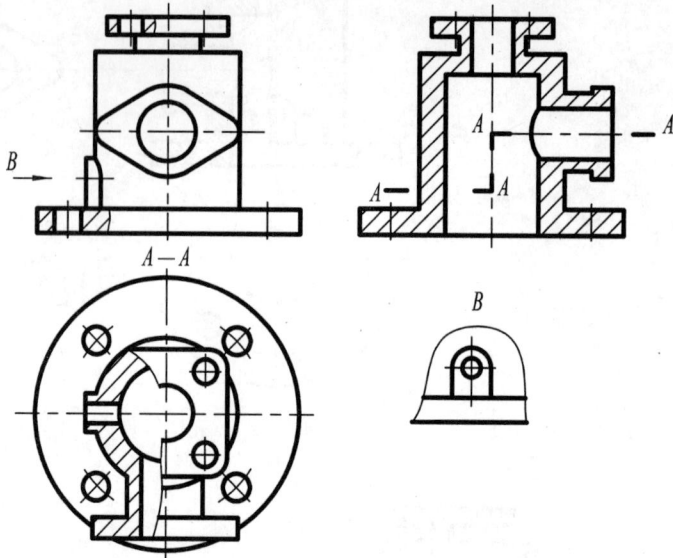

图 5.45　壳体零件表达方案(三)

5.6　第三角投影法简介

如图 5.46 所示,两个相互垂直的投影面,将空间划分为Ⅰ、Ⅱ、Ⅲ和Ⅳ四个分角。机件置于第一分角内按正投影法绘制视图的方法,称为第一角投影法。国家标准规定,我国工程图样的绘制均采用第一角投影法,但美国、英国和日本等国家采用第三角投影法。为便于进行国际间的技术交流和阅读国外图纸资料,本节将对第三角投影法作简单介绍。

1. 第三角投影法的视图形成

将机件置于第三分角内,仍采用正投影法绘制视图的方法称为第三角投影法。如图 5.47 所示,投影面位于观察者和机件之间,如同隔着玻璃观察物体并在玻璃上绘图一样。画出的三视图分别为前视图(从前向后投影)、顶视图(从上向下投影)和右视图(从右向左投影)。

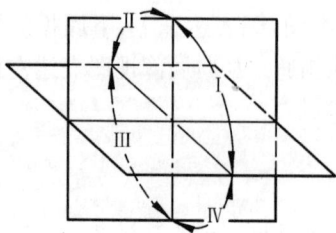

图 5.46　四个分角的形成

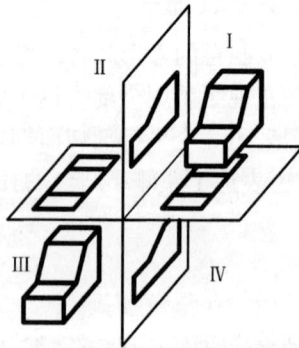

图 5.47　第一角与第三角投影法

2. 第三角投影法的基本视图配置

如图 5.48 所示第三角投影法中,机件放置在正六面体的中间,向六个投影面投影得到六个基本视图,分别为:前视图、左视图、顶视图、底视图、右视图和后视图,各视图之间符合投影规律。六个基本视图按图 5.49 所示方式展开至同一平面上,得到如图 5.50 所示六个基本视图的配置。

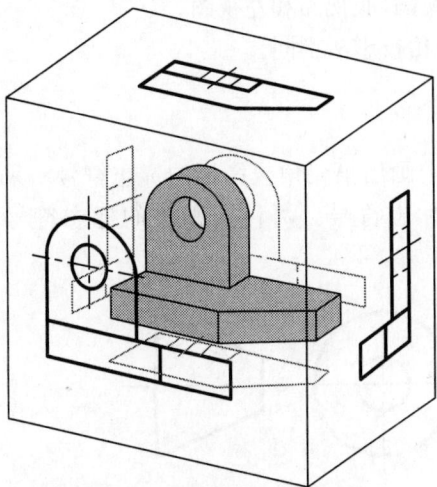

图 5.48　机件放置在正六面体中

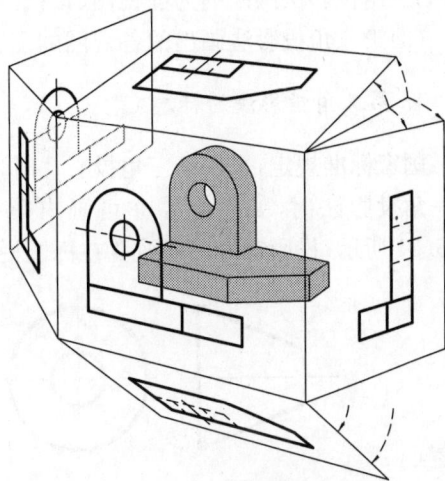

图 5.49　六个基本视图的展开

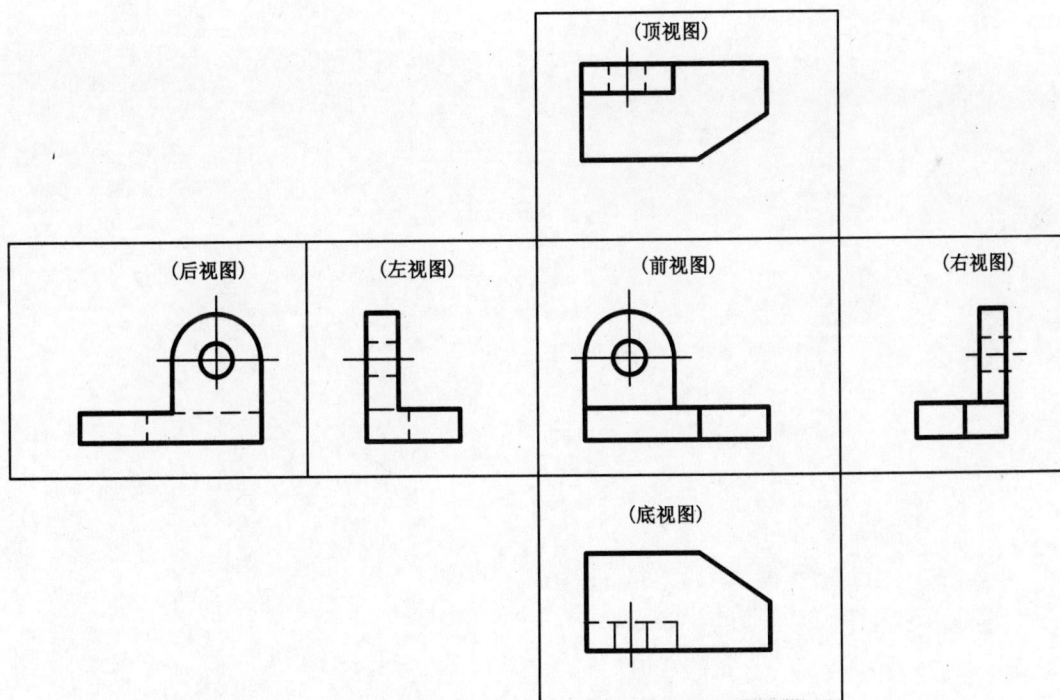

图 5.50　第三角投影法六个基本视图的配置

3. 第三角投影法与第一角投影法的区别

(1)第一角投影法将机件置于观察者与投影面之间,从投影方向看其位置关系为观察者——机件——投影面;第三角投影法将投影面置于观察者和机件之间,从投影方向看其位置关系为:观察者——投影面——机件。

(2)在第一角投影法画出的各视图的名称为主视图、俯视图、左视图、后视图、仰视图和右视图;第三角投影法画出的为前视图、顶视图、右视图、后视图、底视图和左视图。

(3)第三角投影法画出的各视图的配置关系与第一角投影法不同。

4. 第三角投影法的标志

国家标准规定,采用第三角投影法时,必须在图样中画出第三角投影法的标志符号。采用第一角投影法时,如有必要亦可画出第一角投影的标志符号。两种投影法的标志符号如图 5.51 所示,投影符号一般放置在标题栏及代号区的下方。

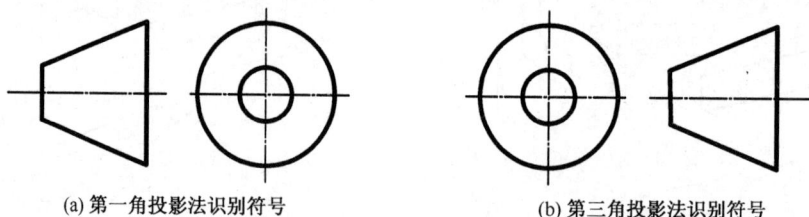

(a)第一角投影法识别符号   (b)第三角投影法识别符号

图 5.51　两种投影法的识别符号

第6章 标准件和常用件

在机器或部件的装配、安装中,广泛使用螺纹紧固件或其他连接件。在机械传动、支承、减震等方面大量使用齿轮、轴承、弹簧等机件。这些被大量使用的零部件,称为标准件和常用件,如图6.1所示。

图 6.1　标准件和常用件

在结构、尺寸等各个方面都已经标准化的零件称为标准件,如螺纹紧固件、轴承、键、销等。部分结构和重要参数标准化和系列化的零件称为常用件,如齿轮等。

国家有关部门对标准件和常用件颁布了国家标准,并由专门的生产厂家使用专用机床进行生产。

在装配和维修机器时,只需按照规格选用或更换标准件和常用件。绘图时,只要按照国家标准规定的画法、代号或标记进行绘图和标注。其详细结构和尺寸可以根据代号和标记查阅相应的国家标准。

6.1　螺纹和螺纹紧固件

螺纹及螺纹紧固件的投影画起来很复杂,而螺纹是标准结构,螺纹紧固件是标准件,制造螺纹紧固件是采用专用刀具和机床,因此没有必要画螺纹及螺纹紧固件的真实投影。为简化作图,GB/T 4459.1—1995《机械制图 螺纹及螺纹紧固件表示法》规定了螺纹及螺纹紧固件的表示法。

6.1.1　螺纹

螺纹是零件上的一种常见结构。在零件外表面上的螺纹称外螺纹,在零件内表面上的螺纹称内螺纹,如图6.2所示。

(a)外螺纹　　　　　　(b)内螺纹　　　　　(c)内外螺纹旋合

图 6.2　螺纹结构

螺纹的加工方法很多,如在机床上车削螺纹,或用手工工具(丝锥、板牙等)加工螺纹。

图 6.3 所示为在车床上车削螺纹,工件作匀速旋转运动,车刀作匀速直线(沿轴向)运动,当车刀切入工件时,车刀刀尖便在工件上切出一定形状和深度的螺旋沟槽,这就是螺纹。把车刀刀头磨成不同的几何形状,便得到不同牙型的螺纹。

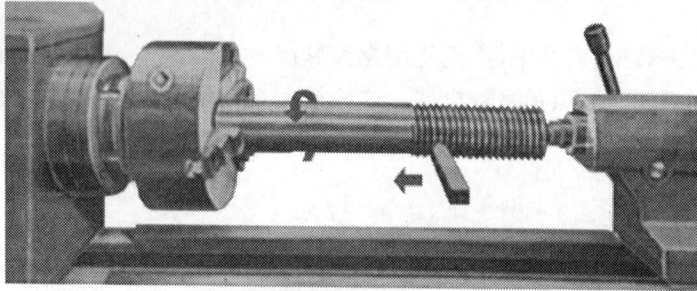

图 6.3　车削外螺纹

1. 螺纹五要素

螺纹结构由五个要素确定,内外螺纹的旋合条件是螺纹的五个要素必须完全相同,否则内外螺纹不能互相旋合。

对螺纹的五要素详述如下。

1) 螺纹牙型

牙型指螺纹轴向剖面的轮廓形状。常见的牙型有三角形、梯形、锯齿形和矩形等。其中三角形螺纹主要用于连接,梯形、矩形螺纹主要用于传动等。

2) 公称直径

螺纹直径有大径、中径和小径,如图 6.4 所示。

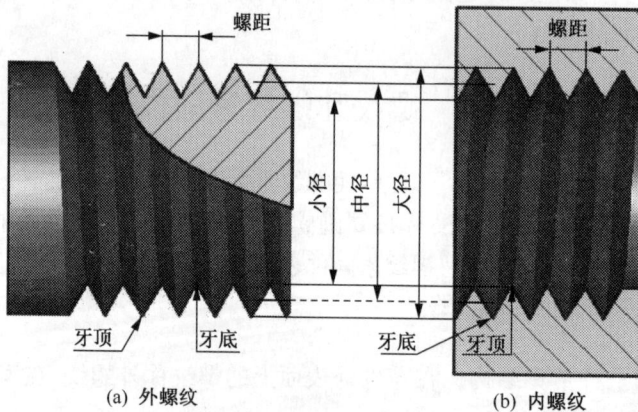

(a) 外螺纹　　　　　　　　　　(b) 内螺纹

图 6.4　螺纹各部分名称和代号

(1) 大径是指与外螺纹牙顶或内螺纹牙底相重合的假想圆柱的直径。大径又称为公称直径,内、外螺纹的大径分别用 D、d 表示。

(2) 小径是指与外螺纹的牙底或内螺纹牙顶相重合的假想圆柱的直径。内、外螺纹的小径分别用 D_1、d_1 表示。

(3) 中径是一个假想圆柱的直径,即在大径和小径之间,其母线通过牙型上的沟槽和凸起宽度相等的地方,内、外螺纹的中径分别用 D_2、d_2 表示。

3）线数

螺纹有单线和多线之分。在同一螺纹件上沿一条螺旋线所形成的螺纹称为单线螺纹。沿两条以上螺旋线形成的螺纹称为多线螺纹，螺纹的线数用 n 表示，如图 6.5 所示。

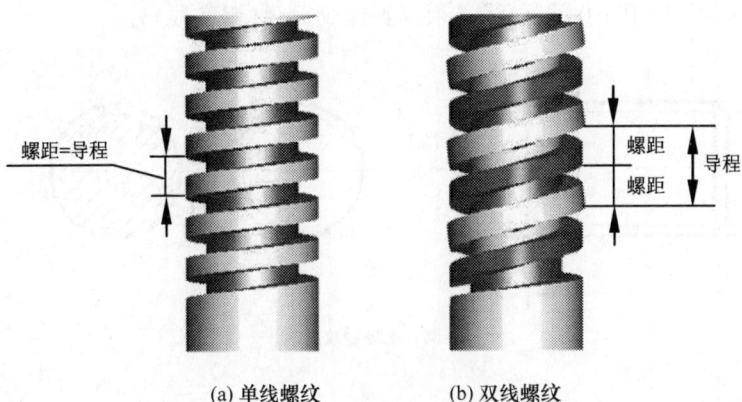

(a) 单线螺纹　　　　(b) 双线螺纹

图 6.5　螺纹线数示意图

4）螺距和导程

螺纹相邻两个齿在中径线上对应点间的轴向距离称为螺距，用 P 表示；同一条螺旋线上相邻两齿在中径线上对应点间的距离称为导程，用 S 表示。对于单线螺纹，螺距等于导程；对于多线螺纹，螺距 $P=S/n$，如图 6.5 所示。

5）旋向

螺纹有右旋和左旋之分。把轴线垂直放置，螺纹的可见部分从左下向右上倾斜的为右旋螺纹，从右下向左上倾斜的为左旋螺纹，如图 6.6 所示。当内、外螺纹旋合时，右旋螺纹是按顺时针方向旋入，左旋螺纹是按逆时针方向旋入，工程上常用右旋螺纹。

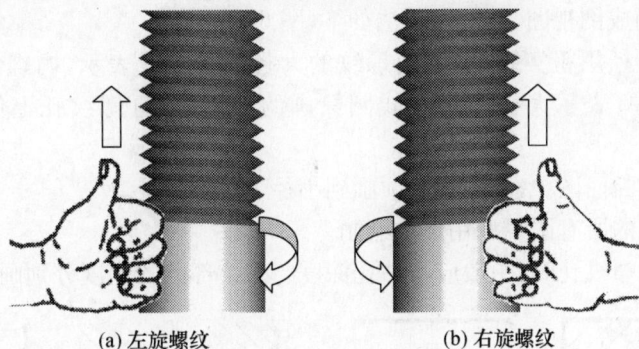

(a) 左旋螺纹　　　　(b) 右旋螺纹

图 6.6　螺纹旋向示意图

螺纹的牙型、直径和螺距均符合国家标准的螺纹称为标准螺纹，否则称为非标准螺纹。

2. 螺纹的规定画法

GB/T 4459.1—1995《机械制图 螺纹及螺纹紧固件表示法》制定了螺纹的规定画法。

1）外螺纹规定画法

外螺纹的规定画法如下（图 6.7）：

（1）外螺纹的大径用粗实线表示；小径用细实线表示，通常画成大径的 0.85 倍，且在螺杆的倒角或倒圆部分也应画出；螺纹终止线用粗实线表示。

（2）在垂直于螺纹轴线的投影面的视图（以下称为端视图）中，表示小径的细实线圆只画约 3/4 圈（空出约 1/4 圈的位置不作规定），螺杆倒角的投影圆不应画出。

（3）螺尾部分一般不必画出。当需要表示螺尾时，该部分用与轴线成 $30°$ 的细实线绘制。

（4）在剖视图或断面图中，剖面线必须画到螺纹大径（粗实线）处。

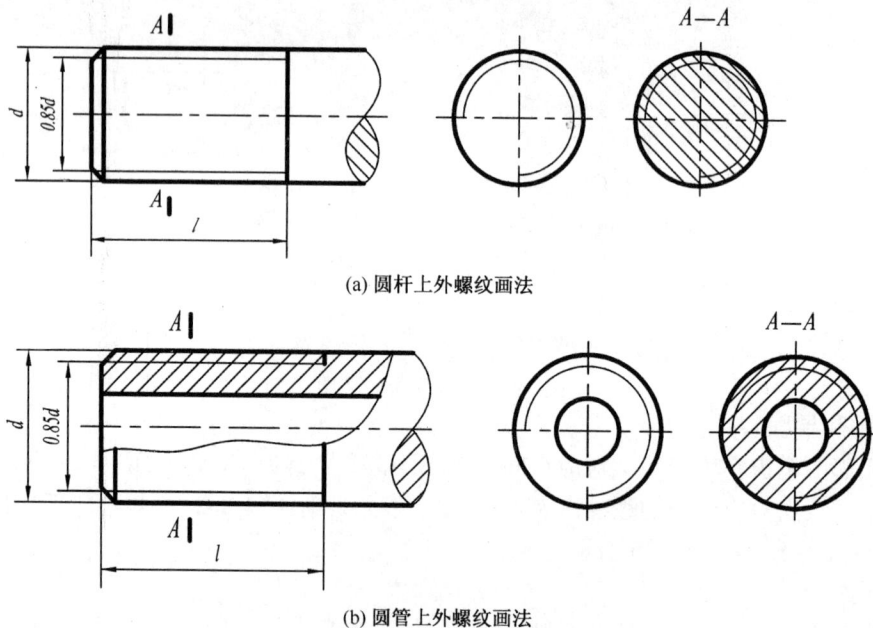

(a) 圆杆上外螺纹画法

(b) 圆管上外螺纹画法

图 6.7　外螺纹的规定画法

2）内螺纹规定画法

内螺纹一般多画成剖视图，其规定画法如下（图 6.8）：

（1）内螺纹的小径用粗实线表示，内螺纹的大径用细实线表示，内螺纹的终止线用粗实线画出。在端视图中，表示大径的细实线圆只画约 3/4 圈，且螺纹孔上倒角的投影圆不应画出。

（2）在剖视图或断面图中，剖面线必须画到小径（粗实线）处。

（3）不可见螺纹的所有图线均用虚线绘制。

（4）绘制不穿通螺纹孔时，一般应将钻孔深度与螺纹部分的深度分别画出。

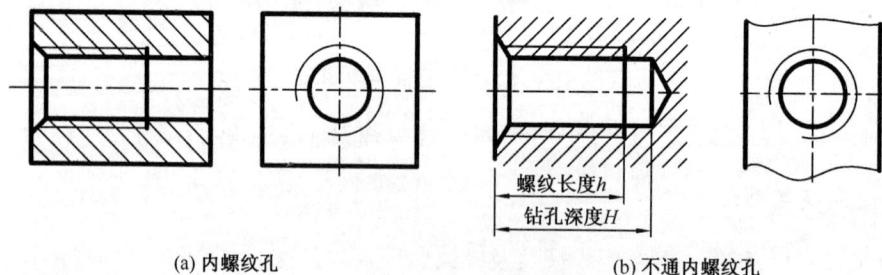

(a) 内螺纹孔

螺纹长度 h
钻孔深度 H

(b) 不通内螺纹孔

图 6.8　内螺纹的画法

3）内外螺纹旋合画法

在装配图上画内外螺纹旋合时，通常用剖视图表示。当剖切平面通过实心螺杆的轴线时，螺杆作不剖绘制。内外螺纹旋合部分应按外螺纹的画法绘制,其余部分仍按各自的规定画法表示。内螺纹与外螺纹的大径和小径的粗细实线应分别对齐,如图 6.9 所示。

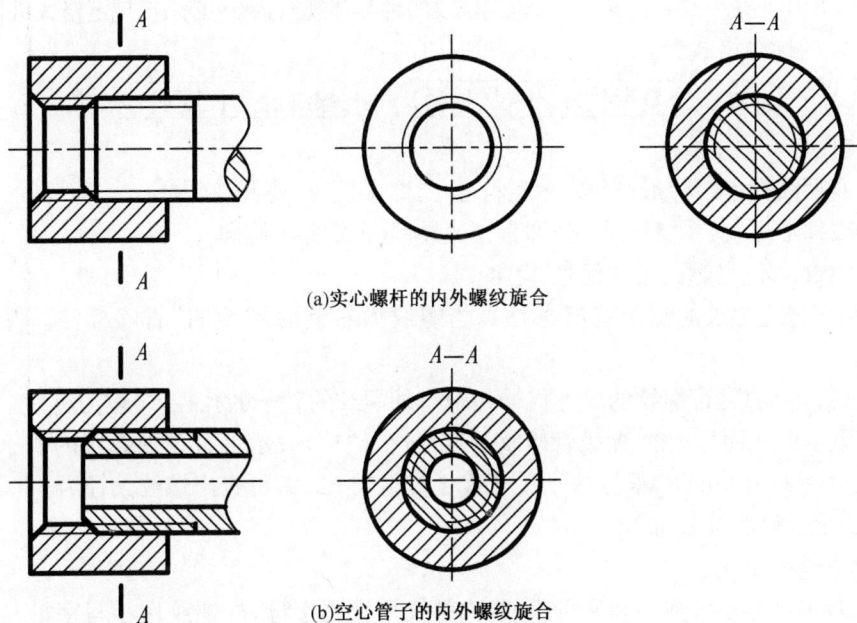

(a)实心螺杆的内外螺纹旋合

(b)空心管子的内外螺纹旋合

图 6.9 内外螺纹旋合画法

3. 螺纹种类

几种常用标准螺纹的具体分类如表 6.1 所示。

表 6.1 常用标准螺纹的种类

螺纹种类		牙型符号	牙 型 图	说 明
连接螺纹	普通螺纹	M		牙型是等边三角形,牙型角 60°。普通螺纹分为粗牙和细牙两种 在大径相同的条件下,细牙螺纹螺距比粗牙螺纹的螺距小。粗牙螺纹用于一般的零件连接,细牙螺纹用于细小精密零件和薄壁零件的连接
连接螺纹	管螺纹(非螺纹密封)	G		牙型是等腰三角形,牙型角为 55°。常用于水管、油管、煤气管等薄壁零件,螺纹深度较浅
传动螺纹	梯形螺纹	Tr		牙型为梯形,牙型角为 30°。梯形螺纹用于承受双向轴向力的一般传动零件,如梯形螺杆等

4. 螺纹标注

由于螺纹采用了统一规定的画法,为识别螺纹的种类和规格,螺纹必须按规定格式进行标注。

标准螺纹的标注格式为:

| 螺纹代号 |——| 螺纹公差带代号(中径、顶径) |——| 螺纹旋合长度代号 |

1) 螺纹代号

(1) 普通螺纹和单线梯形螺纹:牙型符号 公称直径 × 螺距 旋向

(2) 多线梯形螺纹:牙型符号 公称直径×导程(P 螺距) 旋向

(3) 管螺纹:牙型符号 尺寸代号 旋向

其中,粗牙普通螺纹的螺距省略标注。当螺纹为右旋时,"旋向"省略标注。左旋螺纹用"LH"表示。

特别应该注意的是管螺纹的尺寸代号是带有外螺纹的管子的孔径,单位为英寸。例如螺纹代号"GlA"表示尺寸代号 1 的 A 级管螺纹。尺寸代号"1",表示带有该外螺纹的管子的孔径是 1 英寸(1 英寸=25.40mm),根据这个尺寸代号查附录 B2.2,可查出螺纹大径为 33.249mm,小径为 30.291mm,螺距为 2.309mm。

2) 螺纹公差带代号

螺纹公差带代号是由数字和字母组成(内螺纹用大写字母,外螺纹用小写字母),如 6H、5g等。若螺纹的中径公差带与顶径(顶径指外螺纹的大径和内螺纹的小径)公差带的代号不同则分别标注,如 6H7H、5h6h,中径公差带在前,顶径公差带在后。梯形螺纹、锯齿形螺纹只标注中径公差带代号。

3) 螺纹旋合长度代号

螺纹旋合长度是指两个相互配合的螺纹,沿螺纹轴线方向相互旋合部分长度(螺尾不包括在内)。

普通螺纹旋合长度分 S(短)、N(中)、L(长)三组;梯形螺纹分 N、L 两组。当旋合长度为 N 时,省略标注。

表 6.2 表示了常用标准螺纹的标注示例。

表 6.2　常用标准螺纹标注示例

标 记 代 号			标 注 示 例
粗牙普通螺纹	牙型符号	M	M24-6g 螺距、旋向省略不注
	公称直径	24	
	螺距	3	
	旋向	右	
细牙普通螺纹	牙型符号	M	M24×2-6h
	公称直径	24	
	螺距	2	
	旋向	右	

标 记 代 号			标 注 示 例
梯形螺纹	牙型符号	Tr	*Tr20×8(P4)-LH-7e*
	公称直径	20	
	螺距	4	
	导程/线数	8/2	
	旋向	左	
锯齿形螺纹	牙型符号	S	*S40×14(P7)*
	公称直径	40	
	螺距	7	
	导程/线数	14/2	
	旋向	右	
非螺纹密封的管螺纹	牙型符号	G	*G1A*
	尺寸代号	1	
	旋向	右	

5. 螺纹的工艺结构

1) 螺纹倒角

为了便于内、外螺纹装配和防止端部螺纹损伤,在螺纹端部常加工出螺纹倒角,如图 6.10 所示。

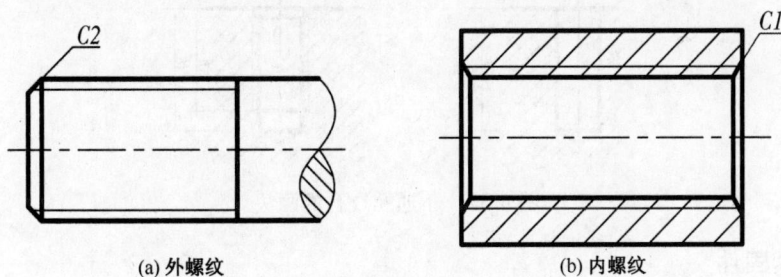

图 6.10　螺纹倒角画法

(a) 外螺纹　　(b) 内螺纹

2) 螺纹退刀槽

在加工螺纹时,为了便于退刀,一般先在螺纹终止处加工出退刀槽,然后再加工螺纹,如图 6.11 所示。

3) 不通的螺纹孔

加工不通的小螺纹孔时,一般先钻孔再攻螺纹。因为钻头的头部是锥型,故钻孔底部应画成 120°的圆锥,不必标注。为了保证螺纹的有效长度,钻孔深度 H 要大于螺纹长度 h,两者之间的差值称钻孔余量,一般 $H-h=0.5D$,如图 6.12 所示。

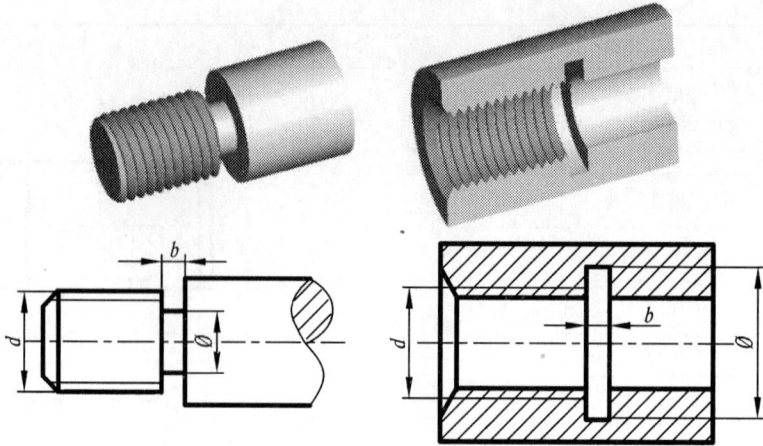

图 6.11　螺纹退刀槽画法

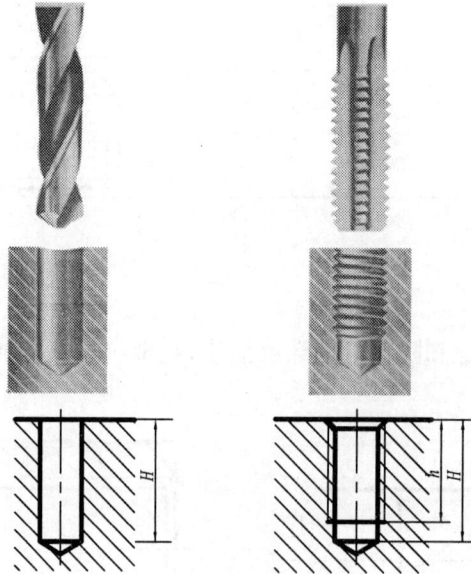

图 6.12　不通螺纹孔的画法

6.1.2　螺纹紧固件

用螺纹起连接和紧固作用的零件称为螺纹紧固件。螺纹紧固件属于标准件,其结构及尺寸均已标准化,一般由标准件厂批量生产。在设计绘图过程中,凡涉及这些标准件时,只需根据规定画法绘制螺纹紧固件,并标注出其规定标记。

1. 螺纹紧固件的种类

常用的螺纹紧固件有螺栓、双头螺柱、螺母、螺钉和垫圈等,如图 6.13 所示。

国家标准规定,螺纹紧固件分为三个精度等级,其代号为 A、B、C 级。A 级精度最高,用于要求配合精确、防止振动等重要零件的连接;B 级多用于受载较大且经常装拆、调整或承受变载荷的连接;C 级多用于一般的螺纹连接,通常螺纹紧固件选用 C 级精度。

六角头螺栓　双头螺柱　六角螺母　圆柱头螺钉　圆头螺钉　沉头螺钉

平垫圈　弹簧垫圈　止动垫圈　圆螺母　紧定螺钉

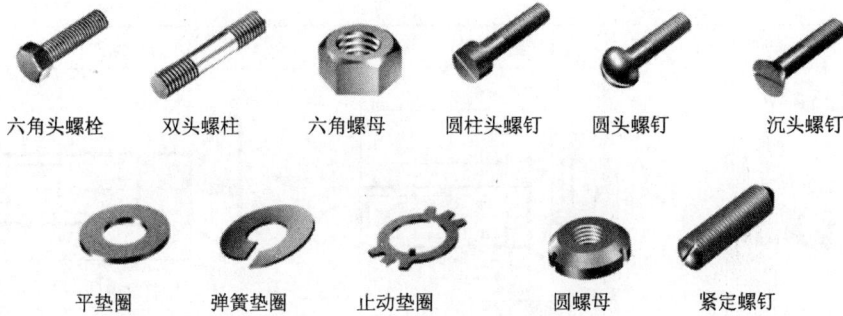

图 6.13　常用的螺纹紧固件

2. 螺纹紧固件画法及标记

在装配图中,螺纹紧固件可采用比例画法或简化画法。

(1) 比例画法。根据螺纹紧固件的公称直径,按比例计算获得其他尺寸,并以此进行画图。

(2) 简化画法。在比例画法的基础上,将螺纹紧固件的工艺结构,如倒角、退刀槽等均省略不画,六角头螺栓的头部和六角螺母的外形也简化成正六棱柱来画。

GB/T 1237——2000《紧固件标记方法》规定,螺纹紧固件的完整标记内容较多,但通常采用省略后的简化标记方法,它可以表示标准件的全部特征。

螺纹紧固件的画法和标记示例如表 6.3 所示。

表 6.3　螺纹紧固件标记示例及画法

种　类	比 例 画 法	简化画法和标记示例
普通螺栓		 **螺栓** GB/T 5782 M10×60
普通六角头螺栓的种类很多,应用最广。精度分为 A、B、C 三级,通用机械中多用 C 级。螺杆部可制出一段螺纹或全螺纹,螺纹有粗牙和细牙之分		
双头螺柱		 **螺柱** GB/T 898 M10×50
双头螺柱的两端都制有螺纹,两端螺纹可相同或不同。螺柱的一端常用于旋入铸铁或有色金属的螺纹孔中,旋入后即不经常拆卸,以保护螺纹孔的螺纹。另一端则用于安装螺母以固定其他零件		

续表

种　类	比 例 画 法	简化画法和标记示例

开槽沉头螺钉

内六角圆柱头螺钉

开槽圆柱头螺钉

紧定螺钉

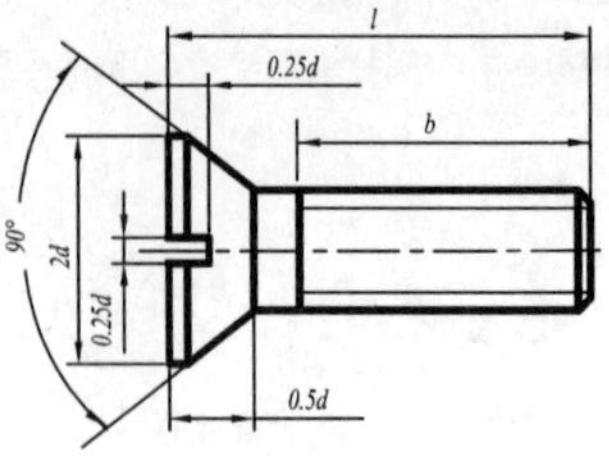

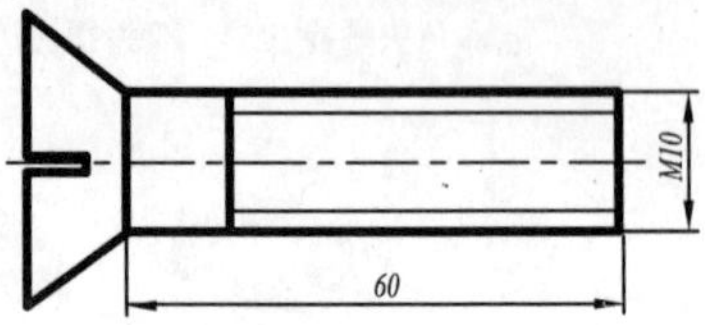

螺钉 GB/T 68 M10×60

　　螺钉头部形状有圆头、盘头、六角头、圆柱头和沉头等。头部起子槽有一字槽、十字槽和内六角孔等形式。十字槽螺钉头部的强度较高，对中性好，便于自动装配。内六角孔螺钉能承受较大的扳手力矩，并且连接强度高，可代替六角头普通螺栓，用于结构要求紧凑的场合

　　紧定螺钉的末端形状通常有锥端、平端和圆柱端。锥端适用于被紧定零件的表面硬度较低或不经常拆卸的场合；平端接触面积大，不伤零件表面，常用于顶紧硬度较大的平面或经常拆卸的场合；圆柱端压入轴上的凹坑中，适用于紧定空心轴上的零件位置

六角螺母

六角开槽螺母

圆螺母

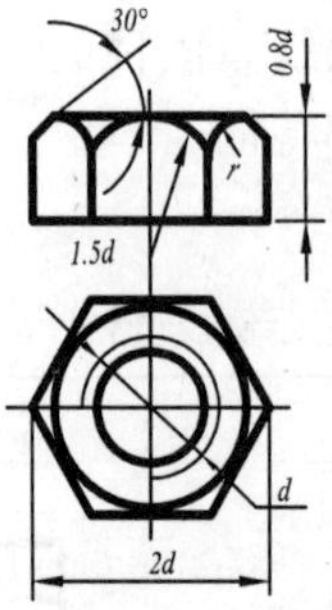

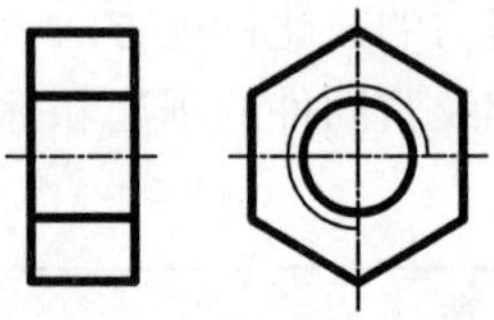

螺母 GB/T 6170 M10

　　根据螺母厚度的不同，螺母分为标准螺母和薄型螺母两种。薄型螺母常用于受剪力的螺栓上或空间尺寸受限制的场合。螺母的制造精度与螺栓相同，分为 A、B、C 三级，分别与相同级别的螺栓配用

平垫圈

弹簧垫圈

圆螺母止动垫圈

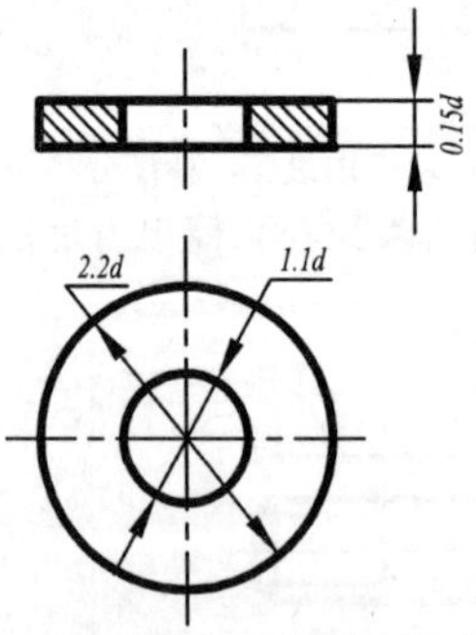

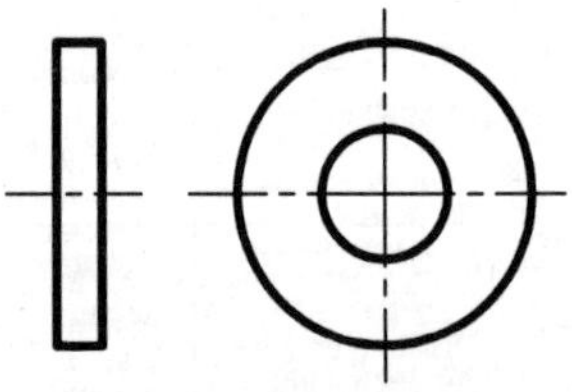

垫圈 GB/T 97.1 10-100HV

　　平垫圈是螺纹连接中不可缺少的附件，常放置在螺母和被连接件之间，起保护支承表面等作用。平垫圈按加工精度不同，分为 A 级和 C 级两种。用于同一螺纹直径的垫圈又分为特大、大、普通和小的四种规格，特大垫圈主要在铁木结构上使用

　　弹簧垫圈是用于防松的一种垫圈，安装在螺母与被连接件之间。螺母拧紧后，靠垫圈压平后而产生的弹性反力使旋合螺纹间压紧。同时垫圈斜口的尖端抵住螺母与被连接件的支承面也有防松效果

6.1.3 装配图中螺纹紧固件的画法

常见的螺纹紧固件连接有三种类型,即螺栓连接、螺钉连接和双头螺柱连接,如图 6.14 所示。

螺纹紧固件的连接图样要表现出各个零件间的连接装配关系,螺栓、螺母、垫圈等零件可以采用国标规定的比例画法进行绘制。同时,因为所有标准件的尺寸均可以从有关标准手册中查出,所以国标还规定可以采用简化画法绘制螺纹紧固件连接图。

图 6.14 螺纹紧固件连接

在装配图中螺纹紧固件画法的一般规定为:

(1) 相邻两零件的接触表面画成一条线,不接触表面画成两条线。

(2) 相邻两零件的剖面线应不同,可用方向相反或间隔不等来区别。但同一个零件在各个视图中的剖面线方向和间隔应一致。

(3) 当剖切平面通过螺杆的轴线时,对于螺栓、螺柱、螺钉、螺母及垫圈等,均按未剖切绘制。需要时,可采用局部剖视。

(4) 螺纹紧固件的工艺结构,如倒角、退刀槽、缩颈、凸肩等均可省略不画。

(5) 在装配图中,不穿通的螺纹孔可不画出钻孔深度,仅按有效螺纹部分的深度(不包括螺尾)画出。

1. 螺栓连接

在被连接的两个零件上加工出比螺栓直径稍大的通孔,螺栓先穿过通孔,套上垫圈,再拧紧螺母,如图 6.15 所示。

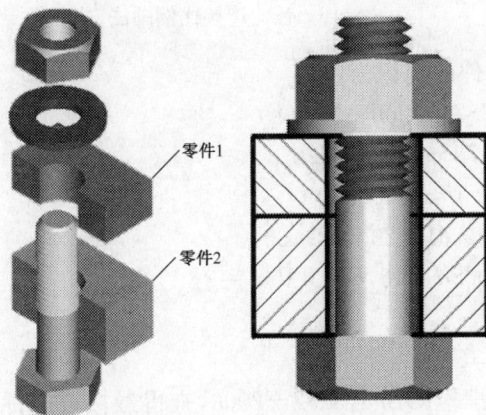

图 6.15 螺栓连接示意图

螺栓连接的结构特点是被连接件的通孔与普通螺栓的螺杆之间留有一定的间隙,螺栓孔的直径大约是螺栓公称直径的 1.1 倍。螺栓连接应用于被连接件都不太厚,能加工成通孔且要求连接力较大的情况。通孔的加工精度要求较低,结构简单,装拆方便。

图 6.16 所示为螺栓连接的比例画法。以螺栓公称直径 d 为依据,按比例计算出其他尺寸进行绘制。

螺栓连接设计时要注意:

(1) 两个被连接零件的通孔直径为 d_0,一般取 $d_0 = 1.1d$。

（2）螺杆端部相对于螺母上顶面一定要留有伸出量 a，一般取 $a=0.3d$。

（3）螺栓有效长度 l 由两个被连接零件的厚度、垫圈厚度、螺母高度及伸出量总和决定，可由以下公式计算：$l>\delta1 + \delta2 + h + m + a$。

其中：$\delta1$、$\delta2$ 为零件 1 和零件 2 的厚度，h 为垫圈的厚度，m 为螺母高度，a 为螺杆伸出余量。

按公式计算得到的 l 值，一般为非标准值，还应根据螺纹大径 d 和计算的 l 值查附录 B3.1，从表中所列的有效长度系列，取一个与计算的 l 值相近的标准值，作为螺栓的有效长度 l。

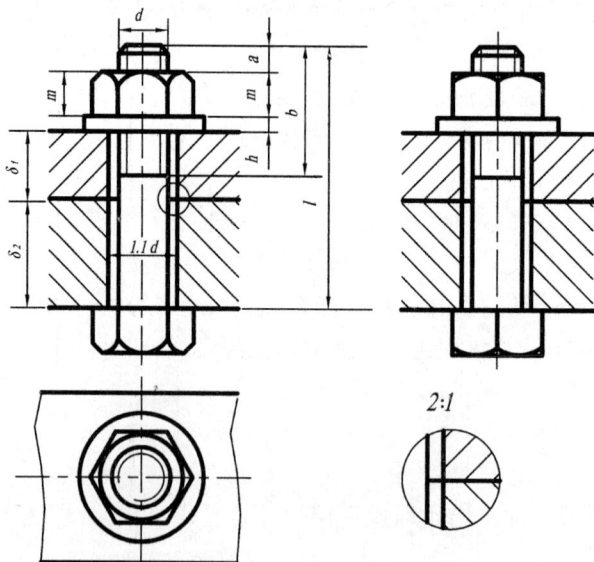

图 6.16　螺栓连接比例画法

例 6.1　已知螺纹紧固件的标记为：

螺栓 GB/T 5782—2000　M20×l

螺母 GB/T 6170—2000　M20

垫圈 GB/T 97.1—2000　20

被连接件的厚度 $\delta1=20$　$\delta2=30$

解：由比例画法得 $m=0.8d=16$，$h=0.15d=3$

取 $a=0.3×20=6$

$l\geqslant20+30+3+16+6=75$

根据附录 B3.1 六角头螺栓 GB/T 5782—2000，查得最接近的标准长度为 70，即是螺栓的有效长度，同时查得螺栓的螺纹长度 $b=46$。

图 6.17 所示为螺栓连接简化画法的画图步骤。

2. 螺钉连接

螺钉按用途可分为连接螺钉和紧定螺钉。

1）连接螺钉

在被连接零件中较薄的零件上加工通孔，在另一较厚的被连接零件上加工螺纹孔，然后将螺钉穿过一个零件的通孔旋进另一零件的螺纹孔，从而连接两个零件，如图 6.18 所示。

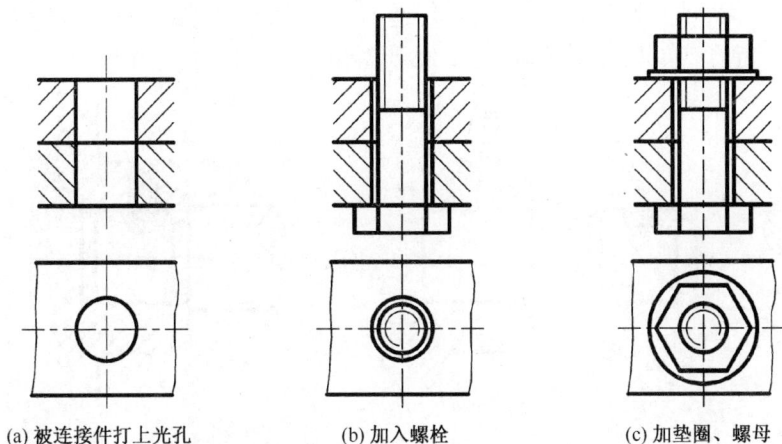

(a) 被连接件打上光孔　　　　　(b) 加入螺栓　　　　　(c) 加垫圈、螺母

图 6.17　螺栓连接的画图步骤

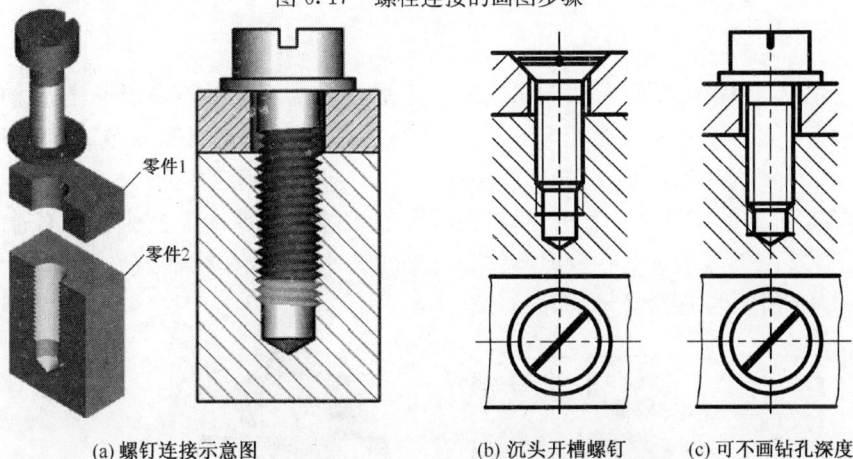

(a) 螺钉连接示意图　　　　(b) 沉头开槽螺钉　　(c) 可不画钻孔深度

图 6.18　螺钉连接示意图和画法

螺钉连接的特点是螺钉直接拧入被连接件的螺纹孔中,不必用螺母,结构简单紧凑。但当要经常拆卸时,易使螺钉的起子槽或被连接件的螺纹孔磨损,导致螺钉或被连接件报废,故多用于受力不大,不经常拆卸的场合。

常用的连接螺钉有圆柱头开槽螺钉、沉头开槽螺钉和紧定螺钉等。

绘制螺钉连接图时应注意下列几点:

(1)确定螺钉的公称长度,初算 $l=\delta+b_{m}$,再根据标准中的 l 系列值取相近的值。螺钉的旋入端长度 b_{m} 与被连接件的材料有关,可参照表 6.4 中的 b_{m} 值近似选取。

表 6.4　螺钉旋入端

被旋入零件的材料	钢	青　铜	铸　铁	铝
旋入端长度 b_{m}	$b_{m}=d$	$b_{m}=1.25d$	$b_{m}=1.5d$	$b_{m}=2d$

(2)在反映螺钉头部的俯视图上,螺钉头部的一字槽应画成 45°涂黑的斜线。

(3)在装配图上,不穿通的螺纹孔可不画出钻孔深度,仅按螺纹有效部分的深度(不包括螺尾)画出,如图 6.18(c)所示。

2) 紧定螺钉

紧定螺钉连接是利用拧入零件螺纹孔中的螺钉末端顶住另一零件的表面或顶入相应的凹

坑中,以固定两个零件的相对位置,并可同时传递不太大的力或力矩。如图 6.19 所示开槽锥端紧定螺钉,固定了轮子与轴的相对位置,轮子就不会沿轴向滑出。

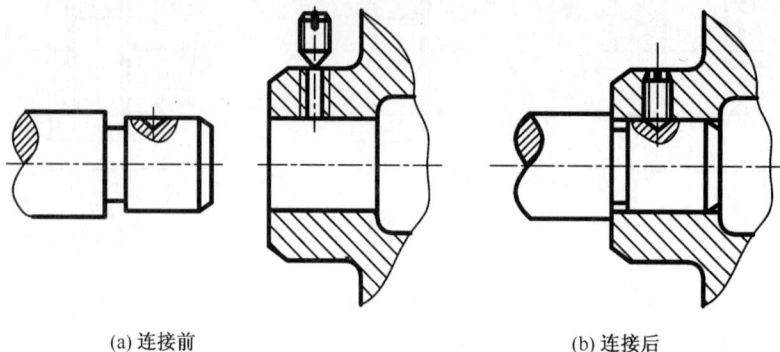

(a) 连接前　　　　　　　　　　　(b) 连接后

图 6.19　开槽锥端紧定螺钉连接画法

3. 双头螺柱连接

螺柱连接由双头螺柱、螺母和垫圈组成。双头螺柱连接用于不能采用螺栓连接的场合,例如,被连接件之一太厚不宜制成通孔,且被连接件的材料又比较软,且需要经常拆卸的场合。当零件 2 很厚,如果使用螺栓连接,螺栓杆就会太长,这时应当使用螺柱连接。

在较薄连接部位的零件 1 上钻一通孔,在较厚连接部位的零件 2 上加工出不通的螺纹孔。连接时,先将螺柱的旋入端旋紧在较厚零件 2 的螺纹孔中,然后在螺柱的另一端套上有通孔的被连接零件 1 和垫圈,再拧紧螺母,如图 6.20 所示。

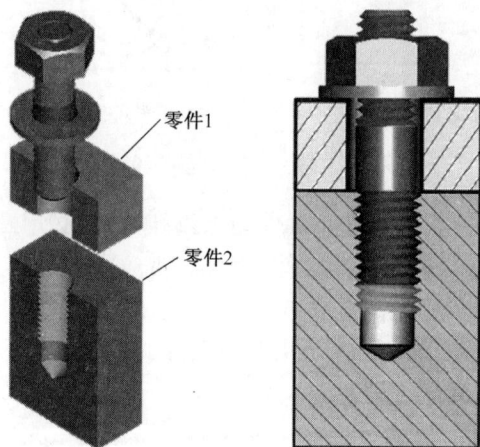

图 6.20　螺柱连接示意图

螺柱旋入端长度 b_m 与被旋入零件的材料有关。

$b_m=1d$（用于钢）,见 GB/T 897—88;

$b_m=1.25d$（用于青铜）,见 GB/T 898—88;

$b_m=1.5d$（用于铸铁）,见 GB/T 899—88;

$b_m=2d$（用于铝合金）,见 GB/T 900—88。

螺柱的规定标记为:螺柱 GB/T 898—88 M10×50,表示螺柱两端的螺纹都是 M10,公称长度 $l=50mm$, $b_m=1.25d$。

图 6.21 所示为螺柱连接的简化画法,画图时注意如下:

（1）螺柱旋入端的螺纹终止线，应画成与两被连接件结合处的表面相重合。

（2）当剖切平面通过螺柱、螺母、垫圈的轴线，这些标准件也按不剖画出。

（3）在装配图上，不穿通的螺纹孔可不画出钻孔深度，仅按螺纹有效部分的深度（不包括螺尾）画出，如图 6.21(b)所示。

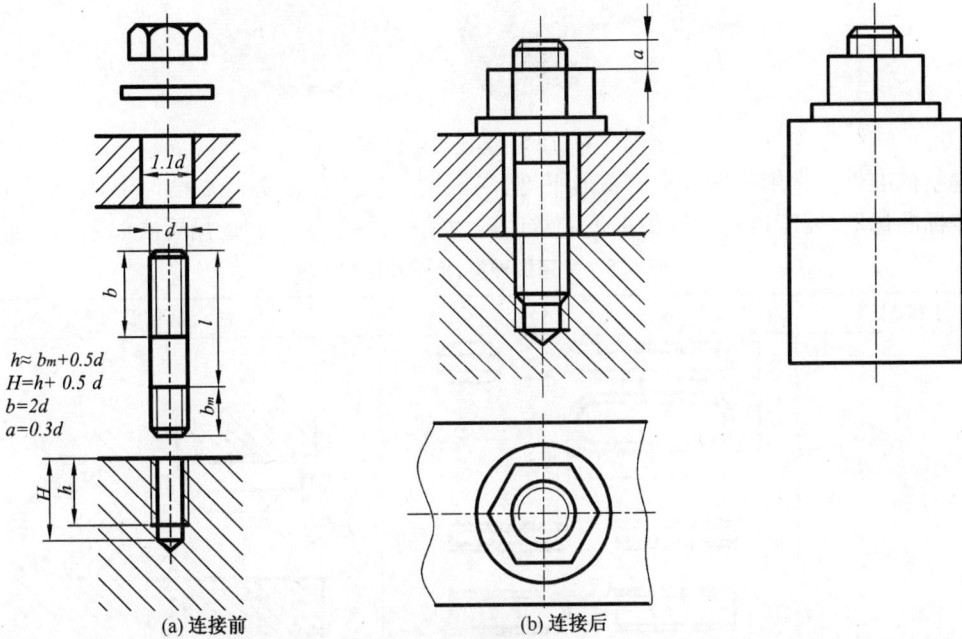

$h \approx b_m + 0.5d$
$H = h + 0.5d$
$b = 2d$
$a = 0.3d$

(a) 连接前　(b) 连接后

图 6.21　螺柱连接画法

图 6.22 所示为螺柱连接的画图步骤。

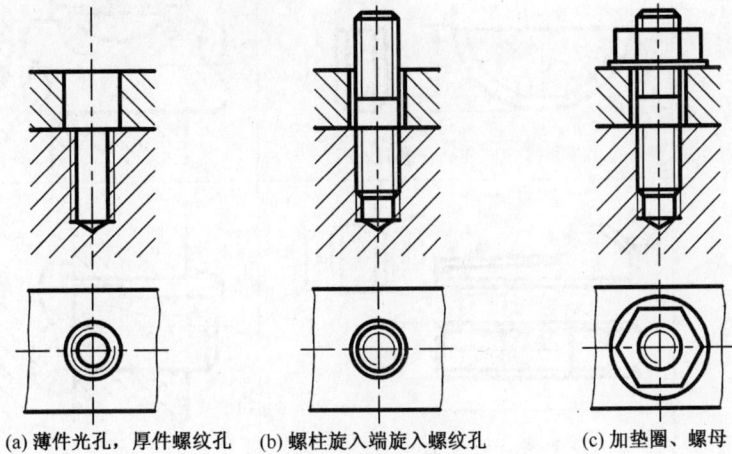

(a) 薄件光孔，厚件螺纹孔　(b) 螺柱旋入端旋入螺纹孔　(c) 加垫圈、螺母

图 6.22　螺柱连接画图步骤

6.2 键 和 销

6.2.1 键连接

键用于连接轴和装在轴上的传动件（如齿轮、皮带轮等），使轴和传动件不发生相对转动，起传递转矩的作用。

在轮毂和轴上分别加工出键槽,将键嵌入键槽里。这样,轴与轮毂就可连接在一起转动,这种连接称为键连接,如图 6.23 所示。

图 6.23　键连接示意图

键是标准件。常用键的种类有普通平键、半圆键和钩头楔键等。在设计中,键要根据轴径大小按标准选取,要能进行正确的标记。常用键的结构、标记示例和连接画法如表 6.5 所示。

表 6.5　常用键种类、标记和连接画法

名称及标准	形式及主要尺寸	连 接 画 法
普通平键	A 型 B 型 C 型 GB/T 1096—2003	
半圆键	半圆键 GB/T 1099—2003	
钩头楔键	≥1:100 钩头楔键 GB/T 1565—2003	

普通平键标记示例:键 GB/T 1096—2003 B18×100,表示键宽 $b=18$mm,键长 $l=100$mm,键高 $h=11$mm(从附录 B3.13 查出)的平头 B 型普通平键。A 型为圆头普通平键,标记"A"字可省略不注。

键在装配图上的画法如表 6.5 中的连接画法所示。绘制时应注意以下几点:

(1) 在主视图上,键被纵向剖切,按不剖处理,不画剖面线;左视图上被横向剖切,要画剖面线。

（2）普通平键和半圆键的工作面是它们的两个侧面，所以键和键槽的两侧面应紧密接触，画图时同一侧的键和键槽的侧面画成重合的直线，不留空隙。

（3）键的顶面与轮毂顶面不是工作表面，不应接触，画图时此处应画出间隙。

6.2.2 销连接

销连接属于可拆的连接，通常用于零件间的连接、定位或防松。

销是标准件。常用的销有圆柱销、圆锥销和开口销三种。

圆柱销和圆锥销主要用于零件间的连接和定位。用销连接和定位的两个零件上的销孔，常需一起加工，故在零件图上应注写"配作"或"与××件配作"，如图 6.24 所示为圆柱销和圆锥销的连接图样。

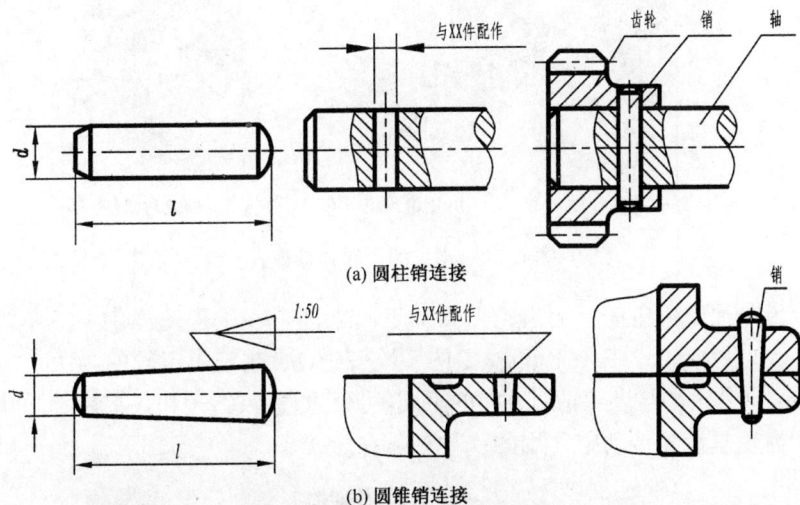

(a) 圆柱销连接

(b) 圆锥销连接

图 6.24　销连接画法

开口销常与带销孔的螺栓和开槽螺母一起使用，以防止螺母松开。开槽螺母的一端加工有通槽，同时螺栓杆部开一小孔，螺母旋紧后，开口销从开槽螺母的槽口一端插入螺栓杆的孔内，并从开槽螺母槽口的另一端伸出，然后把开口销扳开，卡在开槽螺母的槽口上，螺母便不会松动.如图 6.25 所示为开口销连接图样。

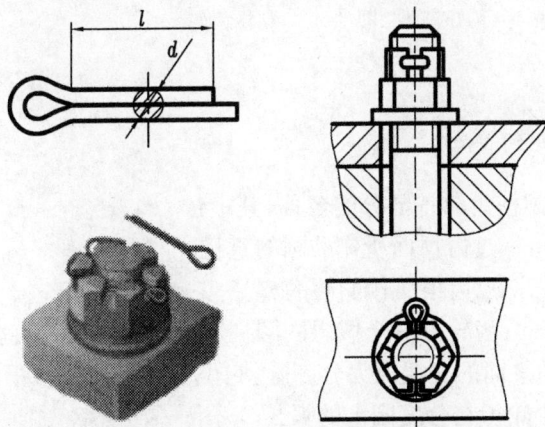

图 6.25　开口销连接示意图及画法

6.3 齿　轮

齿轮传动在机器中应用很广泛,是机械传动中的重要组成部分。它的作用是将一根轴的转矩传递给另一根轴,齿轮传动不仅能传递动力,而且可以变换转速和旋转方向。

常见的齿轮传动形式有三种:用于两平行轴之间的圆柱齿轮传动,用于两相交轴之间的圆锥齿轮传动,用于两交叉轴之间的蜗轮蜗杆传动,如图 6.26 所示。

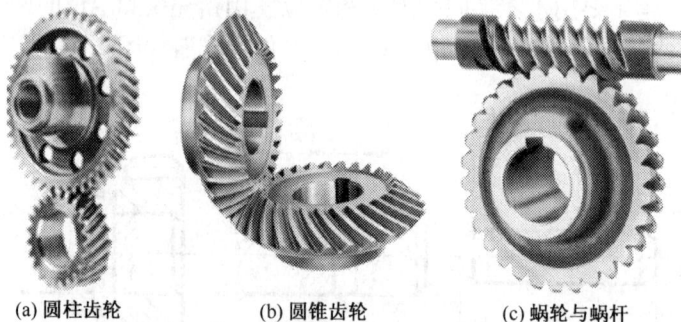

(a) 圆柱齿轮　　　　(b) 圆锥齿轮　　　　(c) 蜗轮与蜗杆

图 6.26　常见的齿轮传动形式

齿轮的轮齿是在专用机床上用齿轮刀具加工出来的。在工程图样中一般不需要画出齿轮的真实投影。GB/T 4459.2—2003《机械制图 齿轮表示法》规定了齿轮的画法。

圆柱齿轮根据其轮齿与齿轮轴线方向的不同,可分为直齿、斜齿和人字齿等,如图 6.27 所示,其中直齿圆柱齿轮是齿轮传动中常用的一种。

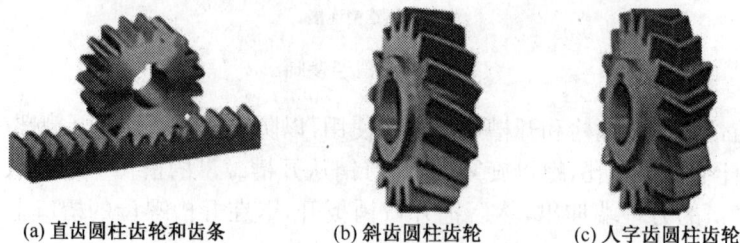

(a) 直齿圆柱齿轮和齿条　　　(b) 斜齿圆柱齿轮　　　(c) 人字齿圆柱齿轮

图 6.27　圆柱齿轮

6.3.1　直齿圆柱齿轮

1. 直齿圆柱齿轮各几何要素

图 6.28 所示为直齿圆柱齿轮各部分的名称,其中:

(1) 齿顶圆直径 d_a —— 过齿顶面所作的圆的直径。

(2) 齿根圆直径 d_f —— 过齿根所作的圆的直径。

(3) 分度圆直径 d —— 齿轮上一个假想的圆柱面,齿轮的尺寸以此圆柱面为基准来确定。该圆柱与垂直于齿轮轴的平面的交线即为分度圆,它位于齿厚和齿间相等的地方。

(4) 齿厚 s —— 每个轮齿在分度圆上的弧长。

(5) 齿间 ω —— 两齿相邻两侧面在分度圆上的弧长,对于标准齿轮:$\omega=s$。

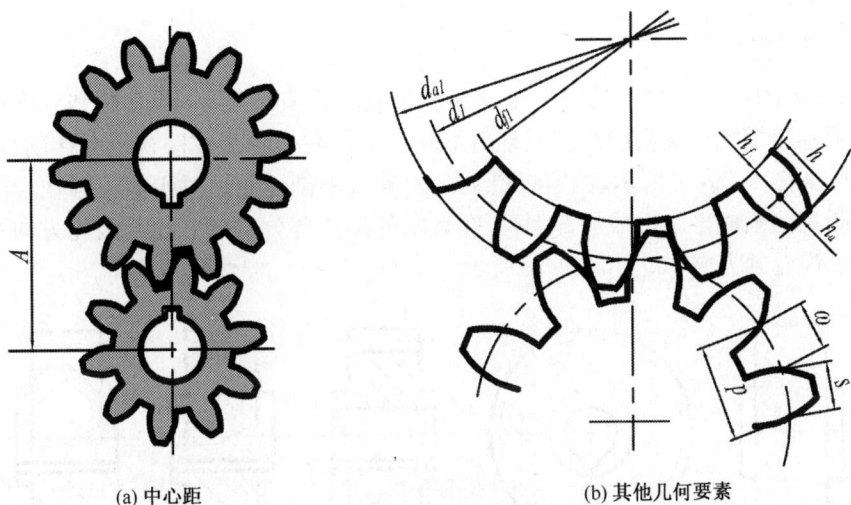

(a) 中心距　　　　　　　　　　　　　　(b) 其他几何要素

图 6.28　圆柱齿轮各部分名称

（6）齿距 p —— 在分度圆上相邻两齿对应点之间的弧长，对于标准齿轮：$p=s+\omega$。

（7）齿宽 b —— 齿轮的轴向长度。

（8）齿顶高 h_a —— 分度圆至齿顶圆间的径向距离。

（9）齿根高 h_f —— 分度圆至齿根圆间的径向距离。

（10）齿高 h —— 齿顶高与齿根高之和，故 $h=h_a+h_f$。

（11）齿数 z —— 一个齿轮的轮齿总数。

（12）中心矩 A —— 两圆柱齿轮轴线间的距离。

模数 m 是设计和制造齿轮的重要参数。从图 6.28 可以看出，齿轮分度圆的周长

$\pi d=zp$，于是 $d=z\dfrac{p}{\pi}$。

令 $m=\dfrac{p}{\pi}$，则 $d=mz$。式中 m 称为模数。

从上式可知：模数 m 与齿距 p 成正比，而 $p=s+\omega=2s$。这表明 m 越大，齿厚 s 也越大，轮齿承载力就越强。为了便于设计和制造，模数的数值已标准化和系列化。一对啮合的齿轮，它们的模数和压力角必须相同。

计算齿轮各几何要素的基本参数是模数 m 和齿数 z，其计算公式如表 6.6 所示。

表 6.6　标准直齿圆柱齿轮的计算公式

名　　称	计　算　公　式	举例（已知 $m=10$，$z=25$）
分度圆直径	$d=mz$	$d=10\times25=250\mathrm{mm}$
齿顶高	$h_a=m$	$h_a=10\mathrm{mm}$
齿根高	$h_f=1.25m$	$h_f=1.25\times10=12.5\mathrm{mm}$
齿顶圆直径	$d_a=d+2h_a=mz+2m=m(z+2)$	$d_a=10\times(25+2)=270\mathrm{mm}$
齿根圆直径	$d_f=d-2h_f=mz-2.5m=m(z-2.5)$	$d_f=10\times(25-2.5)=225\mathrm{mm}$
中心距	$A=(d_1+d_2)/2$	根据一对啮合齿轮的分度圆直径 d_1 和 d_2 算出 A

2. 单个圆柱齿轮的画法

　　如图 6.29(a)所示,圆柱齿轮的齿顶圆和齿顶线用粗实线绘制;分度圆和分度线用点画线绘制;齿根圆和齿根线用细实线绘制或省略不画。如果在齿轮的非圆视图上作剖视,齿根线用粗实线绘制,如图 6.29(b)所示,国家标准规定齿轮按不剖绘制。对于斜齿圆柱齿轮和人字齿轮,可将非圆视图画成半剖视或局部剖视,在表示外形的部分画出三根与齿轮方向平行的细实线,用来表示齿轮的方向,如图 6.29(b)所示。

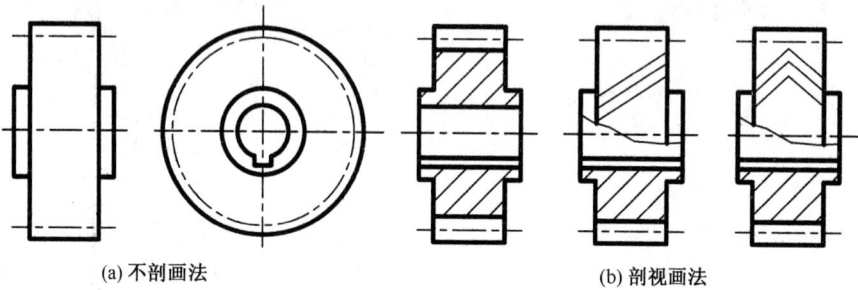

(a) 不剖画法　　　　　　　　　(b) 剖视画法

图 6.29　单个圆柱齿轮的规定画法

　　齿轮零件图,除用视图表达形状外,还需根据生产要求,完整、合理地标注出尺寸。齿轮部分只标注出齿顶圆直径、分度圆直径及齿宽,齿根圆直径不标注。在零件图的右上角,标注出模数、齿数和齿形角等。直齿圆柱齿轮零件图如图 6.30 所示。

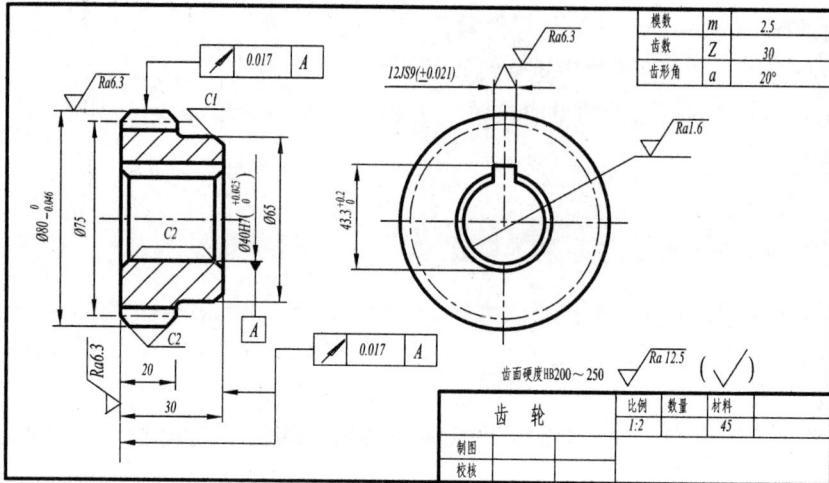

图 6.30　圆柱齿轮零件图

3. 圆柱齿轮啮合画法

1) 外形视图画法

　　图 6.31 所示为一对啮合的直齿圆柱齿轮,在垂直于圆柱齿轮轴线的投影面的视图上,两分度圆应相切,在啮合区内,齿顶圆用粗实线画出,如图 6.31(a)所示;或省略不画,如图 6.31(b)所示。在平行于圆柱齿轮轴线的投影面的视图中,啮合区内的齿顶线、齿根线不画出,而分度线则用粗实线绘制,如图 6.31(b)所示。

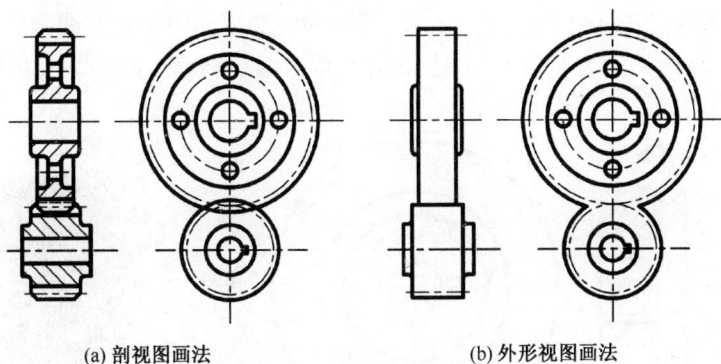

(a) 剖视图画法　　　　　　　　　　(b) 外形视图画法

图 6.31　圆柱齿轮的啮合画法

2）剖视图画法

在平行于两齿轮轴线的投影的剖视图中，啮合的轮齿仍作不剖处理，两齿轮的分度线重合为一条点画线；两齿轮的齿顶线，一条画成粗实线，另一条被遮挡的画成虚线；两齿轮的齿根线都画成粗实线，如图 6.31(a)所示。齿顶线与齿根线之间，应有 $0.25m$ 的间隙，因为 $h_f - h_a = 1.25m - m = 0.25m$。其放大的投影如图 6.32 所示。

图 6.32　齿轮啮合区的投影

6.3.2　锥齿轮与蜗轮蜗杆简介

1. 锥齿轮

锥齿轮通常用于垂直相交的两轴之间的传动。锥齿轮有直齿和斜齿，以直齿圆锥齿轮最常用。由于轮齿是由圆锥面加工出来的，因而齿厚一端大一端小，模数也随着齿厚的变化而由大变小。国家标准规定以大端的模数作为标准模数，用它来确定轮齿的有关尺寸。一对啮合的锥齿轮，其模数也必须相同。锥齿轮各部分几何要素的名称如图 6.33 所示。

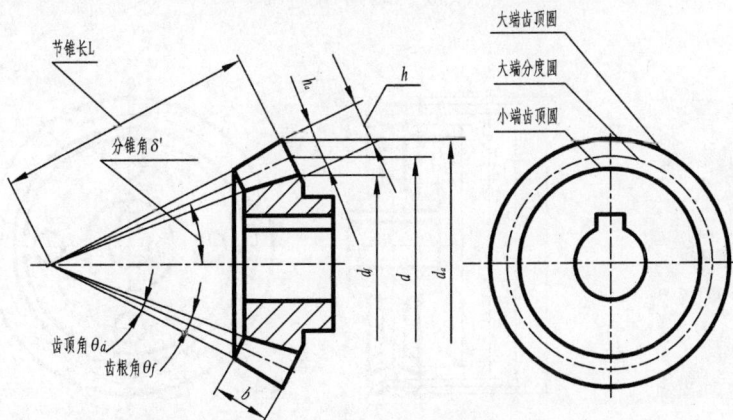

图 6.33　单个直齿圆锥齿轮画法

单个直齿圆锥齿轮的主视图画成全剖视,反映为圆的视图中用粗实线画出齿大端和齿小端的齿顶圆,用点画线画出齿大端分度圆,齿根圆不画出,如图 6.33 所示。直齿圆锥齿轮的啮合画法如图 6.34 所示。

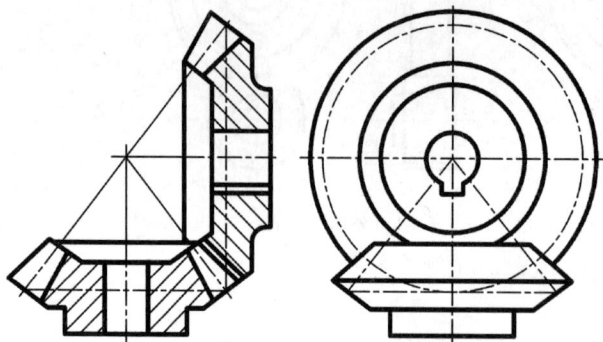

图 6.34 直齿圆锥齿轮啮合画法

图 6.35 蜗轮蜗杆传动示意图

2. 蜗轮与蜗杆

蜗轮和蜗杆用于垂直交叉的两轴之间的传动(图 6.35),通常蜗杆为主动,蜗轮为从动。蜗杆转一周时蜗轮只转过一个齿或两个齿,故蜗轮蜗杆机构常用于齿轮减速箱中。

蜗杆的外形很像一段梯形螺纹的螺杆,有单头和双头、左旋和右旋之分。蜗杆的齿数(即头数)z_1 相当于该螺杆上梯形螺纹的头数。蜗轮则与斜齿轮相似,其齿数 z_2 远大于 z_1。啮合的蜗杆和蜗轮具有相同的模数,且蜗轮的螺旋角等于蜗杆的螺旋线升角。

蜗杆和蜗轮各部分几何要素的代号和规定画法如图 6.36 和图 6.37 所示。蜗轮、蜗杆的画法与圆柱齿轮基本相同。蜗杆常用一个主视图表示,如要表示齿形时可画出几个齿的齿形,如图 6.36 所示。但是在蜗轮投影为圆的视图中,只画出分度圆和最大圆,不画齿顶圆和齿根圆,如图 6.37 所示。

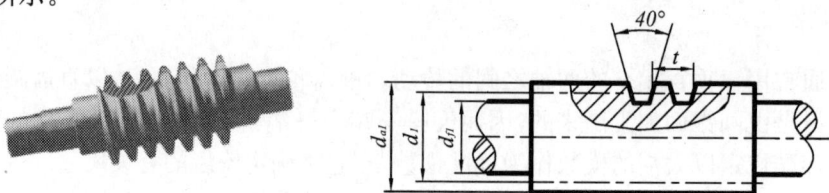

图 6.36 蜗杆的规定画法

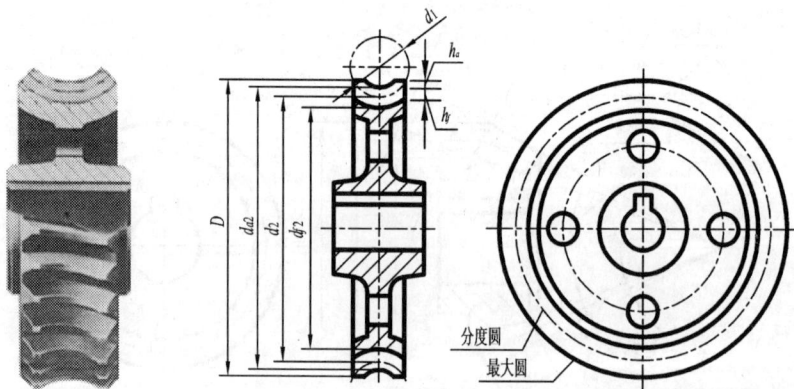

图 6.37 蜗轮的规定画法

蜗轮与蜗杆的啮合画法如图 6.38 所示。在主视图中,蜗轮被蜗杆遮住的部分不画出;在左视图中,蜗轮的分度圆和蜗杆的分度线相切。

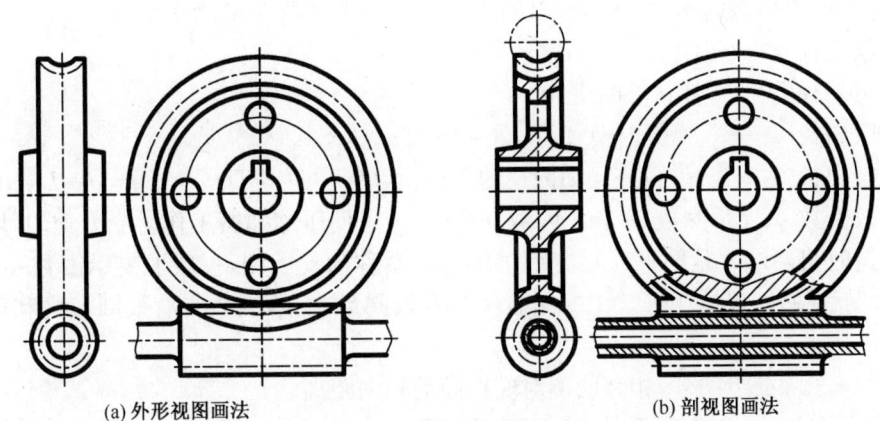

(a) 外形视图画法　　　　　　　　　　　　　　　　　　(b) 剖视图画法

图 6.38　蜗杆、蜗轮的啮合画法

6.4　弹　簧

弹簧的用途很广,种类也很多,它主要用于减振、夹紧、测力和储存能量等。弹簧在外力去掉之后能立即恢复原状,如图 6.39 所示。

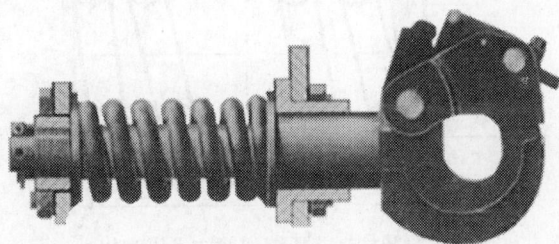

图 6.39　圆柱螺旋压缩弹簧应用实例

日常用得较多的弹簧有图 6.40 所示的几种。

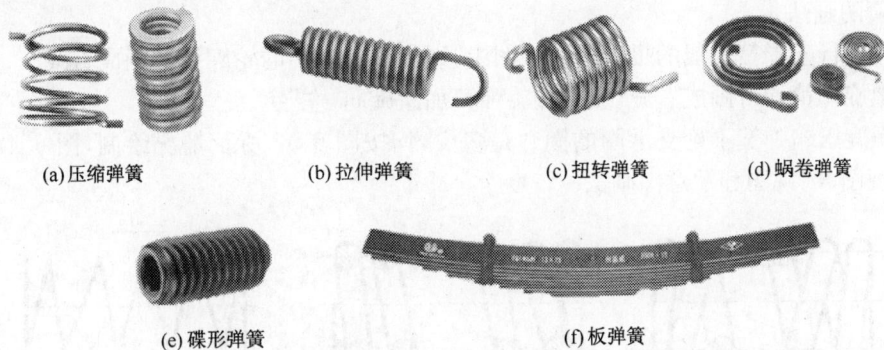

(a) 压缩弹簧　　　　　　(b) 拉伸弹簧　　　　　　(c) 扭转弹簧　　　　　　(d) 蜗卷弹簧

(e) 碟形弹簧　　　　　　　　　　　　(f) 板弹簧

图 6.40　常用的弹簧

本节只介绍圆柱螺旋压缩弹簧的画法和尺寸计算方法。

1. 圆柱螺旋压缩弹簧的几何参数

圆柱螺旋压缩弹簧的术语、代号以及有关的尺寸计算如图 6.41 所示。

(1)簧丝直径 d —— 制造弹簧的钢丝直径。

(2)弹簧外径 D —— 弹簧外圈直径。

(3)弹簧内径 D_1 —— 弹簧内圈直径，$D_1 = D - 2d$。

(4)弹簧中径 D_2 —— 弹簧外径和内径的平均值，$D_2 = (D_1 + D)/2 = D_1 + d = D - d$。

(5)有效圈数 n、支承圈数 n_2 和总圈数 n_1 —— 为了使压缩弹簧工作时受力均匀，增加稳定性，所以制造时将两端并紧磨平。起支承作用的各圈称为支承圈，一般取支承圈数 $n_2 = 1.5, 2$ 及 2.5。除支承圈外，保持相等螺距的圈数称为有效圈数，支承圈数与有效圈数之和称为总圈数，即 $n_1 = n + n_2$。

节距 t —— 除支承圈外，相邻两圈对应点间的轴向距离。

自由高度 H_0 —— 弹簧不受外力时的高度，$H_0 = nt + (n_2 - 0.5)d$。

簧丝展开长度 l —— 弹簧钢丝胚料长度，$l \approx \sqrt{l(\pi D_2)^2 + t^2}$。

旋向 —— 簧丝绕线方向，有左、右旋两种，无规定时一般制成右旋。

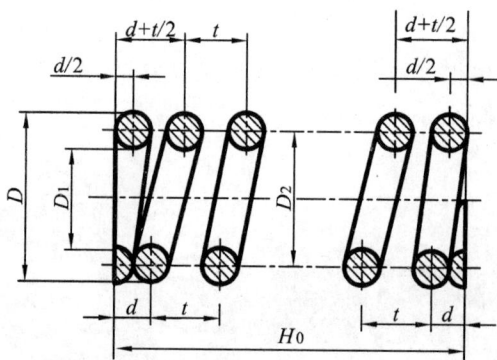

图 6.41　圆柱螺旋压缩弹簧的术语和代号

2. 圆柱螺旋压缩弹簧的规定画法

按真实投影绘制弹簧很复杂，为了简化作图，GB/T 4459.4—2003《机械制图 弹簧表示法》规定了弹簧的画法。

(1) 在平行于弹簧轴线的投影面的视图中，螺旋弹簧各圈的轮廓线应画成直线。

(2) 螺旋弹簧均可画成右旋，左旋螺旋弹簧加注旋向"左"字。

(3) 螺旋压缩弹簧不论支承圈的圈数是多少，均按图 6.42 所示情况绘制，图 6.42 分别表示弹簧的视图、剖视图和示意图画法。

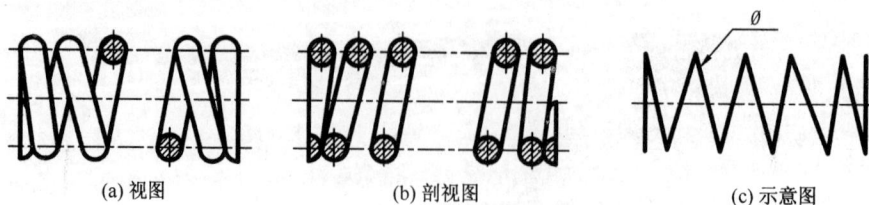

(a) 视图　　　　　　(b) 剖视图　　　　　　(c) 示意图

图 6.42　圆柱螺旋压缩弹簧画法

（4）有效圈数在 4 圈以上的螺旋弹簧，其中间部分可省略不画，两端除支承圈外，还应画出 1～2 圈有效圈，当中间部分省略后，应该适当缩短图形的长度。

（5）在装配图中，弹簧作剖视时被弹簧挡住的结构不画出，可见部分应从弹簧的外轮廓线或从弹簧钢丝剖面的中心线画起，如图 6.43（a）所示。如弹簧钢丝剖面的直径在图形上等于或小于 2mm 时，剖面可以涂黑表示如图 6.43（b）所示，也可用示意图绘制，如图 6.43（c）所示。

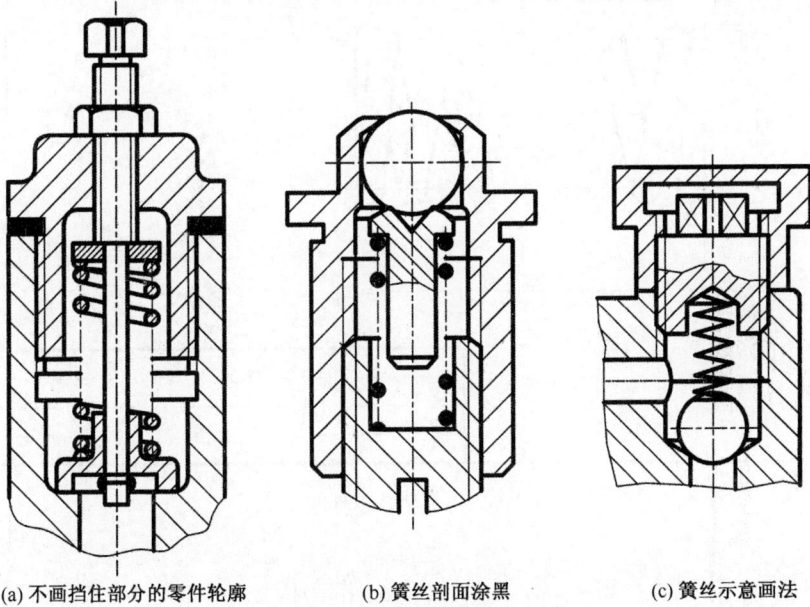

(a) 不画挡住部分的零件轮廓　　　(b) 簧丝剖面涂黑　　　(c) 簧丝示意画法

图 6.43　装配图中弹簧的规定画法

3. 圆柱螺旋压缩弹簧画法示例

（1）圆柱螺旋压缩弹簧剖视图画图步骤如图 6.44 所示。

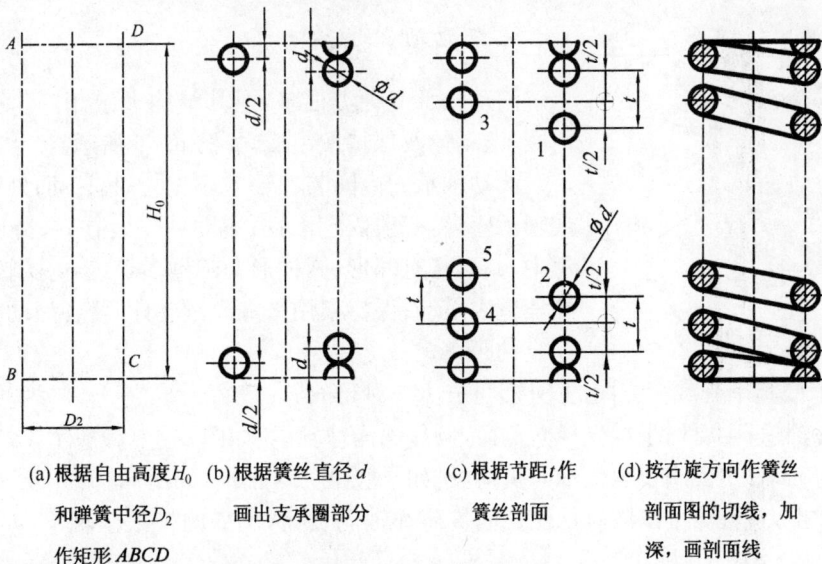

(a) 根据自由高度H_0　(b) 根据簧丝直径d　(c) 根据节距t作　(d) 按右旋方向作簧丝
　和弹簧中径D_2　　画出支承圈部分　　簧丝剖面　　　剖面图的切线，加
　作矩形$ABCD$　　　　　　　　　　　　　　　　深，画剖面线

图 6.44　弹簧的画图步骤

(2)圆柱螺旋压缩弹簧的图样格式如图 6.45 所示。

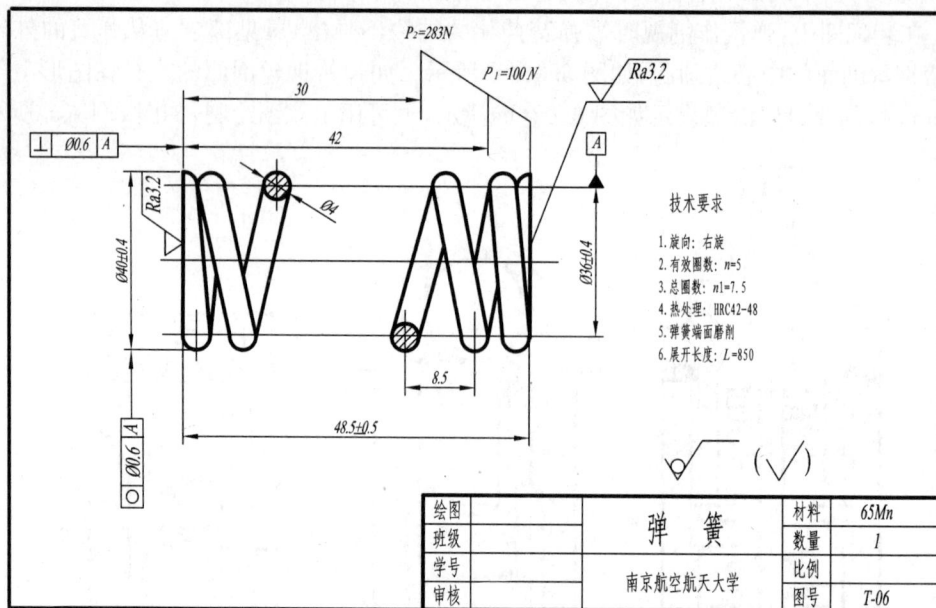

技术要求

1. 旋向：右旋
2. 有效圈数：$n=5$
3. 总圈数：$n1=7.5$
4. 热处理：HRC42-48
5. 弹簧端面磨削
6. 展开长度：$L=850$

绘图		弹　簧	材料	65Mn
班级			数量	1
学号		南京航空航天大学	比例	
审核			图号	T-06

图 6.45　弹簧零件图

6.5　滚 动 轴 承

　　滚动轴承是用来支承轴的部件，它可把滑动摩擦变成滚动摩擦。由于滚动轴承具有摩擦力小、结构紧凑等优点，被广泛应用于各种机械、仪表等设备中。

　　滚动轴承是标准件，使用时只需根据设计要求，按照国家标准规定的代号选用；画装配图时，根据国家标准规定的简化画法或示意画法画出即可。

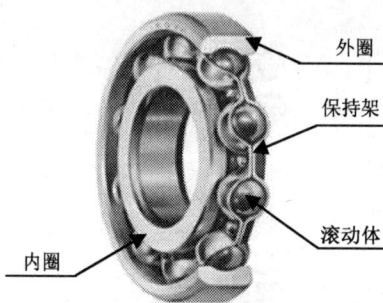

图 6.46　滚动轴承

1. 滚动轴承的分类

　　滚动轴承的种类很多，但其结构大致相同，一般由外圈、内圈、滚动体及保持架组成，如图 6.46 所示。

　　滚动轴承的内圈装在轴上，随轴一起转动；外圈装在机体或轴承座内，一般固定不动；滚动体安装在内、外圈之间的滚道中，其形状有球形、圆柱形和圆锥形等，当内圈转动时，它们在滚道内滚动；保持架用来隔离滚动体，使各滚动体之间保持一定的距离。

滚动轴承按其承受载荷方向的不同，可分为三种形式：

(1) 向心轴承：主要用于承受径向负荷，例如深沟球轴承，如图 6.47(a)所示。

(2) 推力轴承：主要用于承受轴向负荷，例如平底推力球轴承，如图 6.47(b)所示。

(3) 向心推力轴承：可以同时承受径向负荷和轴向负荷，例如圆锥滚子轴承，如图 6.47(c)所示。

(a) 深沟球轴承　　　　　　(b) 平底推力球轴承　　　　(c) 圆锥滚子轴承

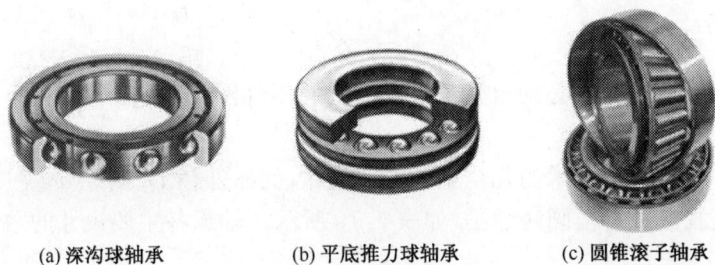

图 6.47　滚动轴承

2. 滚动轴承的代号

按 GB/T 272—93 规定,滚动轴承的代号由数字和字母表示,并分基本、前置和后置三部分。基本代号表示轴承类型、尺寸系列和内径。前置和后置代号则对轴承的结构、尺寸、精度、配置及其他方面作补充定义。

下面只介绍轴承的基本代号,其中:

1) 类型代号

类型代号用数字或字母表示,如表 6.7 所示。

2) 尺寸系列代号

尺寸系列代号用数字表示(一般为两位),如表 6.8 所示,前一位数表示宽度系列,表明相同内径时不同的宽度;后一位数表示直径系列,表明相同宽度下不同的外径。

表 6.7　类型代号

轴承名称	类型代号	轴承名称	类型代号
深沟球轴承	6	角接触球轴承	7
圆柱滚子轴承	N	圆锥滚子轴承	3
调心球轴承	1	推力球轴承	5

表 6.8　尺寸系列代号

宽度系列代号			直径系列代号
窄 0	正常 1	宽 2	轻 2
02	12	22	中 3
03	13	23	重 4

3) 内径代号

内径代号表示轴承内圈孔径的大小 ,如表 6.9 所示。

表 6.9　内径代号

轴承内径 d(mm)		内径代号	示　　例
10~17	10	00	圆锥滚子轴承 30201,内径 d=12mm
	12	01	
	15	02	
	17	03	
20~495 (22、28、32 除外)		用内径除以 5 得的商数表示。当商只有个位数时,需在十位数处用 0 占位	推力球轴承 51310,内径 d=50mm
≥500		用内径毫米数直接表示,并在尺寸系列代号与内径代号之间用"/"号隔开	深沟球轴承 62/500,内径 d=500mm

例 6.2　试说明轴承代号 6210 的意义。

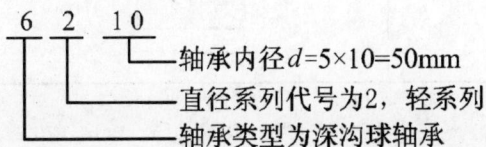

6　2　10

轴承内径 d=5×10=50mm

直径系列代号为2,轻系列

轴承类型为深沟球轴承

3. 滚动轴承的画法

滚动轴承是标准组件,不必画出其各组成部分的零件图,滚动轴承在图样中需按规定画法绘制。

在装配图上,只需根据轴承的几个主要外形尺寸,例如外径 D、内径 d、宽度 B,画出外形轮廓,轮廓内用规定画法或特征画法绘制,如表 6.10 所示。轴承各主要尺寸的数值可由标准中查出(见附录 B3.17~B3.19)。

表 6.10　常用滚动轴承画法

名　称	轴承代号	规 定 画 法	特 征 画 法
深沟球轴承	GB/T 276—94  6000 型	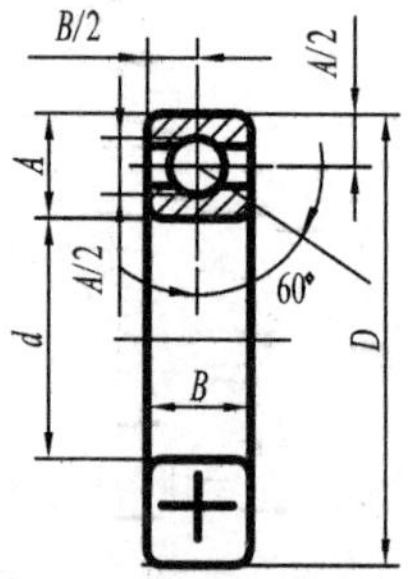	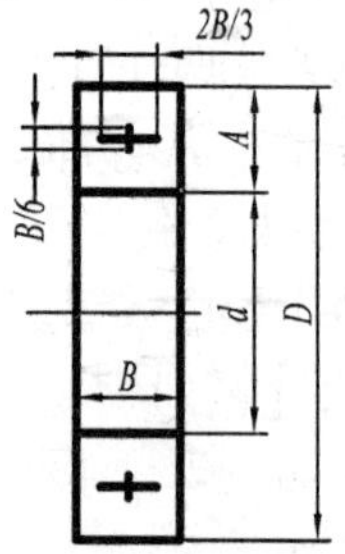
圆锥滚子轴承	GB/T 297—94  30000 型	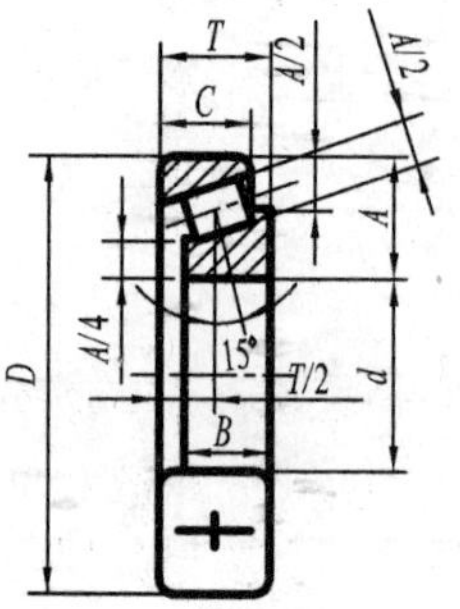	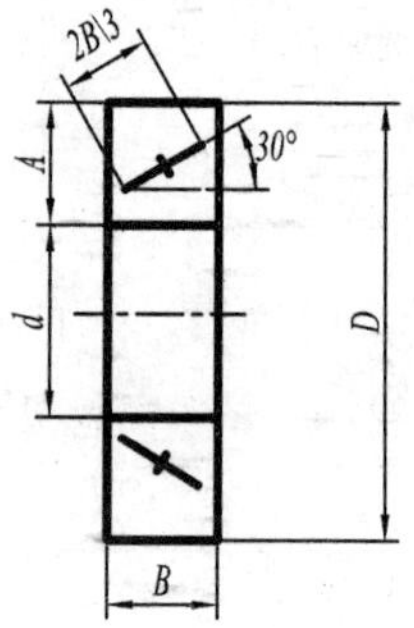
推力球轴承	GB/T 301—95  50000 型	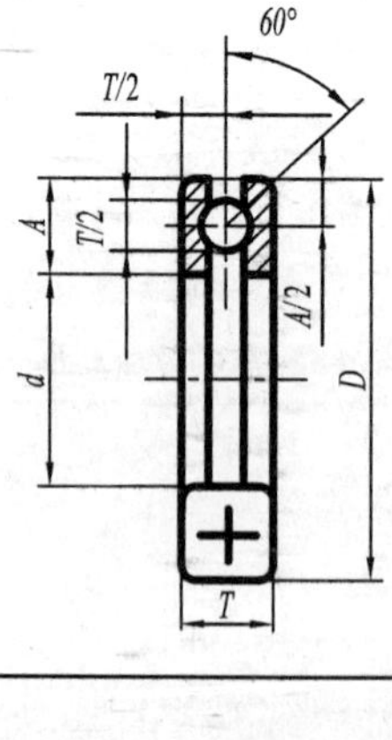	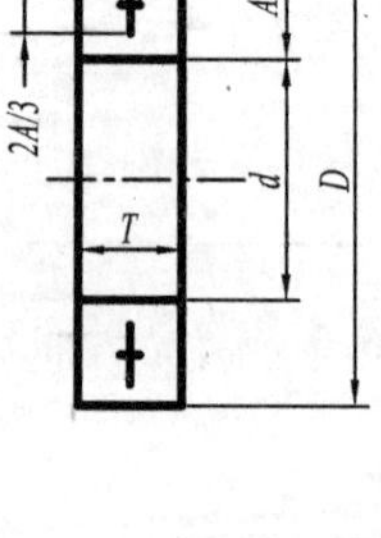

第7章 零件图

工业生产中,工程技术人员要通过机械图样来完整和准确地表达和交流设计意图,指导工业产品的制造和装配。机械图样一般分为两类:一类是总图和部件图,统称为装配图;另一类是零件图。

零件是机器或工业产品的最小单元,它的结构形状主要由它在机器或部件中的功能来决定。图 7.1 所示的 CA6140 车床尾架由众多不同的零件组成。

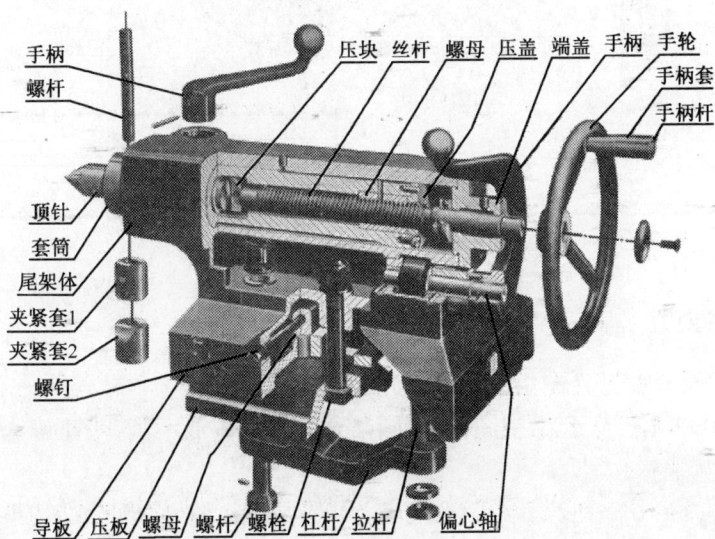

图 7.1　CA6140 车床尾架立体图

用来表达零件的结构形状、大小、材料和技术要求等设计、制造和检验信息的二维工程图样称为零件图。图 7.2 所示为齿轮泵泵盖的零件图。

零件分为标准件、常用件和一般零件,标准件通常由标准件厂家生产,属于外购件,所以不需绘制零件图。

7.1　零件图的作用和内容

7.1.1　零件图的作用

零件图的作用如下:

(1)零件图表达设计者的设计意图,根据零件特点,选择适当的表达方案,将零件各个部分的结构、尺寸、技术要求等表达清楚,是技术部门组织设计和生产的技术文件。

(2)零件图是制造和检验零件的技术依据。

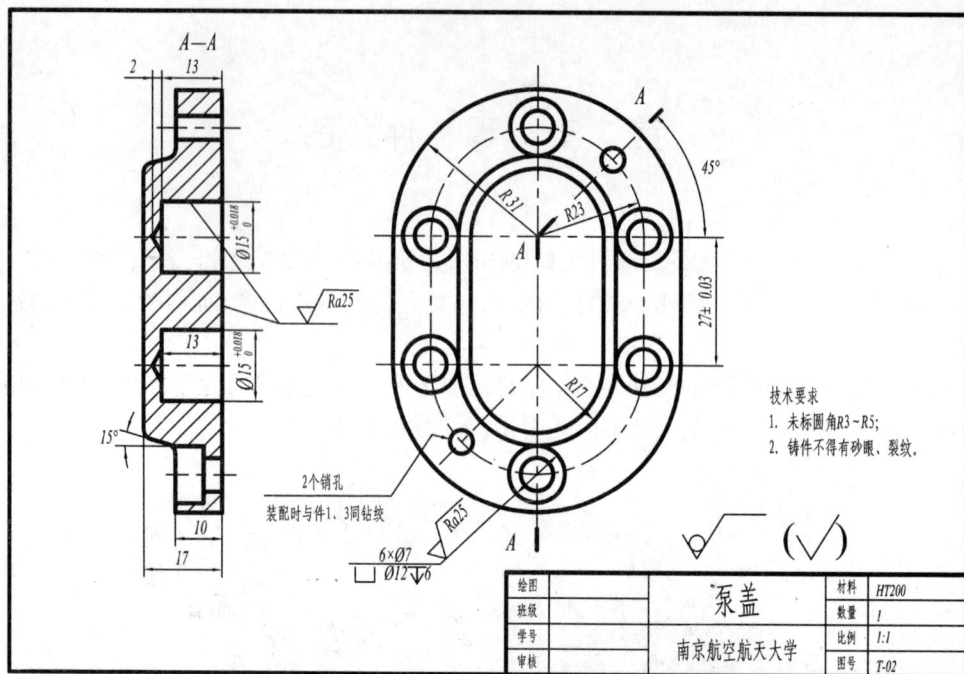

图 7.2　泵盖零件图

7.1.2　零件图的内容

如图 7.2 所示,一张零件图由以下几部分组成:

(1)图形。用一组图形(包括视图、剖视图、断面图、局部放大图等)正确、完整、清晰地表达该零件的内外结构形状。

(2)合理的尺寸。用一组尺寸,完整、清晰、合理地确定零件各部分结构形状的大小及其相对位置。

(3)技术要求。用一些规定的符号、数字、字母或文字标注出零件的性能和制造、检验时应达到的要求,如表面粗糙度、尺寸公差、形状位置公差、表面处理和材料热处理的要求等。

(4)标题栏。在标题栏内明确地列出零件的名称、材料、数量、比例、图样的标号等内容。

7.2　零件的结构分析

一般来说,零件的结构分设计结构和工艺结构。零件的设计结构取决于该零件在特定装配体中的功用及其与相邻零件的装配关系,零件的工艺结构取决于对该零件的加工和装配的要求。

7.2.1　零件的设计结构

按照零件的使用功能进行结构分析,他们的设计结构一般由工作部分、连接部分、安装部分和支撑加强等部分组成。

工作部分是指零件的主要部分,是为实现零件的主要功能而设计的结构。安装部分是为了实现零件与其他零件的连接而设计的结构。连接部分是将工作部分与安装部分连接在一起的结构。支撑加强部分是指为了提高零件结构的强度和刚度所加的局部结构。常见的设计结构有以下几种：

(1)支撑结构：如轴承孔、轴孔、支撑面等。

(2)连接结构：如螺纹孔、连接螺栓通孔、键槽、轮毂、轮辐、肋板等。

(3)定位结构：如轴肩、定位面、销钉孔等。

(4)加强结构：如肋板、加强筋等。

(5)润滑结构：如注油孔、排油孔、油标孔、储油池、集油槽等。

(6)密封结构：如密封材料、密封面、密封槽等。

(7)主要结构：每一个零件都具有与其主要功能相对应的主要结构。例如螺栓上的螺纹结构、垫圈上比螺栓公称直径稍大的通孔、减速箱体上放置齿轮的空腔等。

零件的设计结构示例如图 7.3 所示。

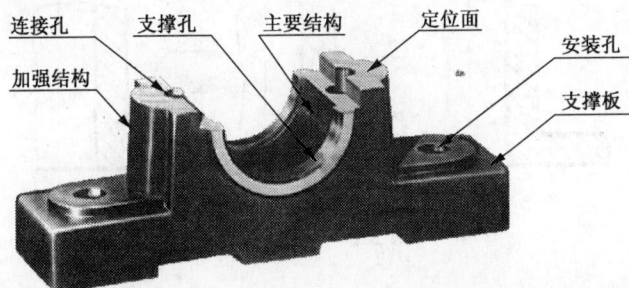

图 7.3 滑动轴承座的设计结构分析

该零件为滑动轴承座，其内腔主体结构上的轴承孔，是用于容纳和支撑其他零件，属于轴承座的工作部分。为了使轴承座与轴承盖零件相互连接，在轴承座的上端加工出两个连接孔，属于轴承座的连接部分。左右壁外侧向外凸出，加强轴承座的强度，这种结构可以起到加强轴承座强度和刚度的作用。为了将轴承座安装在机座上，在轴承座的下方设计有安装底板，底板上的两个连接孔是用来固定和安装轴承座的，属于安装部分。

7.2.2 零件的工艺结构

零件一般是单一材料的毛坯通过不同工序加工而成。在设计零件时，为方便零件的加工和装配要求，还需添加工艺结构，如退刀槽、砂轮越程槽、圆角、倒角、凸台和凹坑等。下面介绍零件的一些常见工艺结构。

1. 铸造工艺结构

1)铸造圆角

铸件表面的相交处应设计成圆角，以便利于造型时取出木模，并防止砂型尖角处落砂和避免冷却时铸件在尖角处产生裂纹和缩孔，如图 7.4 所示。

2)拔模斜度

在铸造零件时，为了便于起模，应将零件沿拔模方向设计成一定的斜度，如图 7.4 所示。如无特殊要求，图上不必画出。

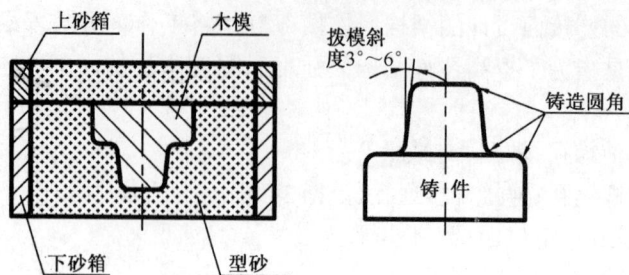

图 7.4　铸造圆角与拔模斜度

3）铸件壁厚

铸件壁厚不均匀时,会因浇铸时冷却速度不同而在厚壁处产生缩孔,或在断面突变处产生裂纹。因此,设计时应使铸件壁厚均匀,或在壁厚不同处逐渐过渡,如图 7.5 所示。

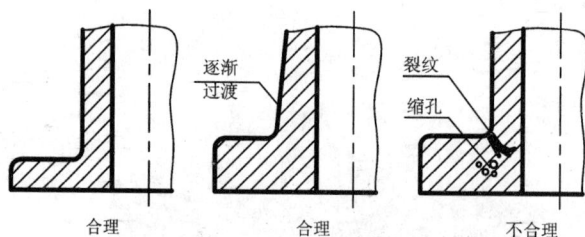

图 7.5　铸件壁厚

2. 机械加工工艺结构

1）退刀槽与越程槽

进行机械加工时,为了便于刀具进入或退出被加工表面,并且与相关零件装配时易于靠紧,应在被加工的有关部位加工出退刀槽或越程槽,在图上应按标准规定画出其结构形状并标注尺寸,如图 7.6 所示。

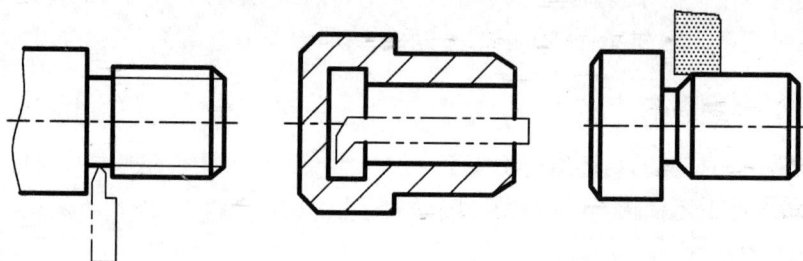

图 7.6　退刀槽与越程槽

2）倒角与倒圆

为了便于装配和操作安全,常在轴端和孔端处加工出 45°、30°或 60°的锥台,称为倒角,如图 7.7 所示。在阶梯轴(或孔)中,直径不等的两段交接处,常加工成圆环面过渡,称为倒圆,如图 7.7(b)所示。

3）凹坑与凸台

零件上与其他零件接触或配合的表面一般应切削加工。为了减少加工面,保证零件接触面间良好的装配和安装质量,可在铸件上铸出凹坑或凸台,如图 7.8 所示。

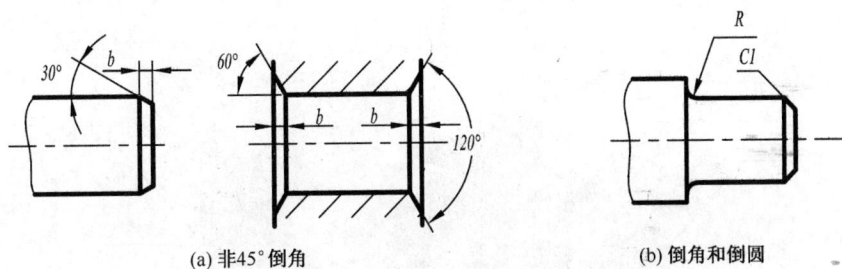

(a) 非45°倒角   (b) 倒角和倒圆

图 7.7 倒角和倒圆

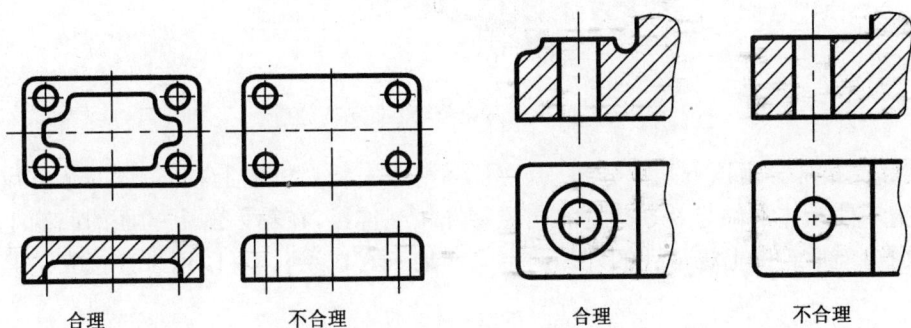

合理   不合理   合理   不合理

图 7.8 凹坑和凸台

4)钻孔结构

钻孔时开钻表面和钻透表面应与钻头轴线垂直,这样才能加工出位置准确的孔,并避免钻头折断,如图 7.9 所示。

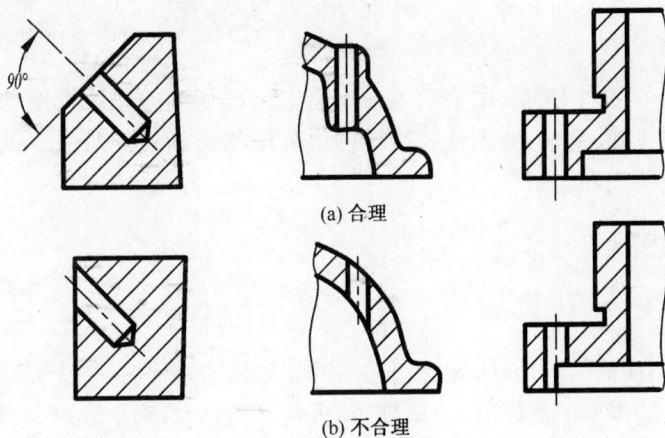

(a) 合理

(b) 不合理

图 7.9 钻孔结构

7.2.3 零件的结构分析举例

图 7.10 所示为一箱体零件。该箱体零件的主要功能是支撑轴系零件,并将其固定安装于机座上。

该箱体内腔主体结构以及前后箱壁上的轴承孔,是用于容纳和支撑其他零件,属于箱体的工作部分。

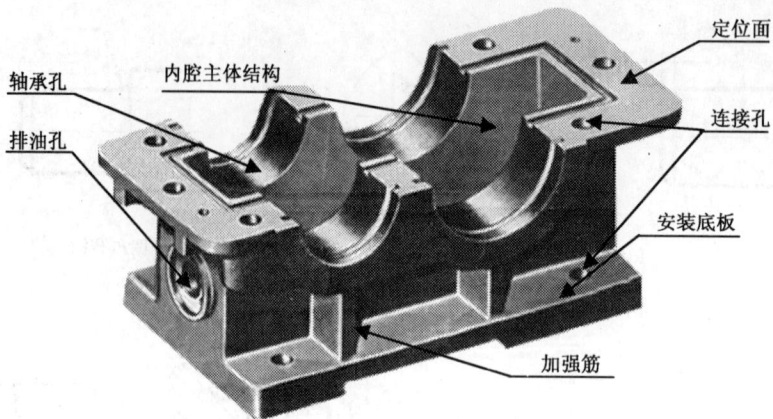

图 7.10　齿轮减速箱箱体的结构分析

安装和连接部分由以下几部分组成：为了将箱体安装在机座上，在箱体的下方设计有安装底板；为了使箱体零件与上方其他的箱盖零件相互连接，在箱体的上端面的凸缘上加工出多个螺纹孔；前后箱壁上轴承孔的外侧凸台上都加工有螺纹孔，可以用来连接安装其他的端盖零件。

此外，轴承孔外侧的凸台下方设计有加强筋支撑，这种结构可以起到支撑加强箱体强度和刚度的作用。箱体壁上的排油孔是润滑结构，属于局部功能结构。结构设计的同时，还要进一步考虑加工、制造时的工艺要求及其他相关各种因素。最后，才能设计完成一个功能全面，结构完整的箱体零件。

7.3　零件的表达分析

绘制零件图时，可以采用前面章节学过的所有的图样表达方法。视图的选择原则是：根据零件的结构特点，在正确、完整、清晰地表达零件内外结构形状及相对位置的前提下，尽可能减少视图数量，以方便画图和看图。

7.3.1　零件图的视图选择

1. 主视图的选择

不同的零件有不同的结构形状，在选用适当的方法表达零件时，首先要考虑的是便于看图；其次在完整、清晰表达零件的前提下，力求画图简便。要达到这两个要求，必须选择好主视图和选配其他视图。

在零件的视图表达中，主视图最为重要。主视图表达的合理与否，对看图和画图影响都比较大。在选择主视图时应该考虑以下原则：

（1）形状特征原则。零件的主视图应能较清楚地表达该零件的结构形状以及各结构形状之间的相互位置关系。

（2）加工位置原则。主视图的选择应尽可能符合零件加工时在机床上的装夹位置。零件的主视图与加工位置一致便于看图加工。

（3）工作位置原则。除加工位置外，还应考虑零件安装在机器中工作时的位置。某些结构

复杂的零件加工工序繁多,选择时可考虑工作位置。主视图与工作位置一致便于对照装配图来
画图和看图。

2. 其他视图的选择

在选择主视图的同时,需要兼顾其他视图的表达及图幅的合理布置。

对尚未表达清楚的主要结构形状优先选用俯视图、左视图等基本视图,并可在基本视图上
采用剖视,断面等表示法,使之与主视图配合形成一个完整的视图表达方案。

7.3.2 典型零件的表达方案

在机器或部件中,不同功能的零件各有其不同的结构形状。根据它们的结构特点以及加工
工艺,可以将常见的零件分成四种类型:即轴套类零件、轮盘类零件、叉架类零件和箱体类零
件等。

属于同一类型的零件虽然结构形状不尽相同,但它们之间具有一些共有的特点。因此,首
先应该确认零件所属大类,这无论对于零件图的视图表达、尺寸标注、技术要求等的制定,还是
读懂零件图都是十分重要的。

下面分别对这几类零件进行表达分析。

1. 轴套类零件

轴类零件主要用于支撑齿轮、蜗轮、链轮、带轮等传动零件,用来传递运动和动力。套筒类
零件一般是装在轴上,主要起到轴向定距和隔离的作用。

轴套类零件主体为同轴的圆柱或空心圆柱体,如各种轴、丝杆、衬套等。轴向尺寸大,径向
尺寸小。通常这些零件上有螺纹、销孔、键槽、中心孔及倒角等结构,如图 7.11 所示。

图 7.11 轴套类零件

轴套类零件只需要一个基本视图(主视图)进行表达。轴套类零件一般以车、磨加工为主,
零件的主轴线多水平放置,所以主视图按加工位置水平放置,主轴线垂直于侧面。

下面以图 7.12 所示的轴零件图为例,分析轴类零件的视图选择方案。

(1)分析。该轴的主体为实心同轴柱体,轴上有倒角、圆角、退刀槽和键槽等结构。

(2)主视图选择。按轴的加工位置,将轴线水平放置,主轴线垂直于侧面。轴左端键槽朝前
反映实形。实心轴一般不做剖视,但轴上个别的内部结构形状可以采用局部剖视。

(3)其他视图的选择。采用移出断面表达键槽的深度。

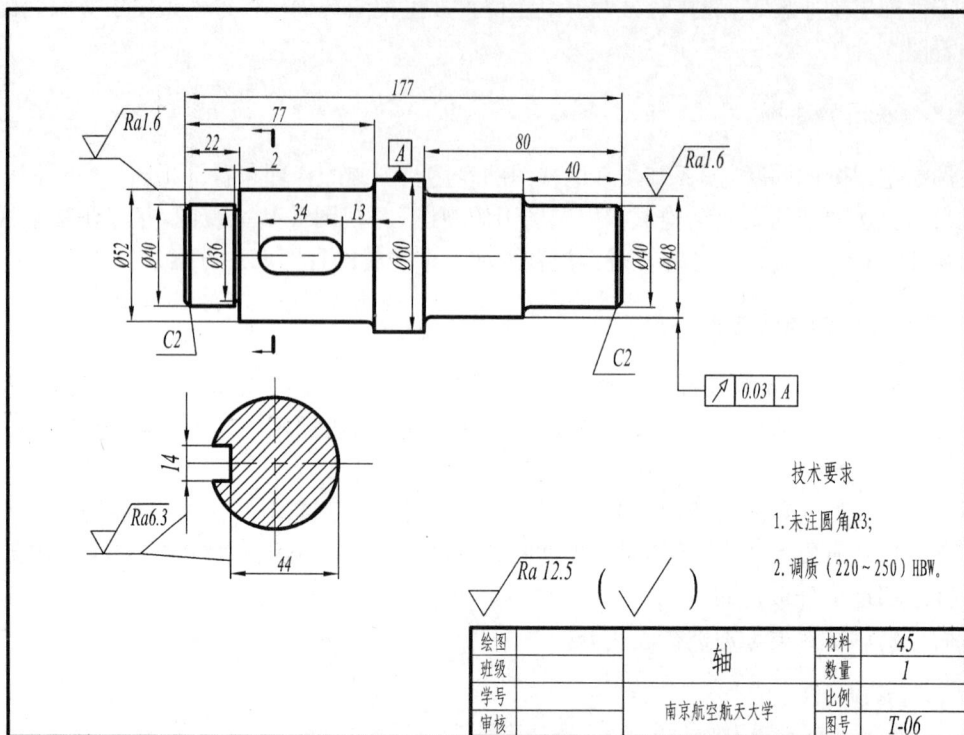

图 7.12　轴的零件图

2. 轮盘类零件

轮盘类零件包括手轮、皮带轮、链轮、齿轮、蜗轮和飞轮等。一般用键、销与轴连接,用以传递扭矩。

轮盘类零件主体部分多是回转体,径向尺寸大于轴向尺寸。一般由轮毂、轮辐和轮缘三部分组成,往往还有孔、凸台、凹坑、键槽、螺纹孔等结构,如图 7.13 所示。

图 7.13　轮盘类零件

轮盘类零件的主视图选择与轴套类零件类似,主要遵循加工位置原则。轮盘类零件主要是在车床上加工,所以一般情况下,零件的轴线水平放置。通常需要两个基本视图进行表达。其他结构形状,如轮辐可用移出断面或者重合断面表达。

下面以图 7.14 所示的凸轮的零件图为例,分析轮盘类零件的视图选择方案。

(1)分析。凸轮的基本结构为扁平的盘状,其上有孔和键槽结构。

(2)主视图选择。按加工位置水平放置,主轴线垂直于侧面。主视图取全剖视,以表达凸轮的内孔倒角以及键槽等内部结构。

（3）其他视图的选择。左视图取基本视图表达凸轮的外形结构、偏心状况及键槽深度等信息。

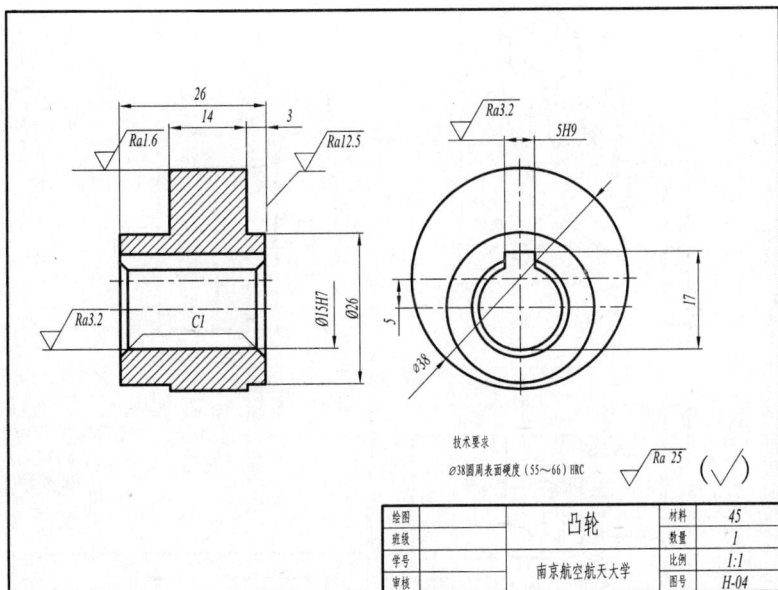

图 7.14 凸轮零件图

3. 叉架类零件

叉架类零件包括各种用途的拨叉和支架。拨叉主要用在机床等各种机器的操纵机构上，操纵机器、调节速度。支架主要起支撑和连接作用。这类零件通常由支撑部分、工作部分和连接部分组成，常有弯曲或倾斜结构，如杠杆、连杆、支架、拨叉等。图 7.15 所示为叉架类零件。

叉架类零件一般为铸件或锻件毛坯，加工位置难以分出主次，大多数形状不规则，外形结构比内腔复杂。所以主要依据它们的结构形状特征和工作位置来选择主视图。

下面以图 7.16 所示的托架的零件图为例，分析叉架类零件的视图选择方案。

（1）分析。托架的一端是用于支撑运动零件的圆筒和一块 T 型弯板连接结构，另一端为一块竖板，用于将支架和其他零件固定在一起。

（2）主视图选择。按工作位置放置，参考结构形状特征选择主

图 7.15 叉架类零件

视图的方向。主视图反映支架各部分的相对位置，上端主要表达了圆筒和凸台孔的局剖特征，以及 T 型弯板的弯曲形状特征和 T 型断面；下端表达竖板的位置。

（3）其他视图的选择。俯视图反映支架的各部分在宽度方向的相对位置，右端取局部剖表达圆筒内形，左端表达了竖板的外形特征及其上孔和凹坑的分布状况。另取 A 向局部视图主要表达竖板的实形以及其上孔和凹坑的位置分布状况。

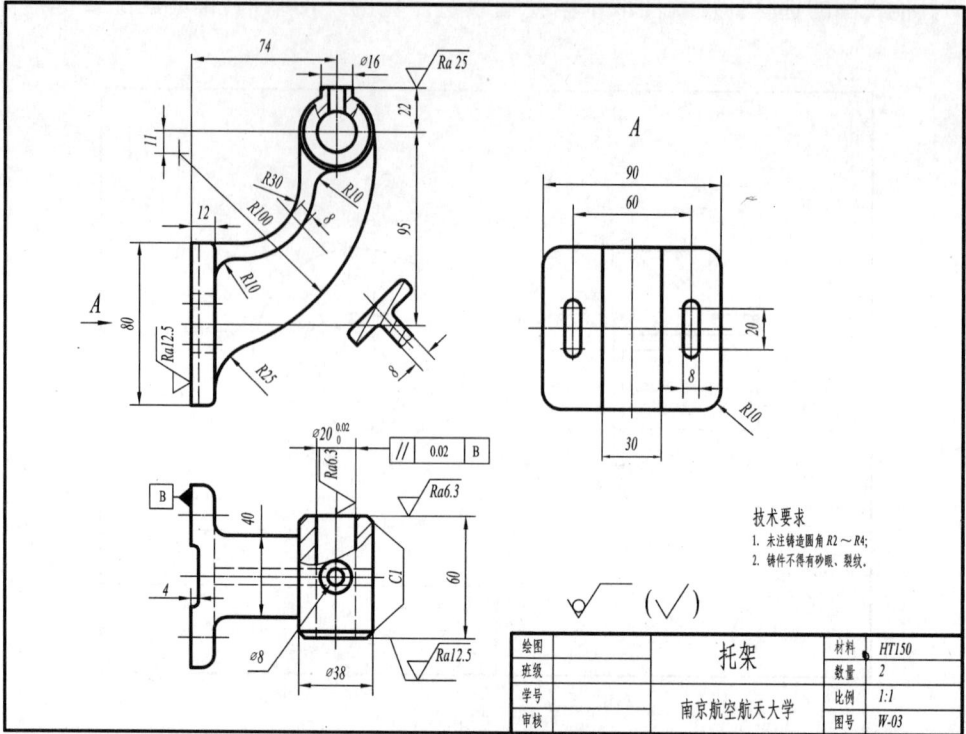

图 7.16　托架零件图

4. 箱体类零件

箱体类零件是机器中的主要零件,起联系、支撑、包容其他零件的作用。如箱体、机座、床身、阀体、泵体等。箱体类零件常含有空腔、轴孔、内支撑壁、肋、底板、凸台、沉孔等结构,毛坯多数是铸件,内外形状比较复杂,如图 7.17 所示。

图 7.17　箱体类零件

箱体类零件一般需要三个基本视图外加辅助视图才可以将其结构表达清楚。主视图主要遵循工作位置原则,以便于设计和装配时看图。

下面以图 7.18 所示的泵体的零件图为例,分析箱体类零件的视图选择方案。

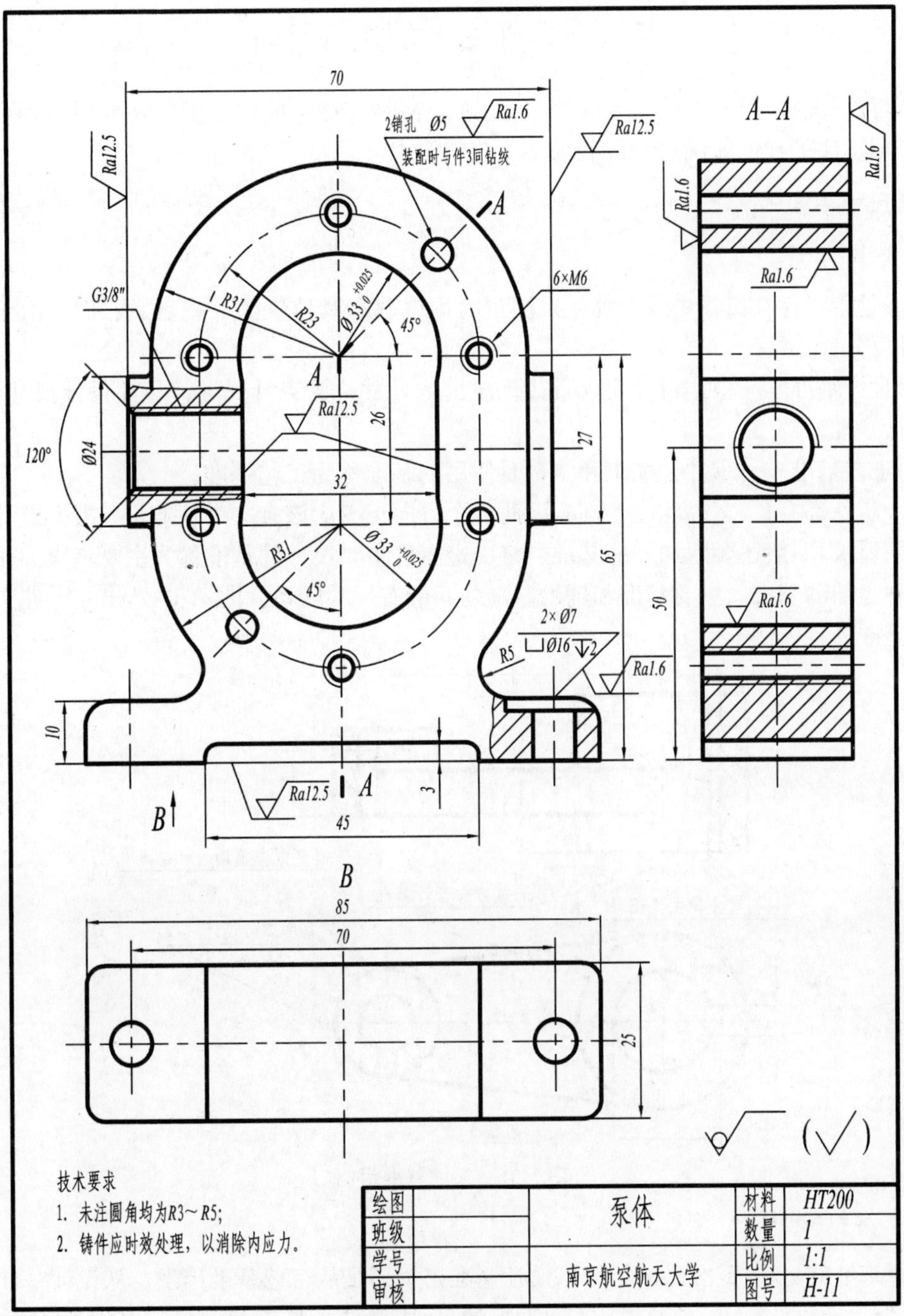

图 7.18 泵体零件图

（1）分析。泵体的内外形状都比较复杂，均需选取恰当的视图表达。

（2）主视图选择。按工作位置放置，反映了泵体的形状特征，主视图取局部剖视，以表达泵体的主要外形和局部孔洞结构。

其他视图的选择。左视图取全剖视图，表达泵体复杂的内部结构。取 B 向仰视图表达底板以及其上的通孔和凹坑的形状特征。

7.4 零件图上的尺寸标注

在零件图上标注尺寸,除了要求完整、正确、清晰外,在可能的范围内还要标注得合理。所谓合理,即标注的尺寸能满足设计和加工工艺的要求。

7.4.1 尺寸基准

1. 基准的概念

基准是指零件在机器中或在加工及测量时用以确定其位置的一些点、线、面。由于用途不同,基准可分为:

(1)设计基准——根据设计要求直接标注出的尺寸称为设计尺寸。标注设计尺寸的起点,称为设计基准。

(2)工艺基准——零件在加工和测量时使用的基准称为工艺基准。

每个零件都有长、宽、高 3 个方向,因此每个方向至少应该有一个基准。但根据设计、加工、测量上的要求,一般还要附加一些基准。将决定零件主要尺寸的基准称为主要基准。而把附加的基准称为辅助基准。主要基准和辅助基准之间应有尺寸联系。图 7.19 示出在零件图中设计和工艺基准的具体例子。

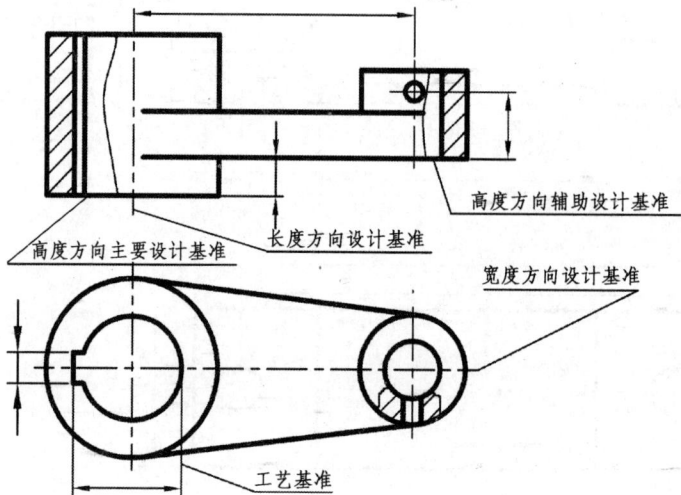

图 7.19 尺寸基准示例

2. 基准的选择

选择基准就是在标注尺寸时,是从设计基准出发还是从工艺基准出发。从设计基准出发标注尺寸,能保证设计要求;从工艺基准出发标注尺寸,则便于加工和测量。因此,最好使设计基准和工艺基准重合。当设计基准和工艺基准不可能重合时,所标注尺寸应在保证设计要求的前提下,满足工艺要求。

7.4.2 尺寸标注

1. 合理选择基准

可能情况下应使设计基准和工艺基准重合,这样既能满足设计要求,又能满足工艺要求。如两者不能统一时,应以保证设计要求为主。

2. 区分主次尺寸,不标注成封闭尺寸链

封闭尺寸链是首尾相连,形成一整圈的一组尺寸,每个尺寸叫尺寸链中的一环。如图 7.20(a)中,尺寸 a,b,c,d 就是一组封闭尺寸,这样标注存在一个多余尺寸。加工时由于要保证每一个尺寸的精度要求,从而增加加工成本,如果保证其中任意 3 个尺寸,例如 b,c,d,则尺寸 a 的误差为另外三个尺寸误差的总和,可能达不到设计要求。因此,尺寸一般都应标注成开口的,即对精度要求最低的一环不标注尺寸,这样既保证了设计要求,又可节约加工费用。在某些情况下,为了避免加工时作加减计算,把开口环尺寸加上一个括号注出来,称为参考尺寸,如图 7.20(c)所示。

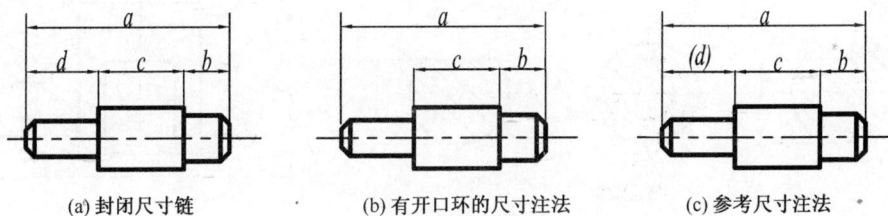

(a) 封闭尺寸链   (b) 有开口环的尺寸注法   (c) 参考尺寸注法

图 7.20 尺寸链

3. 符合加工顺序,便于测量

按加工顺序标注尺寸,符合加工过程,便于加工测量。如图 7.21 所示的轴,尺寸 51 是功能尺寸,直接标注出,其余尺寸都按加工顺序标注。为了便于备料,标注出了轴的总长 128,为了加工 $\Phi35$ 的轴颈,直接标注出 23。调头加工 $\Phi40$ 的轴颈,直接标注出尺寸 74,在加工 $\Phi35$ 时,应保证功能尺寸 51。这样既保证设计要求,又符合加工顺序。

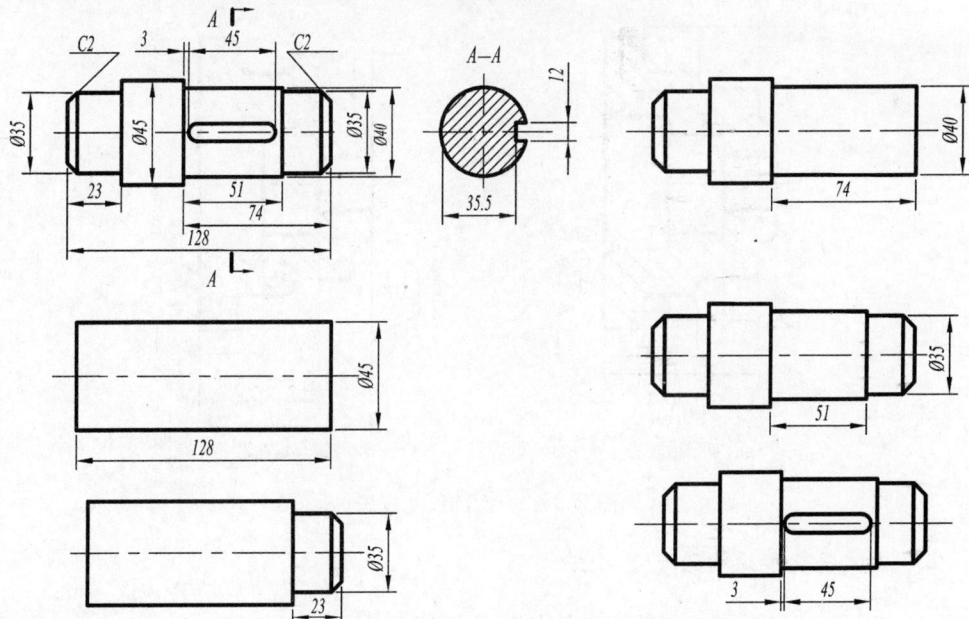

图 7.21 轴的加工顺序与标注尺寸的关系

标注尺寸还应该考虑便于测量。如图 7.22 (a)所示的一些尺寸标注法,是由设计基准标注出中心至某面的尺寸,不易测量。而 7.22(b)所示的标注法,便于测量。

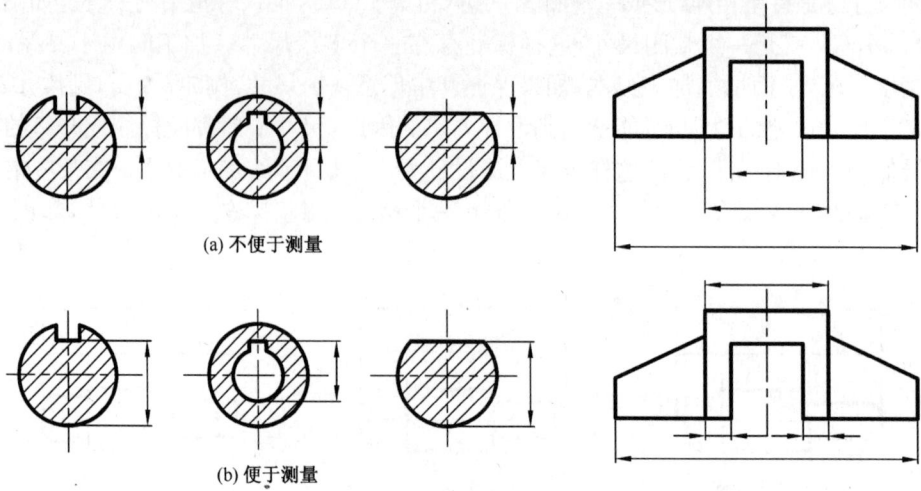

(a) 不便于测量

(b) 便于测量

图 7.22　便于测量的尺寸标注

4. 毛面与加工面间的尺寸标注法

标注零件上毛面的尺寸时,加工面与毛面之间,在同一个方向上,只能有一个尺寸联系,其余则为毛面与毛面之间或加工面与加工面之间联系。图 7.23(a)表示出零件左、右两个端面为加工面,其余都是毛面,尺寸 A 为加工面与毛面的联系尺寸。图 7.23 (b)示出的标注法是错误的,这是由于毛坯制造误差大,加工面不可能同时保证对两个及两个以上毛面的尺寸要求。

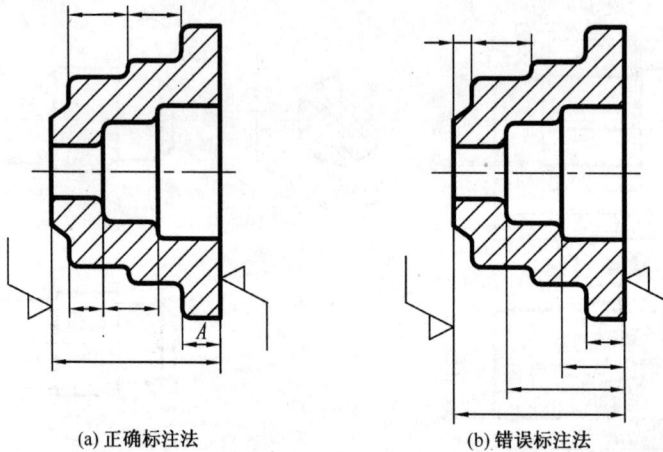

(a) 正确标注法　　　　　　(b) 错误标注法

图 7.23　毛面的尺寸注法

5. 零件上常见典型结构的尺寸注法

表 7.1 和表 7.2 列举了一些典型结构的尺寸标注方法。

表 7.1 零件上常见典型结构的尺寸注法

类 型	旁 注 法		普 通 注 法
光孔	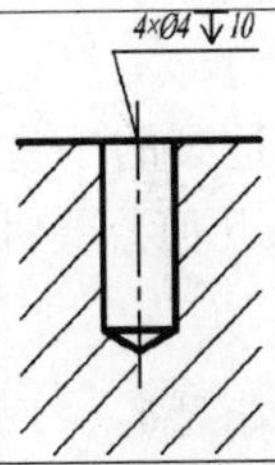 4×Ø4 ▽10	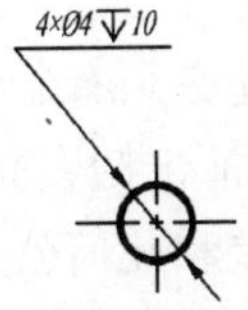 4×Ø4 ▽10	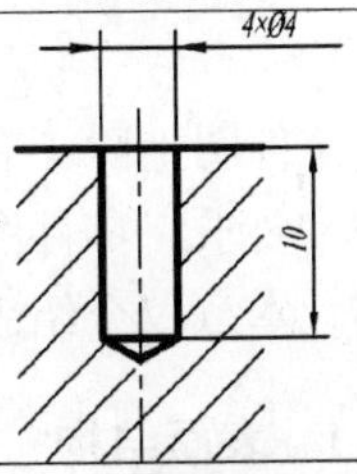 4×Ø4 / 10
螺孔	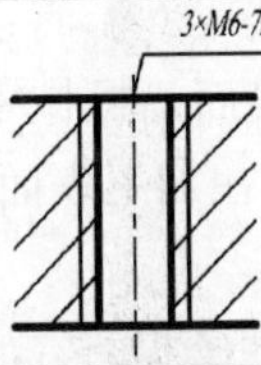 3×M6-7H	 3×M6-7H	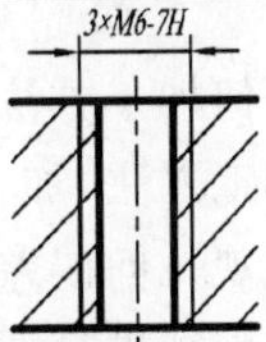 3×M6-7H
	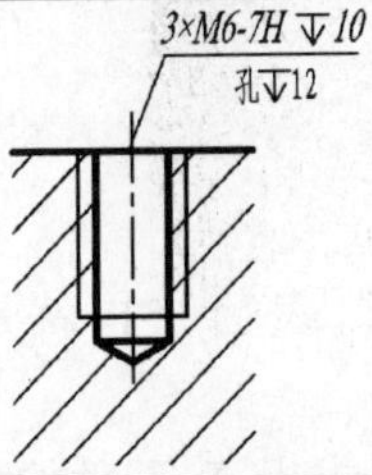 3×M6-7H ▽10 孔▽12	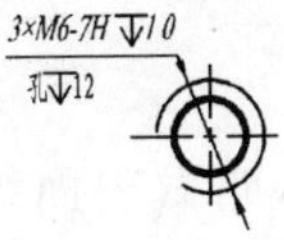 3×M6-7H ▽10 孔▽12	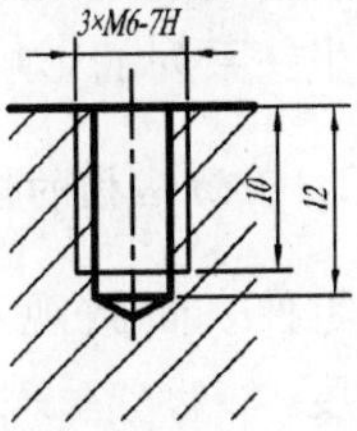 3×M6-7H / 10 / 12
沉孔	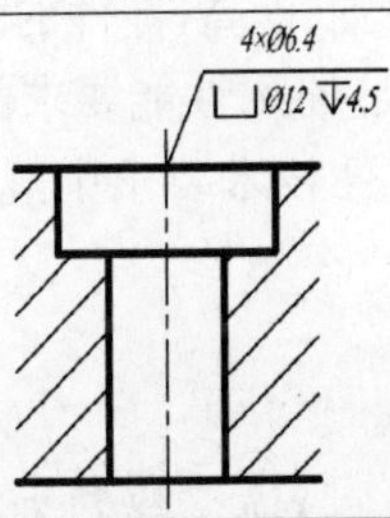 4×Ø6.4 ⌴Ø12 ▽4.5	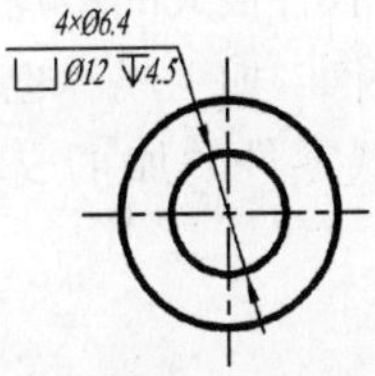 4×Ø6.4 ⌴Ø12 ▽4.5	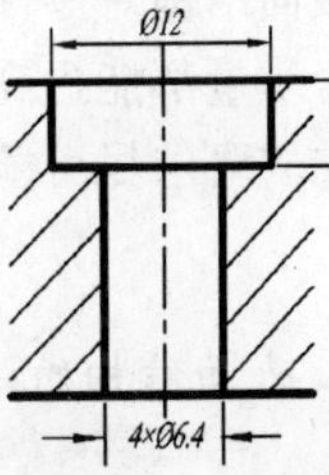 Ø12 / 4.5 / 4×Ø6.4

表 7.2 零件上常见典型结构的尺寸注法

倒角	45° 倒角注法	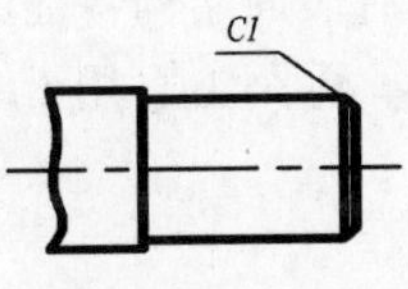 C1	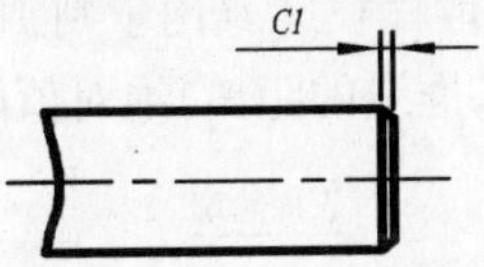 C1	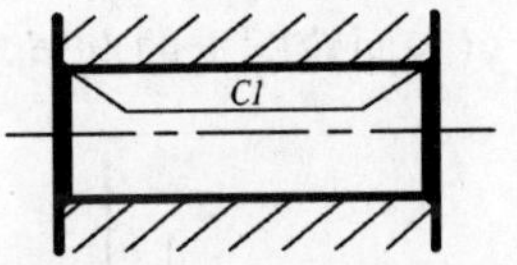 C1
	30° 倒角注法	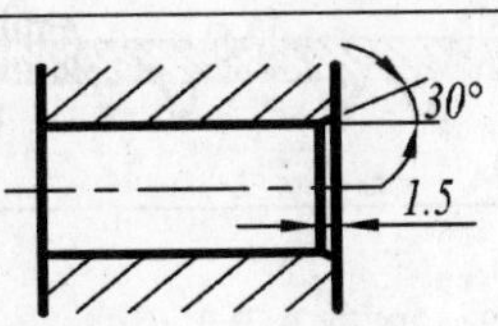 30° / 1.5	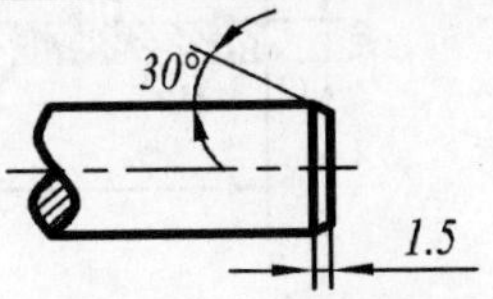 30° / 1.5	
退刀槽 越程槽		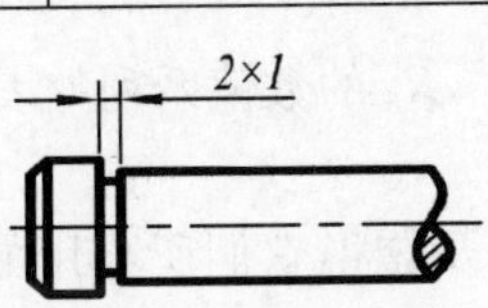 2×1	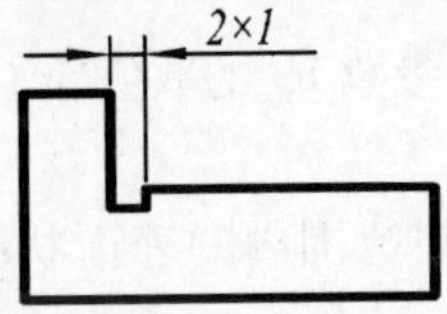 2×1	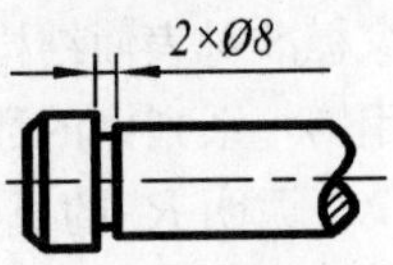 2×Ø8

7.5　零件图上的技术要求

零件图上除了有图形和尺寸外,还必须有制造该零件时应该达到的一些精度要求,一般称为技术要求。零件图上的技术要求通常包括表面结构、尺寸公差、几何公差、材料及其热处理等内容。本章仅介绍表面结构、尺寸公差和几何公差。

7.5.1　表面结构

任何加工方法所得到的表面,都不可能是绝对光滑的理想表面。机械零件在加工过程中,由于加工方法、加工机床与加工工具的精度、振动及磨损等因素,在加工表面上会形成实际的宏观和微观几何误差。

表面结构是评价零件表面质量的一项重要指标。它对零件的磨损、传动效率和使用寿命等会产生一系列的影响。

1. 表面结构的概念

零件表面微观不平的程度,叫做表面结构。通俗地讲,表面结构就是零件表面粗糙的程度。

表面结构对零件的使用性能有很大的影响,表面结构的要求提高,零件的耐磨性、抗腐蚀性及配合质量都能提高,但加工困难,加工成本也高,因此在满足使用性能要求的前提下,选用的表面结构要求尽可能低,以降低零件的加工成本。这就是零件技术要求中规定表面结构的必要性。

2. 表面结构的评定参数

国家标准中规定常用粗糙度评定参数有:轮廓算术平均偏差 R_a,微观不平度十点高度 R_z 和轮廓最大高度 R_y 等。目前,在生产中评定表面质量的主要参数是轮廓算术平均偏差 R_a。

轮廓算术平均偏差是在取样长度 l(用于判别具有表面结构特征的一段基准长度)内,轮廓偏距 y(表面轮廓上的点至基准线的距离)绝对值的算术平均值,用 R_a 表示,如图 7.24 所示。

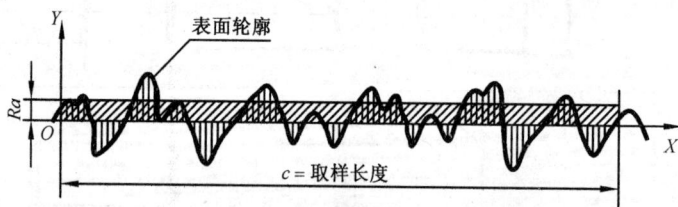

图 7.24　轮廓算术平均偏差

国家标准对表面结构高度参数 R_a 的数值作了规定。R_a 的数值系列如表 7.3 所示,一般应优先选用第一系列中的数值。

表 7.4 说明 R_a 的值在不同范围内的表面状况,以及获得它们所采用的加工方法和应用举例。

表7.3 轮廓算术平均偏差 Ra 的数值

第1系列	第2系列	第1系列	第2系列	第1系列	第2系列	第1系列	第2系列
	0.008						
0.012	0.010		0.125		1.25		16.0
	0.016		0.160		2.0	12.5	20
0.025	0.020	0.20	0.25	1.60	2.5	25	32
	0.032		0.32	3.20	4.0	50	40
0.050	0.040	0.40	0.50	6.3	5.0	100	
			0.63		8.0		63
0.100	0.063	0.80	1.00		10.0		80
	0.080						

表7.4 各种 Ra 值下的表面状况、加工方法和应用举例

$Ra(\mu m)$	表面状况	加工方法	应用举例
80~12.5	可见刀纹	粗车、粗铣、粗刨、钻孔、粗锉等	不接触表面,如螺钉通孔、倒角、退刀槽等
10~1.60	可见加工痕迹	细锉、精车、精铣、粗磨、粗铰等	静止的接触面或零件间相对运动速度较低的接触面。如凸台、凹坑的加工面,轴间的端面,键和键槽的表面,以及机座、端盖的配合、接触面等
1.25~0.20	看不见加工痕迹	精铰、粗磨、精拉等	要求密合很好的接触面或相对运动速度较高的接触面。如轴和孔的配合面,定位销和定位销孔的表面,阀和阀座的接触面,轴颈和轴套的配合面,模具的工作表面等
0.16~0.08	光泽面(镜面)	碾磨、抛光、超级加工等	精密量具的工作表面,滚珠轴承的工作表面等

3. 表面结构的符号及意义

表面结构符号及表示意义如表7.5所示。

表7.5 表面结构符号

符号	意义
	基本符号,单独使用这符号是没有意义的
	基本符号上加一短划,表示表面结构是用去除材料的方法获得,例如:车、铣、钻、磨、剪切、抛光、腐蚀、电火花加工等
	基本符号上加一小圆,表示表面结构是用不去除材料的方法获得,例如:铸、锻、冲压变形、热轧、冷轧、粉末冶金等 或者是用于保持原供应状况的表面(包括保持上道工序的状况)
	在上述三个符号的长边上均可加一横线,用于标注有关参数和说明
	在上述三个符号的长边上均可加一小圆,表示所有表面具有相同的表面结构要求

表面结构高度参数 Ra 的标注方法，如表7.6。Ra 在符号中用数值表示，单位为微米。

表 7.6　R_a 值的标注

符　号	意　义	符　号	意　义
3.2 √	用任何方法获得的表面，R_a 的最大允许值为 3.2μm	$\sqrt{Ra\ 25}$	用不去除材料的方法获得的表面，R_a 的最大允许值为 25μm
$\sqrt{Ra\ 1.6}$ $\sqrt{Ra\ 1.6}$	所有表面 R_a 的最大允许值为 1.6μm	$\sqrt{Ra\ 1.6}$	用去除材料的方法获得的表面，R_a 的最大允许值为 1.6μm

表面结构符号的画法如图 7.25 所示。

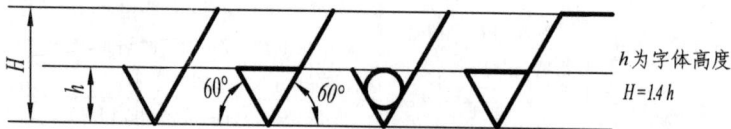

h为字体高度
$H=1.4h$

图 7.25　表面结构符号

4. 表面结构在零件图上的标注方法

在同一张图上的每一个表面的表面结构一般只标注一次符号，并尽可能靠近有关尺寸线，表面结构的符号应标注在可见轮廓线、尺寸线、尺寸界线或它们的延长线上，具体标注方法如表 7.7 所示。

表 7.7　表面结构的标注方法（摘录）

	图例	说明
		符号中数字的方向必须与尺寸数字方向一致
		零件上连续表面及重复要素（孔槽、齿等）的表面，只标注一次

续表

图例 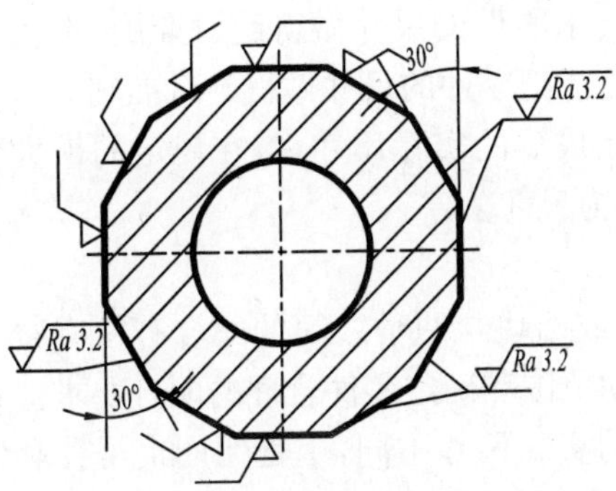 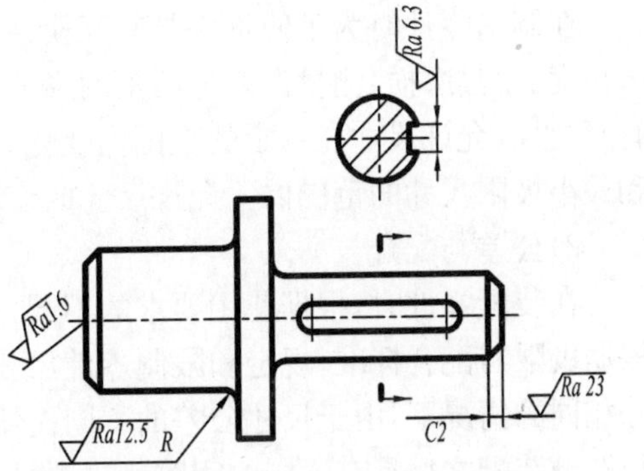	
说明	表面结构的注写和读取方向和尺寸的注写和读取方向一致。其符号应从材料外指向并接触表面	中心孔的工作面,键槽工作面,倒角、圆角的表面其符号可以简化标注
图例 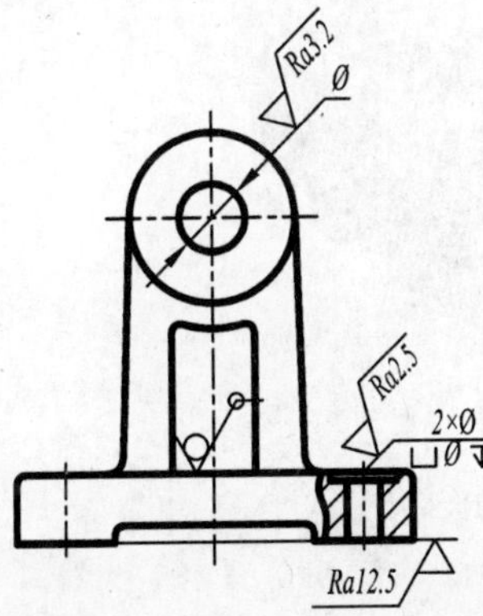 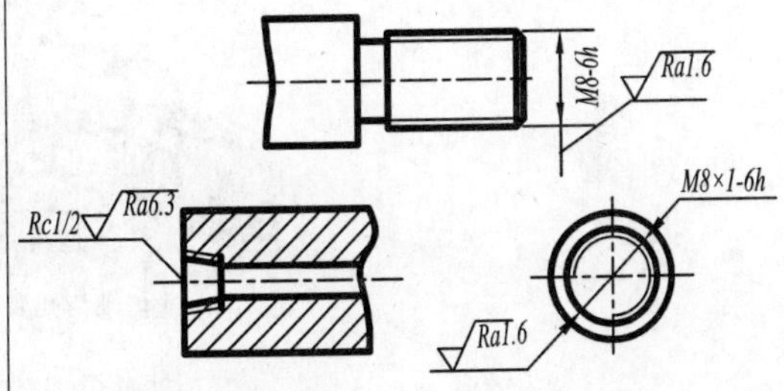	
说明	孔的符号也可标注在其尺寸线上。用细线相连的表面也标注一次	螺纹的注法
图例 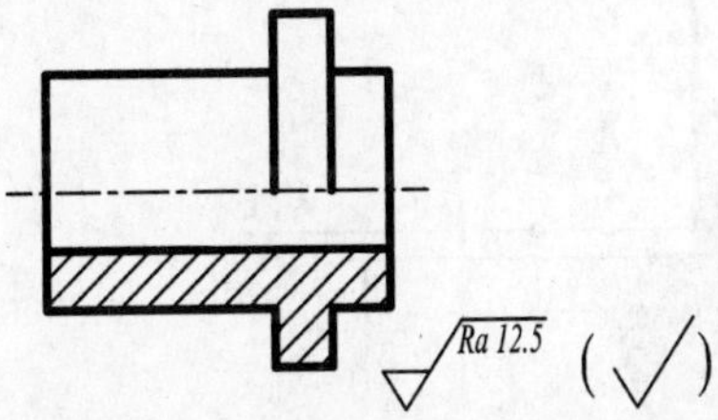 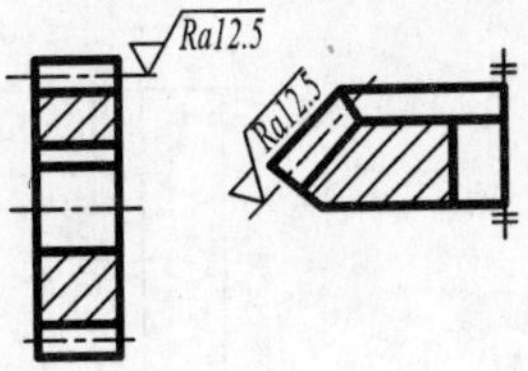	
说明	如果在工件的多数(包括全部)表面有相同的表面结构要求,则其表面结构要求可统一标注在图样的标题栏附近	齿轮的注法

7.5.2 尺寸公差

1. 极限与配合的基本概念

1)公差与互换性

从一批相同的零件中任取一件,不经修配就能立即装到机器上去,并能保证使用要求,就称这批零件具有互换性。零件具有互换性,便于装配和维修,也有利于组织生产协作,提高生产率。

在制造零件时为了使零件具有互换性,并不要求零件的尺寸做得绝对准确,事实上由于机床精度、刀具磨损、测量误差等因素的影响,也不可能把零件的尺寸做得绝对准确。为了使零件有互换性,允许尺寸在一定的范围内变化。零件制成后的实际尺寸,应在规定的最大极限尺寸和最小极限尺寸的范围内。允许尺寸的变动量称为尺寸公差。

2)公差与配合

在装配零件时,根据使用要求的不同,孔和轴或凸块与凹槽之间的配合有松有紧。设计者根据极限与配合标准,规定和限制零件尺寸的变动范围和确定零件合理的配合要求。在设计尺寸相同的情况下,由于尺寸公差的不同而使零件的实际尺寸不同,于是便产生了孔和轴或凸块与凹槽装配之后具有不同的间隙或过盈量。图7.26所示的联轴器,左边的凹槽和右边的凸块之间有相对运动,它们之间需要间隙配合。而左边的轴零件与联轴器的孔装配时,需要的是不紧不松的过渡配合。

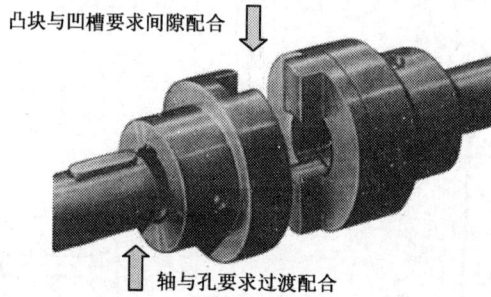

图7.26 公差与配合的概念

2. 极限与配合的基本术语

以图7.27中圆柱孔和轴为例,将有关公差和配合的术语和定义介绍如下:

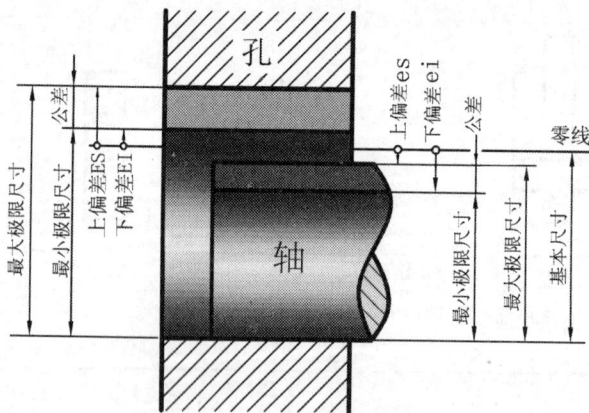

图7.27 公差与配合示意图

(1)零线:表示基本尺寸的一条直线。

(2)基本尺寸:由设计确定的尺寸。

(3)极限尺寸:允许尺寸变化的两个极限值。

（4）最大极限尺寸：所允许的最大尺寸。

（5）最小极限尺寸：所允许的最小尺寸。

（6）上偏差：上偏差＝最大极限尺寸－基本尺寸，孔的上偏差用 ES 表示，轴的上偏差用 es 表示。

（7）下偏差：下偏差＝最小极限尺寸－基本尺寸，孔的下偏差用 EI 表示，轴的上偏差用 ei 表示。

（8）极限偏差：上偏差和下偏差统称为极限偏差。

（9）尺寸公差（简称公差）：允许尺寸的变动量。

公差＝最大极限尺寸－最小极限尺寸＝上偏差－下偏差。

3. 公差带图

图 7.28 所示的图称为极限与配合示意图，简称公差带图。在公差带图中，以零线表示基本尺寸，由代表上、下偏差的两条直线所限定的区域表示公差，可以直观地表示出轴或孔的公差的大小和公差带相对于零线的位置。图 7.28 就是图 7.27 的公差带图。

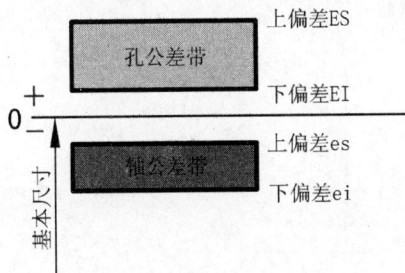

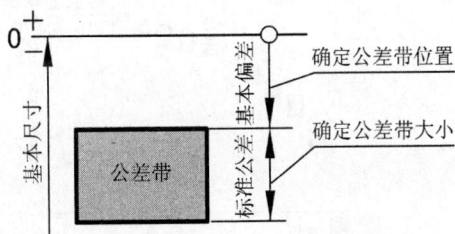

图 7.28　公差带图　　　　图 7.29　标准公差与基本偏差

4. 标准公差与基本偏差

极限尺寸含有"公差带大小"和"公差带相对于零线的位置"两个因素，"公差带大小"由标准公差确定，"公差带相对于零线的位置"由基本偏差确定，如图 7.29 所示。

（1）标准公差

国家标准规定了标准公差（附录 B1.1），用 IT 表示。标准公差分为 20 个等级，即 IT01，IT0，IT1，IT2，…，IT18。IT01 为最高尺寸精度等级，公差值最小；其余等级公差值依次增大，精确程度依次降低。

（2）基本偏差

国家标准规定了基本偏差（附录 B1.2、B1.3），基本偏差是用以确定公差带相对零线的位置，一般指靠近零线的那个偏差。当公差带在零线的上方时，基本偏差为下偏差；反之，则为上偏差。

基本偏差系列如图 7.30 所示，基本偏差共有 28 个，它的代号用拉丁字母表示，大写为孔，小写为轴。其中 H 的孔和 h 的轴基本偏差为零，分别称为基准孔和基准轴。

从图 7.30 中可见：孔的基本偏差 A—H 为下偏差，J—ZC 为上偏差；轴的基本偏差 a～h 为上偏差，j—zc 为下偏差；JS 和 js 的公差带对称分布于零线两边，孔和轴的上、下偏差分别都是 $+IT/2$，$-IT/2$。

基本偏差系列图只表示公差带的位置,不表示公差的大小,此外公差带一端是开口的,开口的另一端由标准公差确定。

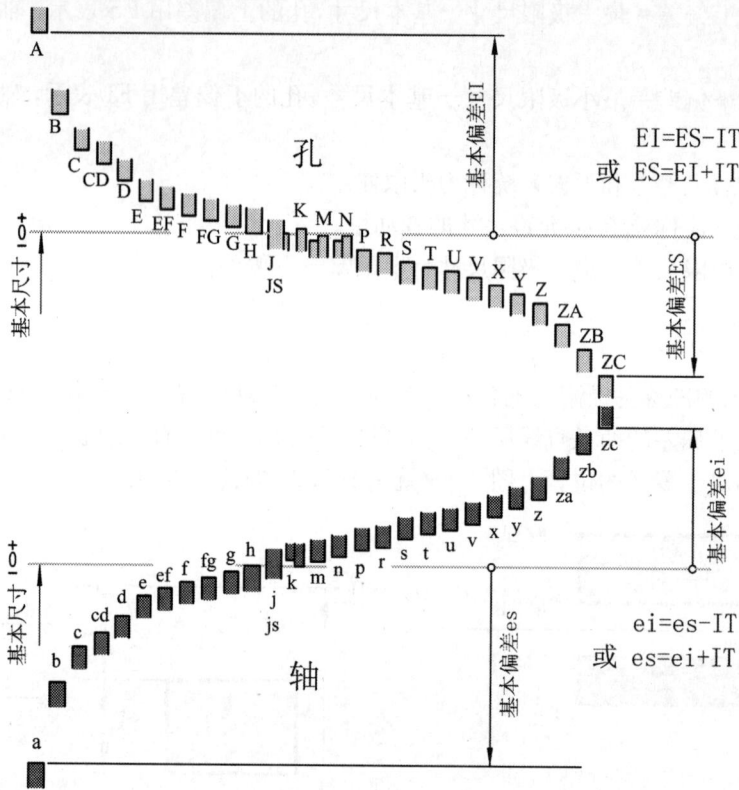

图 7.30　基本偏差系列

标准公差和基本偏差有以下的计算式:

$$ES = EI + IT \text{ 或 } EI = ES - IT$$
$$ei = es - IT \text{ 或 } es = ei + IT$$

5. 公差带代号

孔和轴的公差带代号由基本偏差代号和标准公差等级两部分组成,例如:

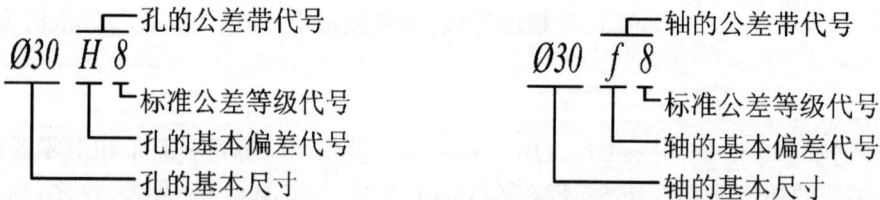

Ø30 H 8 — 孔的公差带代号, 标准公差等级代号, 孔的基本偏差代号, 孔的基本尺寸

Ø30 f 8 — 轴的公差带代号, 标准公差等级代号, 轴的基本偏差代号, 轴的基本尺寸

6. 配合种类与配合制度

基本尺寸相同、相互结合的孔和轴公差带之间的关系称为配合。根据使用要求的不同,孔和轴之间的配合有松有紧,如图 7.31 所示的汽缸活塞装配件中,连杆上方的水平孔内装有衬套,衬套与连杆孔之间的配合具有过盈量,为过盈配合。衬套内孔装有活塞销,它们之间的配合具有间隙,为间隙配合。活塞销和活塞孔之间的配合可以有间隙量或过盈量,为过渡配合。

衬套和连杆孔之间要求过盈配合

活塞销和活塞孔之间要求过渡配合
活塞销和衬套之间要求过渡配合

图 7.31 配合示例

国标规定配合分三类,即间隙配合、过盈配合和过渡配合。

(1)间隙配合。孔的公差带完全在轴的公差带上方,孔与轴装配时,一定有间隙(包括最小间隙等于零)的配合,如图 7.32(a)所示。

(2)过盈配合。孔的公差带完全在轴的公差带下方,孔与轴装配时,一定有过盈(包括最小过盈等于零)的配合,如图 7.32(b)所示。

(3)过渡配合。孔的公差带与轴的公差带相互交叠,孔与轴装配时,可能有间隙,也可能有过盈的配合,如图 7.32 (c)所示。

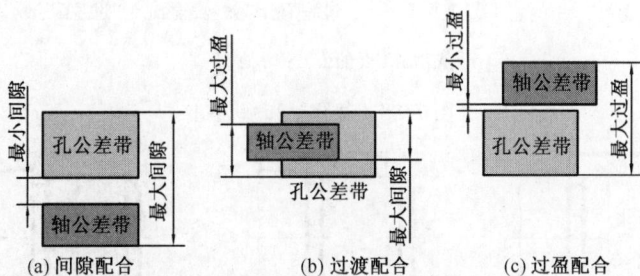

(a) 间隙配合　　　　　(b) 过渡配合　　　　　(c) 过盈配合

图 7.32 三种配合种类

1)配合制度

国标对配合规定了基孔制和基轴制两种基准制。

(1)基轴制。基轴制是指基本偏差为一定的轴公差带与各种不同基本偏差的孔公差带形成各种配合的一种制度,如图 7.33(a)所示。基轴制的轴为基准轴,以小写字母 h 表示,基准轴的上偏差为零。

(2)基孔制。基孔制是指基本偏差为一定的孔公差带与各种不同基本偏差的轴公差带形成各种配合的一种制度,如图 7.33(b)所示。基孔制的孔为基准孔,以符号 H 表示,基准孔的下偏差为零。

2)优先、常用配合

国家标准根据机械工业产品生产使用的需要,考虑到各类产品的不同特点,制订了优先、常用配合。使用时,应尽量选用优先配合和常用配合。基孔制和基轴制的优先、常用配合见附录 B1.6、附录 B1.7。在表中左角标有符号"＊"者为优先选用配合。

7. 极限与配合的标注及查表

1)极限与配合在图样上的标注

(1)在装配图上的标注。装配图上极限尺寸与配合的标注,可按图 7.34 中三种形式之一进行标注。

(a) 基轴制配合的公差带示意图

(b) 基孔制配合的公差带示意图

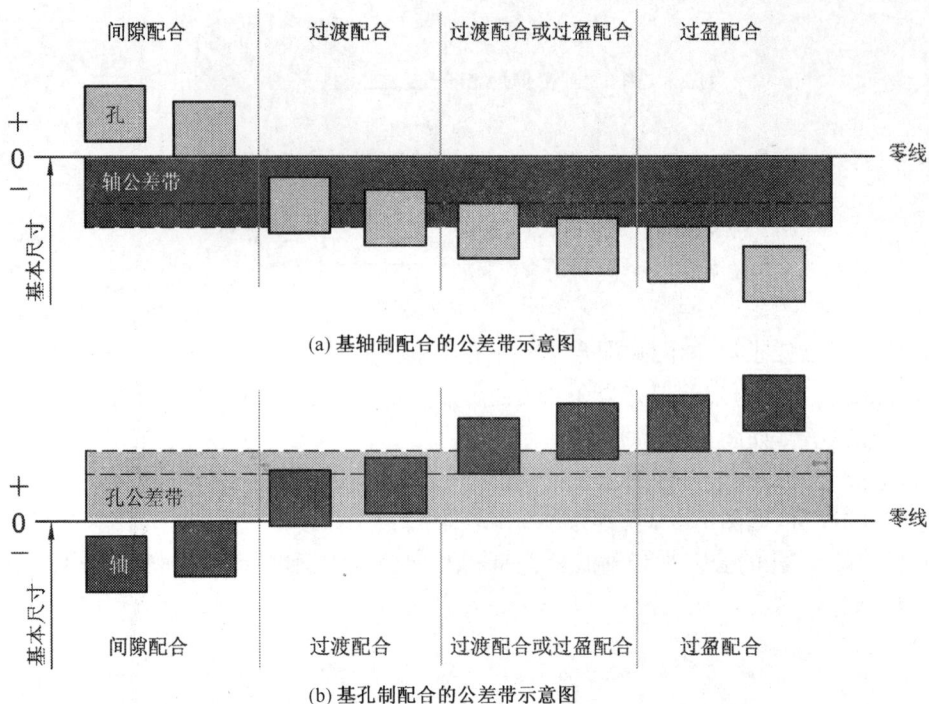

图 7.33　基孔制和基轴制

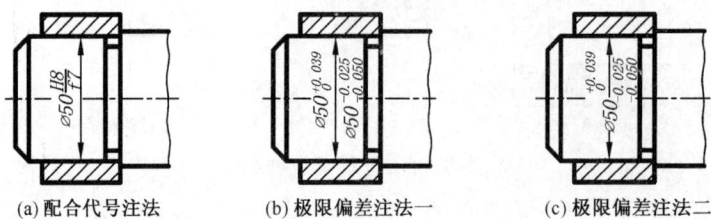

(a) 配合代号注法　　　(b) 极限偏差注法一　　　(c) 极限偏差注法二

图 7.34　装配图上配合的标注法

　　(2)在零件图上的标注。在零件图上极限尺寸和配合的标注有三种形式:只标注公差带代号,如图 7.35(a)所示;只标注极限偏差数值,如图 7.35(b)所示;同时标注出公差带代号及极限偏差数值,如图 7.35 (c)所示。

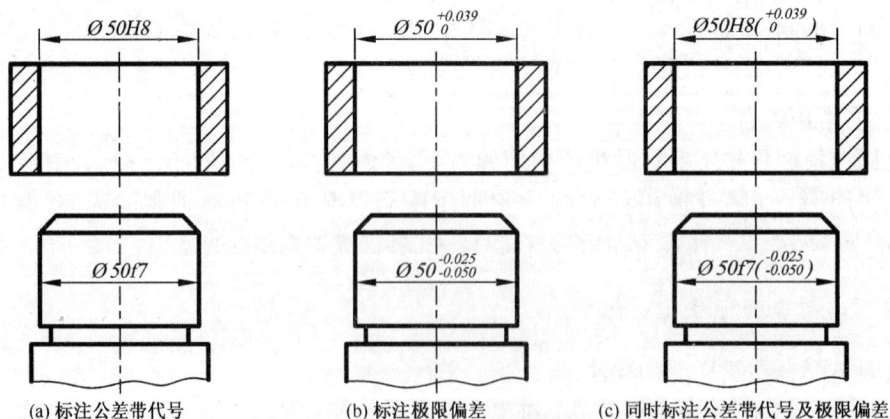

(a) 标注公差带代号　　　(b) 标注极限偏差　　　(c) 同时标注公差带代号及极限偏差

图 7.35　零件图上公差带的三种标注形式

2)公差带代号查表

根据基本尺寸和公差带代号可查表获得极限偏差数值。

查表的步骤一般是:先查出轴和孔的标准公差,查出轴和孔的基本偏差;然后根据标准公差和基本偏差算出另一个偏差。优先、常用配合的极限偏差可直接由表查得。

例 7.1 确定 $\Phi 75H8/s7$ 中孔和轴的偏差值。

解:从附录 B1.6 可知,$\Phi 75H8/s7$ 是基孔制,常用于过盈配合。先根据基本尺寸 75 和公差带代号,分别查表得到标准公差和基本偏差,再按标准公差和基本偏差的关系式算出孔和轴的另一偏差。

从附录 B1.1 中查得基本尺寸为 75 的 IT8 为 $46\mu m$,IT7 为 $30\mu m$。

从附录 B1.2 中查得轴的基本尺寸为 75 公差带代号为 s7 的基本偏差为下偏差 ei=$+59\mu m$。基准孔的基本偏差为下偏差 EI=0。

孔 $\Phi 75H8$ 的上偏差 ES=EI+IT=0+46=$+46\mu m$。

轴 $\Phi 75s7$ 的下偏差 ei=$+59$,上偏差 es=ei+IT=59+30=$+89\mu m$。

孔、轴公差带图如图 7.36 所示。

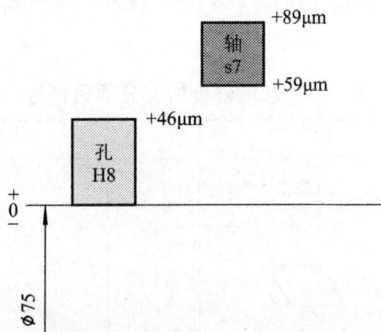

图 7.36 $\Phi 75H8/s7$ 公差带图

例 7.2 查表确定 $\Phi 18H8/f7$ 的极限偏差值。

解 从附录 B1.6 可知,H8/f7 是基孔制的优先配合,其中 H8 是基准孔的公差代号,f7 是配合轴的公差代号。

(1) $\Phi 18H8$ 基准孔的极限偏差,可从附录 B1.5:$^{+0.027}_{0}$ 这就是基准孔的上、下偏差,所以 $\Phi 18H8$ 可写成 $\Phi 18^{+0.027}_{0}$。

(2) $\Phi 18f7$ 轴的极限偏差,可由从附录 B1.4 查得:$^{-0.016}_{-0.034}$,这就是轴的上、下偏差,所以 $\Phi 18f7$ 可写成 $\Phi 18^{-0.016}_{-0.034}$。

7.5.3 几何公差

1. 几何公差的基本概念

某些精度要求较高的机件,除确定其尺寸公差外,还需规定表面形状公差和位置公差,以保证装配中的互换性,并满足该机件的使用要求。形状公差是指实际形状对理想形状的允许变动量;位置公差是指实际位置对理想位置的允许变动量;两者简称为几何公差。

如加工轴时可能出现一头粗一头细或轴线弯曲、两头和中间不一样粗细的现象,如图 7.37 所示。这是属于零件表面的形状误差。

图 7.37　零件形状误差

零件在加工后其各部分的相对位置也会产生误差,如加工同一轴线的几段阶梯圆柱面时,可能出现各段轴线不在同一直线上的现象;本应互相平行或垂直的表面也可能出现歪斜等,如图 7.38 所示。这是属于零件表面的位置误差。

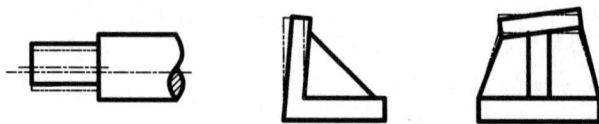

图 7.38　零件位置误差

对于这类形状和位置误差,也必须给出一个几何区域作为允许的误差变动范围。这种形状和位置误差所允许的最大变动量,就称为形状或位置公差,简称几何公差。GB/T 1182—2008 对几何公差的项目、名词术语、代号、数值、标注方法作了规定,几何公差的项目及规定符号如表 7.8 所示。

表 7.8　几何公差的部分项目符号

分 类	项 目	符 号	分 类	项 目	符 号
形状公差	直线度	—	位置公差	平行度	//
	平面度	▱	方向	垂直度	⊥
				倾斜度	∠
	圆 度	○	位置	同轴度	◎
	圆柱度	⌭		对称度	=
				位置度	⊕
	线轮廓度	⌒	跳动	圆跳动	↗
	面轮廓度	⌓		全跳动	↗↗

2. 几何公差在图样上的标注

一般情况下,几何公差在图样上应采用代号标注。当无法使用代号时,允许在技术要求中用文字说明。

(1)几何公差代号的标注采用带箭头的指引线和框格表示。框格用细实线画出并分成多格,第一格填写项目规定符号(表 7.8),第二格填写公差数值和有关符号,第三格以后填写基准代号和有关符号,如图 7.39 所示。

(a) 示例一　　　　(b) 示例二　　　　(c) 示例三

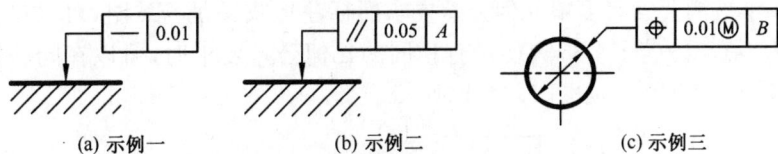

图 7.39　框格及指示箭头画法

(2)框格内的数字和字形一般应和图样上的字体一样高,框格高度为字高的二倍,长度可根据需要画出。

(3)框格的一端与指引线相连,指引线的箭头应指向被测要素,并垂直于被测要素轮廓线或其延长线。当被测部位是轴心线或对称线时,箭头应指向尺寸线的延长线上,如图 7.40 所示。

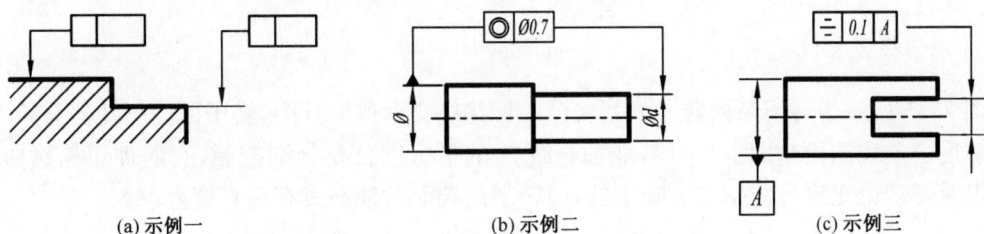

(a)示例一　　　　(b)示例二　　　　(c)示例三

图 7.40　几何公差标注——指引线

(4)基准用一个大写字母表示。字母标注在基准方格内,与一个涂黑的或空白的三角形相连以表示基准,如图 7.41 所示。

基准代号的标注,如图 7.42 所示。

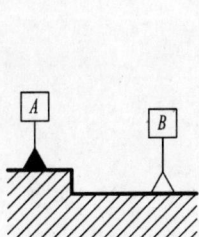

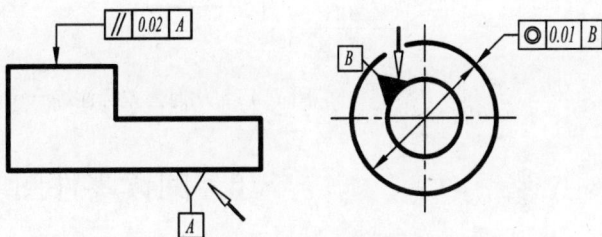

图 7.41　基准符号　　　　图 7.42　几何公差标注——基准代号

(5)当位置公差为任选基准时,应不再画基准三角形,两边都用箭头表示,如图 7.43 所示。

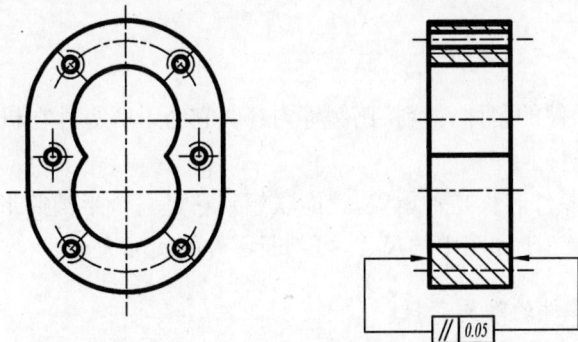

图 7.43　几何公差标注——任选基准

(6)当同一个被测要素有多项几何公差要求而标注形式又是一致时,可以将框格画在一起共同用,见图 7.44(a)。若多个被测要素有相同的几何公差要求时,可以在同一框格下画出多个指引线与各被测要素相连,如图 7.44(b)所示。

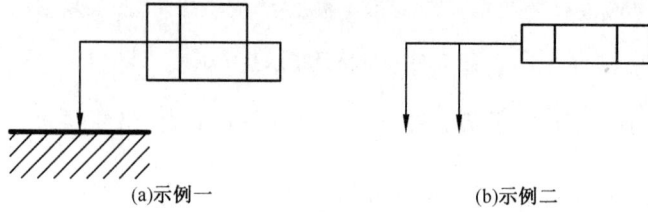

(a)示例一　　　　　　　　(b)示例二

图 7.44　几何公差标注——重合标注

3. 几何公差标注示例

图 7.45 所示为转子泵内转子的几何公差标注综合示例。其中,转子曲面的几何公差,是用线轮廓度公差和曲面轮廓素线对基准轴心线 A 的平行度公差分别控制,它的理想轮廓曲线在图纸上是用理论正确尺寸 α 和 γ 确定的,内转子两端面对轴心线有垂直度要求。

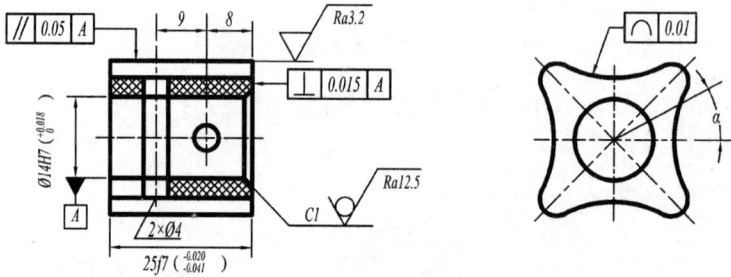

图 7.45　几何公差标注综合示例

7.6　阅读零件图

在机械制造中,审查、校核设计图纸,加工制造机械零件均须看懂零件图。看图的目的要求虽然不尽相同,但看图的步骤和方法却是一样的。现就图 7.46 所示零件图介绍看图的步骤和方法。

1. 看标题栏

从标题栏中了解零件的名称、材料、比例等内容。它为了解零件在机器中的作用、制造要求和结构特点等提供了条件。

当看到图 7.46 的零件名称是轴承盖,就能联想到它是一个半圆筒形零件,从材料 HT150,知道它是铸件,从比例 1:1 和图中的尺寸,可判断零件的实际大小。

2. 分析视图看懂零件的结构形状

图 7.46 主视图采用半剖视,剖切面过零件的前后对称平面。俯视图为外形视图。左视图半剖。

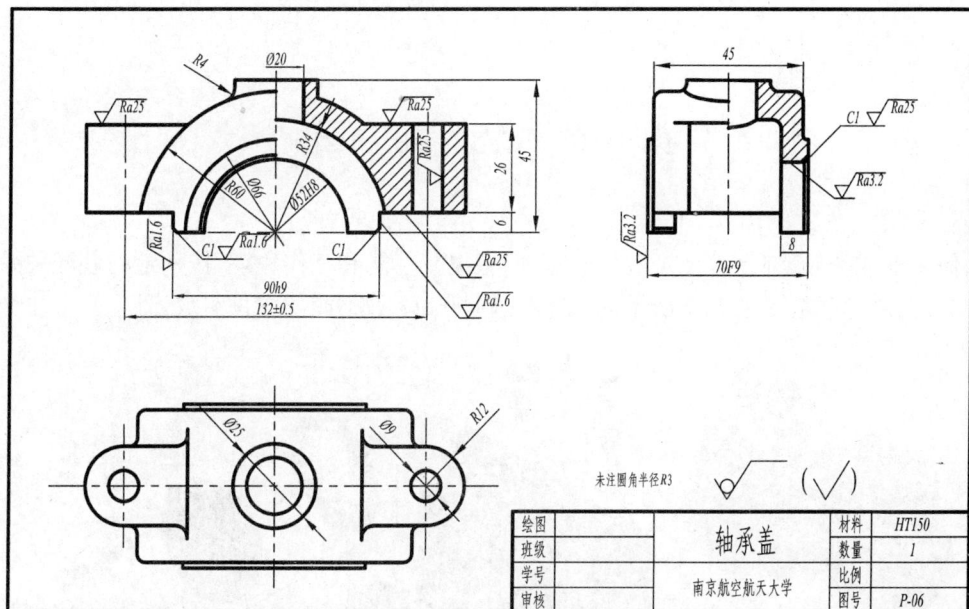

图 7.46 轴承盖零件图

零件的主体是一个外圆为 $R60$，内圆为 $R48$ 和 $\Phi52$ 的阶梯孔所形成的半圆筒，半圆筒前后两端各有 $\Phi66$ 的凸台，内孔 $\Phi52$ 的两侧有 $1.5\times45°$ 的倒角，圆筒下部有相距为 90 的一对止口面和 $1\times45°$ 的倒角。主体上方有一个带孔的凸台，与主体垂直相贯，它们之间所形成的内、外相贯线可在左视图中看到。主体的左右对称分布着两个带孔的半圆形凸耳。通过上述分析，并考虑各部分的相对位置关系，即可想象出零件的完整形状，如图 7.47 所示。

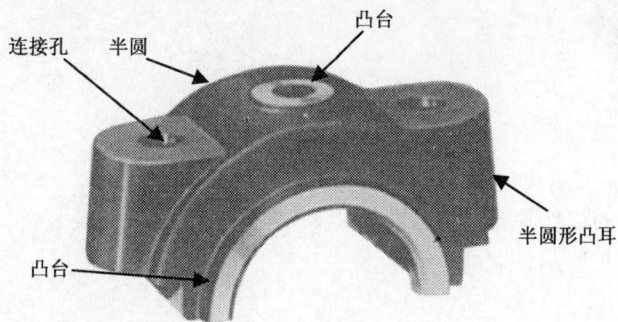

图 7.47 轴承盖立体图

3. 分析尺寸

找出尺寸基准后，分析定形尺寸和定位尺寸，了解尺寸的标注形式，确定零件的总体尺寸。图 7.46 所示轴承盖的长度方向尺寸基准是左右对称平面；宽度方向尺寸基准是前后对称平面；高度方向尺寸基准是通过孔 $\Phi52H8^{+0.046}_{0}$ 轴线的水平面。显然，这个孔径尺寸是一个主要尺寸。

4. 了解技术要求

包括表面粗糙度、尺寸公差、形位公差和其他技术要求。

通过以上分析，就能看懂图 7.46，并能想出轴承盖立体形状，如图 7.47 所示。

第8章 装 配 图

任何机器或产品,都是由一定数量的零件,根据其性能和工作原理,按一定的装配关系和技术要求装配在一起的,如图 8.1 所示的柱塞泵就是由 22 种不同的零件组成。

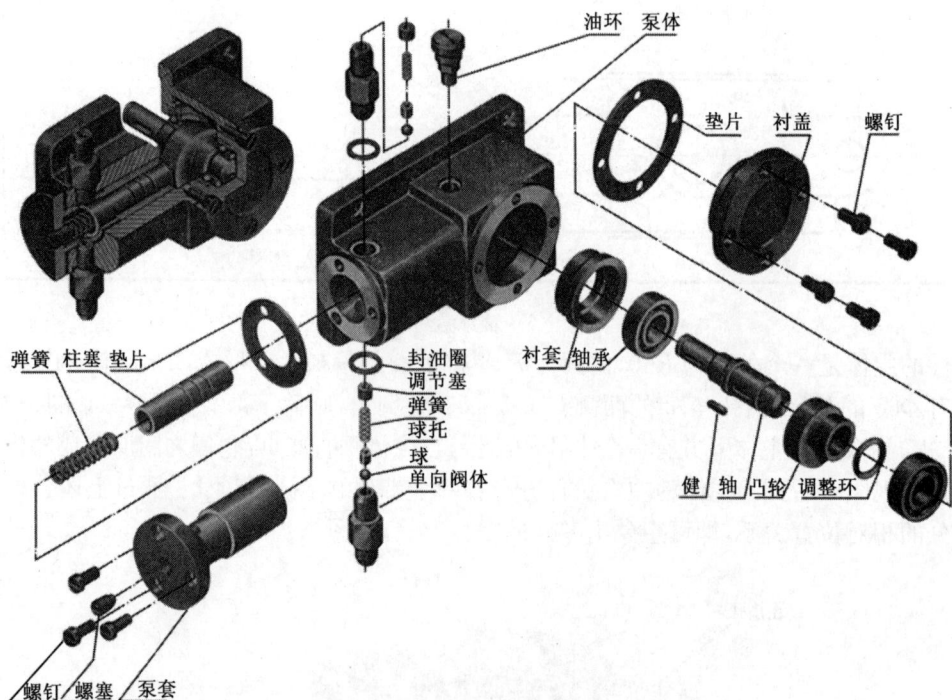

图 8.1 柱塞泵轴测分解图

表达机器或部件的工作原理、结构性能以及各零件之间的连接装配关系的图样称为装配图。图 8.2 就是图 8.1 所示柱塞泵的装配图。

8.1 装配图的作用和内容

1. 装配图的作用

(1)设计阶段。一般先画出装配草图,确定机器或产品的零件布局、主要零件的主要形状、关键的布局尺寸等,然后根据该机器或产品的性能特点、装配关系和布局尺寸,详细地设计每个零件,绘制零件图。根据零件图再绘制机器或产品的装配图。

(2)制造阶段。在生产、检验产品时,根据装配图表达的装配关系,制定装配工艺流程,检验、调试和装配产品。

(3)使用和维修阶段。根据装配图,了解机器或产品的工作原理和结构性能,从而决定机器或产品的操作、保养、维修和拆装方法。

序号	名称	数量	材料	备注
22	球 SØ5	2	15Cr	GB/T 308-2000
21	球托	2	Q235	
20	弹簧座	2	60Si2MnA	GB/T 2089-1994
19	调节塞	2	Q235	
18	油标8-15	1	组合件	JB/T 79403-1995
17	衬盖	1	HT200	
16	轴	1	40Cr	
15	滚动轴承	2	6202	GB/T 276-1994
14	衬套	1	HT200	
13	镶套	1	15Cr	
12	凸轮	1	15Cr	
11	调整环	1	塑料纸	
10	垫片	1	塑料纸	
9	垫片	7	塑料纸	
8	螺钉M6×14	2		GB/T 65-2000
7	柱塞	1	15Cr	
6	单向阀体	2	45	
5	垫片	2	塑料纸	
4	弹簧	2	60Si2MnA	GB/T 4459.4-2003
3	镶套	1	Q235	JB/ZQ 4450-1986
2	泵套	1	45	
1	泵体	1	45	

技术要求

1. 泵工作时,两阀要能一吸一排,如不符
要求,可调弹簧 20。
2. 球 22 与阀体接触处应冷压一痕,保证
球定位和关启作用。

	柱 塞 泵	比例		共 张 第 张
		数量		
		重量		(厂 名)
制图				
描图				
审核				

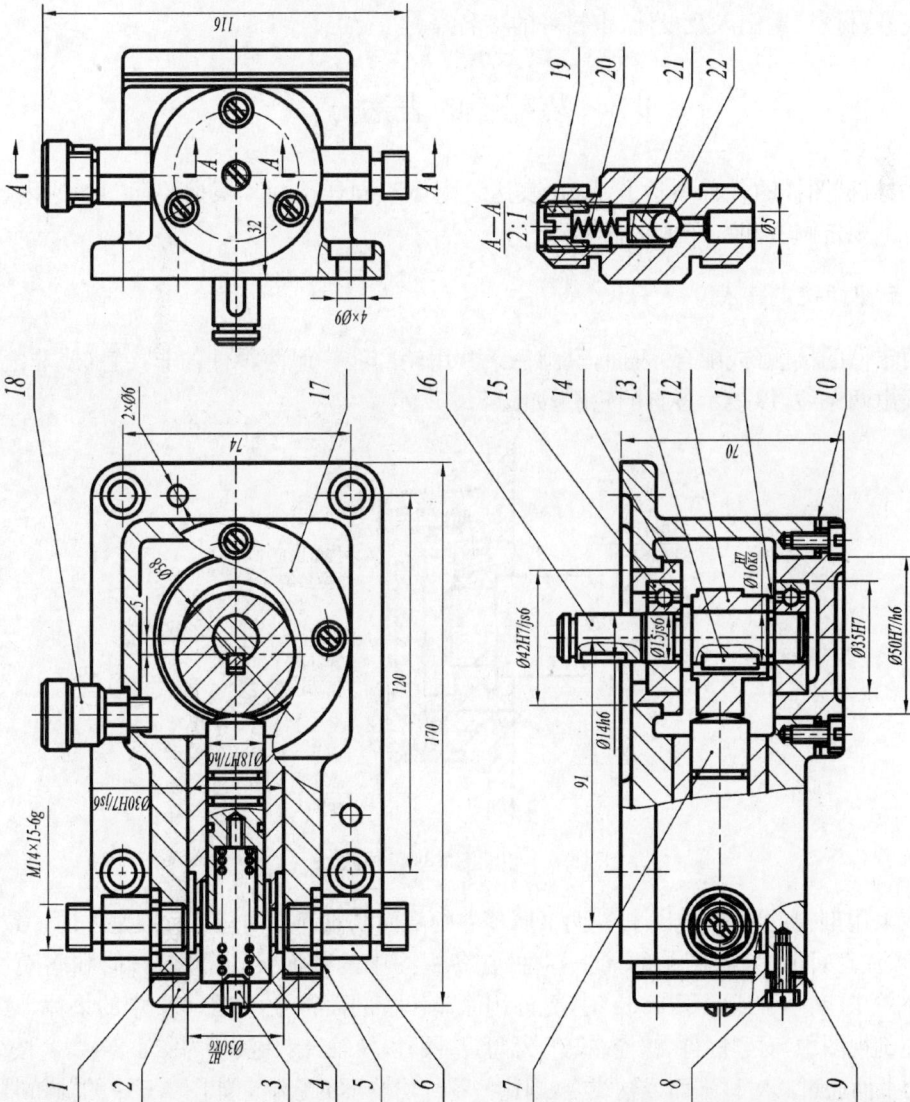

图 8.2 柱塞泵装配图

2. 装配图的内容

从图 8.2 中可以看出,一张完整的装配图应具备下列基本内容:

(1)一组视图:用以表达机器或部件的工作原理,各零件间的装配关系,零件之间的连接、传动方式及主要零件的结构形状等。图 8.2 所示的柱塞泵装配图,主视图是沿一条装配干线的轴线将部件剖开而绘制的局部剖视图,俯视图是沿另一条装配干线的轴线将部件剖开而绘制的局部剖视图,左视图基本采用了视图表达。这组视图清楚地表达了柱塞泵的工作原理、装配关系和主要零件的大致形状结构。

(2)必要的尺寸:标注出反映机器或部件的性能、规格、外形大小以及装配、检验和安装有关的尺寸。如图 8.2 中的 170、116、70 是外形尺寸,120、74 是安装尺寸,$\Phi30H7/k6$ 是配合尺寸。

(3)技术要求:用文字或符号说明机器或部件的性能、装配和调试要求、验收条件、试验和使用规则等技术指标。

(4)零件的序号、明细表和标题栏:注明机器或部件的名称,其所包含零件的名称、序号、数量、标准代号、材料、比例以及设计、审核者的签名等。

8.2　装配图的表达方法

前述的机械图样的各种表达方法,在表达装配体时同样适用。根据装配图表达内容的需要,还有以下规定画法和特殊画法。

1. 装配图的规定画法

(1)两零件的接触(或配合)表面,只画一条共用轮廓线。但两零件的非接触(或非配合)表面,必须画出两条线,以表示各自的轮廓,如图 8.3 所示。

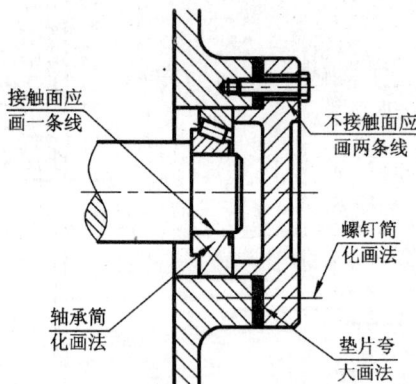

图 8.3　装配图的规定画法

(2)在采用剖视的装配图中,相邻两金属零件的剖面线倾斜方向应相反或是方向一致、间隔不等。必须注意,同一装配图中的同一零件,在各视图中的剖面线,其倾斜方向和间隔均应相同。当零件的厚度小于或等于 2mm 时,允许用涂黑代替剖面符号,如图 8.3 中的垫片。

(3)在剖视图中,对紧固件(螺栓、螺钉、螺母、垫圈)以及轴、销、键、球等实心零件,若按纵向剖切,且剖切平面通过其对称平面或轴线时,则这些零件均按不剖绘制。如图 8.3 中的轴和螺钉。

2. 装配图的特殊画法

为了使装配图能正确、清晰地表达机器或部件的工作原理、装配连接关系、结构特点和其中主要零件的结构形状,除了前面已经介绍过的各种表达方法,如各种视图、剖视、剖面等以外,还应采用以下一些特殊表达方法。

(1)拆卸画法:当某一个或几个零件在装配图的某一视图中遮住了大部分装配关系或其他零件时,可假想拆去一个或几个零件,只画出所表达部分的视图,这种画法称为拆卸画法。

(2)沿结合面剖切画法:为了清楚地表达部件内部结构,可假想沿某些零件的结合面剖切,这时零件的结合面不画剖面线,但被剖到的其他零件一般都应画剖面线。

(3)假想画法:在装配图中,用双点画线画出某些零件来表示:

①机器或部件中某些运动零件的极限位置。如图 8.4 中双点画线表示手柄的 极限位置。

②与本部件有装配关系但又不属于本部件的其他相邻零部件。如图 8.5 中 与车床尾座导向板相邻的床身导轨就是用双点画线来画出的。

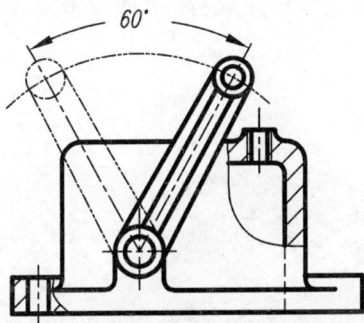

图 8.4　假想画法　　　　　　　图 8.5　简化画法

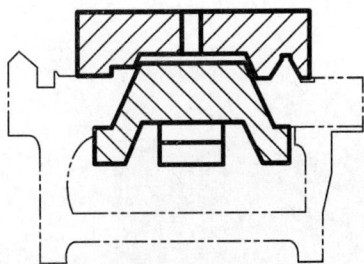

(4)夸大画法:在装配图中,如绘制直径或厚度小于 2mm 的孔或薄片,以及较小的锥度、斜度时,均允许将该部分不按原比例而夸大画出。如图 8.3 中端盖处的垫片,就是按夸大厚度画出的。

(5)简化画法:

①零件的工艺结构,如倒圆、倒角、退刀槽、半径较小的铸造圆角、拔模斜度等可省略不画。

②对于相同的零件组,如螺纹连接件等在不影响理解的前提下,允许只画一处,其余可只用点画线表示其中心位置,如图 8.3 中的螺钉画法。

③滚动轴承等零部件,在剖视图中可按轴承的规定画法画出,如图 8.3 中的轴承画法。

8.3　装配图的视图选择

装配图和零件图的功用不同,表达的重点各异。对部件装配图视图选择的基本要求是:清楚地表达部件的工作原理、各零件的相对位置和装配关系。因此,在选择表达方案以前,必须仔细了解部件的工作原理和结构情况。在选择表达方案时,首先要选好主视图,然后选择其他视图。

1. 选择主视图

(1)符合装配体的工作位置或安装位置,尽可能使装配体的主要轴线成水平位置或铅垂位置摆放。

（2）使主视图能够较多地表达出机器或部件的工作原理、装配关系及主要零件结构形状特征。

（3）一般在机器或部件中，将装配关系密切的一些零件，称为装配干线。为了清楚地表达装配关系，常通过装配干线的轴线将部件剖开，画出剖视图作为装配图的主视图。

2. 确定其他视图和视图数量

在确定主视图后，还要根据机器或部件的结构形状特征，选用其他视图，补充表达主视图未能表达的内容。对其他视图的选择，可以考虑以下几个方面：

（1）各零件之间的定位关系、配合关系、连接关系是否已表达清楚。

（2）除主要装配干线外，是否还有其他装配干线要表达。

3. 装配图视图表达方案

（1）截止阀的视图表达方案

截止阀是装在流体管道上的部件，它有阀体、阀盖、阀瓣、阀杆、手柄及密封件等，转动手柄带动阀瓣转动以使管道畅通或关闭。图 8.6 所示为截止阀的轴测装配图。

图 8.6　截止阀轴测装配图

图 8.7 所示的截止阀装配图中，主视图采用单一全剖视图，较全面地表达各零件的结构、相对位置、装配关系和连接形式；俯视图是将手柄拆去后画出的外形视图；左视图采用了 $A-A$ 局部剖视，以补充表达各零件的结构形状。

（2）正滑动轴承的视图表达方案

正滑动轴承是支撑转动轴用的一个部件，上轴衬开有油槽，以供轴在轴衬内孔中转动时润滑之用。轴承座和轴承盖之间有一定间隙，以便用垫片调整松紧，并用一对螺栓连接在一起。图 8.8 所示是正滑动轴承的轴测装配图。

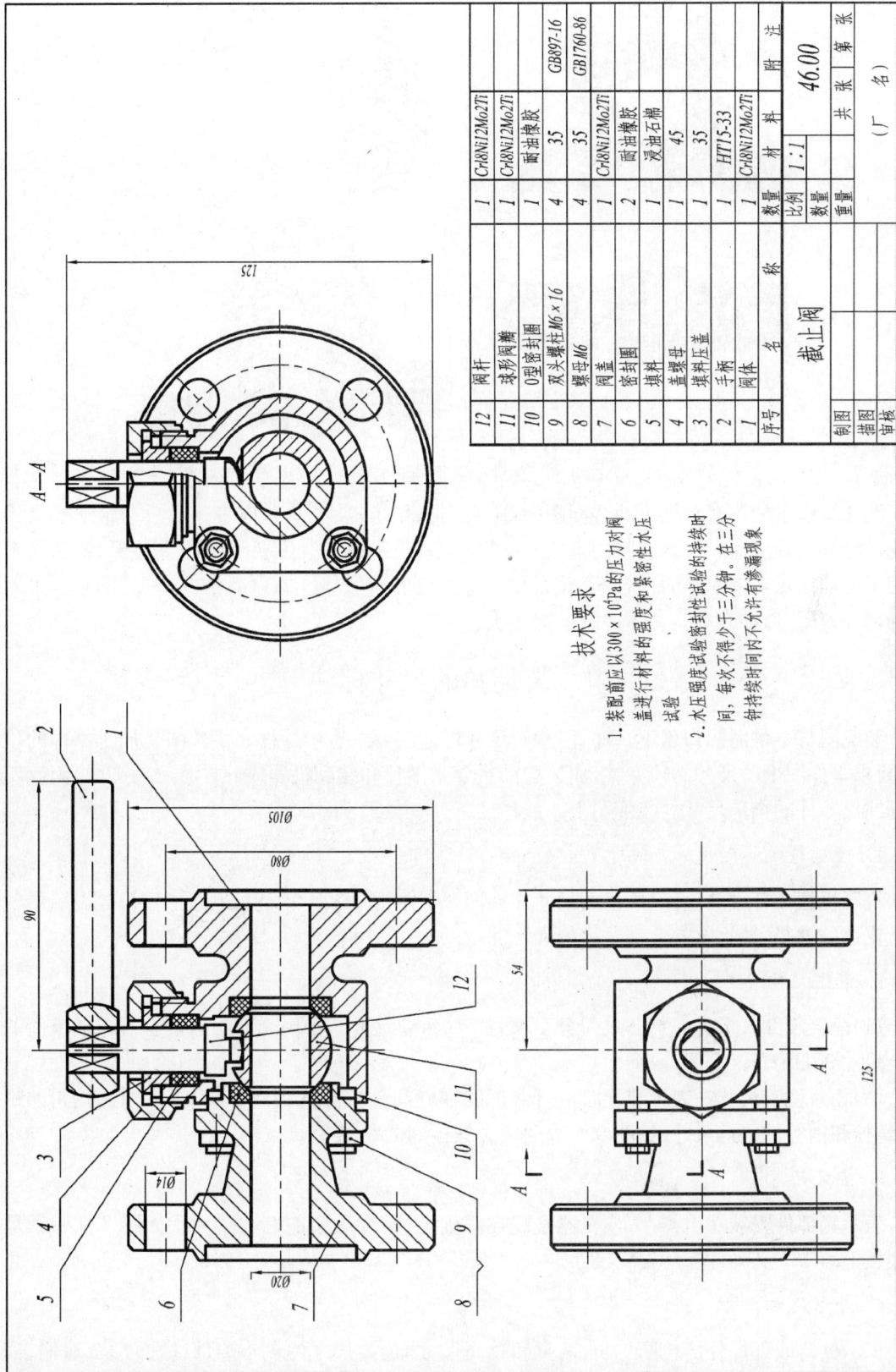

序号	名称	数量	材料	附注
12	阀杆	1	Cr18Ni12Mo2Ti	
11	球形阀瓣	1	Cr18Ni12Mo2Ti	
10	O型密封圈	1	耐油橡胶	
9	双头螺柱M6×16	4	35	GB897-16
8	螺母M6	4	35	GB1760-86
7	阀座	1	Cr18Ni12Mo2Ti	
6	密封圈	2	耐油橡胶	
5	填料圈	1	浸油石棉	
4	盖螺母	1	45	
3	填料压盖	1	35	
2	手柄	1	HT15-33	
1	阀体	1	Cr18Ni12Mo2Ti	

截止阀　比例 1:1　数量　重量 46.00　共　张　第　张　（厂　名）

制图　描图　审核

技术要求

1. 装配前应以试以300×10⁶Pa的压力对阀盖进行材料的强度和紧密性水压试验。

2. 水压强度试验密封性试验的持续时间,每次不得少于三分钟。在三分钟持续时间内不允许有渗漏现象

图8.7　截止阀装配图

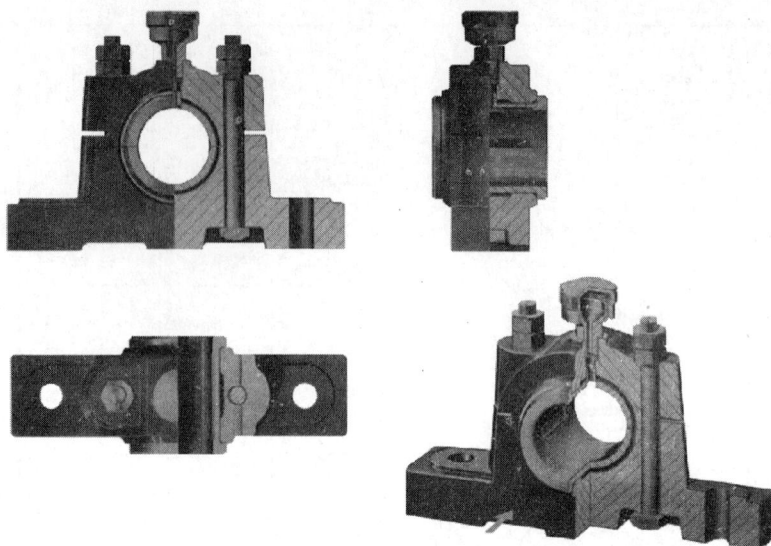

图 8.8　正滑动轴承轴测装配图

图 8.9 所示的正滑动轴承的装配图中，主视图采用半剖视，清楚地表达了滑动轴承的结构特征，轴承座、轴承盖和衬套之间的定位和连接关系，也表达了其主要零件的主要形状；俯视图采用了沿轴承盖与轴承座的结合面剖切画法，清楚地表达了部件的内部结构；左视图基本采用了局部剖视图，以补充表达各零件的结构形状。

8.4　装配图的尺寸标注

装配图与零件图的作用不一样，因此对尺寸标注的要求也不一样。零件图是加工零件的依据，要求零件图上的尺寸必须完整，而装配图主要是设计和装配机器或部件时用的图样，因此不必标注出零件的全部尺寸。装配图上一般标注下列五种尺寸。

1. 性能与规格尺寸

说明机器或部件的性能、规格的尺寸。如图 8.9 中滑动轴承轴瓦的孔径 $\Phi50H8$，表示了轴承所支撑的轴径，轴承座的大部分结构和尺寸均以这一尺寸作为设计依据。

2. 装配尺寸

(1)配合尺寸。零件间有公差配合要求的一些重要尺寸。如图 8.9 所示轴承盖与轴承座的配合尺寸 90H9/f9。

(2)相对位置尺寸。表示装配时需要保证的零件间较重要的距离、间隙等。如连接用的螺钉、螺栓和销等的定位尺寸(如图 8.9 中的两个螺栓间的距离 85 ± 0.3)。

3. 安装尺寸

表示将部件安装在机器上，或机器安装在基础上，需要确定的有关尺寸。如图 8.9 中轴承座底板上的 180 和 $\Phi4$，都是安装尺寸。

4. 外形尺寸

表示机器或部件外形轮廓总长、总宽和总高尺寸，这类尺寸为机器或部件在包装、运输、安装、厂房设计时提供依据。如图 8.9 中的 240,152,80。

技术要求

1. 上、下轴衬与底座及盖接触面积不小于整个接触面积的50%。
2. 试装后清洗和涂油。
3. 上、下轴衬间及底座与盖间均用垫片来调整松紧。

序号	名 称	数量	材 料	备注
8	油杯 12	1		
7	螺母 M12	4	A3	
6	螺栓 M12×120	2	A3	
5	轴衬固定套	2	A3	
4	上轴衬	1	ZQA19-4	
3	轴承盖	1	HT15-33	
2	下轴衬	1	ZQA19-4	
1	轴承座	1	HT15-33	

滑动轴承

比例 1:1
重量
制图 描图 审核 共 张 第 张

拆去油杯、轴承盖、上轴衬等

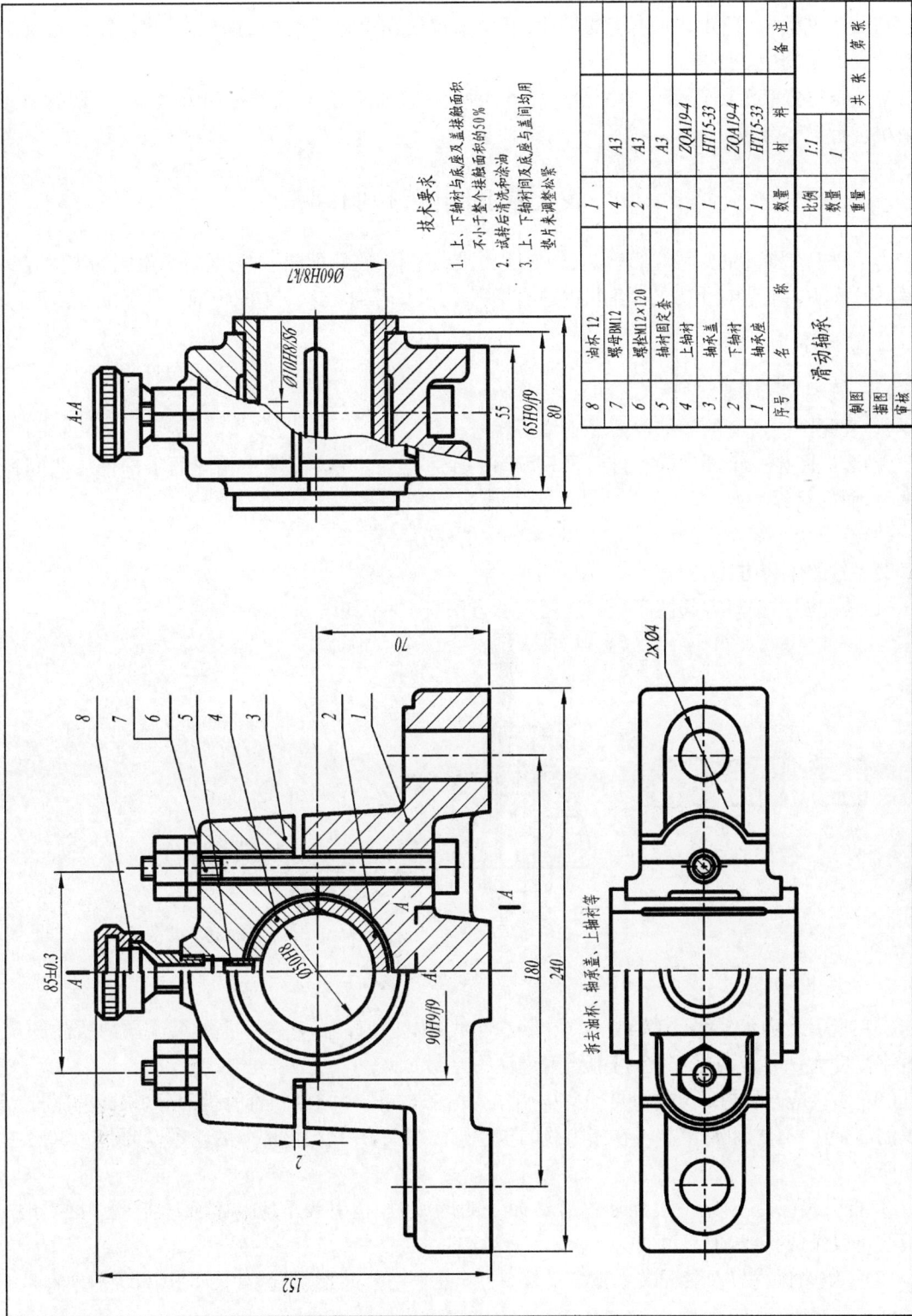

图8.9 正滑动轴承装配图

5. 其他重要尺寸

在设计过程中,经计算而确定的尺寸,但又未包括在上述几类中的重要尺寸。如齿轮泵中一对啮合齿轮的中心距等。

并不是每张装配图都必须标注全上述各类尺寸,装配图上究竟要标注哪些尺寸,要根据具体情况进行具体分析。

8.5　装配图的序号和明细栏

为了便于看图、装配、图样管理以及做好生产准备工作,在装配图上,需对每个不同的零件或组件编写序号,并在标题栏上方的明细栏内列出其序号,以及名称、材料、数量、标准代号等相关信息。

1. 零件序号

1)一般规定

(1)装配图中所有的零部件都必须编写序号。

(2)装配图中一个部件(或组件)可只编写一个序号,同一装配图中相同的零部件应属同样的序号,而且只编一次。

(3)装配图中零部件的序号,应与明细表中的序号一致。

2)序号的编排方法

(1)装配图中编写零部件序号的通用表示方法有三种,如图8.10所示。

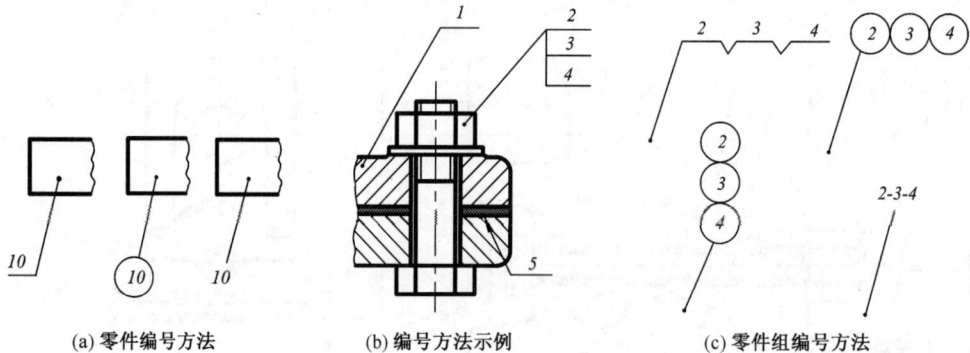

(a) 零件编号方法　　　　(b) 编号方法示例　　　　(c) 零件组编号方法

图8.10　序号的编注形式

①在指引线的水平线(细实线)上或圆(细实线)内注写序号,序号字高比装配图中所注的尺寸数字高度大一号或两号,或在指引线附近注写序号。

②指引线应自所指部分的可见轮廓内引出,并在末端画一圆点。若所指部分(很薄的零件或涂黑的剖面)内不便画圆点时,可在指引线的末端画出箭头,并指向该部分的轮廓,如图8.10(b)中件5所示。

③指引线彼此不能相交,当通过有剖面线的区域时,指引线不应与剖面线平行。必要时,指引线可以画成折线,但只可曲折一次。

(2)一组紧固件以及装配关系清楚的零件组,可采用公共指引线,如图8.10(b)中的2、3、4零件组。

(3)同一装配图中编注序号的形式应一致。

（4）相同的零、部件用一个序号，一般只标注一次。多处出现的相同的零部件，必要时也可重复标注。

（5）装配图中序号应按水平或铅垂方向排列整齐。并按顺时针或逆时针方向顺序排列，在整个图上无法连续时，可只在每个水平或垂直方向顺序排列。

2. 标题栏和明细表

图样上的标题栏格式一般由各部门或企业根据本单位的情况自定的。标题栏的格式，国家标准未作统一规定，在制图作业中建议采用图 8.11 的标题栏和明细表格式。

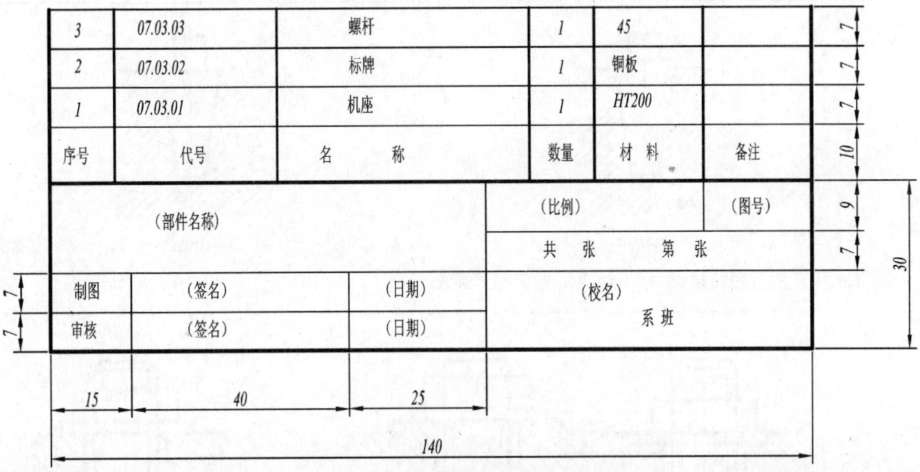

3	07.03.03	螺杆	1	45		7
2	07.03.02	标牌	1	铜板		7
1	07.03.01	机座	1	HT200		7
序号	代号	名　称	数量	材料	备注	10

(部件名称)		(比例)	(图号)	9
		共　张　　第　张		7
制图	(签名)	(日期)	(校名) 系班	
审核	(签名)	(日期)		

15　　40　　25　　　140　　30

图 8.11　标题栏和明细表的格式

明细表是全部零部件的详细目录。明细表画在标题栏上方，如图上位置不够，可在标题栏左边接着填写。明细表内所有的竖线均为粗实线，水平线为细实线。零件序号编写顺序是从下往上，而且必须与装配图中的编号一致。

8.6　常见装配工艺结构

在设计产品和绘制装配图的过程中，应考虑装配结构的合理性。便于零件的装配和拆卸，使零件连接可靠。否则不能保证机器或部件的装配质量，给装配件的装配、维护和拆卸带来困难。

表 8.1 以正误对比方式说明装配工艺对部件结构的要求。

表 8.1　常见装配工艺结构

一、接触面或配合面的装配工艺结构

正确　　　　　　　　　　　错误

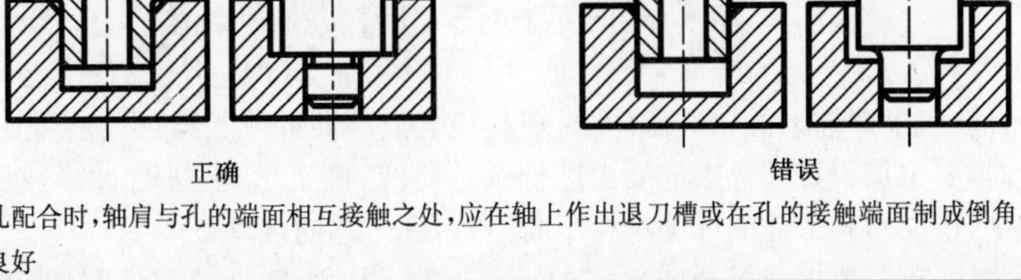

当轴和孔配合时，轴肩与孔的端面相互接触之处，应在轴上作出退刀槽或在孔的接触端面制成倒角，以保证两零件接触良好

续表

示例 2	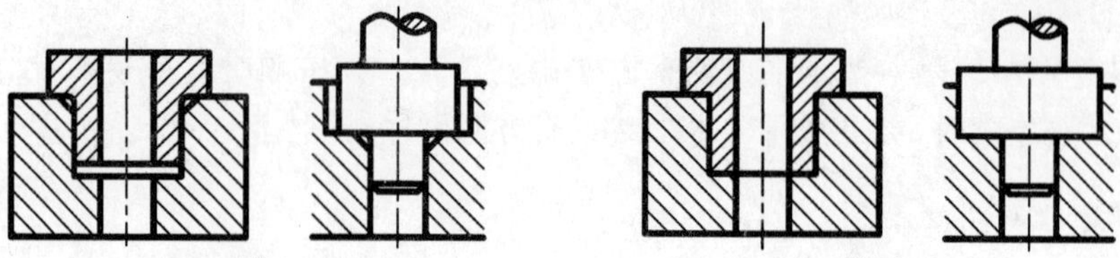 正确　　　　　错误 两个零件接触时,在同一方向只能有一对接触面,这种结构便于装配又降低成本,可避免因加工误差,使设计上要求接触的面未能接触
示例 3	 正确　　　　　错误 圆锥面和端面若同时接触,就不能保证锥面很好接触
示例 4	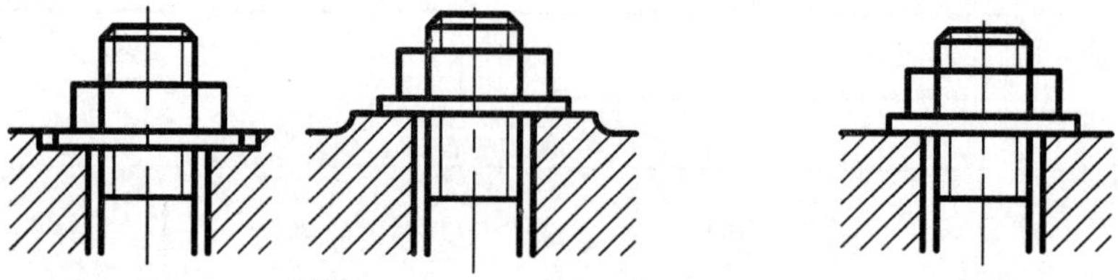 正确　　　　　错误 在零件上加工沉孔或凸台,可减少加工量并保证接触面接触良好

二、便于装拆

示例 5	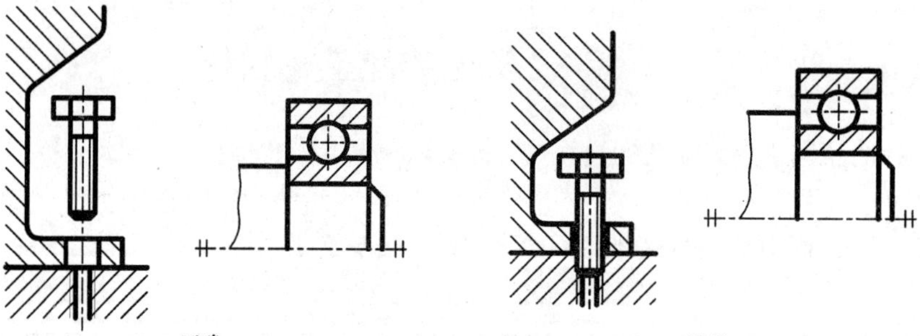 正确　　　　　错误 要留出螺栓拆装和扳手活动的空间。滚动轴承要考虑拆卸方便

8.7　画装配图的方法和步骤

在设计新机器时需要画出装配图,对现有机器或部件进行测绘,也需要画出装配图。

设计时,要根据设计任务书的要求进行调查研究,确定结构,进行计算,然后即可画图。在画图过程中,还要对各部分的详细结构不断完善,使之趋向合理。

对于测绘,首先要搞清机器或部件的工作原理、用途,确定各零件间的装配关系和相互位置,然后开始画图。一般是先画装配示意图,再画零件草图,最后画装配图。图 8.12 所示为齿轮泵的装配示意图,图 8.13 所示为齿轮泵的工作原理图。

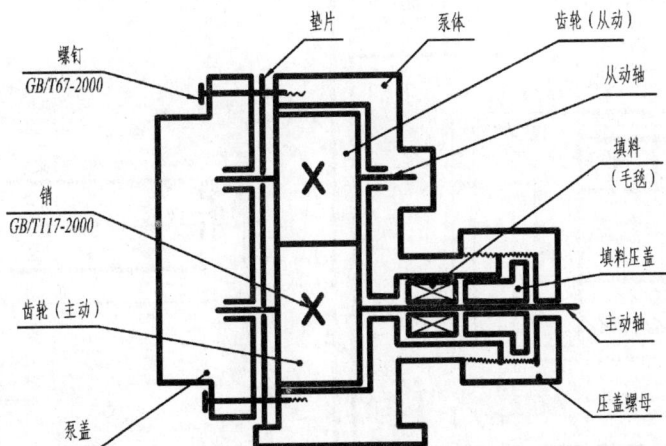

图 8.12　齿轮泵装配示意图

该齿轮油泵通过一对齿轮传动,源源不断地从一个进油孔吸入低压油,再从一个出油孔流出高压油。

图 8.14 所示为齿轮油泵的部分零件图。

在仿造机器时,常常需要由给定的零件图拼画装配图,下面介绍由齿轮油泵零件图拼画装配图的方法和步骤:

(1)仔细观察图 8.12 装配示意图、图 8.13 工作原理图和图 8.14 零件图,确定齿轮泵装配图的视图选择方案,主视图采用全剖视图,左视图为沿泵体和泵盖结合面剖切的 A—A 半剖视图,同时在底板和泵体上作局部剖视。

(2)定比例、定图幅、画图框。根据拟定的表达方案,确定图样比例,选择标准图幅,画好图框、明细表及标题栏。

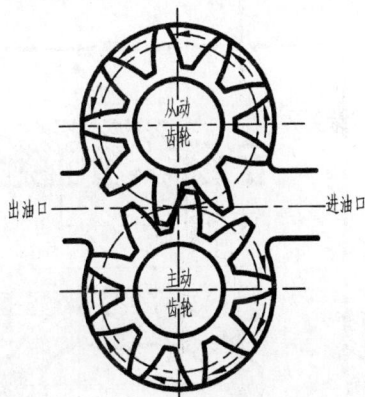

图 8.13　齿轮泵工作原理图

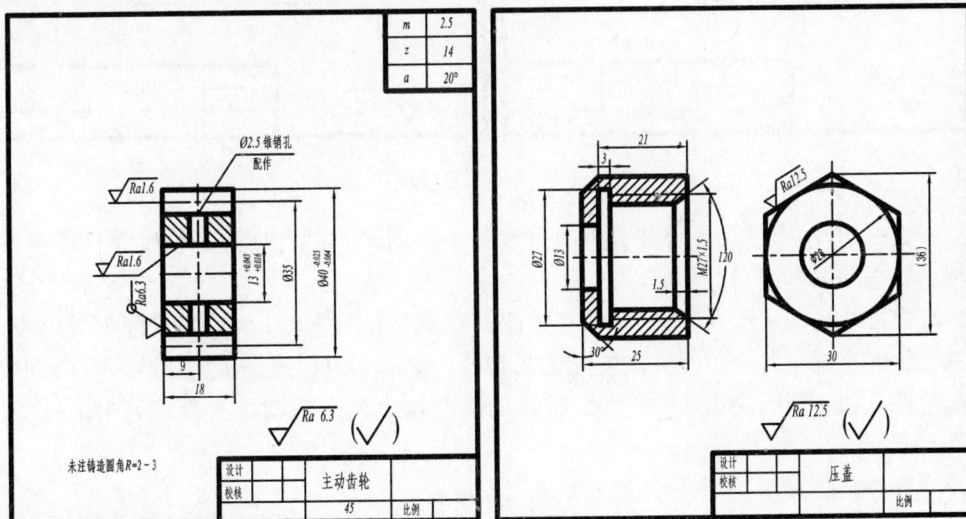

图 8.14　齿轮泵零件图

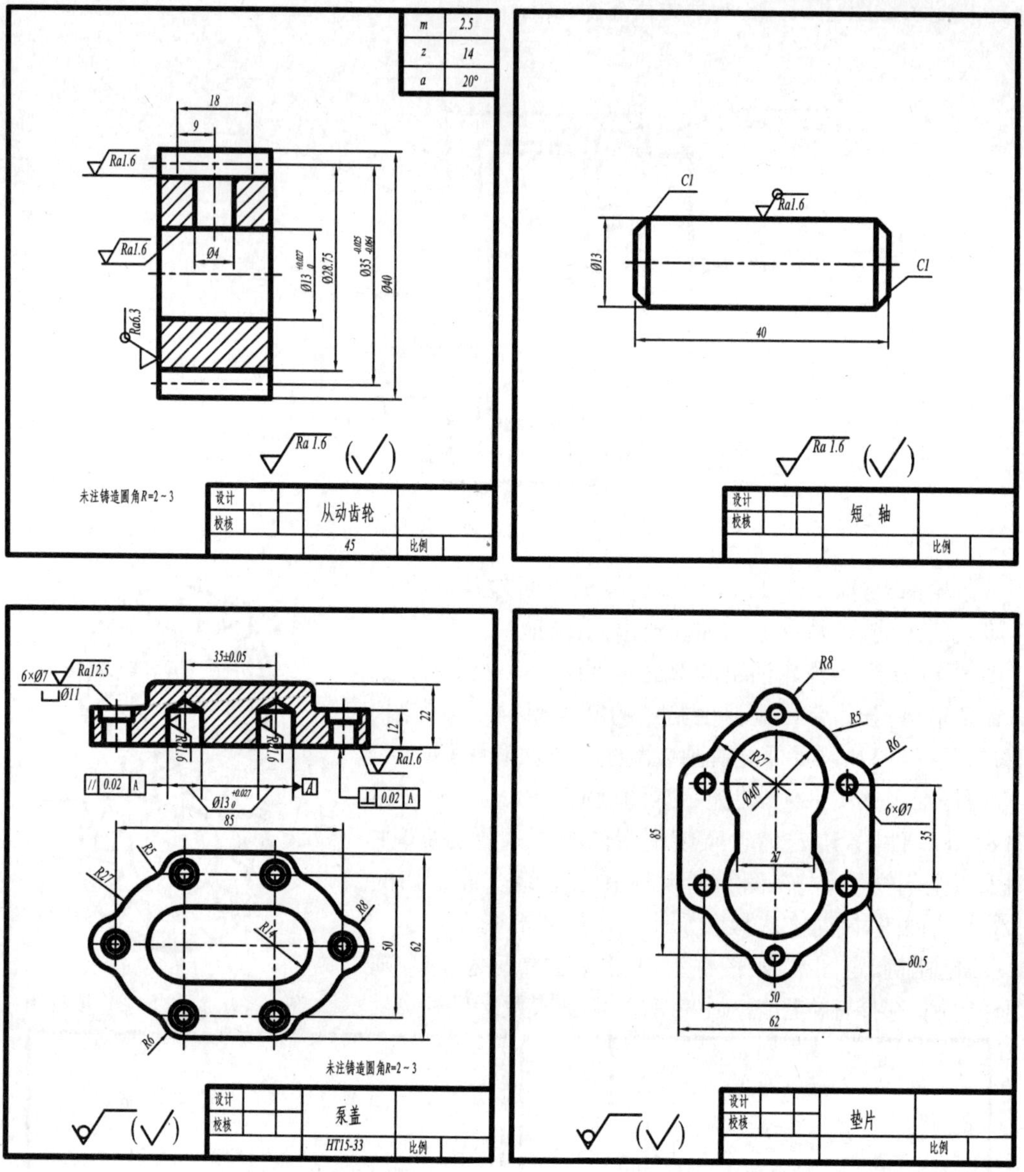

图 8.14　齿轮泵零件图(续)

　　(3)布置视图,画出基线。合理美观的布置各个视图,注意留出标注尺寸、零件序号的适当位置,画出各视图的基线,如图 8.15(a)所示。

　　(4)画底稿。从主视图入手,先画基本视图。在画每个视图时,从主要装配干线出发,依次向外层扩展,逐个画出各个零件。按装配关系和零件间的相对位置,先画主要零件,后画次要零件;先定位置,后画形状;先画主要轮廓,后画细部结构。几个视图配合作图,如图 8.15(b)和图 8.15(c)所示。

　　(5)检查、加深、画剖面线、标注尺寸。

　　(6)填写明细表、标题栏及技术要求并检查全图,如图 8.15(d)所示。

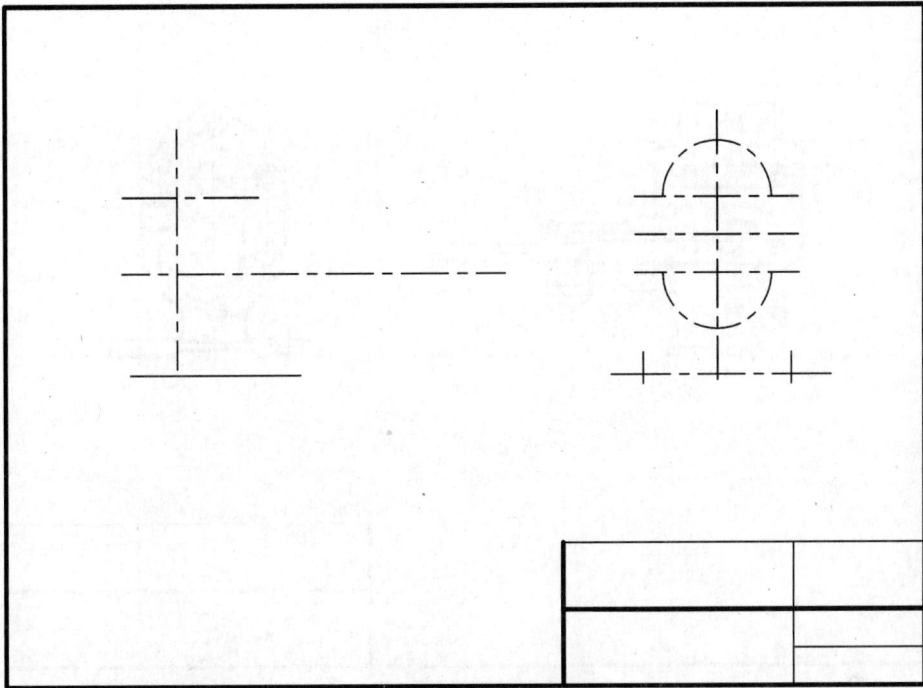

(a) 布置视图，画出基准线

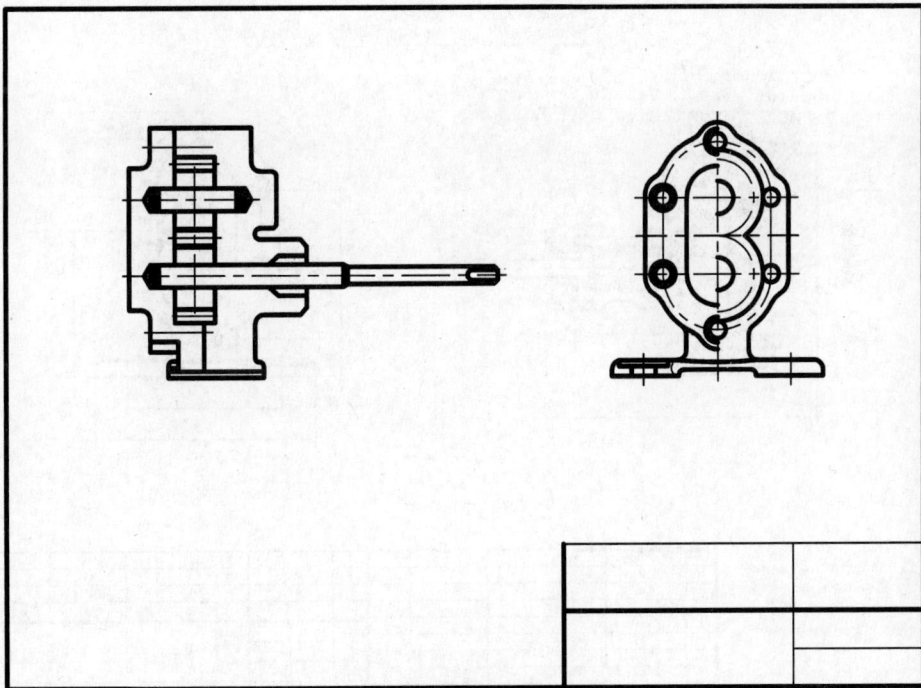

(b) 画主要装配线及主要零件

图 8.15 装配图的画图步骤

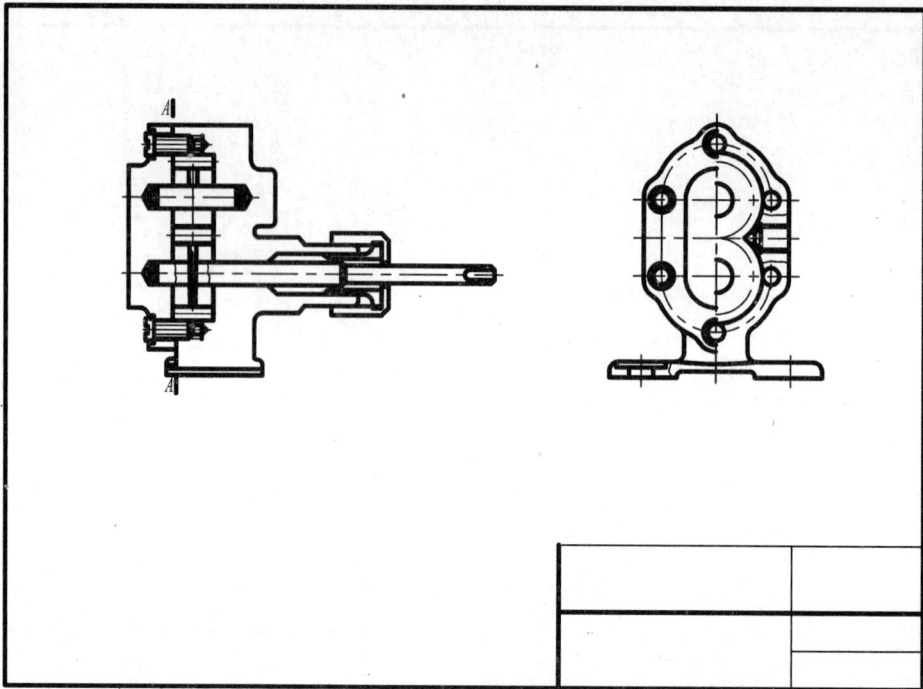

(c) 画其他零件及细部结构

技术要求

用40℃和压力为10kg/cm²的柴油进行试验，当转速为600r/min时，输油量不小于6kg/min

12	ZB-10	主动轴	1	45		3	GB117-76	销2.5×28	1		
11	ZB-09	压盖螺母	1	45		2	ZB-02	主动齿轮	1	45	
10	ZB-08	压盖	1	A3		1	ZB-01	泵盖		HT15-33	
9	ZB-07	皮圈	1	橡胶		序号	代号	名称	数量	材料	附注
8	ZB-06	短轴	1	45		绘图					
7	ZB-05	从动齿轮	1	45		核对			齿轮泵		ZB-00
6	ZB-04	泵体	1	HT153-3		审核				比例	件数
5	ZB-03	垫片	1	工业用纸		描图			装配图		
4	GB65-76	螺钉M6-16	6								

(d) 完成齿轮泵装配图

图 8.15　装配图的画图步骤(续)

8.8　阅读理解装配图

8.8.1　读装配图的要求和方法

在装配、安装、使用和维修机器设备时,要阅读装配图。读装配图是工程技术人员必备的一种能力,通过阅读装配图,可以了解设计者的设计意图,了解机器或部件的工作原理、零件之间的装配关系、安装顺序和使用方法等。阅读装配图的要求大概有以下几个方面:

(1)了解装配件的名称、用途、性能和工作原理。

(2)了解零件间的相对位置、装配关系及装拆顺序和方法。

(3)弄清每个零件的名称、数量、材料、作用和结构形状。

(4)了解装配件的一些尺寸和技术要求。

下面以图8.16所示的柱塞泵为例,说明阅读装配图的方法和步骤。

1. 概括了解

(1)从标题栏及有关辅助资料,了解此装配件的名称、用途及使用性能。如图8.16所示,装配件的名称为柱塞泵,它是液压传动系统中的一个部件,通过柱塞的往复运动,把液体从低处送往高处,或用来增加油压作为其他机构的动力源,是产生一定工作压力和流量的重要装置。

(2)由明细表了解该装配的标准件有3种,非标准件有11种,按明细表中的序号对照装配图中的零件编号,依次查明各零件的名称、数量及其在装配图中的位置。

2. 分析视图

从主视图入手,根据图样上的视图、剖视图、剖面等的配置和标注,找出投影方向,剖切位置,搞清各图形之间的投影关系以及它们所表示的主要内容。如图8.16中,主视图采用局部剖视,表达了密封垫圈1、泵体2、衬套3、柱塞4、填料5和填料压盖6等零件的位置和装配关系。左视图沿阀体11的中心孔剖切,以表示阀体内阀瓣1和阀瓣2的装配情况和工作原理。俯视图为局部剖切,表示泵体和填料压盖用螺栓进行连接。另外用$B-B$和$C-C$剖切,单独表达阀瓣1和阀瓣2的结构。

3. 分析装配件的工作原理和装配关系

这是深入了解装配图的重要阶段,通常从表达主装配线的视图入手进行分析,要搞清部件的传动、支承、调整、润滑、密封等的结构形式,弄清各有关零件间的接触面、配合面的连接方式和装配关系,并利用图上所标注的公差或配合代号等,进一步了解零件间的配合性质。

图8.16所示柱塞泵的工作原理如下:当柱塞由左向右移动时,泵内腔形成真空,阀瓣10被打开,液体由进口处流入泵体2,当柱塞4由右向左移动时,泵体内液体压力增加,使阀瓣9被打开,液体由后面的出口压出,如此往复,输送一定压力的液体。

图8.16所示柱塞泵的装配关系分析如下:阀体11通过螺纹与泵体2相连,泵体2内孔装有过盈配合的衬套3。衬套3内装有间隙配合的柱塞4,填料5和压盖6可起防漏作用。阀瓣1和阀瓣2可在阀体11内上下移动。

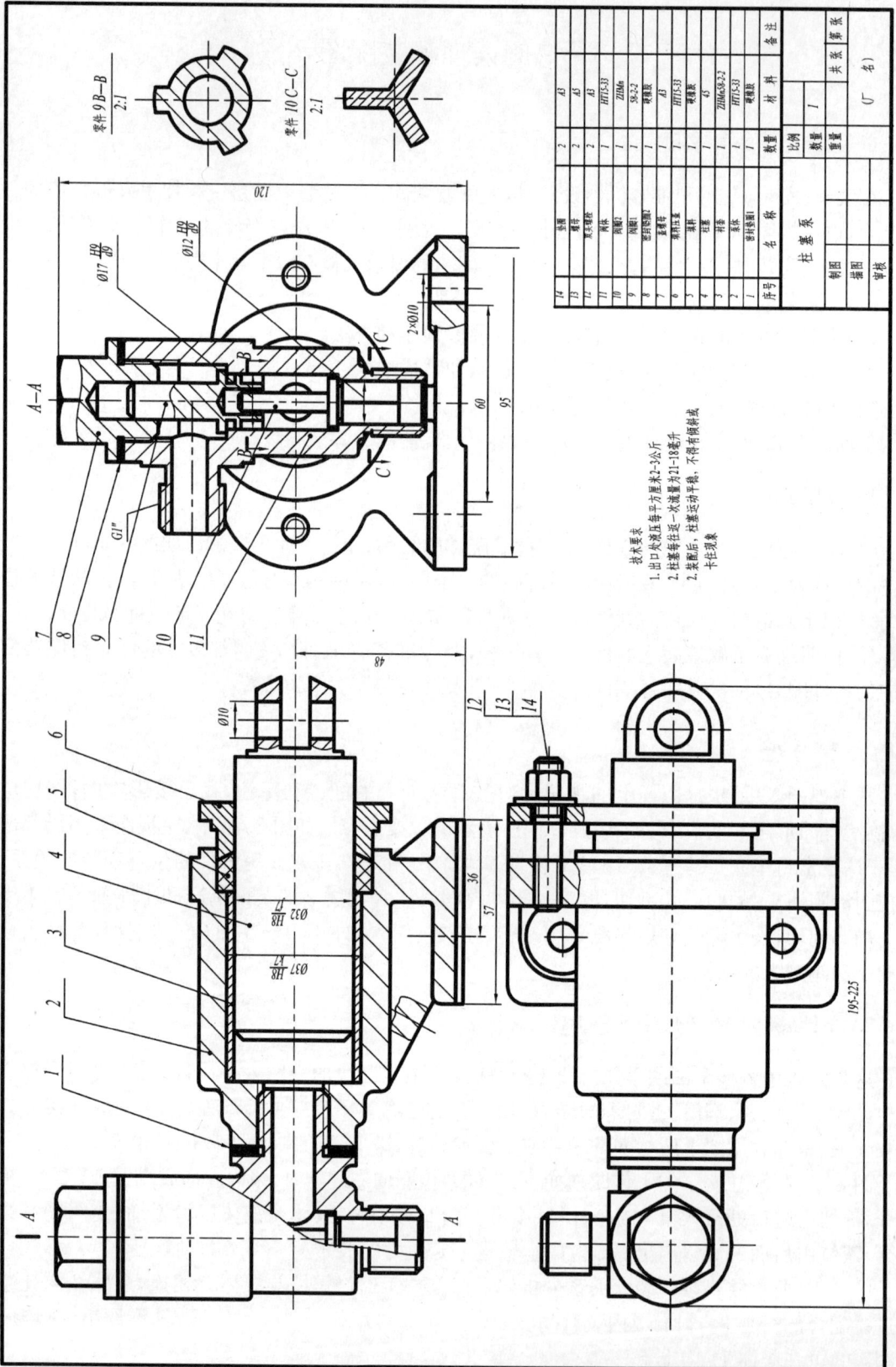

图8.16　柱塞泵装配图

序号	名称	数量	材料	备注
14	油圈	2	A3	
13	螺母	2	A5	
12	双头螺柱	2	A3	
11	阀盖	1	ZMn	
10	阀瓣2	1	58×52	
9	密封铜圈	1	硬橡胶	
8	阀体	1	A3	
7	柱塞衬套	1	HT15-33	
6	密封圈	1	硬橡胶	
5	柱塞	1	45	
4	泵体	1	ZMn6c58-2-2	
3	阀体	1	HT15-33	
2	密封垫圈	1	硬橡胶	
1	阀杆衬套	1		

柱塞泵

技术要求
1. 出口处液压车方量未2~3公斤。
2. 柱塞每往返一次流量为21~18毫升。
3. 装配后，柱塞运动平稳，不得有镜斜或卡住现象。

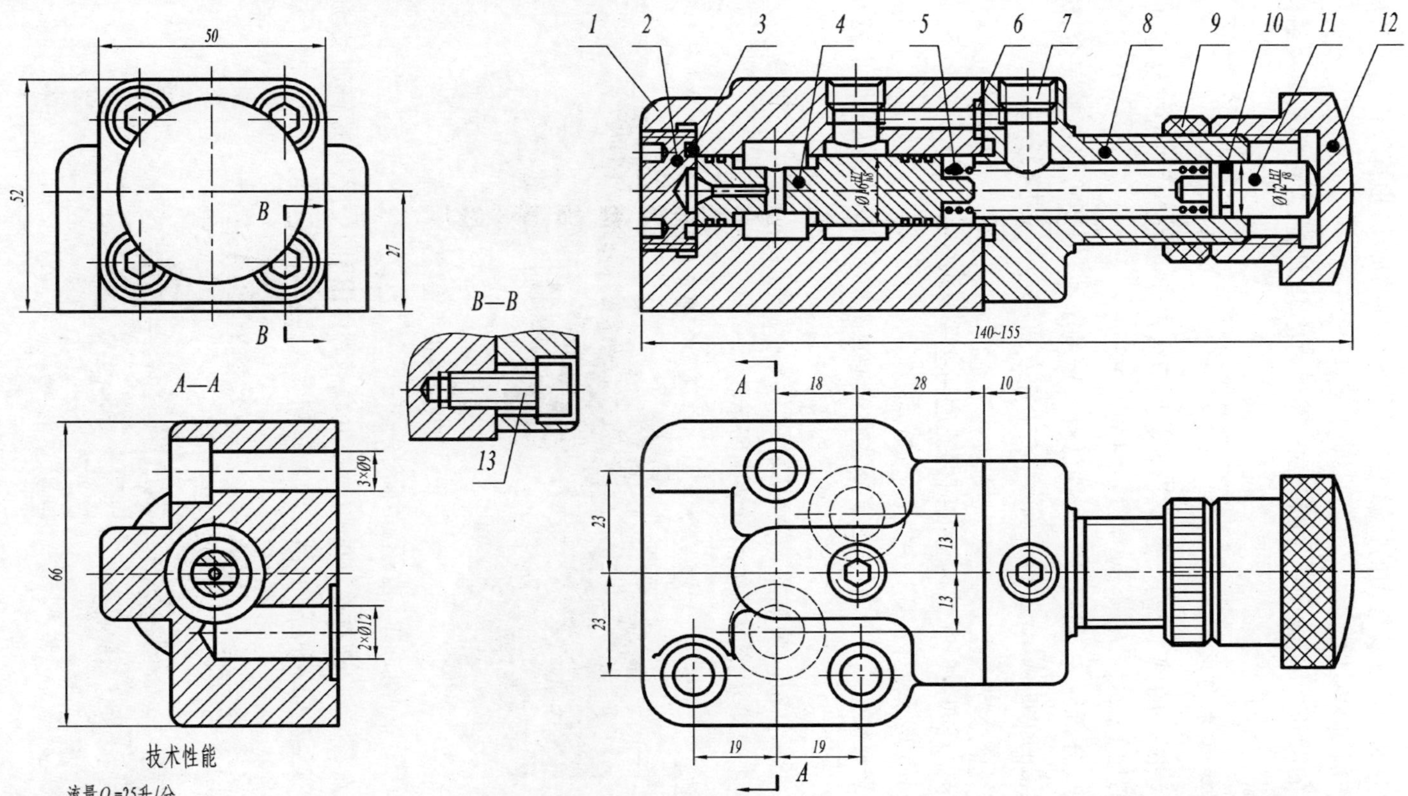

B—B

A—A

技术性能
流量 Q=25升/分
压力 P=25公斤/厘米²

序号	名称	数量	材料	备注
13	螺钉M10×20	4	A3	GB70-66
12	调节螺母	1	35	
11	调节杆	1	45	
10	O型密封圈	1	橡胶I-1	D12×1.9
9	锁紧螺母	1	尼龙1010	
8	阀体	1	HT20-40	
7	油塞Z1/8"	1	A3	
6	O型密封圈	1	橡胶I-1	D8×1.9
5	弹簧	1	1组弹簧钢丝	
4	滑阀	1	40Cr	
3	O型密封圈	2	橡胶I-1	D22×24
2	后螺盖	1	35	
1	阀体	1	HT20-40	
序号	名称	数量	材料	备注

溢流阀　　材料 HT20-40　　比例 1:1
数量 1　　重量　　共 张　第 张　（厂名）

制图
描图
审核

图8.17　溢流阀装配图

4. 分析零件,弄清零件的结构形状

先看主要零件,再看次要零件;先看容易分离的零件,再看其他零件;先分离零件,再分析零件的结构形状。

可根据剖面线方向和间隔的差别及视图的投影关系区分各零件的形状;根据零件编号分离出标准件、实心杆件等未作剖切的零件。

对零件形状不能确定的部分,可结合尺寸、技术要求、零件的功用、加工、装配等情况及结构常识,然后确定零件的形状。

5. 了解装配件的尺寸和技术要求

通过总体尺寸可了解装配件的具体大小;通过配合尺寸、重要尺寸可了解加工的难易程度;通过阅读技术要求,可了解加工、安装、检验、使用维护时的要求。

对装配图进行上述各项分析后,一般对该装配件已有一定的了解,但还可能不够完全、透彻。为了加深对所看装配图的全面认识,还需从安装、使用等方面综合考虑进行归纳小结。一般可围绕下列几个问题进行深入思考。

(1)部件的组成和工作原理如何? 在结构上如何保证达到这些要求?

(2)部件上各个零件如何进行装拆?

以上是看装配图的一般方法。看图时不一定按照这四个步骤决然划分,可以从实际出发互相穿插着进行。

例 8.1 阅读图 8.17 所示溢流阀装配图,了解其装配关系和工作原理。

溢流阀的装配关系如图 8.18 溢流阀的轴测分解图所示。

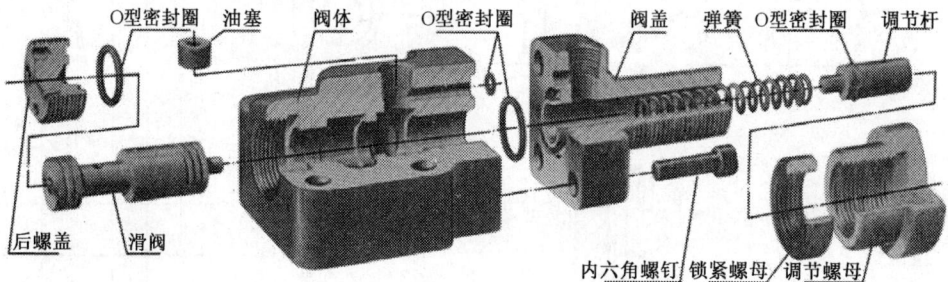

图 8.18　溢流阀的轴测分解图

滑阀在阀体内孔中需左右滑动,故两者为间隙配合;阀盖与阀体用四个内六角螺钉连接,压缩弹簧与调节杆按顺序从右至左插入阀盖内孔,在阀盖右侧旋入锁紧螺母和调节螺母。两个油塞和后螺盖与阀体为螺纹连接。

溢流阀的工作原理如图 8.19 所示。

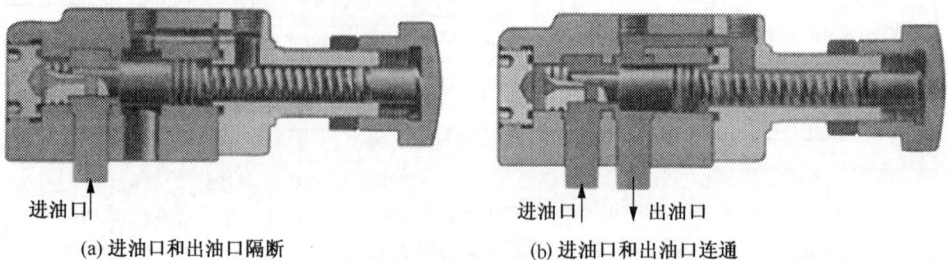

(a)进油口和出油口隔断　　　　　　(b)进油口和出油口连通

图 8.19　溢流阀的工作原理

　　溢流阀是装在液压管路上的安全装置,用以保持液压系统中稳定的液体压力。在正常情况下,滑阀处在阀体的左端,把进油口和出油口隔断,如图 8.19(a)所示。当进口油压超过规定的隔离压力时,滑阀左侧的油即压迫滑阀右侧的压缩弹簧,推动滑阀向右移动,于是进、出油口连通,如图 8.19(b)所示,油从出油口溢出,左端油压则恢复正常压力;此时,滑阀右侧的压缩弹簧回弹推动滑阀向左移动,滑阀回到阀体左端,进、出油口重新被隔断。油的隔离压力由调节杆和调节螺母调节。

　　例 8.2　阅读图 8.2 所示柱塞泵装配图,了解其装配关系和工作原理。

　　柱塞泵是一种供油装置,常用于机器的润滑系统中,图 8.2 所示柱塞泵是靠凸轮旋转及压缩弹簧的作用力来推动柱塞作往复运动,因而不断改变泵腔的容积和压力,将油吸入泵腔并随之排至需用部位。

　　图 8.2 所示柱塞泵装配关系的轴测分解图如图 8.1 所示。

　　图 8.2 所示柱塞泵的工作原理如表 8.2 所示。

表 8.2　柱塞泵的工作原理

吸油过程	排油过程
凸轮逆时针转动,其半径逐渐减小,此时柱塞受压缩弹簧的作用,向右移动,泵腔容积逐渐增大而压力减小,油受大气压力的作用推开单项阀门 C 进入泵腔	凸轮继续逆时针转动,其半径逐渐增大,此时柱塞凸轮在柱塞右端施加一个向左的推压力,使柱塞向左移动,此时泵腔容积逐渐减小而压力增大,将油自泵腔内推开单项阀门 D 排出泵腔

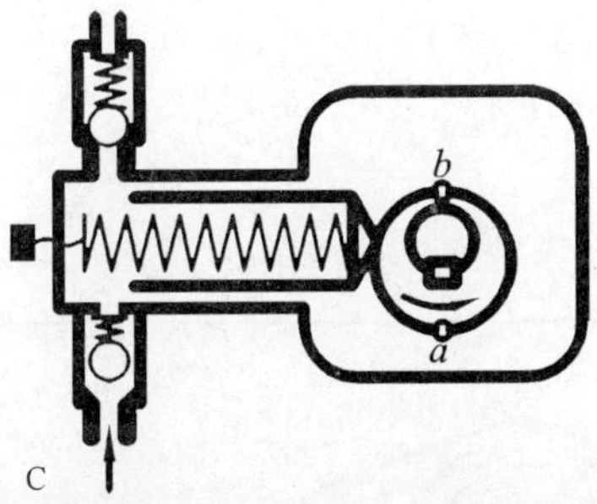

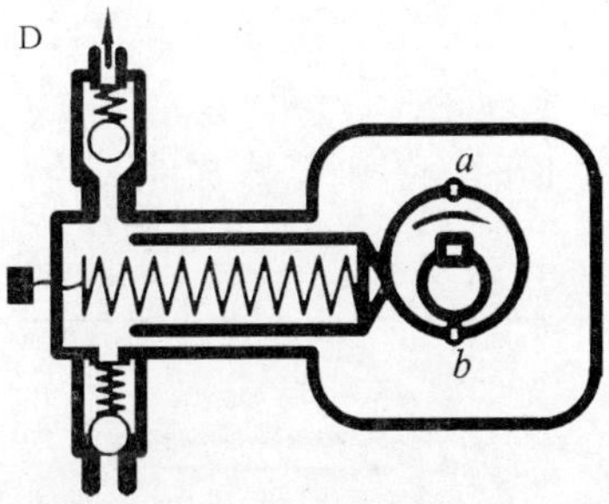

8.8.2　由装配图拆画零件图

　　在设计过程中,常常要根据装配图拆画零件图。拆画零件图要在全面看懂装配图的基础上进行。关于零件图的内容和要求,已在第 7 章中叙述,这里介绍由装配图拆画零件图时应注意的几个问题。

　　1. 确定零件的形状和视图选择

　　装配图主要用于表达装配件的工作原理,各零件间的装配关系和主要零件的结构形状等,所以,装配图可以反映零件的主要形状及结构,至于每个零件的详细结构并不一定能在装配图中表达完全,有的因零件间的互相遮挡而未表达清楚。因此,在拆画零件图时,对零件上那些未表达完全的结构,要根据零件在装配件中的功能和装配关系进行分析补充。

　　零件的视图表达,应该按照第 7 章中介绍的零件图的要求来选择。此外,装配图上未画出的工艺结构,如拔模斜度、圆角、倒角和退刀槽等,在零件图上都应表达清楚。

2. 标注零件尺寸

零件图的尺寸应按"齐全、合理、清晰"的要求来标注。从装配图中分离出的零件,在标注尺寸时,一般从以下几个方面来确定尺寸。

(1)装配图上标注的尺寸。装配图上的尺寸,除了某些外形尺寸和装配时要求通过调整来保证的尺寸(如间隔尺寸)等不能作为零件图的尺寸外,其他在装配图中标注的尺寸一般都应该直接标注到零件图中去。

(2)需要计算确定的尺寸。例如齿轮的分度圆直径等。

(3)在装配图上直接量取的尺寸。除了前面两种尺寸外,其他的尺寸都从装配图上按比例量取。

在标注零件图上尺寸时,对有装配关系的尺寸要注意相互协调,不要造成矛盾。

3. 标注零件的技术要求

画零件工作图时,应该标注表面结构。表面结构数值应根据零件表面的作用和要求来确定。配合表面要选择恰当的精度和配合类别。根据零件的作用还要加注必要的技术要求,如几何公差、热处理要求等,零件的名称、材料、数量等应与明细表一致。

例 8.3 根据图 8.16 所示的柱塞泵,拆画 2 号零件——泵体。

图 8.20 所示为拆画泵体零件图的过程。

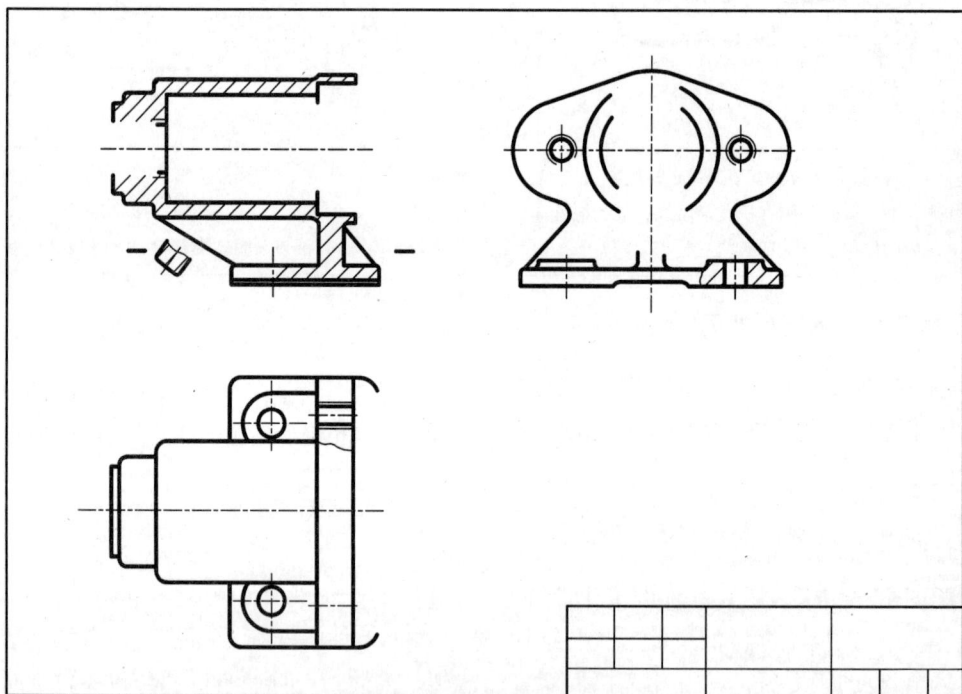

(a) 从装配图中分离泵体零件轮廓

图 8.20 拆画泵体零件图的过程

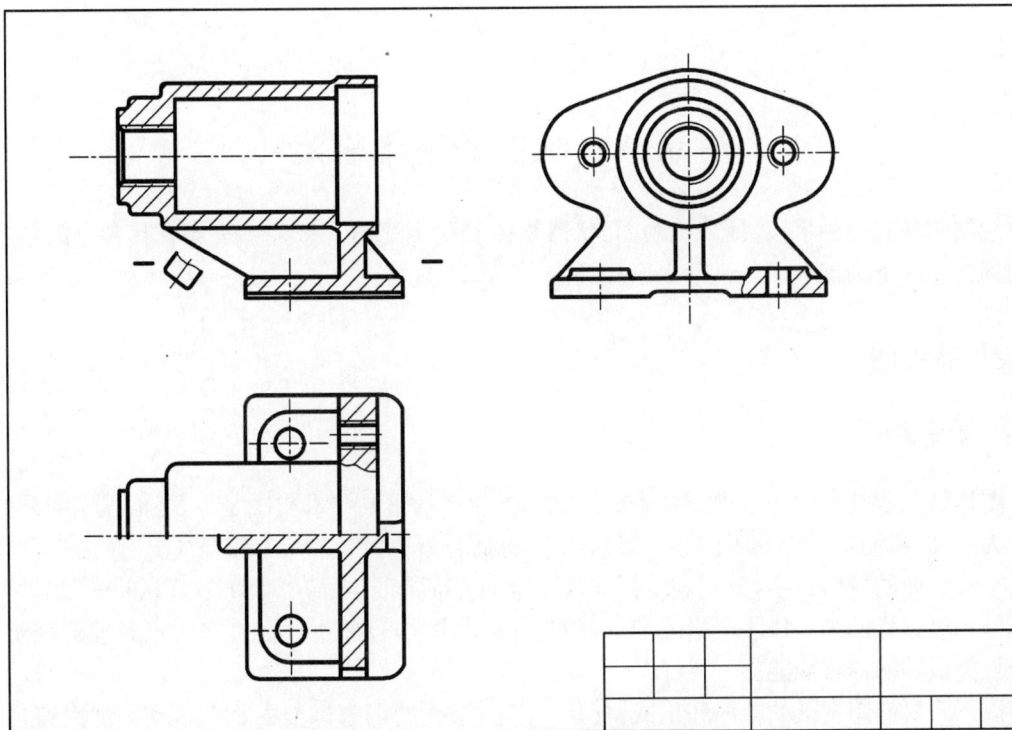

(b) 补全被其他零件遮挡的图线

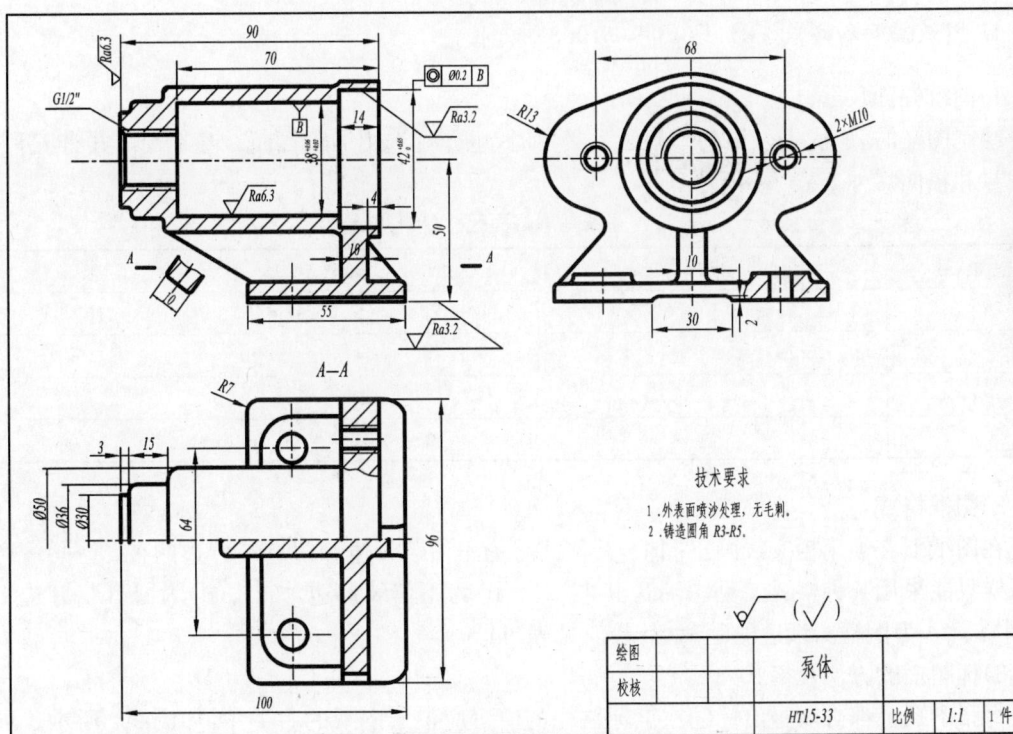

技术要求

1.外表面喷沙处理，无毛刺.
2.铸造圆角 R3-R5.

绘图			泵体		
校核					
		HT15-33	比例	1:1	1件

(c) 完成零件图

图 8.20 拆画泵体零件图的过程(续)

附录 A 制图的基本规定

绘制图样有三种手段:计算机绘图、仪器绘图和徒手绘图。每种手段均有其各自的特点和适用场合。以下为国标中与三种手段相关的一些基本规定。

A1 仪器绘图

A1.1 常用国标

图样是工程技术中用来进行技术交流和指导生产的重要技术文件之一,是工程界的共同语言。为此,国家制定了绘制图样的一系列标准,简称国标。其代号为"GB"("GB/T"为推荐性国标),字母后面的两组数字,分别表示标准顺序号和标准批准年号,例如"GB/T14689—1993"。

国标对图样的画法作了严格的统一规定,在绘制图样时必须严格遵守国家标准的规定,以充分发挥图样的语言功能。

以下简要介绍图纸的幅面和格式、比例、字体、图线的国家标准的相关规定,剖面符号、尺寸注法等国家标准将在有关章节内介绍。

1. 图纸幅面和格式(GB/T14689—1993)

1)图纸幅面尺寸

绘制图样时,应优先采用基本幅面。必要时,也允许选用加长幅面。基本幅面共有五种,幅面代号和幅面尺寸如表 A1 所示。

表 A1 图纸基本幅面尺寸(单位:mm)

幅面代号	A0	A1	A2	A3	A4
$B×L$	841×1189	594×841	420×594	297×420	210×297
e	20			10	
c	10			5	
a	25				

2)图框格式

在图纸上必须用粗实线画出图框,其格式分为不留装订边和留有装订边两种,但同一产品的图样只能采用一种格式。见图 A1,其中(a)、(b)为不留装订边,(c)、(d)为留有装订边。图 A1 中 e、c、a 为图框离纸边的距离,其数值见表 A1。

3)标题栏的方位及格式

每张图纸上都必须画出标题栏。标题栏的位置应位于图纸的右下角,如图 A1 所示。国家标准(GB10609.1—1989)推荐的标题栏格式比较复杂,学生在做作业时建议采用教学用简化标题栏,如图 A2 所示。

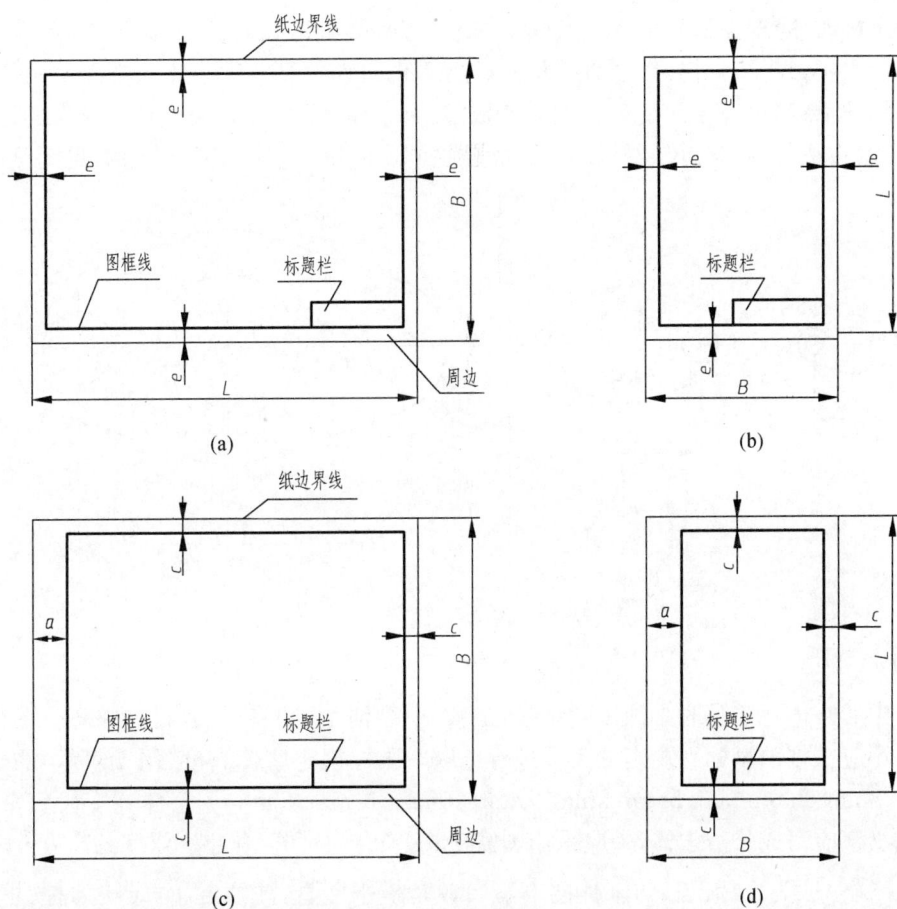

图 A1　图框格式

图 A2　教学用简化标题栏(单位:mm)

2. 比例(GB/T14690—1993)

图样中图形与其实物相应要素之间的线性尺寸之比称为比例。国家标准规定了绘制图样时一般应采用的比例,如表 A2 所示。

表 A2　比例

种　　类	第一系列	第二系列
原值比例	1:1	
放大比例	5:1　2:1　$5\times10n:1$　$12\times10n:1$　$1\times10n:1$	4:1　2.5:1　$4\times10n:1$　$2.5\times10n:1$
缩小比例	1:2　1:5　1:10　$1:2\times10n$ $1:5\times10n$　$1:1\times10n$	1:1.5　1:2.5　1:3　1:4　1:6　$1:1.5\times10n$ $1:2.5\times10n$　$1:3\times10n$　$1:4\times10n$　$1:6\times10n$

绘制图样时,应根据机件的大小及其结构的复杂程度来选取相应的比例,一般应尽可能按机件的实际大小(1∶1)画出,以便直接从图样上看出机件的真实大小。当机件大而简单时,可采用缩小的比例;当机件小而复杂时,可采用放大的比例。无论采用缩小还是放大的比例,在标注尺寸时,都按机件的实际尺寸标注,而在标题栏的比例栏中填写相应的比例,见图 A3。

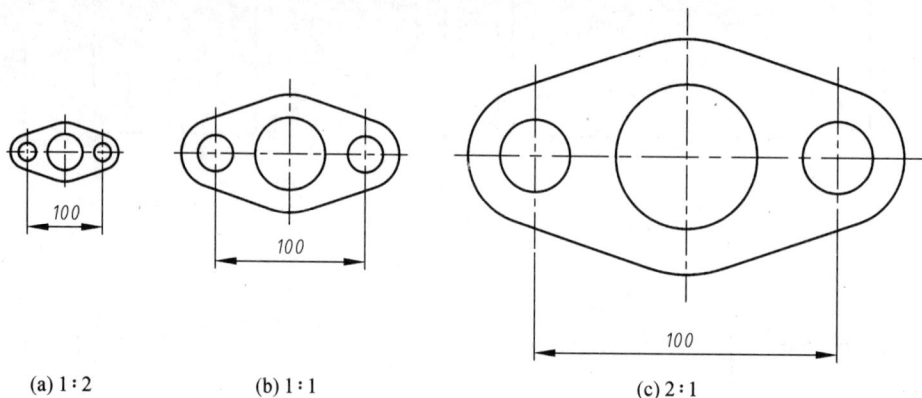

(a) 1∶2　　　(b) 1∶1　　　(c) 2∶1

图 A3　比例

3. 字体(GB/T14691—1993)

图样中的字体在书写时必须做到:字体工整、笔画清楚、间隔均匀、排列整齐。图样中各种字体的大小应根据国家标准规定的大小进行选取。国标规定字体高度(用 h 表示)的公称尺寸系列为 1.8mm、2.5mm、3.5mm、5mm、7mm、10mm、14mm、20mm。字体高度代表字体号数。图样中的汉字应写成长仿宋体,并应采用国家正式公布推行的简化字。汉字的高度 h 不应小于 3.5mm,字宽一般为 $h\sqrt{2}$。长仿宋体的书写要领是横平竖直,注意起落,结构匀称,填满方格。下面是一些常用字体的示例。

1)长仿宋体示例

字体工整　笔画清楚　间隔均匀　排列整齐
横平竖直　注意起落　结构均匀　填满方格

2)拉丁字母示例

ABCDEFGHIJKLMNOPQRSTUVWXYZ
abcdefghijklmnopqrstuvwxyz

3)阿拉伯数字示例

1234567890

4. 图线(GB/T17450—1998)

标准规定了九种图线宽度,所有线型的图线宽度 d 应按图样的类型和尺寸大小在下列数系中选择:0.13mm、0.18mm、0.25mm、0.35mm、0.5mm、0.7mm、1mm、1.4mm、2mm。图线的宽度分粗线、中粗线、细线三种,它们的宽度比率为 4∶2∶1,一般粗线和中粗线宜在 0.5～2 之间选取,在同一图样中,同类图线的宽度应一致。

在建筑图样中,可以采用三种线宽,其比例关系为 4∶2∶1;机械图样中采用两种线宽,其比例关系是 2∶1。在机械图样中常用的线型如表 A3 所示,应用实例如图 A4 所示。

表 A3　机械图样中常用的线型

图线名称	图线形式及代号	图线宽度	一般应用
粗实线	————	d	可见轮廓线
细实线	————	$d/2$	尺寸界线及尺寸线、剖面线、重合剖面轮廓线
波浪线	～～～～	$d/2$	断裂处的边界线、视图和剖视的分界线
双折线	—\/—\/—	$d/2$	断裂处的边界线
虚线	- - - - - -	$d/2$	不可见轮廓线
细点画线	—·—·—·—	$d/2$	轴线、对称中心线、轨迹线
粗点画线	—·—·—·—	d	有特殊要求的线或面的表示线
双点画线	—··—··—	$d/2$	相邻辅助零件的轮廓线、极限位置的轮廓线

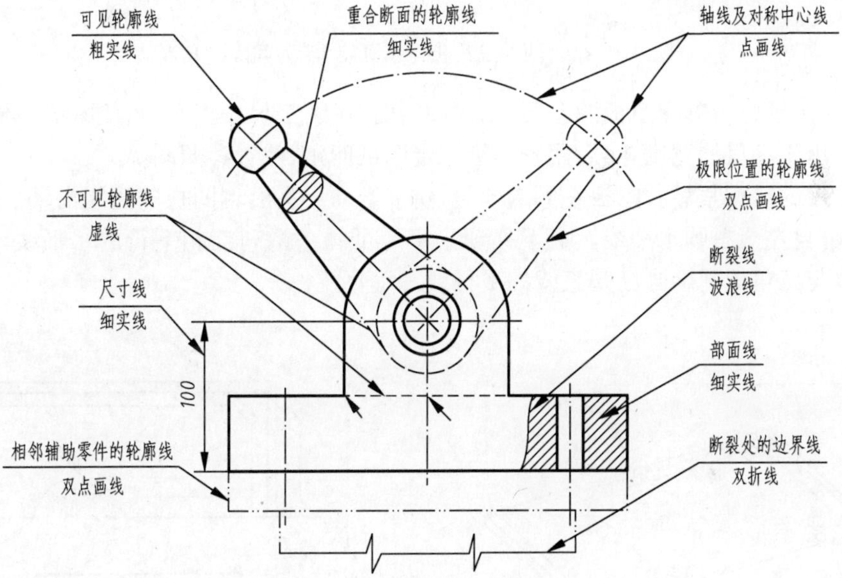

图 A4　图线形式及一般应用

A1.2　绘图仪器和工具的使用

要提高绘图的准确性和效率，必须正确使用各种绘图仪器。常用的绘图仪器及工具有图板、丁字尺、三角板、圆规、分规、曲线板、铅笔、擦图片等。下面介绍常用绘图仪器及工具的使用方法。

1. 图板、图纸、丁字尺和三角板的使用方法

(1)图板：用来固定图纸，是一块规矩的长方形木板。一般规格有(90cm×120cm)0 号，(60cm×90cm)1 号，(45cm×60cm)2 号三种。可以根据需要选用。

(2)图纸：分绘图纸和描图纸两种。绘图纸要求纸面洁白、质地坚实，橡皮擦拭不易起毛，画墨线时不洇透。绘图时应鉴别正反面，使用正面绘图。描图纸用于描绘复制蓝图的墨线图。要求洁白、透明度好。描图纸薄而脆，使用时应避免折皱，不能受潮。

(3)丁字尺:丁字尺是为了便于画图用的一种长尺,主要用来画直线。

(4)三角板:三角板是用来画直线和角度的工具,每套由两块组成,每块的角度分别为:45°、90°、45°,30°、60°、90°。三角板与丁字尺配合,可以画从 0°开始间隔 15°的倾斜线,如图 A5 所示。

图板、丁字尺和三角板一般应联合使用。

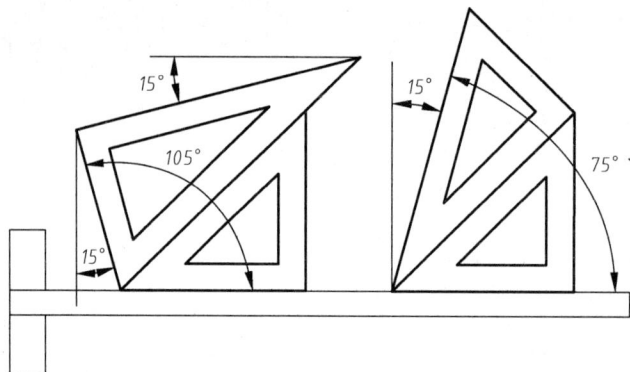

图 A5　结合两种三角板可以画出 15°为间隔的角度

画图时,图纸应布置在图板的左下方,贴图纸时,用丁字尺校正底边,使图纸平整,并应在图纸下边缘留出丁字尺的宽度,然后用胶带纸固定图纸四角,位置参照图 A6。

让丁字尺的尺头紧靠着图板左侧的导边,左手推动尺头沿着图板的边缘滑动,只画线时按住,利用尺身自左至右画水平线。上下移动丁字尺可画一系列互相平行的水平线,如图 A7 所示。还可以与三角板配合画已知直线的平行线和垂直线。

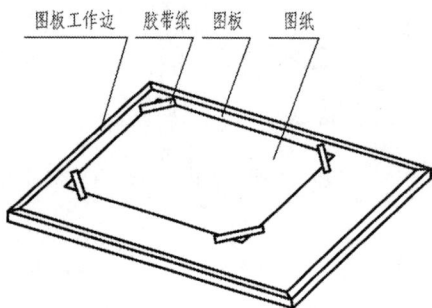

图 A6　布置图纸

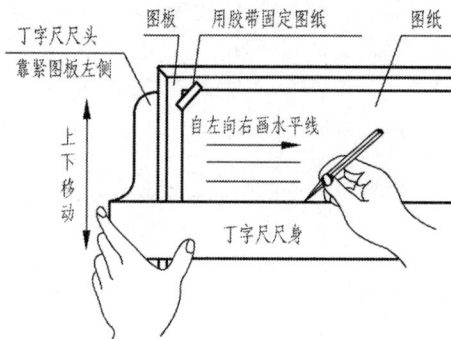

图 A7　丁字尺与图板配合画线

2. 圆规和分规的使用方法

圆规是绘图仪器中的主要工具,用来画圆及圆弧。它有三种插腿——铅芯插腿、墨线笔插腿和钢针插腿,分别用于画铅笔线、画墨线及代替分规使用。

使用圆规时,应先调整针尖和插腿的长度,使针尖略长于铅芯;量好半径,以右手握住圆规头部,左手食指协助将针尖对准圆心,然后匀速顺时针转动圆规画圆。如所画圆较小可将插腿及钢针向内倾斜。画大圆时,需装延伸杆,如图 A8 所示。需说明一点,为了保证图面质量,圆规上的铅芯应比画直线用的铅芯软些。

分规是量取线段或等分线段用的工具。分规两脚的针尖并拢后应能对齐。

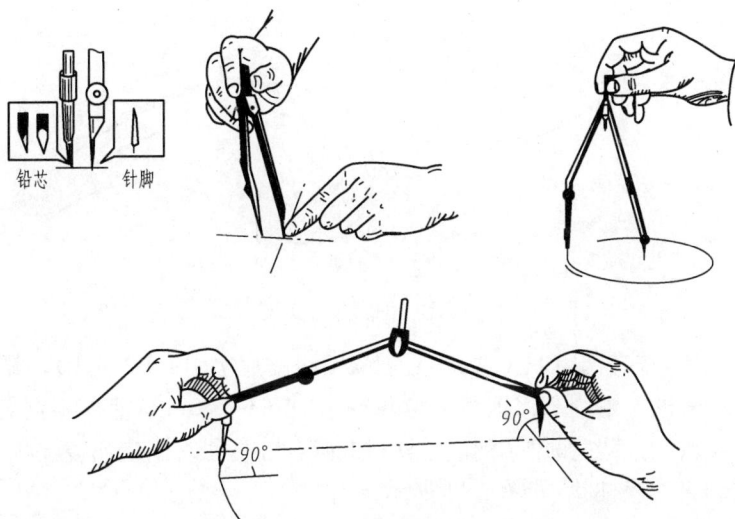

铅芯　　针脚

图 A8　圆规的使用方法

　　分规在等分线段时采用试测法,用分规五等分直线段 AB,试分的过程如下:先按目测,使两针尖间的距离大致为 AB 的 $1/5$,然后在线段 AB 上试分,如图 A9 所示。

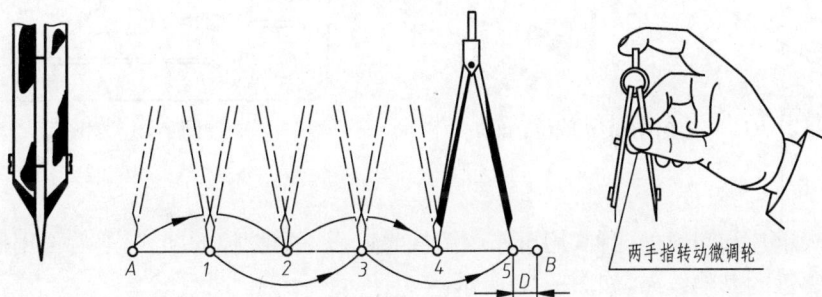

两手指转动微调轮

图 A9　分规的使用方法

3. 曲线板的使用方法

　　曲线板又称云形板,是由多种曲线构成的尺板。绘图时借用曲线板的曲线绘出光滑的曲线。

　　曲线板是绘制非圆曲线的常用工具。曲线板的使用方法如图 A10 所示。描绘曲线时,先徒手将已求出的各点顺序轻轻地连成曲线,再根据曲线曲率大小和弯曲方向,从曲线板上选取与所绘曲线相吻合的一段与其贴合,每次至少对准四个点,并且只描中间一段,前面一段为上次所画,后面一段留待下次连接,以保证连接光滑流畅。

4. 铅笔

　　绘图铅笔的铅芯有软硬之分,分别用字母 B 和 H 表示。硬铅有 H、2H、3H、4H、5H、6H 六种规格。软铅有 B、2B、3B、4B、5B、6B 六种规格。B 前的数字越大,表示铅芯越软,画线越黑;H 前的数字越大,表示铅芯越硬,画线越淡;HB 表示软硬适中。绘图时选用铅笔须依使用图纸的质量和对图的要求而定。

与左段重合　　本次描　　留待与右段重合

(a)　　　　　　　　　　　(b)

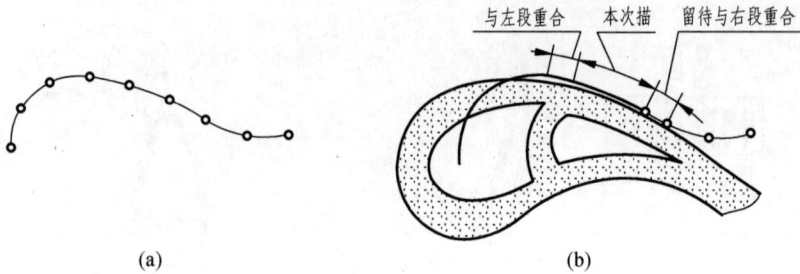

图 A10　曲线板的用法

绘图时推荐采用:打底稿用 H(或 HB),加深图线或写字用 HB(或 B),圆规用 B(或 2B)。削铅笔时应从无标号的一端削起以保留标号,铅芯露出 6~8mm 为宜。根据需要,铅芯可削成相应的形状。写字或画细线时,铅芯削成锥状;加深粗线时,铅芯削成四棱柱状。圆规的铅芯削成斜口圆柱状或斜口四棱柱状,如图 A11 所示。

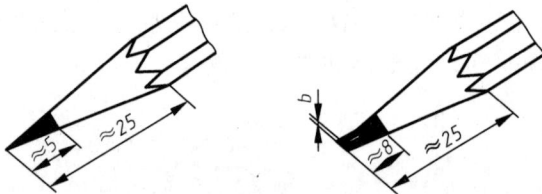

图 A11　铅笔的削法(单位:mm)　　　　　　图 A12　擦图片

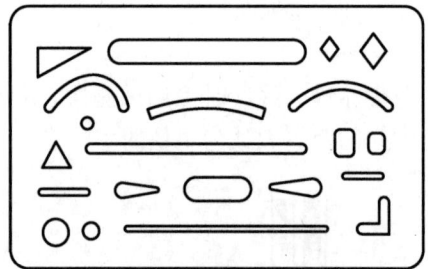

5. 擦图片

擦图片有钢片和塑料的两种,用于修改图线时遮盖不需擦掉的图线,然后再用橡皮擦拭,这样不致影响邻近的其他线条,如图 A12 所示。

6. 其他常用的绘图用品

(1)橡皮。应选用白色软橡皮。

(2)砂纸。用于修磨铅芯头。

(3)刀片。用于修改图纸上的墨线。

(4)胶带纸。用于固定图纸。

A1.3　绘图基本知识

为了提高图样质量和绘图速度,除了正确使用绘图工具和仪器外,还必须掌握正确的绘图程序和方法。

1. 绘图的一般方法和步骤

1)绘图前的准备工作

第一步:准备工具。在绘图前首先应准备好图纸及各种绘图工具,包括图板、丁字尺、三角板、圆规、铅笔等工具及用品,磨削好铅笔及圆规上的铅芯;图板、丁字尺、三角板擦干净,以免绘图过程中影响图面质量。

第二步：固定图纸。用胶带纸将图纸固定在图板上，注意在贴图纸时，用丁字尺校正图纸底边。当图纸较小时，应将图纸布置在图板的左下方，但要使图板的底边与图纸下边的距离大于丁字尺的宽度。

2)绘制底稿

第一步：画出图框和标题栏的边框。

第二步：根据图形的大小和个数，在图框中的有效绘图区域合理布图。

第三步：分析所画图形上尺寸的作用和线段的性质，确定画线的先后次序。

第四步：用 H 或 HB 铅笔将图中所有图线(剖面线除外)画出底稿。

画图形时，先画轴线或对称中心线，再画主要轮廓，然后画细部；如图形是剖视图或断面图时，则最后画剖面符号，剖面符号在底稿中只需画一部分，其余可待加深时再全部画出。图形完成后，画其他符号、尺寸界线、尺寸线、箭头、尺寸数字等。

3)铅笔加深

在加深前，应认真校对底稿，修正错误和缺点，并擦净多余的线条和污垢。为了保证成图的整洁与美观，加深时的顺序和技巧是至关重要的，建议采用下列加深顺序。

第一步：从上往下，从左往右用 B 铅加深细实线和点画线的圆及圆弧。

第二步：从上往下，从左往右用 HB 铅加深细实线和点画线的直线，其中剖面线一次画成。

第三步：从上往下，从左往右用 2B 铅加深粗实线的圆及圆弧。

第四步：从上往下，从左往右用 B 铅加深粗实线的直线。

第五步：从上往下，从左往右用 HB 铅画尺寸箭头，注写尺寸数字，填写标题栏等。在加深过程中，应经常擦干净丁字尺和三角板，尽量用干净白纸盖住已画好的图线，以避免摩擦而使线条变模糊。

2. 几何作图

虽然机件的轮廓形状是多种多样的，但它们的图样基本上都是由直线、圆弧和其他一些曲线所组成的几何图形，因此在绘制图样时，常常要运用一些几何作图的方法。

1)正多边形

图 A13 和图 A14 分别介绍了圆内接正五边形和正六边形的作法。

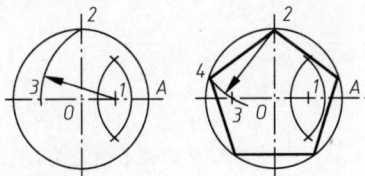

图 A13　圆内接正五边形画法　　　　图 A14　正六边形的画法

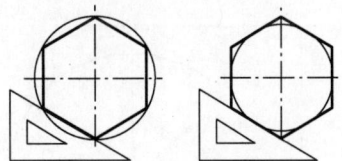

如图 A13 所示，作水平半径 OA 的中点 1，以 1 为圆心，12 为半径作弧，交水平中心线于 3。以 23 为边长，即可作出圆内接正五边形。

如图 A14 所示，正六边形可以内接于圆或外切于圆，用 30°～60°三角板配合丁字尺即可画出正六边形。注意，在内接时，圆的直径是对角顶点间的距离；而在外切时，圆的直径则是对边间的距离。

2)斜度和锥度

斜度是指一直线对另一直线或一个平面对另一个平面的倾斜程度，在图样中以 $1:n$ 的形

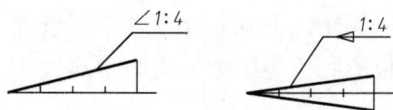

图 A15　斜度和锥度的作法

式标注。锥度是指正圆锥的底圆直径与圆锥高度之比,在图样中常以 $1 : n$ 的形式标注,如图 A15 所示。

3)圆弧连接

很多机器零件的形状是由直线与圆弧或圆弧与圆弧光滑连接而成的。这种光滑连接过渡,即是平面几何中的相切,在工程制图上称为连接。切点就是连接点。常用的连接是用圆弧将两直线、两圆弧或一直线和一圆弧连接起来,这个起连接作用的圆弧称为连接圆弧。常见的圆弧连接有:用一圆弧连接两已知直线,用一圆弧连接两已知圆弧,用一圆弧连接一已知直线和一已知圆弧。

(1)圆弧连接的作图原理与步骤如下。

圆弧连接的首要问题是求连接圆弧的圆心和切点,最基本的作图方法有三种,下面用轨迹的方法来分析圆弧连接的作图原理。

P 为已知直线,O_1、R_1 为已知圆弧的圆心和半径(简称圆弧 $R_1$1),现在用已知半径为 R 的圆弧(简称圆弧 R)连接直线或圆弧,它的圆心 O 和切点位置 1 应该如何确定呢。表 A4 所示为圆弧连接的作图原理。

表 A4　圆弧连接的作图原理

种　类	作图方法	说　明
圆弧 R 与直线 P 相切		圆弧 R 的圆心轨迹为距离直线 P 为 R 的两条直线,切点 1 与点 O 的连线垂直于直线 P
圆弧 R 与圆弧 R_1 外切		圆弧 R 的圆心轨迹为以 O 为圆心,以 $R_1 + R$ 为半径的圆弧,切点 1 在 OO_1 的连线上
圆弧 R 与圆弧 R_1 内切		圆弧 R 的圆心轨迹为以 O 为圆心,以 $R_1 - R$ 为半径的圆弧,切点 1 在 OO_1 的连线上

(2)圆弧连接的类型及作图方法。

M、N 为已知直线,O_1、O_2 和 R_1、R_2 分别为已知圆弧的圆心和半径,O、R 为连接圆弧的圆心和半径,1、2 为切点。圆弧连接的类型及作图方法如表 A5 所示。

表 A5 圆弧连接的类型及作图方法

(1) 直线与直线	(2) 直线与圆弧	(3) 已知圆弧与两圆弧外接

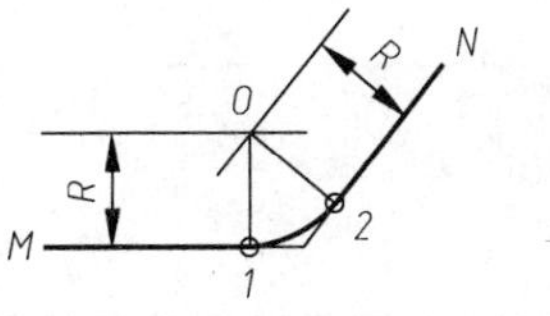

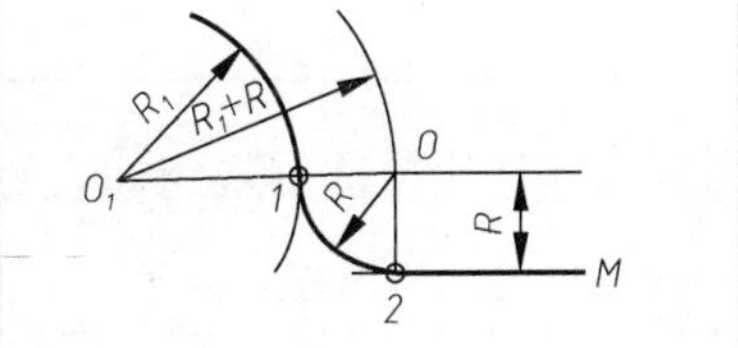

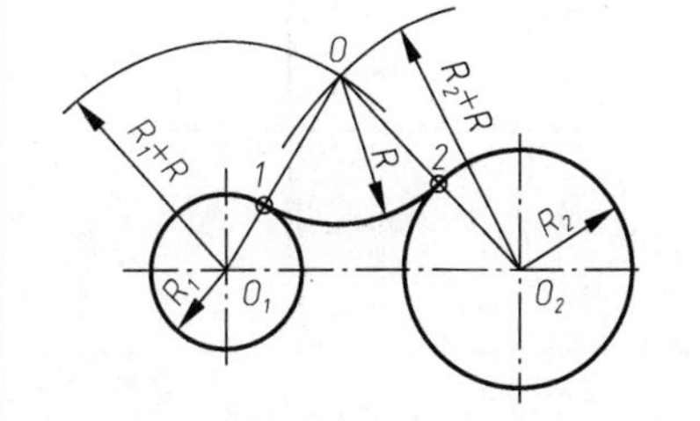

(4) 已知圆弧与两圆弧内接	(5) 已知圆弧与一圆弧内连接与一圆弧外连接

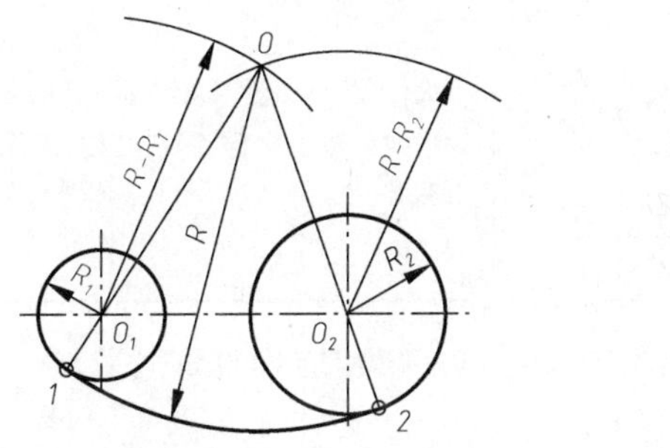

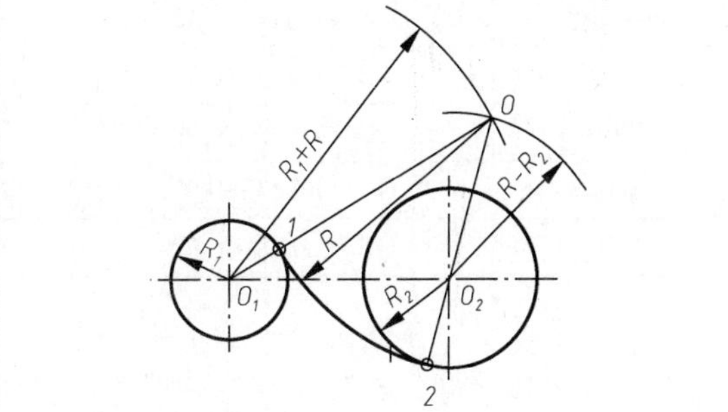

A2 计算机绘图

我国于 1993 年 9 月 23 日发布了中华人民共和国国家标准《机械制图用计算机信息交换制图规则》(GB/T14665—1993)，于 1998 年发布了《机械工程 CAD 制图规则》(GB/T14665—1998)来代替 GB/T14665—1993。这两项标准在图幅代号、图线、字体、尺寸线的终端形式、图形符号的表示、图样中各种线型在计算机中的分层做了具体规定，在一定的范围内规范了用计算机绘制机械图样的内容。

2000 年 10 月发布的 GB/T18229—2000《CAD 工程制图规则》，是继 GB/T14665—1998《机械工程 CAD 制图规则》之后，又一项规范 CAD 工程制图的国家标准。该标准系统地规定了用计算机绘制工程图的基本规则，适用于机械、电气和建筑等领域的工程制图及相关文件。

CAD 工程制图的基本设置要求包括图纸幅面与格式、比例、字体、图线、剖面符号、标题栏和明细栏等 7 项内容。其中，关于图纸幅面与格式、比例、剖面符号、标题栏和明细栏等 5 项内容与现行的技术制图和机械制图标准的相应规定相同，而关于字体和图线两项规定与现行标准有不同之处。用 CAD 软件绘图时，需根据图样的国家标准规定内容进行必要的设置。

A2.1 字体

CAD 工程图中所用的字体应按 GB/T13362.4～13362.5 和 GB/T14691 要求，做到字体端正、笔画清楚、排列整齐、间隔均匀。

GB/T18229—2000 在"CAD 工程图的字体高度与图纸幅面之间的关系"及"CAD 工程制图的字体选用范围"两项内容与现行标准不同。GB/T18229 规定，不论图幅大小，图样中字母和数字一律采用 3.5 号字，汉字一律采用 5 号字，如表 A6 所示。

表 A6　CAD 工程图的字体高度与图纸幅面之间的关系（单位：mm）

图幅字体	A0	A1	A2	A3	A4
字母数字			3.5		
汉字			5		

GB/T18229 关于 CAD 工程制图中字体选用范围的规定如表 A7 所示。

表 A7　字体选用范围

汉字字型	国家标准号	字体文件名	应用范围
长仿宋体	GB/T13362.4～13362.5—1992	HZCF.*	图中标注及说明的汉字、标题栏、明细表等
单线宋体	GB/T13844—1992	HZDX.*	大标题、小标题、图册封面、目录清单、标题栏中设计单位名称、图样名称、工程名称、地形图等
宋体	GB/T13845—1992	HZST.*	
仿宋体	GB/T13846—1992	HZFS.*	
楷体	GB/T13847—1992	HZKT.*	
黑体	GB/T13848—1992	HZHT.*	

(1)汉字。汉字在输出时一般采用正体，并采用国家正式公布和推行的简化字。

(2)数字和字母。数字和字母一般应以斜体输出。

(3)小数点。小数点进行输出时，应占一个字位，并位于中间靠下处。

(4)标点符号。标点符号应按其含义正确使用，除省略号和破折号为两个字位外，其余均为一个符号一个字位。

A2.2　图线

常用的图线有粗实线、粗点画线、细实线、波浪线、双折线、虚线、细点画线、双点画线八种线型。为了便于机械工程的 CAD 制图需要和计算机信息的交换，GB/T14665 将 GB/T17450 中所规定的八种线型分为以下 5 组，如表 A8 所示，一般优先采用第 4 组。

表 A8　机械工程 CAD 制图线宽的规定

组　别	1	2	3	4	5	一　般　用　途
线宽/mm	2.0	1.4	1.0	0.7	0.5	粗实线、粗点画线
	1.1	0.7	0.5	0.35	0.25	细实线、波浪线、双折线、虚线、细点画线、双点画线

GB/T18229 共规定了 CAD 基本线型、变形的线型和图线颜色三项内容。除了图线颜色一项与现行标准不同外，其他内容均相同。图线颜色指图线在屏幕上的颜色，它影响到图样上图线的深浅，如表 A9 所示。图线颜色选配得合适，则相应图样的图线就富有层次感，视觉效果就比较好。

A2.3　CAD 工程图的图层管理

如表 A10 所示，图层的使用使工程图的绘图、编辑操作更加简洁、方便。

表 A9　GB/T18229 对图线颜色的规定

图线类型		屏幕上的颜色
粗实线		白色
细实线		绿色
波浪线		
双折线		
虚线		黄色
细点画线		红色
粗点画线		棕色
双点画线		粉红色

表 A10　CAD 工程图的图层管理

层 号	描 述	图 例
01	粗实线剖切面的粗剖面线	
02	细实线 细波浪线 细双折线	
03	粗虚线	
04	细虚线	
05	细点画线 剖切面的剖切线	
06	粗点画线	
07	细双点画线	
08	尺寸线，投影连线， 尺寸终端与符号细实线	
09	参考圆，包括引 出线和终端	
10	剖面符号	
11	文本，细实线	ABCD
12	尺寸值和公差	653±1
13	文本，粗实线	LJGHJJK
14，15，16	用户选用	

附录 B 制图的部分国标

B1 极限与配合

表 B1.1 标准公差数值（GB/T 1800.4—1999）

基本尺寸 /mm		标准公差等级																	
		IT1	IT2	IT3	IT4	IT5	IT6	IT7	IT8	IT9	IT10	IT11	IT12	IT13	IT14	IT15	IT16	IT17	IT18
大于	至	μm											mm						
—	3	0.8	1.2	2	3	4	6	10	14	25	40	60	0.1	0.14	0.25	0.4	0.6	1	1.4
3	6	1	1.5	2.5	4	5	8	12	18	30	48	75	0.12	0.18	0.3	0.48	0.75	1.2	1.8
6	10	1	1.5	2.5	4	6	9	15	22	36	58	90	0.15	0.22	0.36	0.58	0.9	1.5	2.2
10	18	1.2	2	3	5	8	11	18	27	43	70	110	0.18	0.27	0.43	0.7	1.1	1.8	2.7
18	30	1.5	2.5	4	6	9	13	21	33	52	84	130	0.21	0.33	0.52	0.84	1.3	2.1	3.3
30	50	1.5	2.5	4	7	11	16	25	39	62	100	160	0.25	0.39	0.62	1	1.6	2.5	3.9
50	80	2	3	5	8	13	19	30	46	74	120	190	0.3	0.46	0.74	1.2	1.9	3	4.6
80	120	2.5	4	6	10	15	22	35	54	87	140	220	0.35	0.54	0.87	1.4	2.2	3.5	5.4
120	180	3.5	5	8	12	18	25	40	63	100	160	250	0.4	0.63	1	1.6	2.5	4	6.3
180	250	4.5	7	10	14	20	29	46	72	115	185	290	0.46	0.72	1.15	1.85	2.9	4.6	7.2
250	315	6	8	12	16	23	32	52	81	130	210	320	0.52	0.81	1.3	2.1	3.2	5.2	8.1
315	400	7	9	13	18	25	36	57	89	140	230	360	0.57	0.89	1.4	2.3	3.6	5.7	8.9
400	500	8	10	15	20	27	40	63	97	155	250	400	0.63	0.97	1.55	2.5	4	6.3	9.7
500	630	9	11	16	22	32	44	70	110	175	280	440	0.7	1.1	1.75	2.8	4.4	7	11
630	800	10	13	18	25	36	50	80	125	200	320	500	0.8	1.25	2	3.2	5	8	12.5
800	1000	11	15	21	28	40	56	90	140	230	360	560	0.9	1.4	2.3	3.6	5.6	9	14
1000	1250	13	18	24	33	47	66	105	165	260	420	660	1.05	1.65	2.6	4.2	6.6	10.5	16.5
1250	1600	15	21	29	39	55	78	125	195	310	500	780	1.25	1.95	3.1	5	7.8	12.5	19.5
1600	2000	18	25	35	46	65	92	150	230	370	600	920	1.5	2.3	3.7	6	9.2	15	23
2000	2500	22	30	41	55	78	110	175	280	440	700	1100	1.75	2.8	4.4	7	11	17.5	28
2500	3150	26	36	50	68	96	135	210	330	540	860	1350	2.1	3.3	5.4	8.6	13.5	21	33

注：1. 基本尺寸大于 500mm 的 IT1 至 IT15 的标准公差数值为试行的。

2. 基本尺寸小于或等于 1mm 时，无 IT14 至 IT18。

3. IT01 和 IT0 的标准公差未列入。

表 B1.2　轴的基本偏差数值(GB/T 1800.4—1999)　　　　（单位：μm）

基本尺寸 /mm		上偏差 es（所有标准公差等级）												下偏差 ei				
														IT5 和 IT6	IT7	IT8	IT4 至 IT7	≤IT3 >IT7
大于	至	a	b	c	cd	d	e	ef	f	fg	g	h	js	j			k	
—	3	−270	−140	−60	−34	−20	−14	−10	−6	−4	−2	0		−2	−4	−6	0	0
3	6	−270	−140	−70	−46	−30	−20	−14	−10	−6	−4	0		−2	−4		+1	0
6	10	−280	−150	−80	−56	−40	−25	−18	−13	−8	−5	0		−2	−5		+1	0
10	14	−290	−150	−95		−50	−32		−16		−6	0		−3	−6		+1	0
14	18																	
18	24	−300	−160	−110		−65	−40		−20		−7	0		−4	−8		+2	0
24	30																	
30	40	−310	−170	−120		−80	−50		−25		−9	0	偏差 = ± ITn/2	−5	−10		+2	0
40	50	−320	−180	−130														
50	65	−340	−190	−140		−100	−60		−30		−10	0		−7	−12		+2	0
65	80	−360	−200	−150														
80	100	−380	−220	−170		−120	−72		−36		−12	0		−9	−15		+3	0
100	120	−410	−240	−180														
120	140	−460	−260	−200		−145	−85		−43		−14	0		−11	−18		+3	0
140	160	−520	−280	−210														
160	180	−580	−310	−230														
180	200	−660	−340	−240		−170	−100		−50		−15	0		−13	−21		+4	0
200	225	−740	−380	−260														
225	250	−820	−420	−280														
250	280	−920	−480	−300		−190	−110		−56		−17	0		−16	−26		+4	0
280	315	−1050	−540	−330														
315	355	−1200	−600	−360		−210	−125		−62		−18	0		−18	−28		+4	0
355	400	−1350	−680	−400														
400	450	−1500	−760	−440		−230	−135		−68		−20	0		−20	−32		+5	0
450	500	−1650	−840	−480														

续表

| 基本尺寸 /mm | | 下偏差 ei | | | | | | | | | | | | | |
大于	至	m	n	p	r	s	t	u	v	x	y	z	za	zb	zc
—	3	+2	+4	+6	+10	+14		+18		+20		+26	+32	+40	+60
3	6	+4	+8	+12	+15	+19		+23		+28		+35	+42	+50	+80
6	10	+6	+10	+15	+19	+23		+28		+34		+42	+52	+67	+97
10	14	+7	+12	+18	+23	+28		+33		+40		+50	+64	+90	+130
14	18	+7	+12	+18	+23	+28		+33	+39	+45		+60	+77	+108	+150
18	24	+8	+15	+22	+28	+35		+41	+47	+54	+63	+73	+98	+136	+188
24	30	+8	+15	+22	+28	+35	+41	+48	+55	+64	+75	+88	+118	+160	+218
30	40	+9	+17	+26	+34	+43	+48	+60	+68	+80	+94	+112	+148	+200	+274
40	50	+9	+17	+26	+34	+43	+54	+70	+81	+97	+114	+136	+180	+242	+325
50	65	+11	+20	+32	+41	+53	+66	+87	+102	+122	+144	+172	+226	+300	+405
65	80	+11	+20	+32	+43	+59	+75	+102	+120	+146	+174	+210	+274	+360	+480
80	100	+13	+23	+37	+51	+71	+91	+124	+146	+178	+214	+258	+335	+445	+585
100	120	+13	+23	+37	+54	+79	+104	+144	+172	+210	+254	+310	+400	+525	+690
120	140	+15	+27	+43	+63	+92	+122	+170	+202	+248	+300	+365	+470	+620	+800
140	160	+15	+27	+43	+65	+100	+134	+190	+228	+280	+340	+415	+535	+700	+900
160	180	+15	+27	+43	+68	+108	+146	+210	+252	+310	+380	+465	+600	+780	+1000
180	200	+17	+31	+50	+77	+122	+166	+236	+284	+350	+425	+520	+670	+880	+1150
200	225	+17	+31	+50	+80	+130	+180	+258	+310	+385	+470	+575	+740	+960	+1250
225	250	+17	+31	+50	+84	+140	+196	+284	+340	+425	+520	+640	+820	+1050	+1350
250	280	+20	+34	+56	+94	+158	+218	+315	+385	+475	+580	+710	+920	+1200	+1550
280	315	+20	+34	+56	+98	+170	+240	+350	+425	+525	+650	+790	+1000	+1300	+1700
315	355	+21	+37	+62	+108	+190	+268	+390	+475	+590	+730	+900	+1150	+1500	+1900
355	400	+21	+37	+62	+114	+208	+294	+435	+530	+660	+820	+1000	+1300	+1650	+2100
400	450	+23	+40	+68	+126	+232	+330	+490	+595	+740	+920	+1100	+1450	+1850	+2400
450	500	+23	+40	+68	+132	+252	+360	+540	+660	+820	+1000	+1250	+1600	+2100	+2600

注：1. 基本尺寸小于或等于 1mm 时，基本偏差 a 和 b 均不采用。

2. 公差带 js7 至 js11，若 ITn 数值是奇数，则取偏差 $=\pm\dfrac{\mathrm{IT}n-1}{2}$。

表 B1.3　孔的基本偏差数值（GB/T1800.4—1999）　　　　（单位：μm）

基本尺寸 /mm 大于	至	下偏差 EI A	B	C	CD	D	E	EF	F	FG	G	H	JS	上偏差 ES J IT6	J IT7	J IT8	K ≤IT8	K >IT8	M ≤IT8	M >IT8	N ≤IT8	N >IT8
—	3	+270	+140	+60	+34	+20	+14	+10	+6	+4	+2	0		+2	+4	+6	0	0	−2	−2	−4	−4
3	6	+270	+140	+70	+46	+30	+20	+14	+10	+6	+4	0		+5	+6	+10	−1+Δ		−4+Δ	−4	−8+Δ	0
6	10	+280	+150	+80	+56	+40	+25	+18	+13	+8	+5	0		+5	+8	+12	−1+Δ		−6+Δ	−6	−10+Δ	0
10	14	+290	+150	+95		+50	+32		+16		+6	0		+6	+10	+15	−1+Δ		−7+Δ	−7	−12+Δ	0
14	18	+290	+150	+95		+50	+32		+16		+6	0		+6	+10	+15	−1+Δ		−7+Δ	−7	−12+Δ	0
18	24	+300	+160	+110		+65	+40		+20		+7	0		+8	+12	+20	−2+Δ		−8+Δ	−8	−15+Δ	0
24	30	+300	+160	+110		+65	+40		+20		+7	0		+8	+12	+20	−2+Δ		−8+Δ	−8	−15+Δ	0
30	40	+310	+170	+120		+80	+50		+25		+9	0		+10	+14	+24	−2+Δ		−9+Δ	−9	−17+Δ	0
40	50	+320	+180	+130		+80	+50		+25		+9	0		+10	+14	+24	−2+Δ		−9+Δ	−9	−17+Δ	0
50	65	+340	+190	+140		+100	+60		+30		+10	0	偏差=±ITn/2	+13	+18	+28	−2+Δ		−11+Δ	−11	−20+Δ	0
65	80	+360	+200	+150		+100	+60		+30		+10	0		+13	+18	+28	−2+Δ		−11+Δ	−11	−20+Δ	0
80	100	+380	+220	+170		+120	+72		+36		+12	0		+16	+22	+34	−3+Δ		−13+Δ	−13	−23+Δ	0
100	120	+410	+240	+180		+120	+72		+36		+12	0		+16	+22	+34	−3+Δ		−13+Δ	−13	−23+Δ	0
120	140	+460	+260	+200		+145	+85		+43		+14	0		+18	+26	+41	−3+Δ		−15+Δ	−15	−27+Δ	0
140	160	+520	+280	+210		+145	+85		+43		+14	0		+18	+26	+41	−3+Δ		−15+Δ	−15	−27+Δ	0
160	180	+580	+310	+230		+145	+85		+43		+14	0		+18	+26	+41	−3+Δ		−15+Δ	−15	−27+Δ	0
180	200	+660	+310	+240		+170	+100		+50		+15	0		+22	+30	+47	−4+Δ		−17+Δ	−17	−31+Δ	0
200	225	+740	+380	+260		+170	+100		+50		+15	0		+22	+30	+47	−4+Δ		−17+Δ	−17	−31+Δ	0
225	250	+820	+420	+280		+170	+100		+50		+15	0		+22	+30	+47	−4+Δ		−17+Δ	−17	−31+Δ	0
250	280	+920	+480	+300		+190	+110		+56		+17	0		+25	+36	+55	−4+Δ		−20+Δ	−20	−34+Δ	0
280	315	+1050	+540	+330		+190	+110		+56		+17	0		+25	+36	+55	−4+Δ		−20+Δ	−20	−34+Δ	0
315	355	+1200	+600	+360		+210	+125		+62		+18	0		+29	+39	+60	−4+Δ		−21+Δ	−21	−37+Δ	0
355	400	+1350	+680	+400		+210	+125		+62		+18	0		+29	+39	+60	−4+Δ		−21+Δ	−21	−37+Δ	0
400	450	+1500	+760	+440		+230	+135		+68		+20	0		+33	+43	+66	−5+Δ		−23+Δ	−23	−40+Δ	0
450	500	+1650	+840	+480		+230	+135		+68		+20	0		+33	+43	+66	−5+Δ		−23+Δ	−23	−40+Δ	0

续表

基本尺寸/mm		上偏差 ES													Δ 值					
		≤IT7	标准公差等级大于 IT7												标准公差等级					
大于	至	P 至 ZC	P	R	S	T	U	V	X	Y	Z	ZA	AB	ZC	IT3	IT4	IT5	IT6	IT7	IT8
—	3	在大于 IT7 的相应值上增加一个 Δ 值	−6	−10	−14		−18		−20		−26	−32	−40	−60	0	0	0	0	0	0
3	6		−12	−15	−19		−23		−28		−35	−42	−50	−80	1	1.5	1	3	4	6
6	10		−15	−19	−23		−28		−34		−42	−52	−67	−97	1	1.5	2	3	6	7
10	14		−18	−23	−28		−33		−40		−50	−64	−90	−130	1	2	3	3	7	9
14	18							−39	−45		−60	−77	−108	−150						
18	24		−22	−28	−35		−41	−47	−54	−63	−73	−98	−136	−188	1.5	2	3	4	8	12
24	30					−41	−48	−55	−64	−75	−88	−118	−160	−218						
30	40		−26	−34	−43	−48	−60	−68	−80	−94	−112	−148	−200	−274	1.5	3	4	5	9	14
40	50					−54	−70	−81	−97	−114	−136	−180	−242	−325						
50	65		−32	−41	−53	−66	−87	−102	−122	−144	−172	−226	−300	−405	2	3	5	6	11	16
65	80			−43	−59	−75	−102	−120	−146	−174	−210	−274	−360	−480						
80	100		−37	−51	−71	−91	−124	−146	−178	−214	−258	−335	−445	−585	2	4	5	7	13	19
100	120			−54	−79	−104	−144	−172	−210	−254	−310	−400	−525	−690						
120	140		−43	−63	−92	−122	−170	−202	−248	−300	−365	−470	−620	−800	3	4	6	7	15	23
140	160			−65	−100	−134	−190	−228	−280	−340	−415	−535	−700	−900						
160	180			−68	−108	−146	−210	−252	−310	−380	−465	−600	−780	−1000						
180	200		−50	−77	−122	−166	−236	−284	−350	−425	−520	−670	−880	−1150	3	4	6	9	17	26
200	225			−80	−130	−180	−258	−310	−385	−470	−575	−740	−960	−1250						
225	250			−84	−140	−196	−284	−340	−425	−520	−640	−820	−1050	−1350						
250	280		−56	−94	−158	−218	−315	−385	−475	−580	−710	−920	−1200	−1550	4	4	7	9	20	29
280	315			−98	−170	−240	−350	−425	−525	−650	−790	−1000	−1300	−1700						
315	355		−62	−108	−190	−268	−390	−475	−590	−730	−900	−1150	−1500	−1900	4	5	7	11	21	32
355	400			−114	−208	−294	−435	−530	−660	−820	−1000	−1300	−1650	−2100						
400	450		−68	−126	−232	−330	−490	−595	−740	−920	−1100	−1450	−1850	−2400	5	5	7	13	23	34
450	500			−132	−252	−360	−540	−660	−820	−1000	−1250	−1600	−2100	−2600						

注：1.基本尺寸小于或等于 1mm 时，基本偏差 A 和 B 及大于 IT8 的 N 均不采用。

2.公差带 JS7 至 JS11，若 ITn 数值是奇数，则取偏差 $=\pm\dfrac{ITn-1}{2}$。

3.对小于或等于 IT8 的 K、M、N 和小于或等于 IT7 的 P 至 ZC，所需 Δ 值从表内右侧选取，例如：18～30mm 段的 K7，Δ=8μm，所以 ES=−2+8=+6(μm)；18～30mm 段的 S6，Δ=4μm，所以 ES=−35+4=−31(μm)。

4.特殊情况：250～315mm 段的 M6，ES=−9μm(代替−11μm)。

表 B1.4　优先配合轴的极限偏差　　　　　（单位：μm）

基本尺寸/mm		公差带												
大于	至	c11	d9	f7	g6	h6	h7	h9	h11	k6	n6	p6	s6	u6
—	3	−60/−120	−20/−45	−6/−16	−2/−8	0/−6	0/−10	0/−25	0/−60	+6/0	+10/+4	+12/+6	+20/+14	+24/+18
3	6	−70/−145	−30/−60	−10/−22	−4/−12	0/−8	0/−12	0/−30	0/−75	+9/+1	+16/+8	+20/+12	+27/+19	+31/+23
6	10	−80/−170	−40/−76	−13/−28	−5/−14	0/−9	0/−15	0/−36	0/−90	+10/+1	+19/+10	+24/+15	+32/+23	+37/+28
10	14	−95/−205	−50/−93	−16/−34	−6/−17	0/−11	0/−18	0/−43	0/−110	+12/+1	+23/+12	+29/+18	+39/+28	+44/+33
14	18													
18	24	−110/−240	−65/−117	−20/−41	−7/−20	0/−13	0/−21	0/−52	0/−130	+15/+2	+28/+15	+35/+22	+48/+35	+54/+41
24	30													+61/+48
30	40	−120/−280	−80/−142	−25/−50	−9/−25	0/−16	0/−25	0/−62	0/−160	+18/+2	+33/+17	+42/+26	+59/+43	+76/+60
40	50	−130/−290												+86/+70
50	65	−140/−330	−100/−174	−30/−60	−10/−29	0/−19	0/−30	0/−74	0/−190	+21/+2	+39/+20	+51/+32	+72/+53	+106/+87
65	80	−150/−340											+78/+59	+121/+102
80	100	−170/−390	−120/−207	−36/−71	−12/−34	0/−22	0/−35	0/−87	0/−220	+25/+3	+45/+23	+59/+37	+93/+71	+146/+124
100	120	−180/−400											+101/+79	+166/+144
120	140	−200/−450	−145/−245	−43/−83	−14/−39	0/−25	0/−40	0/−100	0/−250	+28/+3	+52/+27	+68/+43	+117/+92	+195/+170
140	160	−210/−460											+125/+100	+215/+190
160	180	−230/−480											+133/+108	+235/+210
180	200	−240/−530	−170/−285	−50/−96	−15/−44	0/−29	0/−46	0/−115	0/−290	+33/+4	+60/+31	+79/+50	+151/+122	+265/+236
200	225	−260/−550											+159/+130	+287/+257
225	250	−280/−570											+169/+140	+313/+284
250	280	−300/−620	−190/−320	−56/−108	−17/−49	0/−32	0/−52	0/−130	0/−320	+36/+4	+66/+34	+88/+56	+190/+158	+347/+315
280	315	−330/−650											+202/+170	+382/+350
315	355	−360/−720	−210/−350	−62/−119	−18/−54	0/−36	0/−57	0/−140	0/−360	+40/+4	+73/+37	+98/+62	+226/+190	+426/+390
355	400	−400/−760											+244/+208	+471/+435
400	450	−440/−840	−230/−385	−68/−131	−20/−60	0/−40	0/−63	0/−155	0/−400	+45/+5	+80/+40	+108/+68	+272/+232	+530/+490
450	500	−480/−880											+292/+252	+580/+540

表 B1.5 优先配合孔的极限偏差　　　（单位：μm）

基本尺寸/mm 大于	至	C 11	D 9	F 8	G 7	H 7	H 8	H 9	H 11	K 7	N 7	P 7	S 7	U 7
—	3	+120 / +60	+45 / +20	+20 / +6	+12 / +2	+10 / 0	+14 / 0	+25 / 0	+60 / 0	0 / −10	−4 / −14	−6 / −16	−14 / −24	−18 / −28
3	6	+145 / +70	+60 / +30	+28 / +10	+16 / +4	+12 / 0	+18 / 0	+30 / 0	+75 / 0	+9 / −9	−4 / −16	−8 / −20	−15 / −27	−19 / −31
6	10	+170 / +80	+76 / +40	+35 / +13	+20 / +5	+15 / 0	+22 / 0	+36 / 0	+90 / 0	+5 / −10	−4 / −19	−9 / −24	−17 / −32	−22 / −37
10	14	+205 / +95	+93 / +50	+43 / +16	+27 / +6	+18 / 0	+27 / 0	+43 / 0	+110 / 0	+6 / −12	−5 / −23	−11 / −29	−21 / −39	−26 / −44
14	18	+205 / +95	+93 / +50	+43 / +16	+27 / +6	+18 / 0	+27 / 0	+43 / 0	+110 / 0	+6 / −12	−5 / −23	−11 / −29	−21 / −39	−26 / −44
18	24	+240 / +110	+117 / +65	+53 / +20	+28 / +7	+21 / 0	+33 / 0	+52 / 0	+130 / 0	+6 / −15	−7 / −28	−14 / −35	−27 / −48	−33 / −54
24	30	+240 / +110	+117 / +65	+53 / +20	+28 / +7	+21 / 0	+33 / 0	+52 / 0	+130 / 0	+6 / −15	−7 / −28	−14 / −35	−27 / −48	−40 / −61
30	40	+280 / +120	+142 / +80	+64 / +25	+34 / +9	+25 / 0	+39 / 0	+62 / 0	+160 / 0	+7 / −18	−8 / −33	−17 / −42	−34 / 59	−51 / −76
40	50	+290 / +130	+142 / +80	+64 / +25	+34 / +9	+25 / 0	+39 / 0	+62 / 0	+160 / 0	+7 / −18	−8 / −33	−17 / −42	−34 / 59	−61 / −86
50	65	+330 / +140	+174 / +100	+76 / +30	+40 / +10	+30 / 0	+46 / 0	+74 / 0	+190 / 0	+9 / −21	−9 / −39	−21 / −51	−42 / −72	−76 / −106
65	80	+340 / +150	+174 / +100	+76 / +30	+40 / +10	+30 / 0	+46 / 0	+74 / 0	+190 / 0	+9 / −21	−9 / −39	−21 / −51	−48 / −78	−91 / −121
80	100	+390 / +170	+207 / +120	+90 / +36	+47 / +12	+35 / 0	+54 / 0	+87 / 0	+220 / 0	+10 / −25	−10 / −45	−24 / −59	−58 / −93	−111 / −146
100	120	+400 / +180	+207 / +120	+90 / +36	+47 / +12	+35 / 0	+54 / 0	+87 / 0	+220 / 0	+10 / −25	−10 / −45	−24 / −59	−66 / −101	−131 / −166
120	140	+450 / +200	+245 / +145	+106 / +43	+54 / +14	+40 / 0	+63 / 0	+100 / 0	+250 / 0	+12 / −28	−12 / −52	−28 / −68	−77 / −117	−155 / −195
140	160	+460 / +210	+245 / +145	+106 / +43	+54 / +14	+40 / 0	+63 / 0	+100 / 0	+250 / 0	+12 / −28	−12 / −52	−28 / −68	−85 / −125	−175 / −215
160	180	+480 / +230	+245 / +145	+106 / +43	+54 / +14	+40 / 0	+63 / 0	+100 / 0	+250 / 0	+12 / −28	−12 / −52	−28 / −68	−93 / −133	−195 / −235
180	200	+530 / +240	+285 / +170	+122 / +50	+61 / +15	+46 / 0	+72 / 0	+115 / 0	+290 / 0	+13 / −33	−14 / −60	−33 / −79	−105 / −151	−219 / −265
200	225	+550 / +260	+285 / +170	+122 / +50	+61 / +15	+46 / 0	+72 / 0	+115 / 0	+290 / 0	+13 / −33	−14 / −60	−33 / −79	−113 / −159	−241 / −287
225	250	+570 / +280	+285 / +170	+122 / +50	+61 / +15	+46 / 0	+72 / 0	+115 / 0	+290 / 0	+13 / −33	−14 / −60	−33 / −79	−123 / −169	−267 / −313
250	280	+620 / +300	+320 / +190	+137 / +56	+69 / +17	+52 / 0	+81 / 0	+130 / 0	+320 / 0	+16 / −36	−14 / −66	−36 / −88	−138 / −190	−295 / −347
280	315	+650 / +330	+320 / +190	+137 / +56	+69 / +17	+52 / 0	+81 / 0	+130 / 0	+320 / 0	+16 / −36	−14 / −66	−36 / −88	−150 / −202	−330 / −382
315	355	+720 / +360	+350 / +210	+151 / +62	+75 / +18	+57 / 0	+89 / 0	+140 / 0	+360 / 0	+17 / −40	−16 / −73	−41 / −98	−169 / −226	−369 / −426
355	400	+760 / +360	+350 / +210	+151 / +62	+75 / +18	+57 / 0	+89 / 0	+140 / 0	+360 / 0	+17 / −40	−16 / −73	−41 / −98	−187 / −244	−414 / −471
400	450	+840 / +440	+385 / +230	+165 / +68	+83 / +20	+63 / 0	+97 / 0	+155 / 0	+400 / 0	+18 / −45	−17 / −80	−45 / −108	−209 / −279	−467 / −530
450	500	+880 / +480	+385 / +230	+165 / +68	+83 / +20	+63 / 0	+97 / 0	+155 / 0	+400 / 0	+18 / −45	−17 / −80	−45 / −108	−229 / −292	−517 / −580

表 B1.6　基孔制优先、常用配合

基准孔	轴																				
	a	b	c	d	e	f	g	h	js	k	m	n	p	r	s	t	u	v	x	y	z
	间隙配合								过渡配合				过盈配合								
H6						$\frac{H6}{f5}$	$\frac{H6}{g5}$	$\frac{H6}{h5}$	$\frac{H6}{js5}$	$\frac{H6}{k5}$	$\frac{H6}{m5}$	$\frac{H6}{n5}$	$\frac{H6}{p5}$	$\frac{H6}{r5}$	$\frac{H6}{s5}$	$\frac{H6}{t5}$					
H7						$\frac{H7}{f6}$	$\frac{H7^*}{g6}$	$\frac{H7^*}{h6}$	$\frac{H7}{js6}$	$\frac{H7^*}{k6}$	$\frac{H7}{m6}$	$\frac{H7^*}{n6}$	$\frac{H7^*}{p6}$	$\frac{H7}{r6}$	$\frac{H7^*}{s6}$	$\frac{H7}{t6}$	$\frac{H7^*}{u6}$	$\frac{H7}{v6}$	$\frac{H7}{x6}$	$\frac{H7}{y6}$	$\frac{H7}{z6}$
H8			$\frac{H8}{c7}$			$\frac{H8^*}{f7}$	$\frac{H8}{g7}$	$\frac{H8^*}{h7}$	$\frac{H8}{js7}$	$\frac{H8}{k7}$	$\frac{H8}{m7}$	$\frac{H8}{n7}$	$\frac{H8}{p7}$	$\frac{H8}{r7}$	$\frac{H8}{s7}$	$\frac{H8}{t7}$	$\frac{H8}{u7}$				
				$\frac{H8}{d8}$	$\frac{H8}{e8}$	$\frac{H8}{f8}$		$\frac{H8}{h8}$													
H9			$\frac{H9}{c9}$	$\frac{H9^*}{d9}$	$\frac{H9}{e9}$	$\frac{H9}{f9}$		$\frac{H9^*}{h9}$													
H10			$\frac{H10}{c10}$	$\frac{H10}{d10}$				$\frac{H10}{h10}$													
H11	$\frac{H11}{a11}$	$\frac{H11}{b11}$	$\frac{H11^*}{c11}$	$\frac{H11}{d11}$				$\frac{H11^*}{h11}$													
H12		$\frac{H12}{b12}$						$\frac{H12}{h12}$													

注：1. $\frac{H6}{n5}$、$\frac{H7}{p6}$ 在基本尺寸小于或等于 3mm 和 $\frac{H8}{r7}$ 在小于或等于 100mm 时为过渡配合。

　　2. 标注 * 的配合为优先配合。

表 B1.7　基轴制优先、常用配合

基准孔	轴																				
	A	B	C	D	E	F	G	H	Js	K	M	N	P	R	S	T	U	V	X	Y	Z
	间隙配合								过渡配合				过盈配合								
h5						$\frac{F6}{h5}$	$\frac{G6}{h5}$	$\frac{H6}{h5}$	$\frac{Js6}{h5}$	$\frac{K6}{h5}$	$\frac{M6}{h5}$	$\frac{N6}{h5}$	$\frac{P6}{h5}$	$\frac{R6}{h5}$	$\frac{S6}{h5}$	$\frac{T6}{h5}$					
h6						$\frac{F7}{h6}$	$\frac{G7^*}{h6}$	$\frac{H7^*}{h6}$	$\frac{Js7}{h6}$	$\frac{K7^*}{h6}$	$\frac{M7}{h6}$	$\frac{N7^*}{h6}$	$\frac{P7^*}{h6}$	$\frac{R7}{h6}$	$\frac{S7^*}{h6}$	$\frac{T7}{h6}$	$\frac{U7^*}{h6}$				
h7					$\frac{E8}{h7}$	$\frac{F8^*}{h7}$		$\frac{H8^*}{h7}$	$\frac{Js8}{h7}$	$\frac{K8}{h7}$	$\frac{M8}{h7}$	$\frac{N8}{h7}$									
h8				$\frac{D8}{h8}$	$\frac{E8}{h8}$	$\frac{F8}{h8}$		$\frac{H8}{h8}$													
h9				$\frac{D9^*}{h9}$	$\frac{E9}{h9}$	$\frac{F9}{h9}$		$\frac{H9^*}{h9}$													
h10				$\frac{D10}{h10}$				$\frac{H10}{h10}$													
h11	$\frac{A11}{h11}$	$\frac{B11}{h11}$	$\frac{C11^*}{h11}$	$\frac{D11}{h11}$				$\frac{H11^*}{h11}$													
h12		$\frac{B12}{h12}$						$\frac{H12}{h12}$													

注：标注 * 的配合为优先配合。

B2　螺纹

表 B2.1　普通螺纹（GB/T 193—2003）

标 记 示 例

粗牙普通螺纹，公称直径 10mm，右旋，中径公差带代号 5g，顶径公差带代号 6g，短旋合长度的外螺纹：

M10−5g69−S

细牙普通螺纹，公称直径 10mm，螺距 1mm，左旋，中径和顶径公差带代号都是 6H，中等旋合长度的内螺纹：

M10×1LH−6H

（单位：mm）

公称直径 D、d		螺 距 P		粗牙小径 D_1、d_1	公称直径 D、d		螺 距 P		粗牙小径 D_1、d_1
第一系列	第二系列	粗牙	细牙		第一系列	第二系列	粗牙	细牙	
3		0.5	0.35	2.459		22	2.5	2,1.5,1,(0.75),(0.5)	19.294
	3.5	(0.6)		2.850	24		3	2,1.5,1,(0.75)	20.752
4		0.7	0.5	3.242		27	3	2,1.5,1,(0.75)	23.752
	4.5	(0.75)		3.688					
5		0.8		4.134	30		3.5	(3),2,1.5,1,(0.75)	26.211
6		1	0.75(0.5)	4.917	33		3.5	(3),2,1.5,(1),(0.75)	29.211
8		1.25	1,0.75,(0.5)	6.647	36		4	3,2,1.5,(1)	31.670
10		1.5	1.25,1,0.75,(0.5)	8.376		39	4		34.670
12		1.75	1.5,1.25,1,(0.75),(0.5)	10.106	42		4.5	(4),3,2,1.5,(1)	37.129
	14	2	1.5,(1.25),1,(0.75),(0.5)	11.835		45	4.5		40.129
16		2	1.5,1,(0.75),(0.5)	13.835	48		5		42.587
	18	2.5	2,1.5,1,(0.75),(0.5)	15.294		52	5		46.587
20		2.5	2,1.5,1,(0.75),(0.5)	17.294	56		5.5	4,3,2,1.5,(1)	50.046

注：1. 优先选用第一系列，括号内尺寸尽可能不用；

　　2. 公称直径 D、d 第三系列未列入。

表 B2.2　非螺纹密封的管螺纹（GB/T 7307—2001）

标 记 示 例

尺寸代号 1 1/2 的左旋 A 级外螺纹：

G1 1/2A−LH

（单位：mm）

螺纹尺寸代号	每 25.4mm 内的牙数	螺距 P	基本直径		螺纹尺寸代号	每 25.4mm 内的牙数	螺距 P	基本直径	
			大径 d、D	小径 d_1、D_1				大径 d、D	小径 d_1、D_1
1/8	28	0.907	9.728	8.566	1 1/4		2.309	41.910	38.952
1/4	19	1.337	13.157	11.445	1 1/2		2.309	47.807	44.845
3/8		1.337	16.662	14.950	1 3/4		2.309	53.746	50.788
1/2	14	1.814	20.955	18.631	2		2.309	59.614	56.656
(5/8)		1.814	22.911	20.587	2 1/4	11	2.309	65.710	62.752
3/4		1.814	26.441	24.117	2 1/2		2.309	75.184	72.226
(7/8)		1.814	30.201	27.877	2 3/4		2.309	81.534	78.576
1	11	2.309	33.249	30.291	3		2.309	87.884	84.926
1 1/8		2.309	37.897	34.939	4		2.309	113.030	110.072

表 B2.3　普通螺纹的螺纹收尾、肩距、退刀槽、倒角（GB/T3—1997）

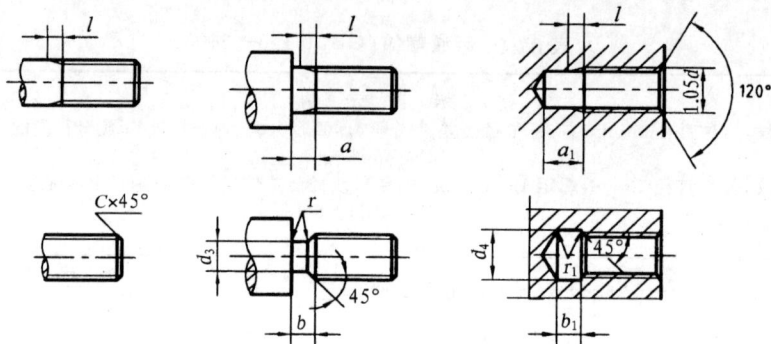

（单位：mm）

螺距 P	粗牙螺纹大径 D,d	外螺纹 螺纹收尾 l (不大于) 一般	短的	肩距 a (不大于) 一般	长的	短的	退刀槽 b 一般	r≈	d₃	倒角 C	内螺纹 螺纹收尾 l (不大于) 一般	短的	肩距 a₁ (不小于) 一般	长的	退刀槽 b₁ 一般	r₁≈	d₄
0.5	3	1.25	0.7	1.5	2	1	1.5		d-0.8	0.5	1	1.5	3	4	2		
0.6	3.5	1.5	0.75	1.8	2.4	1.2	1.5		d-1		1.2	1.8	3.2	4.8			d+0.3
0.7	4	1.75	0.9	2.1	2.8	1.4	2		d-1.1	0.6	1.4	2.1	3.5	5.6	3		
0.75	4.5	1.9	1	2.25	3	1.5	2		d-1.2		1.5	2.3	3.8	6			
0.8	5	2	1	2.4	3.2	1.6	2		d-1.3	0.8	1.6	2.4	4	6.4			
1	6,7	2.5	1.25	3	4	2	2.5		d-1.6	1	2	3	5	8	4		
1.25	8	3.2	1.6	4	5	2.5	3		d-2	1.2	2.5	3.8	6	10	5		
1.5	10	3.8	1.9	4.5	6	3	3.5		d-2.3	1.5	3	4.5	7	12	6		
1.75	12	4.3	2.2	5.3	7	3.5	4		d-2.6	2	3.5	5.2	9	14	7	0.5 P	d+0.5
2	14,16	5	2.5	6	8	4	5	0.5 P	d-3		4	6	10	16	8		
2.5	18,20,22	6.3	3.2	7.5	10	5	6		d-3.6	2.5	5	7.5	12	18	10		
3	24,27	7.5	3.8	9	12	6	7		d-4.4		6	9	14	22	12		
3.5	30,33	9	4.5	10.5	14	7	8		d-5	3	7	10.5	16	24	14		
4	36,39	10	5	12	16	8	9		d-5.7		8	12	18	26	16		
4.5	42,45	11	5.5	13.5	18	9	10		d-6.4	4	9	13.5	21	29	18		
5	48,52	12.5	6.3	15	20	10	11		d-7		10	15	23	32	20		
5.5	56,60	14	7	16.5	22	11	12		d-7.7	5	11	16.5	25	35	22		
6	64,68	15	7.5	18	24	12	13		d-8.3		12	18	28	38	24		

B3　常用的标准件

表 B3.1　六角头螺栓——**A** 和 **B** 级（GB/T 5782—2000）

六角头螺栓—全螺纹——**A** 和 **B** 级（GB/T 5783—2000）

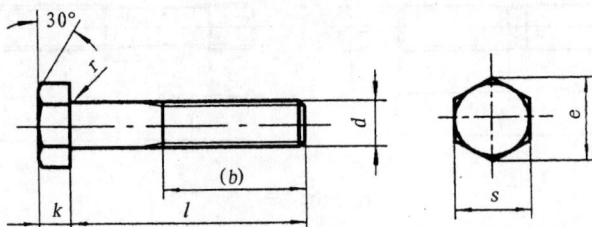

标　记　示　例

螺纹规格 d＝M12、公称长度 l＝80mm、性能等级为 8.8 级、表面氧化、A 级的六角螺栓：

螺栓 GB/T 5782　M12×80

（单位：mm）

螺纹规格 d		M3	M4	M5	M6	M8	M10	M12	(M14)	M16	(M18)	M20	(M22)	M24	(M27)	M30	M36
s		5.5	7	8	10	13	16	18	21	24	27	30	34	36	41	46	55
k		2	2.8	3.5	4	5.3	6.4	7.5	8.8	10	11.5	12.5	14	15	17	18.7	22.5
r		0.1	0.2	0.2	0.25	0.4	0.4	0.6	0.6	0.6	0.6	0.8	1	0.8	1	1	1
e	A	6.01	7.66	8.79	11.05	14.38	17.77	20.03	23.36	26.75	30.14	33.53	37.72	39.98	—	—	—
	B	5.88	7.50	8.63	10.89	14.20	17.59	19.85	22.78	26.17	29.56	32.95	37.29	39.55	45.2	50.85	51.11
(b) GB/T 5782	$l{\leqslant}125$	12	14	16	18	22	26	30	34	38	42	46	50	54	60	66	—
	$125{<}l{\leqslant}200$	18	20	22	24	28	32	36	40	44	48	52	56	60	66	72	84
	$l{>}200$	31	33	35	37	41	45	49	53	57	61	65	69	73	79	85	97
l 范围 (GB/T5782)		20~30	25~40	25~50	30~60	40~80	45~100	50~120	60~140	65~160	70~180	80~200	90~220	90~240	100~260	110~300	140~360
l 范围 (GB/T 5783)		6~30	8~40	10~50	12~60	16~80	20~100	25~120	30~140	30~150	35~150	40~150	45~150	50~150	55~200	60~200	70~200
l 系列		6,8,10,12,16,20,25,30,35,40,45,50,(55),60,(65),70,80,90,100,110,120,130,140,150,160,180,200,220,240,260,280,300,320,340,360,380,400,420,440,460,480,500															

表 B3.2　双头螺柱

$b_{\mathrm{m}} = 1d$(GB/T 897—1988)，　$b_{\mathrm{m}} = 1.25d$(GB/T 898—1988)

$b_{\mathrm{m}} = 1.5d$(GB/T 899—1988)；　$b_{\mathrm{m}} = 2d$(GB/T 900—1988)

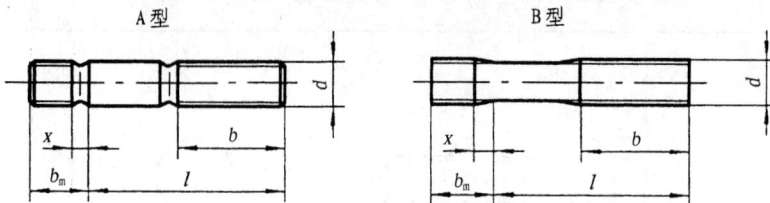

A 型　　　　　　　　　　　　　　B 型

标　记　示　例

两端均为粗牙普通螺纹。螺纹规格 $d = \mathrm{M10}$、公称长度 $l = 50\mathrm{mm}$、性能等级为 4.8 级、不经表面处理、$b_{\mathrm{m}} = 1d$、B 型的双头螺柱：

螺柱 GB/T 897　$\mathrm{M10 \times 50}$

旋入机体一端为粗牙普通螺纹，旋入螺母一端为螺距 $P = 1\mathrm{mm}$ 的细牙普通螺纹，$b_{\mathrm{m}} = d$、螺纹规格 $d = \mathrm{M10}$、公称长度 $l = 50\mathrm{mm}$、性能等级为 4.8 级，不经表面处理、A 型、$b_{\mathrm{m}} = 1d$ 的双头螺柱：

螺柱　GB/T 897　$\mathrm{AM10 - M10 \times 1 \times 50}$

（单位：mm）

螺纹规格 d	b_{m}				l/b
	GB/T 897—1988	GB/T 898—1988	GB/T 899—1988	GB/T 900—1988	
M5	5	6	8	10	$\dfrac{16\sim20}{10}$、$\dfrac{25\sim50}{16}$
M6	6	8	10	12	$\dfrac{20}{10}$、$\dfrac{25\sim30}{14}$、$\dfrac{35\sim70}{18}$
M8	8	10	12	16	$\dfrac{20}{12}$、$\dfrac{25\sim30}{16}$、$\dfrac{35\sim90}{22}$
M10	10	12	15	20	$\dfrac{25}{14}$、$\dfrac{30\sim35}{16}$、$\dfrac{40\sim120}{26}$，$\dfrac{130}{32}$
M12	12	15	18	24	$\dfrac{25\sim30}{16}$、$\dfrac{35\sim40}{20}$、$\dfrac{45\sim120}{30}$、$\dfrac{130\sim180}{36}$
M16	16	20	24	32	$\dfrac{30\sim35}{20}$、$\dfrac{40\sim55}{30}$、$\dfrac{60\sim120}{38}$、$\dfrac{130\sim200}{44}$
M20	20	25	30	40	$\dfrac{35\sim40}{25}$、$\dfrac{45\sim60}{35}$、$\dfrac{70\sim120}{46}$、$\dfrac{130\sim200}{52}$
M24	24	30	36	48	$\dfrac{45\sim50}{30}$、$\dfrac{60\sim75}{45}$、$\dfrac{80\sim120}{54}$、$\dfrac{130\sim200}{60}$
M30	30	38	45	60	$\dfrac{60\sim65}{40}$、$\dfrac{70\sim90}{50}$、$\dfrac{95\sim120}{66}$、$\dfrac{130\sim200}{72}$、$\dfrac{210\sim250}{85}$
M36	36	45	54	72	$\dfrac{65\sim75}{45}$、$\dfrac{80\sim110}{60}$、$\dfrac{120}{78}$、$\dfrac{130\sim200}{84}$、$\dfrac{210\sim300}{97}$
l 系列	16、20、25、30、35、40、45、50、55、60、65、70、75、80、85、90、95、100、110、120、130、140、150、160、170、180、190、200、210、220、230、240、250、260、280、300				

表 B3.3 开槽螺钉

开槽圆柱头螺钉（GB/T65—2000）、开槽沉头螺钉（GB/T 68—2000）、开槽盘头螺钉（GB/T 67—2000）

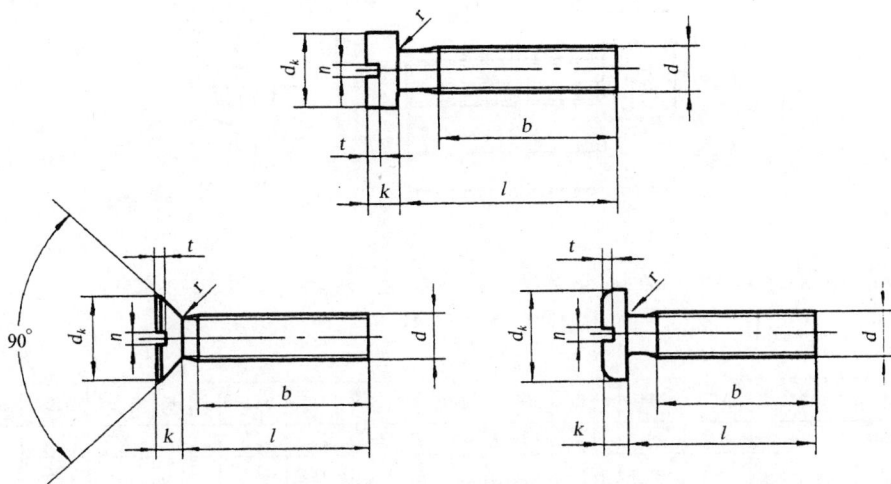

标 记 示 例

螺纹规格 $d=$ M5,公称长度 $l=$ 20mm、性能等级为 4.8 级、不经表面处理的开槽圆柱头螺钉:

螺钉 GB/T 65 M5×20

（单位:mm）

螺纹规格 d		M1.6	M2	M2.5	M3	M4	M5	M6	M8	M10
GB/T 65—1985	d_k					7	8.5	10	13	16
	k					2.6	3.3	3.9	5	6
	t min					1.1	1.3	1.6	2	2.4
	r min					0.2	0.2	0.25	0.4	0.4
	l					5~40	6~50	8~60	10~80	12~80
	全螺纹时最大长度					40	40	40	40	40
GB/T 67—1985	d_k	3.2	4	5	5.6	8	9.5	12	16	23
	k	1	1.3	1.5	1.8	2.4	3	3.6	4.8	6
	t min	0.35	0.5	0.6	0.7	1	1.2	1.4	1.9	2.4
	r min	0.1	0.1	0.1	0.1	0.2	0.2	0.25	0.4	0.4
	l	2~16	2.5~20	3~25	4~30	5~40	6~50	8~60	10~80	12~80
	全螺纹时最大长度	30	30	30	30	40	40	40	40	40
GB/T 68—1985	d_k	3	3.8	4.7	5.5	8.4	9.3	11.3	15.8	18.3
	k	1	1.2	1.5	1.65	2.7	2.7	3.3	4.65	5
	t min	0.32	0.4	0.5	0.6	1	1.1	1.2	1.8	2
	r max	0.4	0.5	0.6	0.8	1	1.3	1.5	2	2.5
	l	2.5~16	3~20	4~25	5~30	6~40	8~50	8~60	10~80	12~80
	全螺纹时最大长度	30	30	30	30	45	45	45	45	45
n		0.4	0.5	0.6	0.8	1.2	1.2	1.6	2	2.5
b		25				38				
l 系列		2、2.5、3、4、5、6、8、10、12、(14)、16、20、25、30、35、40、45、50、(55)、60、(65)、70、(75)、80								

表 B3.4　内六角圆柱头螺钉(GB/T 70.1—2000)

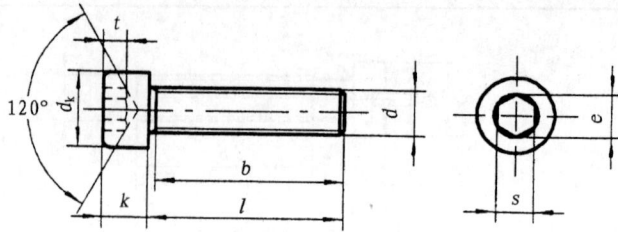

标　记　示　例

螺纹规格 d＝M5、公称长度 l＝20mm、性能等级为 8.8 级、表面氧化的内六角圆柱头螺钉:

螺钉 GB/T 70.1　M5×20

(单位:mm)

螺纹规格 d	M2.5	M3	M4	M5	M6	M8	M10	M12	(M14)	M16	M20	M24	M30	M36
d_k　max	4.5	5.5	7	8.5	10	13	16	18	21	24	30	36	45	54
k　max	2.5	3	4	5	6	8	10	12	14	16	20	24	30	36
t　min	1.1	1.3	2	2.5	3	4	5	6	7	8	10	12	15.5	19
r		0.1		0.2		0.25		0.4		0.6		0.8		1
s	2	2.5	3	4	5	6	8	10	12	14	17	19	22	27
e	2.3	2.87	3.44	4.58	5.72	6.86	9.15	11.43	13.72	16	19.44	21.73	25.15	30.85
b(参考)	17	18	20	22	24	28	32	36	40	44	52	60	72	84
l 系列	2.5,3,4,5,6,8,10,12,(14),(16),20,25,30,35,40,45,50,(55),60,(65),70,80,90,100,110,120,130,140,150,160,180,200													

注:1. b 不包括螺尾。2. M3～M20 为商品规格,其他为通用规格。

表 B3.5　开槽紧定螺钉

锥端(GB/T 71—1985)、平端(GB/T 73—1985)、长圆柱端(GB/T 75—1985)

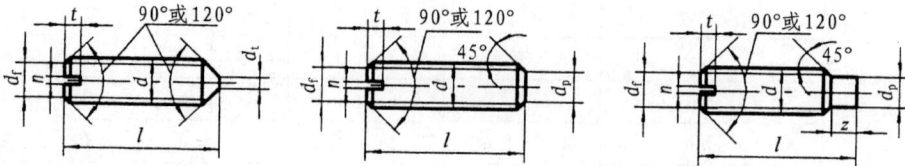

标　记　示　例

螺纹规格 d＝M5、公称长度 l＝12mm、性能等级为 14H 级、表面氧化的开槽锥端紧定螺钉:

螺钉　GB/T 71　M5×12

(单位:mm)

螺纹规格 d	M2	M2.5	M3	M4	M5	M6	M8	M10	M12
d_f	螺　纹　小　径								
d_t	0.2	0.25	0.3	0.4	0.5	1.5	2	2.5	3
d_p	1	1.5	2	2.5	3.5	4	5.5	7	8.5
n	0.25	0.4	0.4	0.6	0.8	1	1.2	1.6	2
t	0.84	0.95	1.05	1.42	1.63	2	2.5	3	3.6
z	1.25	1.5	1.75	2.25	2.75	3.25	4.3	5.3	6.3
l 系列	2,2.5,3,4,5,6,8,10,12,(14),16,20,25,30,35,40,45,50,(55),60								

表 **B3.6**　**1 型六角螺母——C 级**（GB/T 41—2000）、**1 型六角螺母**（GB/T 6170—2000）、

六角薄螺母（GB/T 6172.1—2000）

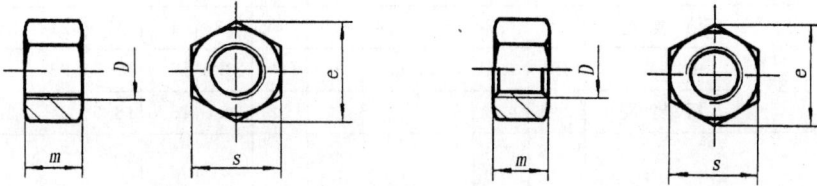

标 记 示 例

螺纹规格 D＝M12、性能等级为 5 级、不经表面处理、C 级的 1 型六角螺母：

螺母　GB/T 41　M12

（单位：mm）

螺纹规格 D		M3	M4	M5	M6	M8	M10	M12	(M14)	M16	(M18)	M20	(M22)	M24	(M27)	M30	M36	M42	M48
e min	GB/T 41	—	—	8.63	10.89	14.20	17.59	19.85	22.78	26.17	29.56	32.95	37.29	39.55	45.2	50.85	60.79	71.3	82.6
	GB/T 6170	6.01	7.66	8.79	11.05	14.38	17.77	20.03	23.36	26.75	29.56	32.95	37.29	39.55	45.2	50.85	60.75	71.3	82.6
	GB/T 6172.1																		
	s	5.5	7	8	10	13	16	18	21	24	27	30	34	36	41	46	55	65	75
m max	GB/T 6170	2.4	3.2	4.7	5.2	6.8	8.4	10.8	12.8	14.8	15.8	18	19.4	21.5	23.8	25.6	31	34	38
	GB/T 6172	1.8	2.2	2.7	3.2	4	5	6	7	8	9	10	11	12	13.5	15	18	21	24
	GB/T 41			5.6	6.4	7.9	9.5	12.2	13.9	15.9	16.9	19	20.2	22.3	24.7	26.4	31.5	34.9	38.9

注：1. 不带括号的为优先系列。

　　2. A 级用于 $D \leqslant 16$ 的螺母；B 级用于 $D > 16$ 的螺母。

表 **B3.7**　**1 型六角开槽螺母——A 和 B 级**（GB/T 6178—1986）

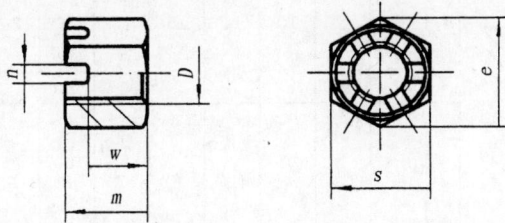

标 记 示 例

螺纹规格 D＝M5、性能等级为 8 级、不经表面处理、A 级的 1 型六角开槽螺母：

螺母　GB/T 6178　M5

（单位：mm）

螺纹规格 D	M4	M5	M6	M8	M10	M12	(M14)	M16	M20	M24	M30
e	7.7	8.8	11	14	17.8	20	23	26.8	33	39.6	50.9
m	6	6.7	7.7	9.8	12.4	15.8	17.8	20.8	24	29.5	34.6
n	1.2	1.4	2	2.5	2.8	3.5	3.5	4.5	4.5	5.5	7
s	7	8	10	13	16	18	21	24	30	36	46
w	3.2	4.7	5.2	6.8	8.4	10.8	12.8	14.8	18	21.5	25.6
开口销	1×10	1.2×12	1.6×14	2×16	2.5×20	3.2×22	3.2×25	4×28	4×36	5×40	6.3×50

注：1. 尽可能不采用括号内的规格。

　　2. A 级用于 $D \leqslant 16$ 的螺母；B 级用于 $D > 16$ 的螺母。

表 B3.8　紧固通孔及沉孔尺寸（GB/T 5277—1985、GB/T152.2～152.4—1988）

（单位：mm）

螺栓或螺钉直径 d		3	4	5	6	8	10	12	14	16	20	24	30	36
通孔直径 d_1 (GB/T 5277—1985)	精 装 配	3.2	4.3	5.3	6.4	8.4	10.5	13	15	17	21	25	31	37
	中等装配	3.4	4.5	5.5	6.6	9	11	13.5	15.5	17.5	22	26	33	39
	粗 装 配	3.6	4.8	5.8	7	10	12	14.5	16.5	18.5	24	28	35	42
六角头螺栓和六角螺母用沉孔（GB/T152.4—1988）	d_2	9	10	11	13	18	22	26	30	33	40	48	61	71
	t	只要能制出与通孔轴线垂直的圆平面即可												
沉头用沉孔（GB/T152.2—1988）	d_2	6.4	9.6	10.6	12.8	17.6	20.3	24.4	28.4	32.4	40.4	—	—	—
开槽圆柱头用的圆柱头沉孔（GB/T152.3—1988）	d_2	6	8	10	11	15	18	20	24	26	33	40	48	57
	t	—	3.2	4	4.7	6	7	8	9	10.5	12.5	—	—	—
内六角圆柱头用的圆柱头沉孔（GB/T152.3—1988）	d_2	6	8	10	11	15	18	20	24	26	33	40	48	57
	t	3.4	4.6	5.7	6.8	9	11	13	15	17.5	21.5	25.5	32	38

表 B3.9　平垫圈——A 级（GB/T 97.1—2000）、平垫圈倒角型——A 级（GB/T 97.2—2002）

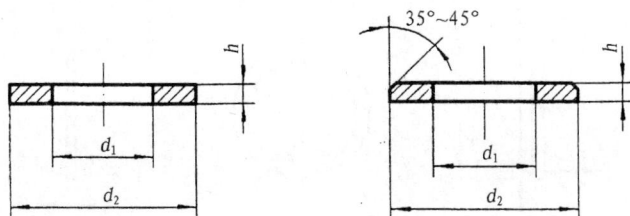

标 记 示 例

标准系列,公称尺寸 $d=8$mm,性能等级为 140HV 级,不经表面处理的平垫圈:

垫圈　GB/T 97.1　8－140HV

（单位:mm）

规格（螺纹直径）	2	2.5	3	4	5	6	8	10	12	14	16	20	24	30
内径 d_1	2.2	2.7	3.2	4.3	5.3	6.4	8.4	10.5	13	15	17	21	25	31
外径 d_2	5	6	7	9	10	12	16	20	24	28	30	37	44	56
厚度 h	0.3	0.5	0.5	0.8	1	1.6	1.6	2	2.5	2.5	3	3	4	4

表 B3.10　标准型弹簧垫圈（GB/T 93—1987）、轻型弹簧垫圈（GB/T 859—1987）

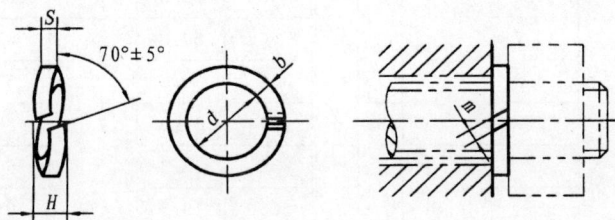

标 记 示 例

公称直径 16mm、材料为 65Mn、表面氧化的标准型弹簧垫圈:

垫圈　GB/T 93　16

（单位:mm）

规格（螺纹直径）		2	2.5	3	4	5	6	8	10	12	16	20	24	30	36	42	48
d		2.1	2.6	3.1	4.1	5.1	6.2	8.2	10.2	12.3	16.3	20.5	24.5	30.5	36.6	42.6	49
H	GB/T 93—1987	1.2	1.6	2	2.4	3.2	4	5	6	7	8	10	12	13	14	16	18
	GB/T 859—1987	1	1.2	1.6	1.6	2	2.4	3.2	4	5	6.4	8	9.6	12			
$S(b)$	GB/T 93—1987	0.6	0.8	1	1.2	1.6	2	2.5	3	3.5	4	5	6	6.5	7	8	9
S	GB/T 859—1987	0.5	0.6	0.8	0.8	1	1.2	1.6	2	2.5	3.2	4	4.8	6			
$m\leqslant$	GB/T 93—1987	0.4			0.5	0.6	0.8	1	1.2	1.5	1.7	2	2.5	3	3.2	3.5	4	4.5
	GB/T 859—1987	0.3			0.4		0.5	0.6	0.8	1	1.2	1.6	2	2.4	3			
b	GB/T 859—1987	0.8			1		1.2		1.6	2	2.5	3.5	4.5	5.5	6.5	8		

表 B3.11　孔用弹性挡圈——A 型(GB/T 893.1—1986)

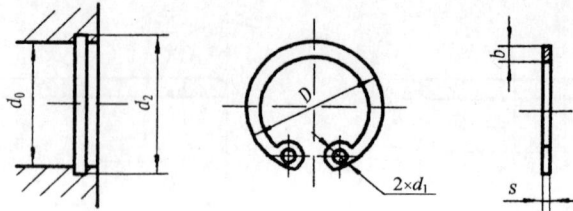

标　记　示　例

孔径 d_0＝50mm,材料为 65Mn,热处理硬度为 44～51HRC,经表面氧化处理的 A 型孔用弹性挡圈：

挡圈 50　GB/T 893.1—1986

(单位:mm)

孔径 d_0	D	S	d_2		d_1	b	孔径 d_0	D	S	d_2		d_1	b
8	8.7	0.6	8.4	$^{+0.09}_{0}$	1	1	37	39.8		39			3.6
9	9.8		8.4			1.2	38	40.8		40		2.5	
10	10.8	0.8	10.4			1.7	40	43.5		42.5	$^{+0.25}_{0}$		4
11	11.8		11.4		1.5		42	45.5	1.5	44.5		2.5	
12	13		12.5				45	48.5		47.5			
13	14.1		13.6	$^{+0.11}_{0}$			47	50.5		49.5			
14	15.1		14.6				48	51.5		50.5			4.7
15	16.2		15.7		1.7		50	54.2		53			
16	17.3		16.8			2.1	52	16.2		55			
17	18.3		17.8				55	17.3		58			
18	19.5	1	19				56	18.3		59			
19	20.5		20				58	19.5	2	61	$^{+0.30}_{0}$		5.2
20	21.5		21	$^{+0.13}_{0}$	2		60	20.5		63			
21	22.5		22			2.5	62	21.5		65		3	
22	23.5		23				63	22.5		66			
24	25.9	1.2	25.2				65	23.5		68			5.7
25	26.9		26.2	$^{+0.21}_{0}$		2.8	68	25.9		71			
26	27.9		27.2				70	26.9		73			
28	30.1		29.4				72	27.9	2.5	75			6.3
30	32.1		31.4				75	30.1		78			
31	33.4		32.7			3.2	78	32.1		81			
32	34.4	1.5	33.7	$^{+0.25}_{0}$			80	33.4		83.5	$^{+0.35}_{0}$		6.8
34	36.5		35.7		2.5		82	34.4		85.5			
35	37.8		37			3.6	85	36.5		88.5			
36	38.8		38										

表 B3.12　轴用弹性挡圈——A 型（GB/T 894.1—1986）

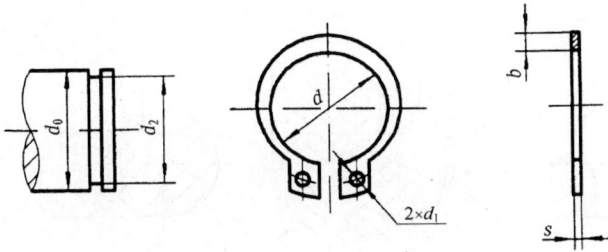

标 注 示 例

轴径 d_0＝50mm、材料为 65Mn、热处理硬度为 44～51HRC、经表面氧化处理的 A 型轴用弹性挡圈：

挡圈 50　GB/T 894.1—1986

（单位：mm）

轴径 d_0	d	S	d_2	d_1	b	轴径 d_0	d	S	d_2	d_1	b
3	2.7	0.4	0.8　$^{0}_{-0.04}$		0.8	28	25.9		26.6		3.60
4	3.7	0.4	3.8	1	0.88	29	26.9	1.2	27.6　$^{0}_{-0.21}$	2	3.72
5	4.7		4.8　$^{0}_{-0.048}$		1.12	30	27.9		28.6		
6	5.6	0.6	5.7			32	29.6		30.3		3.92
7	6.5		6.7	1.2	1.32	34	31.5		32.3		4.32
8	7.4	0.8	7.6　$^{0}_{-0.058}$			35	32.2		33		
9	8.4		8.6		1.44	36	33.2		34	2.5	4.52
10	9.3		9.6		1.44	37	34.2		35		
11	10.2		10.5	1.5	1.52	38	35.2	1.5	36　$^{0}_{-0.25}$		
12	11		11.5		1.72	40	36.5		37.5		
13	11.9		12.4　$^{0}_{-0.11}$			42	38.5		39.5		5.0
14	12.9		13.4	1.7	1.88	45	41.5		42.5		
15	13.8		14.3		2.0	48	44.5		45.5		
16	14.7	1	15.2		2.32	50	45.8		47		
17	15.7		16.2	1.7		52	47.8		49		5.48
18	16.5		17　$^{0}_{-0.11}$		2.48	55	50.8		52		
19	17.5		18			56	51.8	2	53	3	
20	18.5		19			58	53.8		55		
21	19.5		20　$^{0}_{-0.13}$		2.68	60	55.8		57　$^{0}_{-0.30}$		6.12
22	20.5		21	2		62	57.8		59		
24	22.2		22.9			63	58.8		60		
25	23.2	1.2	23.9　$^{0}_{-0.21}$		3.32	65	60.8	2.5	62		
26	24.2		24.9			68	63.5		65		6.32

表 **B3.13**　键和键槽的剖面尺寸（GB/T1095—2003）、普通平键的型式尺寸（GB/T 1096—2003）

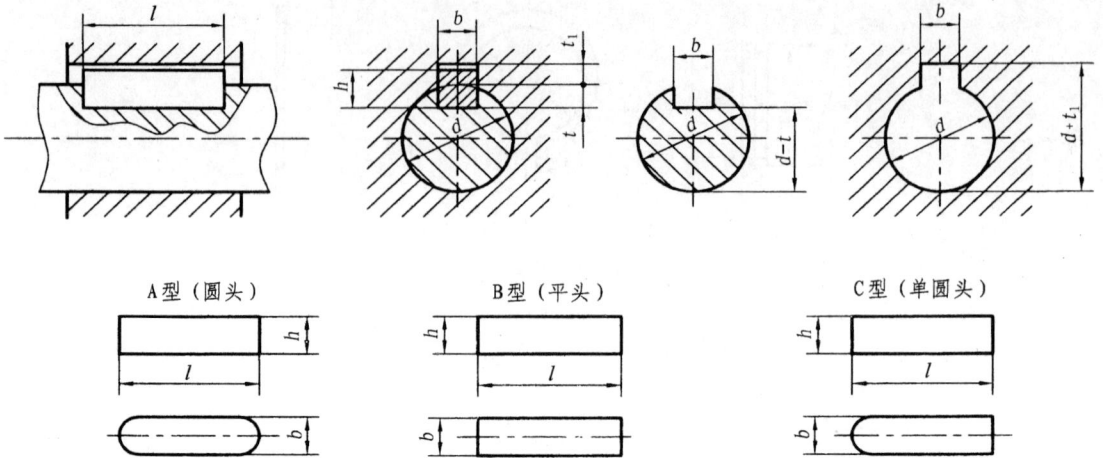

A 型（圆头）　　　　　B 型（平头）　　　　　C 型（单圆头）

标 记 示 例

圆头普通平键（A 型）　$b=16\text{mm}, h=10\text{mm}, L=100\text{mm}$：

键 16×100　GB/T 1096—2003

（单位：mm）

轴径	键		键 槽				
			宽 度			深 度	
d	b	h	b	一般键连接偏差		轴 t	毂 t_1
				轴 N9	毂 JS9		
自 6～8	2	2	2	−0.004	±0.0125	1.2	1
>8～10	3	3	3	−0.029		1.8	1.4
>10～12	4	4	4	0	±0.018	2.5	1.8
>12～17	5	5	5	−0.030		3.0	2.3
>17～22	6	6	6			3.5	2.8
>22～30	8	7	8	0	±0.018	4.0	3.3
>30～38	10	8	10	−0.036		5.0	3.3
>38～44	12	8	12			5.0	3.3
>44～50	14	9	14	0	±0.0215	5.5	3.8
>50～58	16	10	16	−0.043		6.0	4.3
>58～65	18	11	18			7.0	4.4
>65～75	20	12	20			7.5	4.9
>75～85	22	14	22	0	±0.026	9.0	5.4
>85～95	25	14	25	−0.052		9.0	5.4
>95～110	28	16	28			10.0	6.4
>110～130	32	18	32			11.0	7.4
>130～150	36	20	36	0	±0.031	12.0	8.4
>150～170	40	22	40	−0.062		13.0	9.4
>170～200	45	25	45			15.0	10.4
l 系列	6、8、10、12、16、18、20、22、25、28、32、36、40、45、50、56、63、70、80、90、100、110、125、140、160、180、200、220、250、280、320、360、400、450						

表 B3.14　圆柱销、不淬硬钢和奥氏体不锈钢（GB/T 119.1—2000）

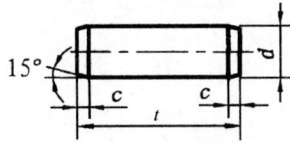

标 记 示 例

公称直径 d＝8mm、公差为 m6、长度 l＝30mm、材料 35 钢、不经淬火、不经表面处理的圆柱销：

销　GB/T119.1　8m6×30

（单位：mm）

d	1	1.2	1.5	2	2.5	3	4	5	6	8	10	12
$a≈$	0.12	0.16	0.20	0.25	0.30	0.40	0.50	0.63	0.80	1.0	1.2	1.6
$c≈$	0.20	0.25	0.30	0.35	0.40	0.50	0.63	0.80	1.2	1.6	2	2.5
l 系列	2,3,4,5,6,8,10,12,14,16,18,20,22,24,26,28,30,32,35,40,45,50,55,60,65,70,75,80, 85,90											

表 B3.15　圆锥销（GB/T 117—2000）

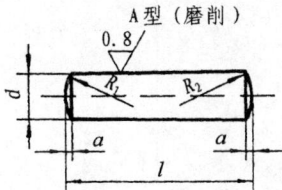

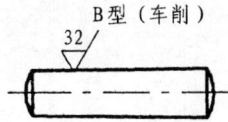

$$R_1=d$$

$$R_2≈\frac{a}{2}+d+\frac{(0.021)^2}{8a}$$

标 记 示 例

公称直径 d＝10mm、长度 l＝60mm、材料 35 钢、热处理硬度 28～38HRC、表面氧化处理的 A 型圆锥销：

销　GB/T 117　10×60

（单位：mm）

d	1	1.2	1.5	2	2.5	3	4	5	6	8	10	12
$a≈$	0.12	0.16	0.2	0.25	0.3	0.4	0.5	0.63	0.8	1	1.2	1.6
l 系列	2,3,4,5,6,8,10,12,14,16,18,20,22,24,26,28,30,32,35,40,45,50,55,60,65,70,75,80, 85,90											

表 B3.16　开口销（GB/T 91—2000）

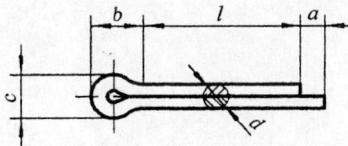

标 记 示 例

公称直径 d＝5mm、长度 l＝50mm、材料为 Q215 或 Q235、不经表面处理的开口销：

销　GB/T91　5×50

（单位：mm）

d		1	1.2	1.6	2	2.5	3.2	4	5	6.3	8	10	12
c	max	1.8	2	2.8	3.6	4.6	5.8	7.4	9.2	11.8	15	19	24.8
	min	1.6	1.7	2.4	3.2	4	5.1	6.5	8	10.3	13.1	16.6	21.7
$b≈$		3	3	3.2	4	5	6.4	8	10	12.6	16	20	26
a　max		1.6			2.5			3.2			4		6.3
l 系列		2,3,4,5,6,8,10,12,14,16,18,20,22,24,26,28,30,32,35,40,45,50,55,60,65,70,75,80, 85,90											

表 **B3.17**　深沟球轴承（GB/T 276—1994）

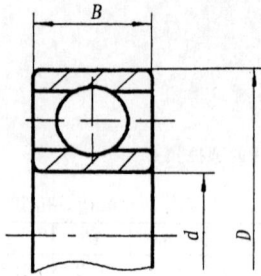

6000 型

标 记 示 例

滚动轴承　6012　GB/T276—1994

（单位：mm）

轴承代号	d	D	B	轴承代号	d	D	B
01 系列				03 系列			
606	6	17	6	634	4	16	5
607	7	19	6	635	5	19	6
608	8	22	7	6300	11	35	11
609	9	24	7	6301	12	37	12
6000	10	26	8	6302	15	42	13
6001	12	28	8	6303	17	47	14
6002	15	32	9	6304	20	52	15
6003	17	35	10	6305	25	62	17
6004	20	42	12	6306	30	72	19
6005	25	47	12	6307	35	80	21
6006	30	55	13	6308	40	90	23
6007	35	62	14	6309	45	100	25
6008	40	68	15	6310	50	110	27
6009	45	75	16	6311	55	120	29
6010	50	80	16	6312	60	130	31
6011	55	90	18				
6012	60	95	18				
02 系列				04 系列			
623	3	10	4	6403	17	62	17
624	4	13	5	6404	20	72	19
625	5	16	5	6405	25	80	21
626	6	19	6	6406	30	90	23
627	7	22	7	6407	35	100	25
628	8	24	8	6408	40	110	27
629	9	26	8	6409	45	120	29
6200	10	30	9	6410	50	130	31
6201	12	32	10	6411	55	140	33
6202	15	35	11	6412	60	150	35
6203	17	40	12	6413	65	160	37
6204	20	47	14	6414	70	180	42
6205	25	52	15	6415	75	190	45
6206	30	62	16	6416	80	200	48
6207	35	72	17	6417	85	210	52
6208	40	80	18	6418	90	225	54
6209	45	85	19	6419	95	240	55
6210	50	90	20				
6211	55	100	21				
6212	60	110	22				

表 B3.18 圆锥滚子轴承(GB/T 297—1994)

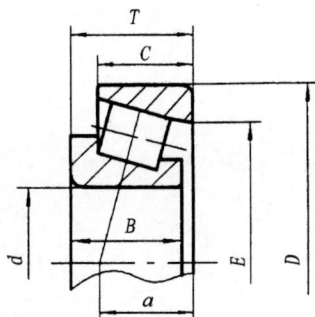

标 记 示 例

30000 型

滚动轴承 30204 GB/T 297—1994

（单位：mm）

轴承代号	d	D	T	B	C	E	a	轴承代号	d	D	T	B	C	E	a
\multicolumn 02 系列								22 系列							
30204	20	47	15.25	14	12	37.3	11.2	32206	30	62	21.25	20	17	48.9	15.4
30205	25	52	16.25	15	13	41.1	12.6	32207	35	72	24.25	23	19	57	17.6
30206	30	62	17.25	16	14	49.9	13.8	32208	40	80	24.75	23	19	64.7	19
30207	35	72	18.25	17	15	58.8	15.3	32209	45	85	24.75	23	19	69.6	20
30208	40	80	19.75	18	16	65.7	16.9	32210	50	90	24.75	23	19	74.2	21
30209	45	85	20.75	19	16	70.4	18.6	32211	55	100	26.75	25	21	82.8	22.5
30210	50	90	21.75	20	17	75	20	32212	60	110	29.75	28	24	90.2	24.9
30211	55	100	22.75	21	18	84.1	21	32213	65	120	32.75	31	27	99.4	27.2
30212	60	110	23.75	22	19	91.8	22.4	32214	70	125	33.25	31	27	103.7	28.6
30213	65	120	24.75	23	20	101.9	24	32215	75	130	33.25	31	27	108.9	30.2
30214	70	125	26.25	24	21	105.7	25.9	32216	80	140	35.25	33	28	117.4	31.3
30215	75	130	27.25	25	22	110.4	27.4	32217	85	150	38.5	36	30	124.9	34
30216	80	140	28.25	26	22	119.1	28	32218	90	160	42.5	40	34	132.6	36.7
30217	85	150	30.5	28	24	126.6	29.9	32219	95	170	45.5	43	37	140.2	39
30218	90	160	32.5	30	26	134.9	32.4	32220	100	180	49	46	39	148.1	41.8
30219	95	170	34.5	32	27	143.3	35.1								
30220	100	180	37	34	29	151.3	36.5								
\multicolumn 03 系列								23 系列							
30304	20	52	16.25	15	13	41.3	11	32304	20	52	22.25	21	18	39.5	13.4
30305	25	62	18.25	17	15	50.6	13	32305	25	62	25.25	24	20	48.6	15.5
30306	30	72	20.75	19	16	58.2	15	32306	30	72	28.75	27	23	55.7	18.8
30307	35	80	22.75	21	18	65.7	17	32307	35	80	32.75	31	25	62.8	20.5
30308	40	90	25.25	23	20	72.7	19.5	32308	40	90	35.25	33	27	69.2	23.4
30309	45	100	27.75	25	22	81.7	21.5	32309	45	100	38.25	36	31	78.3	25.6
30310	50	110	29.25	27	23	90.6	23	32310	50	110	42.25	40	33	86.2	28
30311	55	120	31.5	29	25	99.1	25	32311	55	120	45.5	43	35	94.3	30.6
30312	60	130	33.5	31	26	107.7	26.5	32312	60	130	48.5	46	37	102.9	32
30313	65	140	36	33	28	116.8	29	32313	65	140	51	48	39	111.7	34
30314	70	150	38	35	30	125.2	30.6	32314	70	150	54	51	40	119.7	36.5
30315	75	160	40	37	31	134	32	32315	75	160	58	55	42	127.8	39
30316	80	170	42.5	39	33	143.1	34	32316	80	170	61.5	58	45	136.5	42
30317	85	180	44.5	41	34	150.4	36	32317	85	180	63.5	60	48	144.2	43.6
30318	90	190	46.5	43	36	159	37.5	32318	90	190	67.5	64	49	151.7	46
30319	95	200	49.5	45	38	165.8	40	32319	95	200	71.5	67	53	160.3	49
30320	100	215	51.5	47	39	178.5	42	32320	100	215	77.5	73	55	171.6	53

表 B3.19　单向平底推力球轴承（GB/T301—1995）

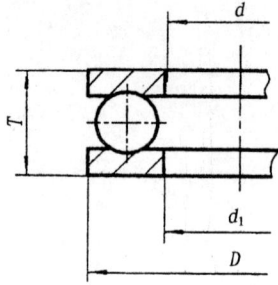

50000 型

标 记 示 例

滚动轴承　51214　GB/T 301—1995

（单位：mm）

轴承代号	d	d_1	D	T	轴承代号	d	d_1	D	T
11 系列					12 系列				
51100	10	11	24	9	51214	70	72	105	27
51101	12	13	26	9	51215	75	77	110	27
51102	15	16	28	9	51216	80	82	115	28
51103	17	18	30	9	51217	85	88	125	31
51104	20	21	35	10	51218	90	93	135	35
51105	25	26	42	11	51219	100	103	150	38
51106	30	32	47	11	13 系列				
51107	35	37	52	12	51304	20	22	47	18
51108	40	42	60	13	51305	25	27	52	18
51109	45	47	65	14	51306	30	32	60	21
51110	50	52	70	14	51307	35	37	68	24
51111	55	57	78	16	51308	40	42	78	26
51112	60	82	85	17	51309	45	47	85	28
51113	65	65	90	18	51310	50	52	95	31
51114	70	72	95	18	51311	55	57	105	35
51115	75	77	100	19	51312	60	62	110	35
51116	80	82	105	19	51313	65	67	115	36
51117	85	87	110	19	51314	70	72	125	40
51118	90	92	120	22	51315	75	77	135	44
51120	100	102	135	25	51316	80	82	140	44
12 系列					51317	85	88	150	49
51200	10	12	26	11	14 系列				
51201	12	14	28	11					
51202	15	17	32	12	51405	25	27	60	24
51203	17	19	35	12	51406	30	32	70	28
51204	20	22	40	14	51407	35	37	80	32
51205	25	27	47	15	51408	40	42	90	36
51206	30	32	52	16	51409	45	47	100	39
51207	35	37	62	18	51410	50	52	110	43
51208	40	42	68	19	51411	55	57	120	48
51209	45	47	73	20	51412	60	62	130	51
51210	50	52	78	22	51413	65	68	140	56
51211	55	57	90	25	51414	70	73	150	60
51212	60	62	95	26	51415	75	78	160	65
51213	65	67	100	27	51416	80	83	170	68
					51417	85	88	180	72

B4　密封件

表 B4.1　六角螺塞（JB/ZQ 4450—1986）　　　　　　（单位：mm）

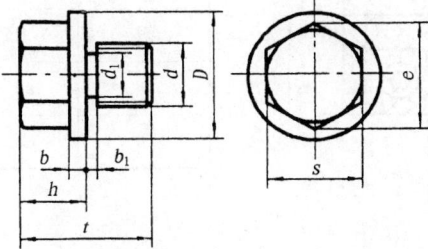

标　记　示　例

螺塞　M20×1.5JB/ZQ4450—1986

d	D	e	s	l	h	d_1	b	b_1
M10×1	18	12.7	12	20	10	8.5	3	2
M12×1.25	22	15	14	24	12	10.2	3	2
M14×1.5	23	20.8	17	25	12	11.8	3	3
M18×1.5	28	24.2	22	27	15	15.8	3	3
M20×1.5	30	24.2	22	30	15	17.8	3	3
M22×1.5	32	27.7	24	30	15	19.8	4	3
M24×2	34	31.2	27	32	16	21	4	4
M27×2	38	34.6	30	35	17	24	4	4
M30×2	42	39.3	32	38	18	27	4	4

表 B4.2　毡圈油封形式和尺寸（JB/ZQ 4606—1986）　　　　（单位：mm）

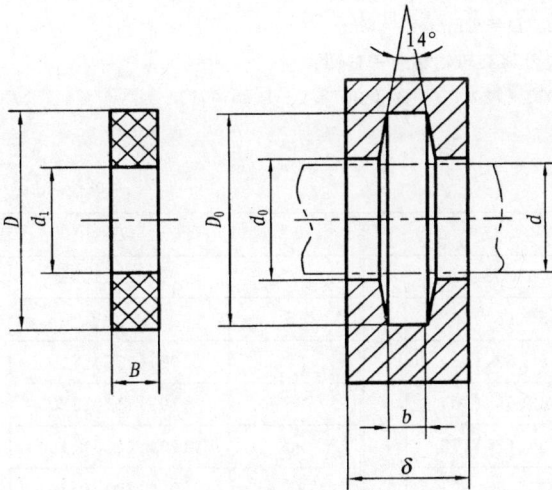

标　记　示　例

$d=50$mm 的毡圈油封：

毡圈 50　JB/ZQ 4606—1986

轴径	毡圈			槽				
							δ/ min	
d	D	d_1	B	D_0	d_0	b	用于钢	用于铁
15	29	14	6	28	16	5	10	12
20	33	19	6	32	21	5	10	12
25	39	24	7	38	26	6	12	15
30	45	29	7	44	31	6	12	15
35	49	34	7	48	36	6	12	15
40	53	89	7	52	41	6	12	15
45	61	44	8	60	46	7	12	15
50	69	49	8	68	51	7	12	15
55	74	53	8	72	56	7	12	15
60	80	58	8	78	61	7	12	15
65	84	63	8	82	66	7	12	15
70	90	68	8	88	71	7	12	15
75	94	73	8	92	77	7	12	15
80	102	78	9	100	82	8	15	18
85	107	83	9	105	87	8	15	18
90	112	88	9	110	92	8	15	18
95	117	93	10	115	97	8	15	18
100	122	98	10	120	102	8	15	18
105	127	103	10	125	107	8	15	18
110	132	108	10	130	112	8	15	18
115	137	113	10	135	117	8	15	18
120	142	118	10	140	122	8	15	18
125	147	123	10	145	127	8	15	18

表 B4.3　J 型无骨架橡胶密封（HG/T4-338—1966）

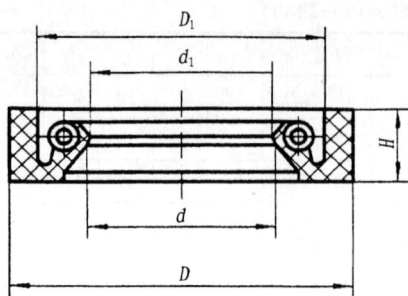

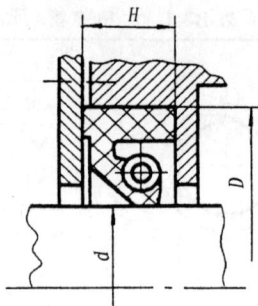

（单位：mm）

d	$30\sim95$
D	$d+25$
H	12
D_1	$d+16$
d_1	$d-1$

标 记 示 例

$d=50\text{mm}, D=75\text{mm}, H=12\text{mm}$，耐油橡胶 I -1 的 J 形无骨架橡胶油封：

J 形油封 $50\times75\times12$ 橡胶 I -1　HG/T4-338—1966

表 B4.4　内包骨架旋转轴唇形密封圈（GB/T 9877.1—1988）

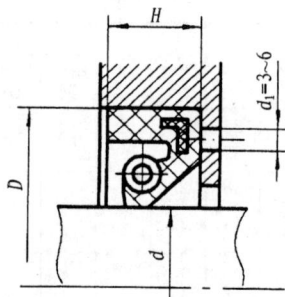

标 记 示 例

$d=50\text{mm}, D=72\text{mm}, H=8\text{mm}$、

B 型内包骨架旋转轴唇形密封圈：

油封　B$50\times72\times8$　GB/T 9877.1—1988

（单位：mm）

d	D	H	d	D	H	d	D	H
16	(28)、30(35)		38	55、58、62		70	90、95、(100)	
18	30、35、(40)		40	55、(60)、62		75	95、100	10
20	35、40、(45)		42	55、62、(65)		80	100、(105)、110	
22	35、40、47		45	62、65、(70)		85	(105)、110、120	
25	40、47、52	7	50	68、(70)、72	8	90	(110)、(115)、120	
28	40、47、52		(52)	72、75、80		95	120、(125)、(130)	12
30	42、47、(50)、52		55	72、(75)、80		100	125、(130)、(140)	
32	45、47、52		60	80、85、90		(105)	130、140	
35	50、52、55	8	65	85、(90)、(95)	10	(110)	140、(150)	

注：1. 括弧内尺寸尽量不采用。

　　2. 为便于拆卸密封圈，在壳体上应有 d_1 孔 3～4 个。

　　3. 在一般情况下（中速），采用胶种为 B 丙烯酸酯橡胶（ACM）。

B5　常用的金属材料和非金属材料

表 B5.1　黑色金属材料

标　准	名称	牌　号	说　明	标　准	名称	牌　号	说　明
GB/T 700—1988	碳素结构钢	Q215 Q235 Q255	碳素结构钢按屈服强度等级分成五个牌号。如 Q215 中 Q 为屈服强度符号,215 为屈服强度数值。其质量等级分为 A、B、C、D 级,其中常用 A 级 　GB/T 700—1979 中 A₃ 相当 Q235-A	GB/T 9439—1988	灰铸铁	HT150 HT200 HT250 HT300 HT350	"HT"为灰、铁二字汉语拼音的第一个字母,后面的数字代表力学性能。例如,HT150 表示抗拉强度为 150MPa 的灰铸铁
GB/T 699—1988	优质碳素结构钢	10 15 20 25 30 35 45 50 55 60 15Mn 45Mn	牌号的两位数字表示平均含碳量,45 号钢即表示平均含碳量为 0.45 % 　含锰量较高的钢,须加注化学元素"Mn" 　含碳量≤0.25 %的碳钢是低碳钢(渗碳钢) 　含碳量在 0.25 %～0.60 %之间的碳钢是中碳钢(调质钢) 　含碳量在 0.60 %的碳钢是高钢	GB/T 1348—1988	球墨铸铁	QT500-7 QT450-10 QT400-18	"QT"是球墨铸铁的代号,QT 后面的第一组数字表示抗拉强度值,第二组表示延伸率值 　如 QT500-7 即表示球墨铸铁的抗拉强度为 500MPa,延伸率为 7%
GB/T 3077—1988	合金结构钢	20Mn2 45Mn2 15Cr 40Cr 35SiMn 20CrMnTi	两位数字表示钢中含碳量。钢中加入一定量合金元素,提高了钢的机械性能的耐磨性,也提高了钢的淬透性,保证金属在较大截面上获得高机械性能	GB/T 9440—1988	可锻铸铁	KTH300-06 KTH350-10 KTZ550-04 KTB350-04	KTH 为黑心可锻铁 　KTZ 为珠光体可锻铸铁 　KTB 为白心可锻铸铁 　数字说明与球墨铸铁相同
				GB/T 11352—1989	铸钢	ZG200-400 ZG230-450	铸钢件前面应加"铸钢"或汉语拼音字母"ZG",后面数字表示力学性能,第一数字表示屈服强度,第二数字表示抗拉强度

表 B5.2　有色金属材料

标　准	名称及代号	应用举例	说　明
GB/T 1176—1987	铸造锰黄铜 ZCuZn38Mn2Pb2	用于制造轴瓦、轴套及其他耐磨零件	"Z"表示"铸"，ZCuZn38Mn2Pb2表示含铜57%～60%、锰1.5%～2.5%、铅1.5%～2.5%
	铸造锡青铜 ZCuZn5Pb5Zn5	用于受中等冲击负荷和在液体或半液体润滑及耐蚀条件下工作的零件，如轴承、轴瓦、蜗轮	ZCuSn5Pb5Zn5表示含锡4%～6%、锌4%～6%、铅4%～6%
	铸造铝青铜 ZCuAl10Fe3	用于在蒸汽和海水条件下工作的零件及摩擦和腐蚀的零件，如蜗轮、衬套、耐热管配件	ZCuAl10Fe3表示含铝8%～10%、铁2%～4%
GB/T 1173—1986	铸造铝硅合金 ZL102	用于承受负荷不大的铸造形状复杂的薄壁零件，如仪表壳体、船舶零件	"ZL"表示铸铝，后面第一位数字分别为1、2、3、4，它分别表示铝硅、铝铜、铝镁、铝锌系列合金，第二、第三位数字为顺序序号。优质合金，其代号后面附加字母"A"
GB/T 5234—1985	白　铜 B19	医疗用具，精密机械及化学工业零件、日用品	白铜是铜镍合金，"B19"为含镍19%，其余为铜的普通白铜

表 B5.3　非金属材料

标　准	材料名称		代　号	应　用	材　料	标　准	名　称	应　用
GB/T 5574—1985	工业用橡胶板	耐酸碱	2707	冲制各种形状的垫圈、垫板石棉制品	石棉	GB/T 539—1983	耐油石棉橡胶板	用于管道法兰连接处的密封衬垫材料
		耐油	3707			GB/T 3985—1983	石棉橡胶板	
		耐热	4708			JC/T 67—1982	橡胶石棉盘根	用于活塞和阀门杆的密封材料
FJ/T 314—1981	工业用毛毡	细毛	T112-32～44	用于密封材料		JC/T 68—1982	油浸石棉盘根	
		半粗毛	T122-30～38		尼龙		尼龙66	用于一般机械零件传动件及耐磨件
		粗毛	T132-32～36				尼龙1010	

注：上述各附表均摘自国标的部分内容。

参 考 文 献

大连理工大学工程画教研室. 2003. 机械制图. 北京：高等教育出版社

丁一,何玉林等. 2008. 工程图学基础. 北京：高等教育出版社

窦忠强,续丹,陈锦昌. 2006. 工业产品设计与表达. 北京：高等教育出版社

合肥工业大学工程图学教研室. 1999. 工程制图基础. 北京：机械工业出版社

侯洪生. 2008. 机械工程图学. 2版. 北京：科学出版社

陆国栋等. 2002. 图学应用教程. 北京：高等教育出版社

钱志峰,刘苏. 2003. 工程图学基础教程. 3版. 北京：科学出版社

谭建荣等. 1999. 图学基础教程. 北京：高等教育出版社

尹常治. 2004. 机械设计制图. 3版. 北京：高等教育出版社

左宗义,冯开平. 2002. 工程制图：非机类·近机类. 广州：华南理工大学出版社

FREDERICK EV. GIESECKE etc. 2004. Modern Graphics Communication(3rd ed). USA：Pearson Education ,Inc

French T E, Vierck C J, Foster R J. 2007. Engineering Drawing and Graphic Technology. 北京：清华大学出版社

Giesecke F E etc. 2005. Engineering Graphics(8th ed). 焦永和,韩宝玲,李苏红译. 北京：高等教育出版社

Spencer H C, Dygdon J T. 1980. Basic Technical Drawing. New York ：Macmillan ；London ：Collier Macmillan